시험 직전 한눈에 보는 전기응용 및 공사재료 암기노트

01 전기응용

1 조명공학의 기초

[1] 열에너지의 전달 : 대류, 전도, 복사

(1) 대류
유체가 부력에 의한 상·하운동으로 열을 전달하는 현상

(2) 전도
물질의 이동 없이 물질 내를 열이나 전기가 이동하는 현상

(3) 복사
① 전자기파로서 열에너지가 전달되는 현상
② 복사속 : $\phi = \frac{W}{t}$[J/s]=[W]
③ 가시광선의 파장 범위

색상	보라색	파랑색	녹색	노랑색	주황색	빨강색
파장 [nm]	380 ~430	430 ~452	452 ~550	550 ~590	590 ~640	640 ~760

④ 최대 시감도는 680[lm/W], 파장은 555[nm], 황록색

[2] 광속 F[lm] : 빛의 양
$F = \omega I$[lm](ω[str] : 입체각)
(1) 구 광원 : $F = 4\pi I$[lm]
(2) 원통 광원 : $F = \pi^2 I$[lm]
(3) 평판 광원 : $F = \pi I$[lm]

[3] 조도
(1) E[lx] : 피조면의 밝기
$E = \frac{F}{A}$[lx]
(2) 조도의 분류
① 법선 조도 : $E_n = \frac{I}{R^2}$[lx]
② 수평면 조도 : $E_h = \frac{I}{R^2}\cos\theta$
③ 수직면 조도 : $E_v = \frac{I}{R^2}\sin\theta$

[4] 광속 발산도 R[rlx] : 발광면의 밝기
$R = \frac{F}{A}$[rlx]

[5] 광도 I[cd] : 빛의 세기
$I = \frac{F}{\omega}$[cd]

[6] 휘도 B[nt] : 눈부심의 정도
$B = \frac{I}{S}$[cd/m^2]

[7] 완전 확산면
$R = \pi B$[rlx]

2 광속계산

[1] 수직 배광 곡선
수직면상 광도의 분포를 나타내는 곡선

[2] 루소 선도에 의한 광속
$F = \frac{2\pi}{r} \times S$

3 반사율, 투과율, 흡수율

[1] 반사율 + 투과율 + 흡수율 = 1
$\rho + \tau + \alpha = \frac{F_\rho}{F} + \frac{F_\tau}{F} + \frac{F_\alpha}{F} = \frac{F}{F} = 1$

[2] 글로브의 효율
$\eta = \frac{F_0}{F} = \frac{\tau}{(1-\rho)}$

4 발광 현상

(1) 스테판-볼츠만의 법칙

$W = KT^4$

(2) 빈의 변위 법칙

$\lambda_m \cdot T = 2.896$

(3) 색온도

같은 광색을 낼 때의 흑체의 온도이다.

* 흑체 : 입사되는 모든 전자기파를 100[%] 흡수하고, 반사율이 0인 가상의 검은 물체

(4) 파센의 법칙

$V \propto Pd$

(5) 스토크스의 정리

형광이나, 인광의 파장은 원래 빛의 파장과 같거나 길어지는 법칙

* 동정 곡선 : 전류, 전력, 광속 등을 시간과의 관계를 나타낸 것

5 조명설계

(1) 명시조건(물체가 보이는 것을 결정하는 조건)

① 밝기 ② 색

③ 대비 ④ 크기

⑤ 움직임(시간)

(2) 실지수의 결정

실지수 $G = \dfrac{XY}{H(X+Y)}$

(3) 조명설계의 기본식

$NFU = ESD$

6 운동에너지 이론

[1] 관성체의 운동 역학 관계

(1) 관성 모멘트

$$J = mr^2 = \frac{GD^2}{4}[\text{kg} \cdot \text{m}^2]$$

GD^2 : 플라이휠 효과

(2) 에너지

$$W = \frac{1}{2}J\omega^2 = \frac{1}{8}GD^2\omega^2 = \frac{GD^2}{730}N^2[\text{J}]$$

(3) 토크(회전력)

$$T = \frac{P}{\omega} = \frac{P}{2\pi n} = \frac{P}{2\pi\frac{N}{60}}[\text{N} \cdot \text{m}]$$

[2] 부하 특성에 의한 분류

(1) 정토크 부하

① 속도에 관계 없이 일정한 토크를 가지는 것

② 용도 : 권상기, 기중기, 압연기, 인쇄기, 목공기 등

(2) 제곱토크 부하

① 토크가 속도의 제곱에 비례하는 특성을 가지는 것

② 용도 : 펌프, 송풍기, 배의 스크루 등

(3) 정동력 부하

회전속도가 변해도 출력(동력)이 일정한 특성을 가지는 것

7 전동기 용량 계산

[1] 펌프용(양수펌프) 전동기

$$P = \frac{9.8KqH}{\eta} = \frac{KQH}{6.12\eta}[\text{kW}]$$

[2] 기중기 및 권상기용 전동기

$$P = \frac{9.8KWv}{\eta} = \frac{KWV}{6.12\eta}[\text{kW}]$$

8 전력용 반도체 소자

[1] 다이오드의 종류

(1) 제너 다이오드

전원 전압을 안정하게 유지(정전압 정류 작용)

(2) 터널 다이오드

발진작용, 스위칭작용, 증폭작용

(3) 포토 다이오드

광센서용 다이오드

[2] 기타 반도체

(1) 트랜지스터

전류증폭 작용

(2) IGBT

MOSFET보다 높은 항복 전압과 전류를 얻을 수 있는 트랜지스터

(3) 서미스터(Thermister)

온도 측정 및 온도 보상용

(4) 배리스터

서지 전압에 대한 회로 보호용

9 전기화학 기초

(1) 패러데이 법칙

$W = KQ = KIt$[g]

(2) 전기화학당량

① 전기화학당량 $K = \frac{\text{화학당량}}{96,500}$[g/C]

② 화학당량 $= \frac{\text{원자량}}{\text{원자가}}$[g]

(3) 이온화 경향이 큰 순서

Li(리튬) > K(칼륨) > Ba(바륨) > Ca(칼슘) > Na(나트륨) > Mg(마그네슘)

10 전기분해의 활용

(1) 물의 전기분해

음(-)극은 수소기체, 양(+)극은 산소기체가 발생한다.

(2) 전기도금

전기분해에 의하여 음극에 있는 금속에 양극의 금속을 입히는 것

(3) 전해정련

전기분해를 이용하여 순수한 금속만을 음극에서 정제하여 석출하는 것. Cu(전기동)

(4) 전주

전착에 의하여 원형과 똑같은 제품을 복제하는 것

(5) 전해연마

금속 표면의 돌출된 부분이 분해되어 평활하게 되는 것

(6) 전기영동

이온이 이동하듯 입자가 이동되는 현상. 전착도장

(7) 전기 침투

격막을 통해 액체가 한 쪽에서 다른 쪽으로 이동. 콘덴서 제조

11 전지

[1] 1차 전지 - 망간 건전지(르클랑세 전지)

① 양극재 : 탄소봉

② 음극재 : 아연판

③ 전해액 : 염화암모늄(NH_4Cl)

④ 감극제 : 이산화망산(MnO_2)

⑤ 분극(성극) 작용 : 수소가 음극제에 둘러싸여 기전력이 저하되는 현상

* 방지 대책 : 감극제(MnO_2)

⑥ 국부 작용 : 불순물에 의하여 자체 방전이 일어나는 현상

* 방지 대책 : 순수 금속, 수은 도금 금속

[2] 2차 전지

(1) 납(연)축전지

① 화학 반응식

$$\underset{(+)\text{극}}{PbO_2} + \underset{\text{전해액}}{2H_2SO_4} + \underset{(-)\text{극}}{Pb} \underset{}{\overset{\text{방전}}{\rightleftarrows}} \underset{(+)\text{극}}{PbSO_4} + 2H_2O + \underset{(-)\text{극}}{PbSO_4}$$

② 기전력 : 2[V]

③ 정격 방전율 : 10[Ah]

(2) 알칼리 축전지

① 공칭전압 : 1.2[V]

② 정격 방전율 : 5[Ah]

③ 장점

㉠ 수명이 길다.(3~4배)

㉡ 급격한 충·방전이 가능하다.

㉢ 충격 및 진동 발생 장소에 적합하다.

12 전기철도의 종류 및 궤도

[1] 선로의 구성

(1) 궤도의 3요소

① 궤조(rail)

② 침목(sleeper)

③ 도상(ballast)

(2) 궤간

① 레일과 레일의 두부 내측 사이의 간격

② 표준 궤간 : 1,435[mm]

(3) 유간

온도 변화에 따른 레일의 신축성 때문에 이음매에 간격을 둔 것

(4) 확도(슬랙)

$S = \frac{l^2}{8R}$[mm]

(5) 고도(캔트)

$h = \frac{Gv^2}{127R}$[mm]

(6) 복진지(anti-creeper)

레일이 후퇴하는 작용을 방지하는 것

[2] 구배(기울기)

(1) 구배(경사, grade)

$[‰] = \frac{\text{두 지점 간 높이의 차}}{\text{두 지점 간 수평거리}}$

(2) 분기 개소

① 전철기 : 차륜을 하나의 궤도에서 다른 궤도로 유도하는 부분

② 도입 궤조 : 전철기와 철차 사이를 연결하는 곡선 궤조

③ 호륜 궤조 : 분기되는 곳에서 궤조의 강도를 보강

④ 철차부 : 궤도를 분기하는 부분

⑤ 철차 번호 : $N = \frac{1}{2}\cot\frac{\theta}{2} \fallingdotseq \cot\theta$

13 급전설비

[1] 직접 급전방식

[2] 흡상 변압기 급전방식

누설전류를 없애고, 유도장해를 방지

[3] 단권 변압기 급전방식

단권 변압기 권선을 트롤리선과 급전선에 병렬 접속

14 집전장치 – 팬터그래프

(1) 이선율[%] $= \frac{\text{이선 시간}}{\text{실제 운전 시간}} \times 100$

(2) 습동판의 압력

5~10[kg]의 압력

15 차량과 열차의 운전

[1] 운전 속도

(1) 평균 속도 $= \frac{\text{운전거리}}{\text{순 주행시간}}$

(2) 표정 속도 $= \frac{(n-1)L}{(n-2)t+T} = \frac{\text{시발역과 종착역의 거리}}{\text{순 주행시간} + \text{정차시간}}$

[2] 최대 견인력

$F = 1{,}000\mu W[\text{kg}]$

- μ : 레일과 바퀴의 마찰(점착)계수
- W : 동륜상의 열차 중량[t](점착중량)

[3] 전동기용량

$P = \frac{FV}{367\eta}[\text{kW}]$

16 전열의 기초

[1] 열량의 단위

① 1[cal]=4.186[J]

② 1[J]=0.24[cal]

③ 1[kWh]=860[kcal]

④ 1[BTU]=0.252[kcal]

[2] 전열 용어

(1) 비열 : 물체 1[kg]의 온도를 1[℃] 올리는 데 필요한 열량. 물의 비열은 1

(2) 용해 : 고체가 액체로 되는 현상

(3) 기화 : 액체가 기체로 되는 현상

[3] 열류

$I = \frac{\theta}{R}\left(R = \rho\frac{l}{A} = \frac{l}{\lambda A}\right) = \frac{\lambda A\theta}{l}[\text{W}]$

[4] 소요열량

$Q = 860\eta \cdot Pt = c \cdot m(T - T_0)[\text{kcal}]$

- 소비 전력 : $P = \frac{c \cdot m(T - T_0)}{860\eta \cdot t}[\text{kW}]$

17 전기가열방식 및 전기로

[1] 저항 가열

(1) 직접 저항 가열

흑연화로, 카바이드로(CaC_2 제조로), 카보런덤로

(2) 간접 저항 가열

① 발열체로

② 염욕로

③ 탄소립(크리프톨)로

[2] 고압 아크로 : 공중 질소 고정으로 질산 제조

① 센헬로

② 포오링로

③ 비라케란드 아이데로

[3] 유도 가열

① 반도체 정련

② 금속의 표면 가열

[4] 유전 가열

① 목재 건조 및 접착

② 비닐막 접착

[5] 적외선 가열

자동차 도장, 방직, 염색 등 표면 건조

[6] 전자 빔 가열

금속이나 세라믹의 가열 용접 및 가공

[7] 레이저 가열

고속가열 및 원격가공이 가능

18 궤환(feedback)제어계의 구성

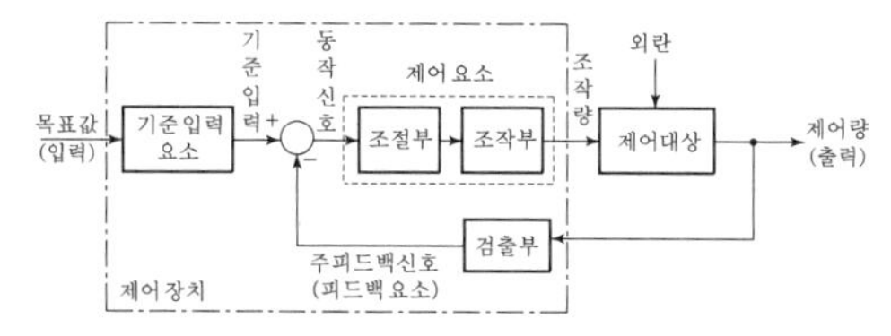

(1) 기준입력요소

목표값을 제어할 수 있는 기준입력신호

(2) 동작신호

기준입력과 주피드백신호와의 편차

(3) 제어요소

동작신호를 조작량으로 변환하는 요소, 조절부와 조작부

(4) 조작량

제어장치가 제어대상에 가하는 제어신호

19 자동제어계의 제어량에 의한 분류

(1) 서보기구

물체의 위치, 방위, 자세 등을 제어량으로 하는 추치제어

(2) 프로세스제어

제어량인 온도, 유량, 압력, 액위, 농도, 밀도 등 공정제어

(3) 자동조정제어

전압, 전류, 주파수, 회전속도, 힘 등 전기적, 기계적 양을 주로 제어

20 블록선도

(1) 피드백접속(궤환접속)

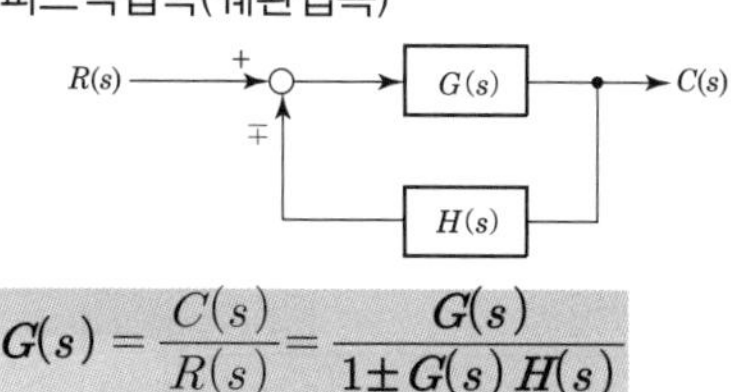

$$G(s)=\frac{C(s)}{R(s)}=\frac{G(s)}{1\pm G(s)H(s)}$$

(2) 특성방정식

$1\mp G(s)H(s)=0$

(3) 영점(○)

전달함수의 분자가 0이 되는 s의 근

(4) 극점(×)

전달함수의 분모가 0이 되는 s의 근

02 공사재료

1 전선과 케이블

[1] 전선의 구비 조건

도전율·강도·내구성·내식성 등 크고 저항·비중·가격 등은 적어야 함

[2] 전선의 구성 – 연선

1본의 중심선 위에 6의 층수 배수만큼 증가하는 구조

[3] 전선의 식별

상(문자)	색 상
L1	갈색
L2	흑색
L3	회색
N	청색
보호도체	녹색–노란색

2 피뢰시스템

[1] 접지공사의 목적

① 인체 보호
② 기기 보호
③ 보호계전기기의 확실한 동작

[2] 피뢰기의 구성

① 직렬 갭
② 특성요소

[3] 피뢰방식

뇌격으로부터 보호를 목적으로 시설되며, 수뢰부시스템, 인하도선시스템, 접지극시스템으로 구성

[4] 수뢰부 시스템

돌침·수평도체·메시도체

[5] 접지 저감재의 구비 조건

① 전기적 전해물질
② 안정성·지속성·작업성·내부식성 등

3 배선의 재료 및 시설

[1] 배선재료

① 개폐기
② 소켓(socket)
③ 플러그와 콘센트

[2] 금속관공사 – 전선관의 종류

종 류	약 호	치 수	
박강 전선관	C	외경 홀수 (7종류)	19, 25, 31, 39, 51, 63, 75
후강 전선관	G	내경 짝수 (10종류)	16, 22, 28, 36, 42, 54, 70, 82, 92, 104
나사 없는 전선관		박강전선관 치수와 동일	

(1) 후강전선관
① 관의 두께는 2.3[mm] 이상
② 1본의 길이는 3.6[m]

(2) 박강전선관
① 관의 두께는 1.6[mm] 이상
② 1본의 길이는 3.66[m]

[3] 합성수지관공사

(1) 1본의 길이는 4[m]가 표준이고, 관의 호칭은 안지름에 가까운 짝수[mm]로 나타낸다.

(2) 배관의 지지
배관의 지지점 사이 거리는 1.5[m] 이하로 하고, 관과 관, 관과 박스의 접속점 및 관 끝은 각각 300[mm] 이내에 지지한다.

[4] 애자공사

(1) 노브애자
일반적으로 애자공사에 사용되는 애자는 노브애자이다.

▌애자에 사용할 수 있는 전선의 최대 굵기▐

애자의 종류		전선의 최대 굵기[mm^2]
노브애자	소	16
	중	50
	대	95
	특대	240
인류애자	특대	25
핀애자	소	50
	중	95
	대	185

(2) 애자 바인드법
① 일자 바인드법 : 3.2[mm] 또는 10[mm^2] 이하의 전선
② 십자 바인드법 : 4.0[mm] 또는 16[mm^2] 이상의 전선

바인드선의 굵기	사용전선의 굵기
0.9[mm]	16[mm^2] 이하
1.2[mm] (또는 0.9[mm]×2)	50[mm^2] 이하
1.6[mm] (또는 1.2[mm]×2)	50[mm^2]를 넘는 것

4 전선로

[1] 완금

(1) 완금이 상하로 움직이는 것을 방지하기 위하여 암 타이(arm tie)를 사용한다.

(2) 암 타이를 고정시키려면 암 타이 밴드(arm tie band)를, 지선에 붙일 때에는 지선 밴드(stay band)를 사용한다.

▌완금의 크기▐

전선 조수	저 압	고 압	특고압
2	900[mm]	1,400[mm]	1,800[mm]
3	1,400[mm]	1,800[mm]	2,400[mm]

[2] 애자 설치 부속 자재

(1) 경완철
경완철, 볼쇄클, 현수애자, 소켓아이, 데드엔드클램프, 전선

(2) ㄱ형 완철
ㄱ완철, 앵커쇄클, 볼크레비스, 현수애자, 소켓아이, 데드엔드클램프, 전선

(3) 폴리머 애자
경완철, 볼쇄클, 소켓아이, 폴리머 애자, 데드엔드클램프, 전선

5 배전반 및 분전반

형 식		수전설비 용량	주차단기	콘덴서 용량
CB형	옥내용	500[kVA] 이하	차단기(CB)를 사용	300[kVA]
	옥외형			
PF–CB형	옥내용	500[kVA] 이하	한류형 전력 퓨즈 PF와 CB를 조합하여 사용	300[kVA]
	옥외형			
PF–S형	옥내용	300[kVA] 이하	PF와 고압 개폐기를 조합하여 사용	100[kVA]
	옥외형			

기출과 개념을 한 번에 잡는

전기응용 및 공사재료

전수기 · 임한규 · 정종연 지음

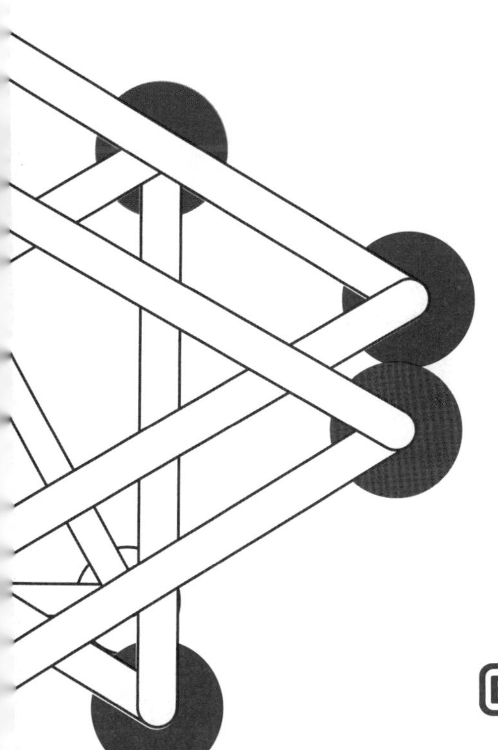

BM (주)도서출판 성안당

■ 도서 A/S 안내

성안당에서 발행하는 모든 도서는 저자와 출판사, 그리고 독자가 함께 만들어 나갑니다.

좋은 책을 펴내기 위해 많은 노력을 기울이고 있습니다. 혹시라도 내용상의 오류나 오탈자 등이 발견되면 "좋은 책은 나라의 보배"로서 우리 모두가 함께 만들어 간다는 마음으로 연락주시기 바랍니다. 수정 보완하여 더 나은 책이 되도록 최선을 다하겠습니다.

성안당은 늘 독자 여러분들의 소중한 의견을 기다리고 있습니다. 좋은 의견을 보내주시는 분께는 성안당 쇼핑몰의 포인트(3,000포인트)를 적립해 드립니다.

잘못 만들어진 책이나 부록 등이 파손된 경우에는 교환해 드립니다.

저자 문의 : jeon6363@hanmail.net(전수기)

본서 기획자 e-mail : coh@cyber.co.kr(최옥현)

홈페이지 : http://www.cyber.co.kr 전화 : 031) 950-6300

이 책을 펴내면서…

전기수험생 여러분!

합격하기도, 학습하기도 어려운 전기자격증시험 어떻게 하면 합격할 수 있을까요? 이것은 과거부터 현재까지 끊임없이 제기되고 있는 전기수험생들의 고민이며 가장 큰 바람입니다.

필자가 강단에서 30여 년 강의를 하면서 안타깝게도 전기수험생들이 열심히 준비하지만 합격하지 못한 채 중도에 포기하는 경우를 많이 보았습니다. 전기자격증시험이 너무 어려워서?, 머리가 나빠서?, 수학실력이 없어서?, 그렇지 않습니다. 그것은 전기자격증 시험대비 학습방법이 잘못되었기 때문입니다.

전기공사기사·산업기사 시험문제는 전체 과목의 이론에 대해 출제될 수 있는 문제가 모두 출제된 상태로 현재는 문제은행방식으로 기출문제를 그대로 출제하고 있습니다.

따라서 이 책은 기출개념원리에 의한 독특한 교수법으로 시험에 강해질 수 있는 사고력을 기르고 이를 바탕으로 기출문제 해결능력을 키울 수 있도록 다음과 같이 구성하였습니다.

이 책의 특징

❶ 기출핵심개념과 기출문제를 동시에 학습

중요한 기출문제를 기출핵심이론의 하단에서 바로 학습할 수 있도록 구성하였습니다. 따라서 기출개념과 기출문제풀이가 동시에 학습이 가능하여 어떠한 형태로 문제가 출제되는지 출제감각을 익힐 수 있게 구성하였습니다.

❷ 전기자격증시험에 필요한 내용만 서술

기출문제를 토대로 방대한 양의 이론을 모두 서술하지 않고 시험에 필요 없는 부분은 과감히 삭제, 시험에 나오는 내용만 담아 수험생의 학습시간을 단축시킬 수 있도록 교재를 구성하였습니다.

이 책으로 인내심을 가지고 꾸준히 시험대비를 한다면 학습하기도, 합격하기도 어렵다는 전기자격증시험에 반드시 좋은 결실을 거둘 수 있으리라 확신합니다.

전수기 씀

"

기출개념과 문제를 한번에 잡는 합격 구성

"

기출개념

기출문제에 꼭 나오는 핵심개념을 관련 기출문제와 구성하여 한 번에 쉽게 이해

단원 최근 빈출문제

단원별로 자주 출제되는 기출문제를 엄선하여 출제 가능성이 높은 필수 기출문제 공략

실전 기출문제

최근 출제되었던 기출문제를 풀면서 실전시험 최종 마무리

이 책의 구성과 특징

01 기출개념

시험에 출제되는 중요한 핵심개념을 체계적으로 정리해 먼저 제시하고 그 개념과 관련된 기출문제를 동시에 학습할 수 있도록 구성하였다.

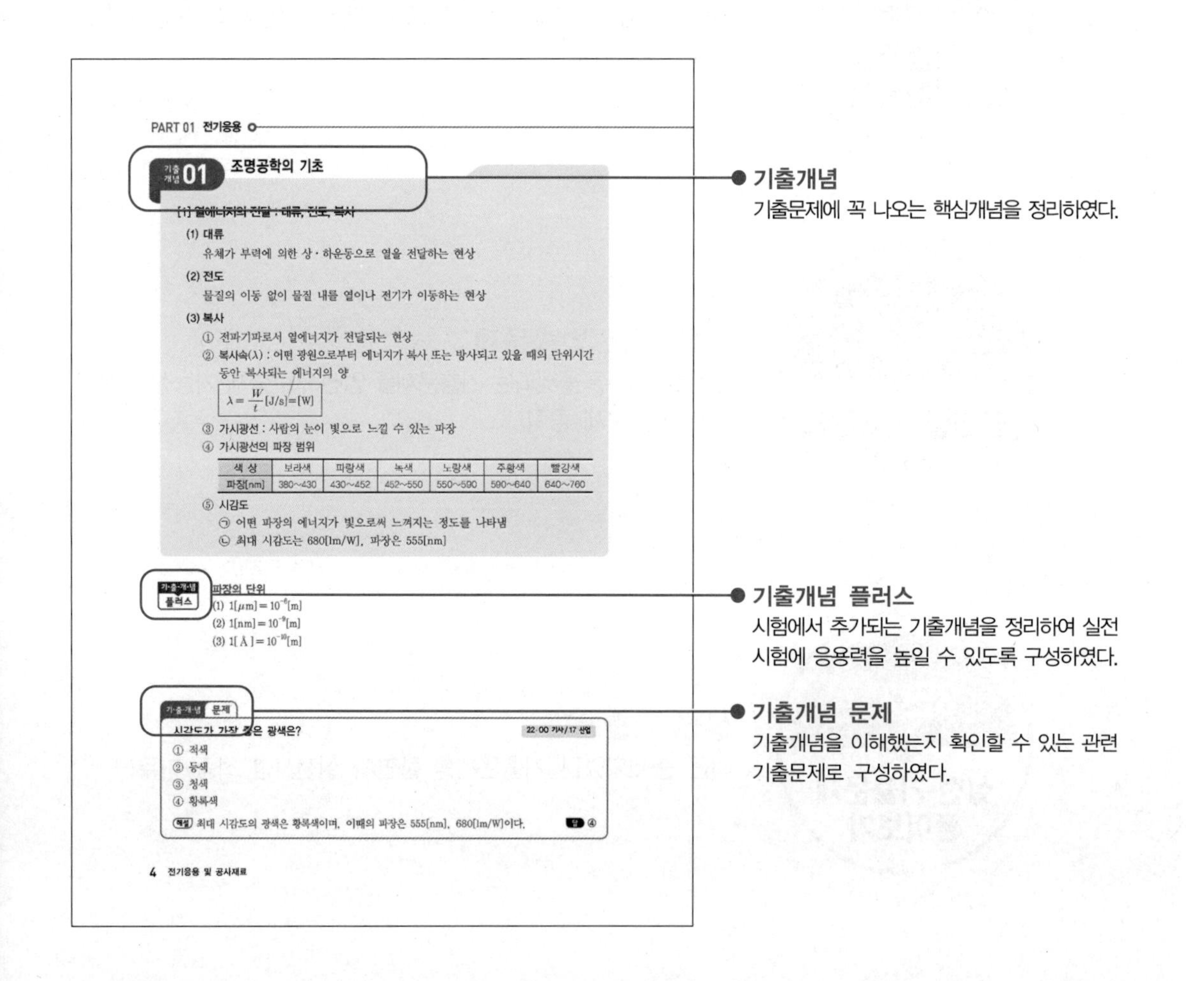

PART 01 전기응용

기출개념 01 조명공학의 기초

[1] 열에너지의 전달 : 대류, 전도, 복사

(1) 대류

유체가 부력에 의한 상·하운동으로 열을 전달하는 현상

(2) 전도

물질의 이동 없이 물질 내를 열이나 전기가 이동하는 현상

(3) 복사

① 전파기파로서 열에너지가 전달되는 현상

② 복사속(λ) : 어떤 광원으로부터 에너지가 복사 또는 방사되고 있을 때의 단위시간 동안 복사되는 에너지의 양

$\lambda = \frac{W}{t}$[J/s]=[W]

③ 가시광선 : 사람의 눈이 빛으로 느낄 수 있는 파장

④ 가시광선의 파장 범위

색 상	보라색	파랑색	녹색	노랑색	주황색	빨강색
파장[nm]	380~430	430~452	452~550	550~590	590~640	640~760

⑤ 시감도

㉠ 어떤 파장의 에너지가 빛으로써 느껴지는 정도를 나타냄

㉡ 최대 시감도는 680[lm/W], 파장은 555[nm]

기출개념 플러스 파장의 단위

(1) 1[μm] = 10^{-6}[m]

(2) 1[nm] = 10^{-9}[m]

(3) 1[Å] = 10^{-10}[m]

기출개념 문제

시감도가 가장 좋은 광색은? 22·00 기사/17 산업

① 적색

② 등색

③ 청색

④ 황록색

해설 최대 시감도의 광색은 황록색이며, 이때의 파장은 555[nm], 680[lm/W]이다. 답 ④

4 전기응용 및 공사재료

02 단원별 출제비율

단원별로 다년간 출제문제를 분석한 출제비율을 제시하여 학습방향을 세울 수 있도록 구성하였다.

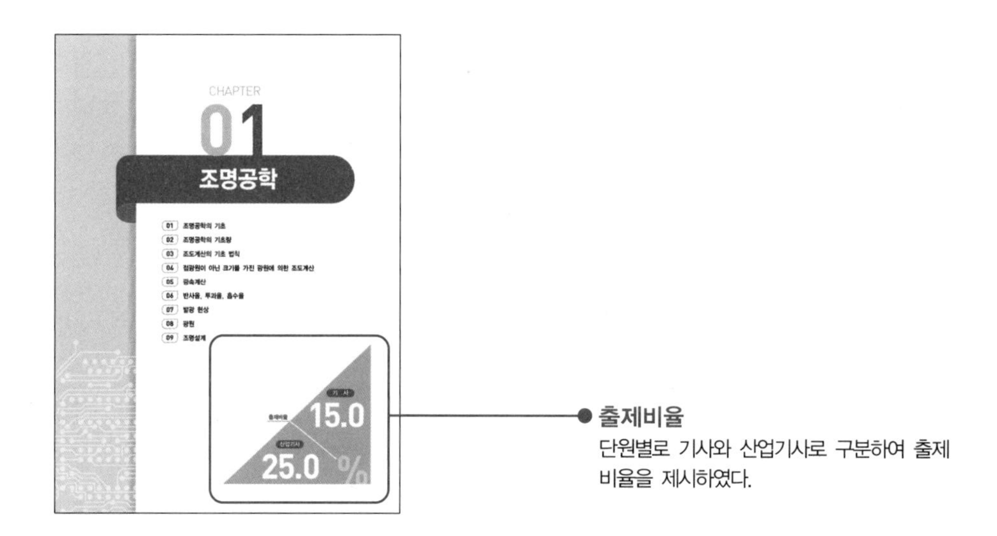

03 단원 최근 빈출문제

자주 출제되는 기출문제를 엄선하여 단원별로 학습할 수 있도록 빈출문제로 구성하였다.

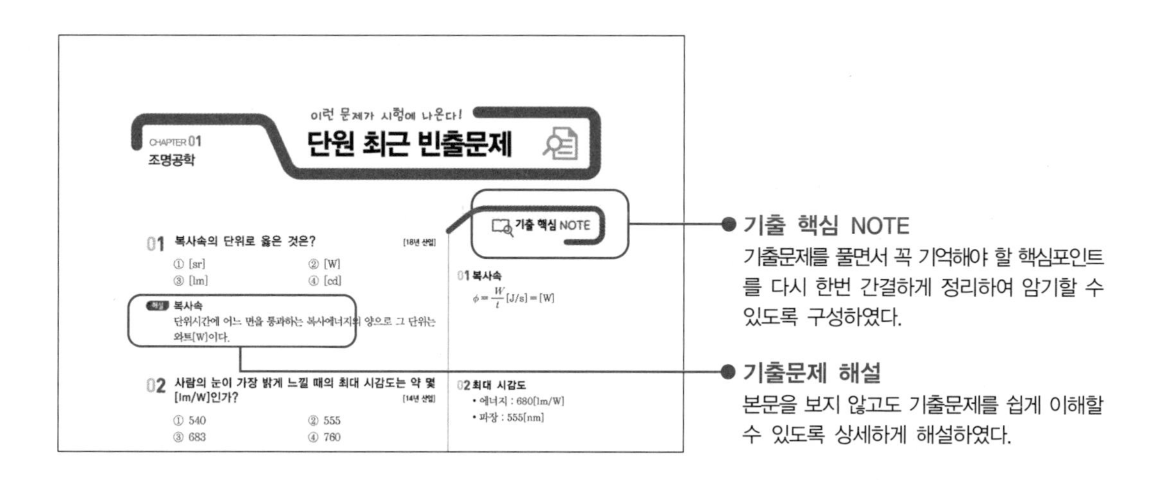

04 최근 과년도 출제문제

실전시험에 대비할 수 있도록 최근 기출문제를 수록하여 시험에 대한 감각을 기를 수 있도록 구성하였다.

전기자격시험안내

01 시행처

한국산업인력공단

02 시험과목

구분	전기기사	전기산업기사	전기공사기사	전기공사산업기사
필기	1. 전기자기학 2. 전력공학 3. 전기기기 4. 회로이론 및 제어공학 5. 전기설비기술기준	1. 전기자기학 2. 전력공학 3. 전기기기 4. 회로이론 5. 전기설비기술기준	1. 전기응용 및 공사재료 2. 전력공학 3. 전기기기 4. 회로이론 및 제어공학 5. 전기설비기술기준	1. 전기응용 2. 전력공학 3. 전기기기 4. 회로이론 5. 전기설비기술기준
실기	전기설비 설계 및 관리	전기설비 설계 및 관리	전기설비 견적 및 시공	전기설비 견적 및 시공

03 검정방법

[기사]

- **필기** : 객관식 4지 택일형, 과목당 20문항(과목당 30분)
- **실기** : 필답형(2시간 30분)

[산업기사]

- **필기** : 객관식 4지 택일형, 과목당 20문항(과목당 30분)
- **실기** : 필답형(2시간)

04 합격기준

- **필기** : 100점을 만점으로 하여 과목당 40점 이상, 전과목 평균 60점 이상
- **실기** : 100점을 만점으로 하여 60점 이상

05 출제기준

■ 전기공사기사

주요항목	세부항목	세세항목
전기응용	1. 광원, 조명 이론과 계산 및 조명설계	(1) 조명의 기초 (2) 백열전구 (3) 방전등 (4) 조도계산 (5) 조명설계 (6) LED 조명
	2. 전열방식의 원리, 특성 및 전열설계	(1) 전열의 기초 (2) 전기용접 (3) 전기로 (4) 전기건조 (5) 열펌프
	3. 전동력 응용	(1) 전동기 응용의 기초 (2) 전동기 운전 및 제어 (3) 전동기의 선정 및 보수 (4) 전동기 응용
	4. 전력용 반도체 소자의 응용	(1) 전력용 반도체 소자의 기초 (2) 전력용 반도체 소자 종류별 특징 (3) 광전 소자 및 집적회로 소자 (4) 전력용 반도체 소자 응용 제어회로
	5. 전지 및 전기화학	(1) 전기화학의 기초 (2) 전지 및 충전방식 (3) 금속의 부식 (4) 전기분해의 응용
	6. 전기철도	(1) 전기철도의 기초 (2) 전차선 (3) 주전동기의 구동 및 제어 (4) 열차운전 및 제어 (5) 전기철도용 전기설비 (6) 전식 및 전기 부식 방지 (7) 유도장해
공사재료	1. 전선 및 케이블	(1) 전선, 케이블 (2) 절연 및 보호재료의 특성 (3) 시설장소 (4) 나전선 (5) 절연전선 (6) 코드 (7) 꼬임2선식 (8) 광케이블 (9) 동축케이블 (10) 특수전선

주요항목	세부항목	세세항목
공사재료	2. 애자 및 애관	(1) 애자의 종류 (2) 애관의 종류
	3. 전선관 및 덕트류	(1) 각종 전선관 및 전선관용 부속품 (2) 각종 덕트 및 덕트용 부속품
	4. 배전, 분전함	(1) 배전함의 종류 (2) 분전함의 종류
	5. 배선기구, 접속재료	(1) 배선기구류에 관한 사항 (2) 전기절연재료에 관한 사항 (3) 전기결선의 종류와 특성
	6. 조명기구	(1) 조명기구의 분류 및 종류 (2) 주택용 조명기구 (3) 상업용 조명기구 (4) 산업용 조명기구 (5) 도로 및 터널 조명기구 (6) 무대 조명기구 (7) 특수 조명기구
	7. 전기기기	(1) 전동기에 관련된 재료 (2) 변압기에 관련된 재료 (3) 전력용 콘덴서에 관련된 재료 (4) 예비발전기에 관련된 재료
	8. 전지, 축전지	(1) 전지에 관련된 각종 재료 (2) 축전지에 관련된 각종 재료
	9. 피뢰기, 피뢰침, 접지재료	(1) 피뢰기에 관련된 각종 재료 (2) 피뢰침에 관련된 각종 재료 (3) 접지설비에 관련된 각종 재료 (4) 서지보호장치(SPD)에 관련된 재료
	10. 지지물, 장주재료	(1) 지지물에 관련된 각종 재료 (2) 장주에 관련된 각종 재료

■ 전기공사산업기사

주요항목	세부항목	세세항목
전기응용	1. 광원, 조명 이론과 계산 및 조명설계	(1) 조명의 기초 (2) 백열전구 (3) 방전등 (4) 조도계산 (5) 조명설계 (6) LED 조명
	2. 전열방식의 원리, 특성 및 전열설계	(1) 전열의 기초 (2) 전기용접 (3) 전기로 (4) 전기건조 (5) 열펌프
	3. 전동력 응용	(1) 전동기 응용의 기초 (2) 전동기 운전 및 제어 (3) 전동기의 선정 및 보수 (4) 전동기 응용
	4. 전력용 반도체 소자의 응용	(1) 전력용 반도체 소자의 기초 (2) 전력용 반도체 소자 종류별 특징 (3) 광전 소자 및 집적회로 소자 (4) 전력용 반도체 소자 응용 제어회로
	5. 전지 및 전기화학	(1) 전기화학의 기초 (2) 전지 및 충전방식 (3) 금속의 부식 (4) 전기분해의 응용
	6. 전기철도	(1) 전기철도의 기초 (2) 전차선 (3) 주전동기의 구동 및 제어 (4) 열차운전 및 제어 (5) 전기철도용 전기설비 (6) 전식 및 전기 부식 방지 (7) 유도장해
	7. 자동제어의 기본 개념	(1) 자동제어의 기본 개념에 관한 사항

이 책의 차례

PART 01. 전기응용

CHAPTER 01 조명공학

기사 15.0% / 산업 25.0%

기출개념 01 조명공학의 기초 4
기출개념 02 조명공학의 기초량 5
기출개념 03 조도계산의 기초 법칙 9
기출개념 04 점광원이 아닌 크기를 가진 광원에 의한 조도계산 12
기출개념 05 광속계산 13
기출개념 06 반사율, 투과율, 흡수율 16
기출개념 07 발광 현상 17
기출개념 08 광원 19
기출개념 09 조명설계 27
■ 단원 최근 빈출문제 31

CHAPTER 02 전동기 응용 및 전력용 반도체

기사 16.7% / 산업 20%

기출개념 01 운동에너지 이론 56
기출개념 02 전동기 기동 59
기출개념 03 전동기 속도 제어 61
기출개념 04 전동기 제동법 63

기출개념 05 전동기 용량 계산 64
기출개념 06 전동기 보호 66
기출개념 07 전력용 반도체 소자 67
기출개념 08 정류회로 74
■ 단원 최근 빈출문제 76

CHAPTER 03 전기철도 기사 7.3% / 산업 11.7%

기출개념 01 전기철도의 종류 및 궤도 96
기출개념 02 급전설비 100
기출개념 03 전차선로 101
기출개념 04 차량과 열차의 운전 104
기출개념 05 전식 107
기출개념 06 보안설비 109
■ 단원 최근 빈출문제 110

CHAPTER 04 전기화학 기사 7.3% / 산업 10.3%

기출개념 01 전기화학 기초 120
기출개념 02 전기분해의 활용 121
기출개념 03 전지 123
기출개념 04 축전지의 용량 및 충전방법 128
■ 단원 최근 빈출문제 130

CHAPTER 05 전열 기사 12.0% / 산업 23.7%

기출개념 01 전기가열의 특징 138
기출개념 02 전열의 기초 139

기출개념 03 열량계산 142
기출개념 04 전기가열방식 및 전기로 144
기출개념 05 전열재료 148
기출개념 06 온도 측정 150
기출개념 07 전기용접 152
기출개념 08 열전효과 및 물리적 현상 154
■ 단원 최근 빈출문제 156

CHAPTER 06 자동제어

기사 1.7% / 산업 9.3%

기출개념 01 자동제어계의 종류 176
기출개념 02 궤환(feedback)제어계의 구성 177
기출개념 03 자동제어계의 제어량에 의한 분류 178
기출개념 04 자동제어계의 목표값의 설정에 의한 분류 179
기출개념 05 자동제어계의 제어동작에 의한 분류 180
기출개념 06 전달함수의 정의 및 전기회로의 전달함수 182
기출개념 07 제어요소의 전달함수 184
기출개념 08 블록선도 185
■ 단원 최근 빈출문제 187

PART 02. 공사재료

CHAPTER 01 전선과 케이블

기사 5.3%

기출개념 01 전선의 구비 조건 196
기출개념 02 전선의 구성 197
기출개념 03 전선의 식별 197
기출개념 04 전선 및 케이블 종류별 약호 198
기출개념 05 절연물의 종류에 따른 최고허용온도 202
기출개념 06 캡타이어 케이블 202
기출개념 07 고압 절연전선 203
기출개념 08 CV 케이블 203
■ 단원 최근 빈출문제 204

CHAPTER 02 피뢰시스템

기사 4.0%

기출개념 01 접지공사의 목적 214
기출개념 02 접지극 214
기출개념 03 피뢰기 215
기출개념 04 피뢰침 217
기출개념 05 접지 저감재 218
■ 단원 최근 빈출문제 219

CHAPTER 03 배선의 재료 및 시설

기사 11.5%

기출개념 01 배선재료 226
기출개념 02 전기설비에 관련된 공구 231
기출개념 03 금속관공사 234

기출개념 04 합성수지관공사 237
기출개념 05 애자공사 238
기출개념 06 케이블트렁킹시스템 238
■ 단원 최근 빈출문제 239

CHAPTER 04 전선로 기사 11.5%

기출개념 01 배전선로용 재료와 기구 254
기출개념 02 장주 · 건주 및 가선공사 257
■ 단원 최근 빈출문제 259

CHAPTER 05 배전반 및 분전반 기사 7.7%

기출개념 01 배전반 및 분전반 274
기출개념 02 수전 및 변전설비 276
■ 단원 최근 빈출문제 282

부 록

과년도 출제문제

전기응용

CHAPTER 01 조명공학
CHAPTER 02 전동기 응용 및 전력용 반도체
CHAPTER 03 전기철도
CHAPTER 04 전기화학
CHAPTER 05 전열
CHAPTER 06 자동제어

"할 수 있다고 믿는 사람은 그렇게 되고,
할 수 없다고 믿는 사람 역시 그렇게 된다."

– 샤를 드골 –

CHAPTER

01 조명공학

01 조명공학의 기초

02 조명공학의 기초량

03 조도계산의 기초 법칙

04 점광원이 아닌 크기를 가진 광원에 의한 조도계산

05 광속계산

06 반사율, 투과율, 흡수율

07 발광 현상

08 광원

09 조명설계

출제비율

기 사 15.0 %

산업기사 25.0 %

기출개념 01 조명공학의 기초

[1] 열에너지의 전달 : 대류, 전도, 복사

(1) 대류

유체가 부력에 의한 상·하운동으로 열을 전달하는 현상

(2) 전도

물질의 이동 없이 물질 내를 열이나 전기가 이동하는 현상

(3) 복사

① 전자기파로서 열에너지가 전달되는 현상

② 복사속(ϕ) : 어떤 광원으로부터 에너지가 복사 또는 방사되고 있을 때의 단위시간 동안 복사되는 에너지의 양

$$\phi = \frac{W}{t}[\mathrm{J/s}] = [\mathrm{W}]$$

③ 가시광선 : 사람의 눈이 빛으로 느낄 수 있는 파장

④ 가시광선의 파장 범위

색 상	보라색	파랑색	**녹색**	노랑색	주황색	빨강색
파장[nm]	380~430	430~452	**452~550**	550~590	590~640	640~760

⑤ 시감도

㉠ 어떤 파장의 에너지가 빛으로써 느껴지는 정도를 나타냄

㉡ **최대 시감도는 680[lm/W], 파장은 555[nm]**

기·출·개·념 플러스

파장의 단위

(1) $1[\mu\mathrm{m}] = 10^{-6}[\mathrm{m}]$

(2) $1[\mathrm{nm}] = 10^{-9}[\mathrm{m}]$

(3) $1[\mathrm{Å}] = 10^{-10}[\mathrm{m}]$

기·출·개·념 문제

시감도가 가장 좋은 광색은? 22·00 기사 / 17 산업

① 적색

② 등색

③ 청색

④ 황록색

(해설) 최대 시감도의 광색은 황록색이며, 이때의 파장은 555[nm], 680[lm/W]이다.

답 ④

기출개념 02 조명공학의 기초량

[1] 광속

(1) 정의 : 빛의 양

광원에서 나오는 복사속을 눈으로 보아 빛으로 느끼는 크기를 나타낸 것

$$F = \frac{1}{M}\int_{380}^{760} \phi_\lambda \, J_\lambda \, d\lambda [\text{lm}]$$

여기서, M : 빛의 일당량$\left(\frac{1}{M}\text{ : 최대 시감도}\right)$, ϕ_λ : 분광 복사속[W]

J_λ : 비 시감도[lm/W], λ : 파장[m]

(2) 기호 : F[lm](lumen)

$$F = \omega I [\text{lm}]$$

① 구 광원(또는 점광원 예 백열 전구) : $F = 4\pi I$[lm]
② 원통 광원(또는 선광원 예 형광등) : $F = \pi^2 I$[lm]
③ 평판 광원(또는 면광원 예 EL등) : $F = \pi I$[lm]

[2] 조도

(1) 정의 : 피조면의 밝기

① 어떤 물체에 광속이 입사하였을 때, 단위면적으로 입사되는 광속
② 어떤 면에 입사되는 광속

(2) 기호 : E[lx](lux)

$$E = \frac{F}{A} [\text{lx}]$$

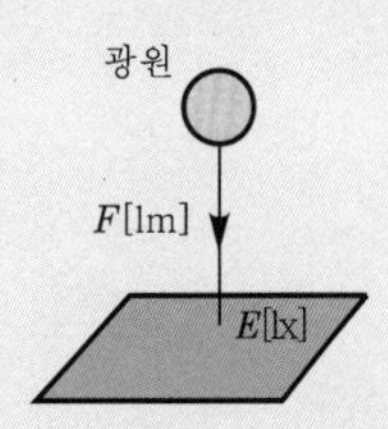

표준단위 : [lx]=[lm/m^2], 보조단위 : [ph]=[lm/cm^2]
표준단위만을 사용한다.

[3] 광속 발산도

(1) 정의 : 물체의 밝기

① 어떤 물체에서 광속이 발산되고 있을 때, 단위면적으로부터 발산되는 광속
② 어떤 면에서 발산(반사 또는 투과)되는 광속

(2) 기호 : R[rlx](radlux)

$$R = \frac{F}{A} \times \tau \times \eta = \frac{F}{A} \times \rho \times \eta [\text{rlx}]$$

여기서, τ : 투과율, ρ : 반사율, η : 기구효율, A : 면적
표준단위 : [rlx]=[lm/m^2], 보조단위 : [rph]=[lm/cm^2]
표준단위만을 사용한다.

[4] 광도

(1) 정의 : 빛의 세기

① 모든 방향으로 광속이 발산되고 있는 점광원에서 그 방향의 단위 입체각에 포함되는 광속의 양

② 발산 광속의 입체각 밀도

(2) 기호 : I[cd](candela)

$$I = \frac{F}{\omega}[\text{cd}]$$

① 점광원(또는 구광원 예 백열 전구)

$$I = \frac{F}{4\pi}[\text{cd}]$$

② 선광원(또는 원통 광원 예 형광등)

$$I = \frac{F}{\pi^2}[\text{cd}]$$

③ 면광원(또는 평판 광원 예 EL등)

$$I = \frac{F}{\pi}[\text{cd}]$$

(3) 입체각에 의한 광도

입체각 ω[sr](steradian) 내에서 광속 F[lm]가 고르게 발산

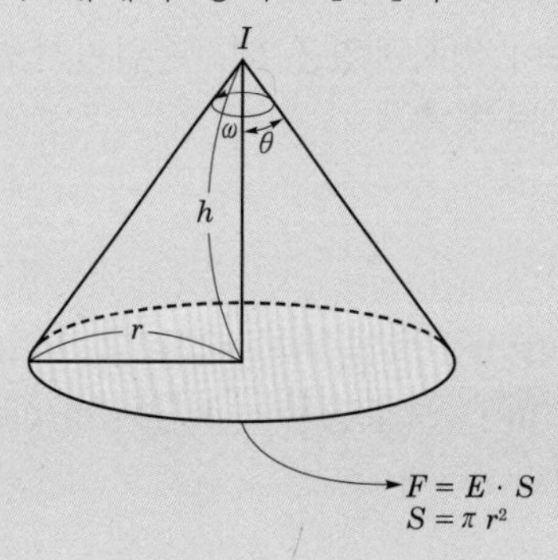

$$I = \frac{F}{\omega}[\text{cd}]$$

(4) 균등 점광원

모든 방향의 광도가 균등한 점광원

$$I = \frac{F}{\omega}[\text{lm/sr}] = [\text{cd}]$$

$$\omega = 2\pi(1-\cos\theta)$$

$$I = \frac{E \cdot S}{2\pi(1-\cos\theta)}[\text{cd}]$$

$$\cos\theta = \frac{h}{\sqrt{h^2+r^2}}$$

[5] 휘도

(1) **정의** : 눈부심의 정도(표면의 밝기)

광원의 투영 면적에 따라 달라진다.

(2) **기호** : B[nt]

① 보조단위 : [cd/cm^2]=[sb] : 스틸브(stilb)

② 표준단위 : [cd/m^2]=[nt] : 니트(nit)

휘도에서는 보조단위와 표준단위를 모두 사용하므로, 단위를 반드시 확인하여야 한다.

$$B = \frac{I}{S}[\mathrm{cd/m^2}]$$

[cd/m^2]=[nt],　단위 환산 1[nt]=10^{-4}[sb]

[cd/cm^2]=[sb],　단위 환산 1[sb]=10^4[nt]

[6] 완전 확산면

(1) 어느 방향에서나 휘도(눈부심)가 같은 면

(2) **광속 발산도와 휘도**

$$R = \pi B[\mathrm{rlx}]$$

[7] 평균 구면 광도

광원의 종류와 관계없이 광원의 전 광속을 4π로 나눈 것

$$I_0 = \frac{F}{4\pi}[\mathrm{cd}]$$

* 구면 환산율 $= \dfrac{\text{평균 구면 광도}}{\text{평균 수평 광도}}$

기·출·개·념 **문제**

1. 광속이란 무엇인가? 19·99 산업

① 복사에너지를 눈으로 보아 빛으로 느끼는 크기를 나타낸 것

② 단위시간에 복사되는 에너지의 양

③ 전자파에너지를 얼마만큼의 밝기로 느끼게 하는가를 나타낸 것

④ 복사속에 대한 광속의 비

해설 광속은 가시광선 범위의 방사속(복사속)을 눈으로 보았을 때 빛으로 느껴지는 정도를 나타낸 것이다.

답 ①

기·출·개·념 문제

2. 다음 설명 중 잘못된 것은? 93 기사

① 조도의 단위는 [lx]=[lm/m^2]이다.
② 광속 발산도의 단위는 [lm/m]로 [radiant lux]라 하여 [lx]로 표시한다.
③ 광도의 단위는 [lm/stread]로 [candela]라 하며 [cd]로 표시한다.
④ 휘도 보조단위로는 [cd/m^2]를 사용하고 [stilb]라 하여 [sb]로 표시한다.

해설 광속 발산도 R은 표준단위 1[rlx]=1[lm/m^2], 보조단위 1[rph]=1[lm/cm^2]로 분류하나 표준단위만 사용한다.

답 ②

3. 20[cm^2]의 면적에 0.5[lm]의 광속이 입사할 때 그 면의 조도[lx]는? 19 산업

① 200
② 250
③ 300
④ 350

해설 조도 $E=\frac{F}{A}$

$$=\frac{0.5}{20\times10^{-4}}$$

$$=250[\text{lx}]$$

답 ②

4. 휘도가 균일한 원통 광원의 축 중앙 수직 방향의 광도가 250[cd]이다. 전광속[lm]은 약 얼마인가? 22 기사

① 80
② 785
③ 2,467
④ 3,142

해설 원통 광원(형광등) 수직 방향의 광도를 I_0라고 하면,

전광속 $F=\pi^2 I_0$

$$=\pi^2\times250$$

$$=2{,}467.4[\text{lm}]$$

답 ③

5. 눈부심을 일으키는 램프의 휘도 한계는? 22 기사/20·15 산업

① 0.5[cd/cm^2] 이하
② 1.5[cd/cm^2] 이하
③ 2.5[cd/cm^2] 이하
④ 3.0[cd/cm^2] 이하

해설 눈부심을 일으키는 휘도의 한계는 주위의 밝음에 따라 다르며, 대체로 항상 시야 내에 있는 광원에 대해서는 0.2[cd/cm^2] 이하이고, 때때로 시야 내에 들어오는 광원에 대해서는 0.5[cd/cm^2] 이하이다.

답 ①

기출개념 03 조도계산의 기초 법칙

[1] 거리 역제곱의 법칙

일정 광도의 점광원으로부터 떨어져 있는 여러 곳의 조도는 거리에 따라 달라진다. 광도 I[cd]인 균등 점광원을 반지름 r[m]인 구의 중심에 놓을 경우, 구면 위의 모든 점의 조도 I는 다음과 같다.

$$E=\frac{F}{A}=\frac{4\pi I}{4\pi r^2}=\frac{I}{r^2}[\mathrm{lx}]$$

여기서, 구면 위의 조도 E는 광원의 광도 I에 비례하고, 거리 r의 제곱에 반비례한다.

[2] 입사각의 코사인 법칙

물체의 어떤 면에 평행 광속이 입사되는 경우, 조도는 입사되는 평행 광속에 대해 그 피조면이 얼마나 기울어 있는지에 따라 다르게 된다. 그 입사각의 변화에 따른 조도의 변화를 나타낸 관계를 입사각의 코사인 법칙이라 한다.

(1) 평행한 광속 F[lm]가 면적 $S_1[\mathrm{m}^2]$의 피조면에 직각으로 입사할 경우 이 면의 조도 E_1은 다음과 같이 표현된다.

$$E_1=\frac{F}{S_1}[\mathrm{lx}]$$

(2) 같은 광속이 면적 $S_1[\mathrm{m}^2]$으로부터 각이 θ만큼 기울어진 면적 $S_2[\mathrm{m}^2]$에 입사할 때, 면적 S_2에서의 조도 E_2는 다음과 같다.

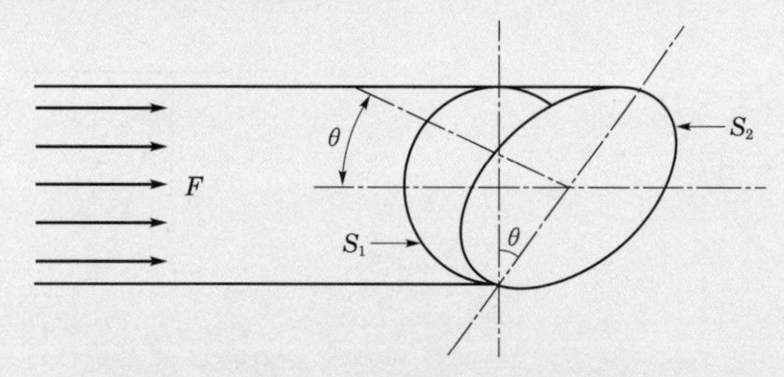

▍조도 입사각의 코사인 법칙▍

$$E_2=\frac{F}{S_2}[\mathrm{lx}]$$

그런데 $S_2=\dfrac{S_1}{\cos\theta}$이므로, E_2는 다음과 같이 나타낼 수 있다.

$$E_2=\frac{F}{S_2}=\frac{F}{\dfrac{S_1}{\cos\theta}}=\frac{F}{S_1}\cos\theta=E_1\cos\theta[\mathrm{lx}]$$

즉, 입사각 θ인 면의 조도 E_2는 빛의 입사각 θ의 코사인, 즉 $\cos\theta$에 비례하는 것을 알 수 있다. 이 관계를 입사각의 코사인 법칙이라고 한다.

$$E=\frac{F}{S}\times u\times n=[\mathrm{lm/m^2}]=[\mathrm{lx}]$$

여기서, u : 조명률(이용률)이 주어질 때만 곱한다. n : 등 수

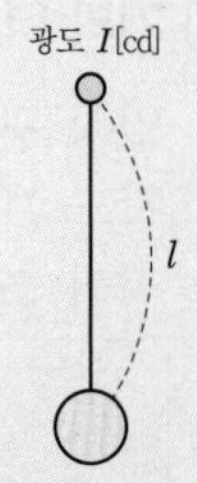

(3) 직하 조도

$$E=\frac{F}{S}=\frac{4\pi I}{4\pi r^2}=\frac{I}{r^2}[\mathrm{lx}]$$

단, 투과율이 주어지면 곱한다.

[3] 조도의 분류

(1) 법선 조도(E_n) : 피조면에 항상 직각인 조도

(2) 수평면 조도(E_h), 수직면 조도(E_v)

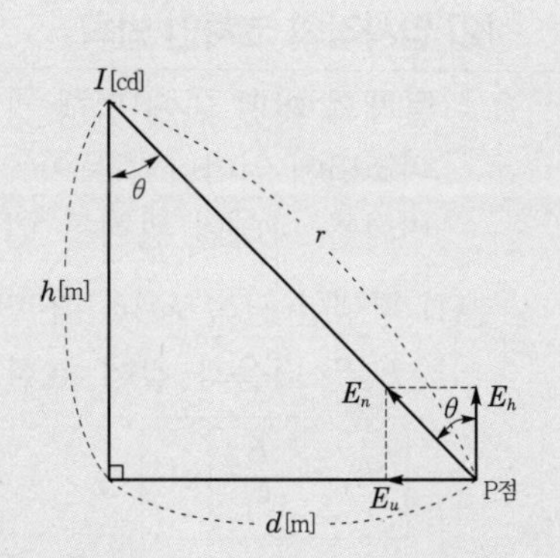

① $E_n=\dfrac{I}{R^2}[\mathrm{lx}]$

② $E_h=\dfrac{I}{R^2}\cos\theta=\dfrac{I}{h^2+d^2}\cos\theta[\mathrm{lx}]$

③ $E_u=\dfrac{I}{R^2}\sin\theta=\dfrac{I}{h^2+d^2}\sin\theta[\mathrm{lx}]$

[4] 완전 확산면

- 어느 방향에서나 휘도가 동일한 면
- 완전 확산 광원은 어느 방향에서나 휘도가 동일한 광원이다.

(1) 구광원

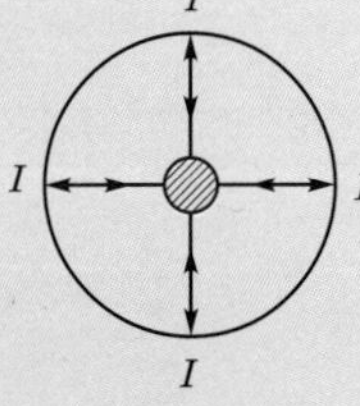

$$B=\frac{I(\theta)}{S(\theta)}$$

(2) 평면 광원

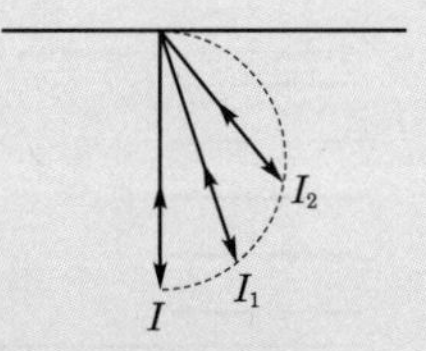

$$B=\frac{I(\theta)}{S(\theta)}$$

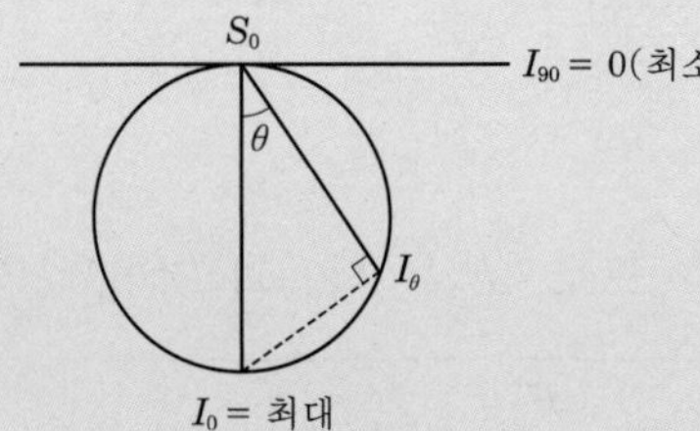

$$\left.\begin{array}{l} I(\theta)=I_0\cos\theta \\ S(\theta)=S_0\cos\theta \end{array}\right] B=\frac{I(\theta)}{S(\theta)}=\frac{I_0\cos\theta}{S_0\cos\theta}=\frac{I_0}{S_0}$$(항상 일정한 휘도를 갖는다.)

$$R=\frac{F}{S}=\frac{\pi I_\theta}{S(\theta)}=\pi B \quad \therefore R=\pi B$$

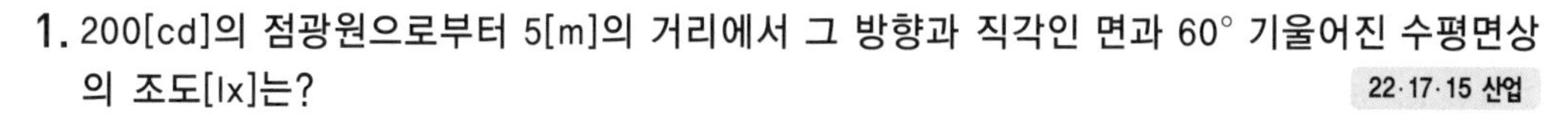

기·출·개·념 **문제**

1. 200[cd]의 점광원으로부터 5[m]의 거리에서 그 방향과 직각인 면과 60° 기울어진 수평면상의 조도[lx]는? 22·17·15 산업

① 4
② 6
③ 8
④ 10

해설 조도$(E)=\dfrac{I}{r^2}\cos\theta\,[\text{lx}]$

$\therefore\ E=\dfrac{200}{5^2}\times\cos 60°=4[\text{lx}]$

답 ①

2. 그림과 같이 광원 L에 의한 모서리 B의 조도가 20[lx]일 때, B로 향하는 방향의 광도는 약 몇 [cd]인가? 22·14 기사/18 산업

① 780
② 833
③ 900
④ 950

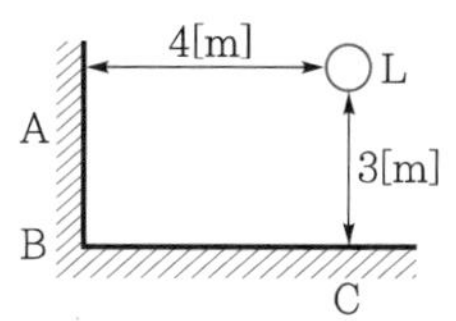

해설 $E_h=\dfrac{I}{r^2}\cos\theta$에서

$$I=\frac{E_h\cdot r^2}{\cos\theta}$$

$$=\frac{20\cdot(3^2+4^2)}{\dfrac{3}{5}}=833.333\fallingdotseq 833[\text{cd}]$$

답 ②

3. 완전 확산면의 광속 발산도가 2,000[rlx]일 때, 휘도는 약 몇 [cd/cm^2]인가? 11 산업

① 0.2
② 0.064
③ 0.682
④ 637

해설 $R=\pi B$

$\therefore\ B=\dfrac{R}{\pi}=\dfrac{2{,}000}{\pi}[\text{cd/m}^2]$

$=\dfrac{2{,}000}{\pi}\times 10^{-4}\fallingdotseq 0.064[\text{cd/cm}^2]$

답 ②

기출개념 04 점광원이 아닌 크기를 가진 광원에 의한 조도계산

[1] 반구형 천장, 평원판 광원에 의한 조도(입사각 투사의 법칙)

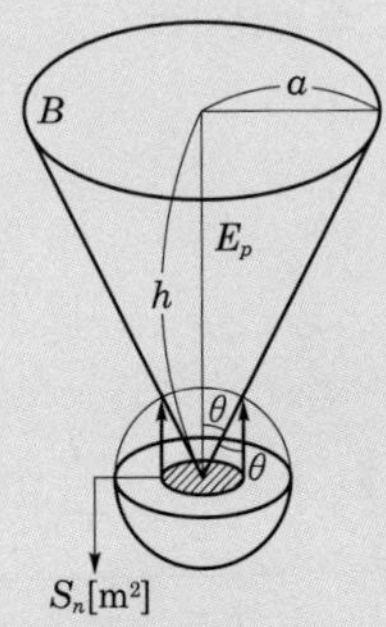

$$E_P = \pi B \sin^2\theta$$

$$E_P = \pi B \left(\frac{r}{\sqrt{h^2 + r^2}}\right)^2$$

$$\therefore\ E_P = \frac{\pi B r^2}{h^2 + r^2}[\text{lx}]$$

[2] 구형 광원에 의한 조도

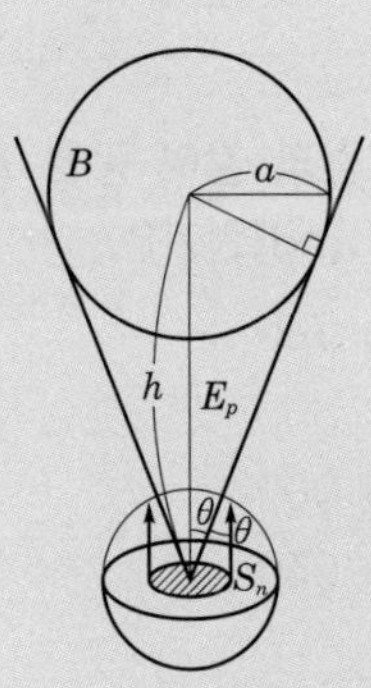

$$E_P = \pi B \sin^2\theta$$

$$= \pi B \frac{r^2}{h^2} \quad \left(\because\ \sin\theta = \frac{r}{h}\right)$$

$$\therefore\ E_P = \frac{\pi B r^2}{h^2}[\text{lx}]$$

기·출·개·념 **문제**

그림과 같은 반구형 천장이 있다. 그 반지름은 r, 휘도는 B이고 균일하다. 이때 h의 거리에 있는 바닥의 중앙점의 조도는 얼마나 되는가? **12 산업**

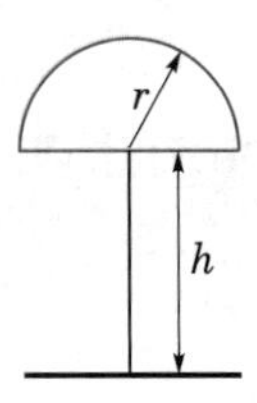

① $\dfrac{\pi r^2 B}{r^2 + h^2}$ ② $\dfrac{\pi r^2 B}{\sqrt{r^2 + h^2}}$ ③ $\dfrac{\pi r^2 B}{r + h}$ ④ $\dfrac{r^2 B}{\sqrt{r^2 + h^2}}$

해설 반구형 천장 광원의 조도

$E = \pi B \sin^2\theta$[lx]

$\sin\theta = \dfrac{r}{\sqrt{r^2 + h^2}}$ 을 대입하면

$\therefore\ E = \dfrac{\pi r^2 B}{r^2 + h^2}$[lx]

답 ①

기출개념 05 광속계산

[1] 수직 배광 곡선

(1) 정의 : 광원의 중심을 정점으로 하는 수직면상 광도의 분포를 나타내는 곡선

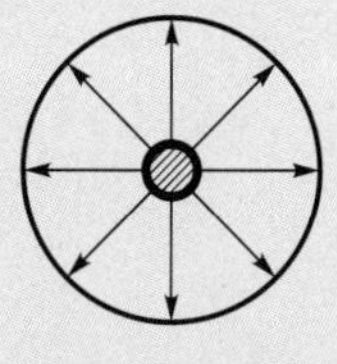

점 · 구 광원

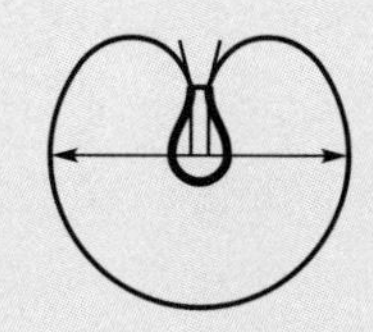

백열등 광원

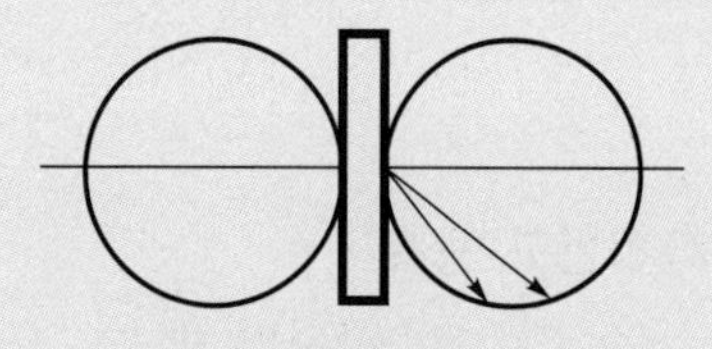

형광등 광원

(2) 수직 배광 곡선의 특징

① 반드시 폐곡선으로 표시된다.

② 좌우가 서로 대칭이다. (∴ 두 면 중 어느 한쪽 면만을 이용)

[2] 루소 선도에 의한 광속계산

- 횡축에는 광도 I를 표시하고, 종축에는 수직면과 이루는 각도 θ를 표시한다.
- 상반구(상향)의 광속 : 90°~180°
- 하반구(하향)의 광속 : 0°~90°
- 광원의 전광속 $F=\frac{2\pi}{r}\times$루소 면적

$$F=\frac{2\pi}{r}\times S,\ F=a\cdot S\,[\mathrm{lm}]$$

여기서, a : 상수$=\frac{2\pi}{r}$, S : 루소 면적[m^2]

(1) 구광원(점광원)

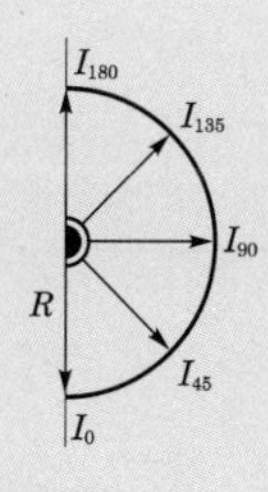

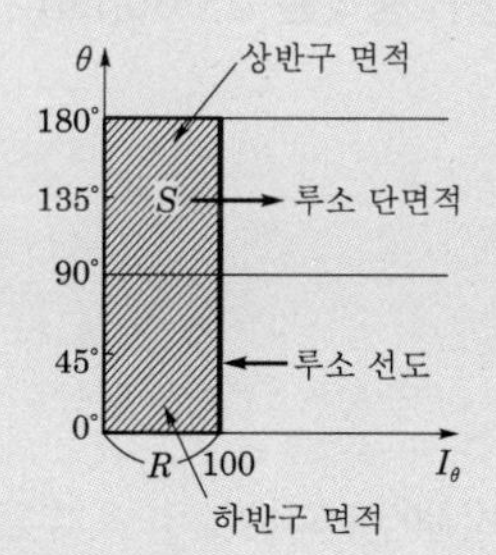

(2) 면광원(평판 광원)

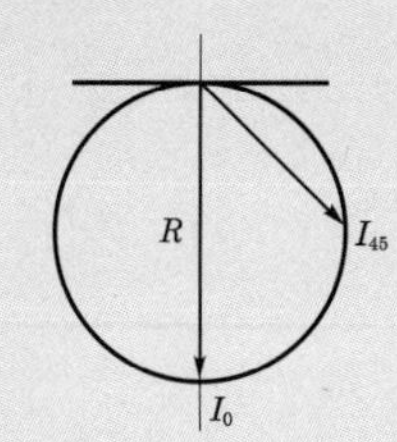

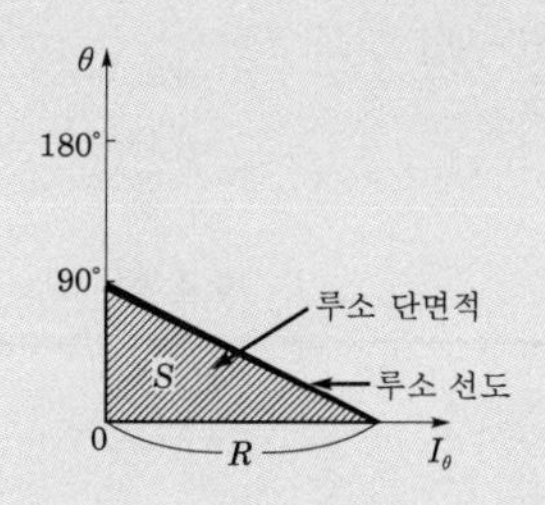

(3) 선광원(원통 광원)

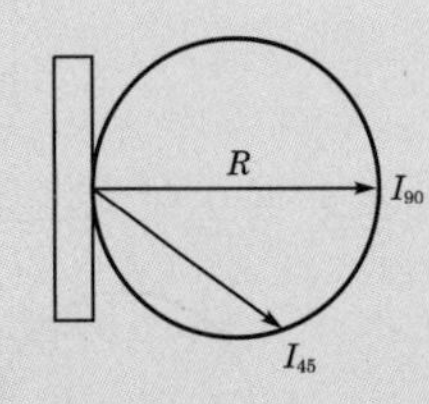

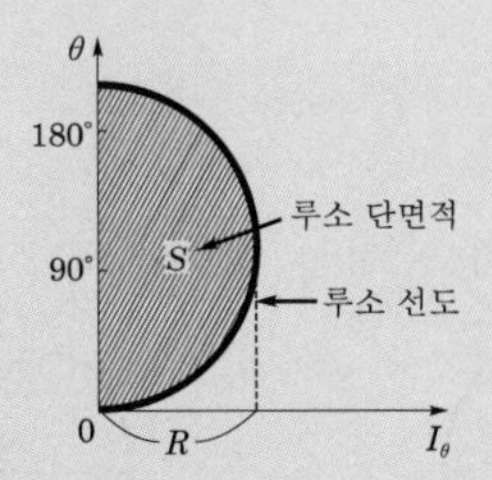

(4) 하반구 광속

0°에서 90°까지의 광속

$S = r \cdot I$이므로,

$$F = \frac{2\pi}{r} \cdot S = \frac{2\pi}{r} \cdot rI = 2\pi I$$

$$\therefore\ F = 200\pi = 628[\text{lm}]$$

(5) 상반구 광속

90°에서 180°까지의 광속

$S = \frac{\pi \cdot r^2}{4}$이므로,

$$F = \frac{2\pi}{r} \times \frac{\pi \cdot r^2}{4}$$

$$\frac{\pi^2 \cdot r}{2} = 50\pi^2 = 439.48[\text{lm}]$$

기·출·개·념 **문제**

1. 어떤 전구의 상반구 광속은 2,000[lm], 하반구 광속은 3,000[lm]이다. 평균 구면 광도는 약 몇 [cd]인가? **19 기사**

① 200
② 400
③ 600
④ 800

해설 총광속 $F = 2{,}000 + 3{,}000 = 5{,}000[\text{lm}]$

따라서 평균 구면 광도 $I = \frac{F}{4\pi} = \frac{5{,}000}{4\pi} \fallingdotseq 398[\text{cd}]$

답 ②

기·출·개·념 문제

2. 루소 선도에서 광원의 전광속 F의 식은? (단, F : 전광속, R : 반지름, S : 루소 선도의 면적이다.)

19 산업

① $F=\frac{\pi}{R}\times S$

② $F=\frac{2\pi}{R}\times S$

③ $F=\frac{\pi}{R^2}\times S$

④ $F=\frac{2\pi}{R}\times S^2$

(해설) **루소 선도에 의한 광속계산**

총 광속 $F=\frac{2\pi}{R}\times S$

- 하반구 광속 $F_1=\frac{2\pi}{R}\times$(루소 그림의 0°~90° 사이의 면적)[lm]
- 상반구 광속 $F_2=\frac{2\pi}{R}\times$(루소 그림의 90°~180° 사이의 면적)[lm]

답 ②

3. 루소 선도에서 하반구 광속[lm]은 약 얼마인가? (단, 그림에서 곡선 BC는 4분원이다.)

18·16 기사 / 22 산업

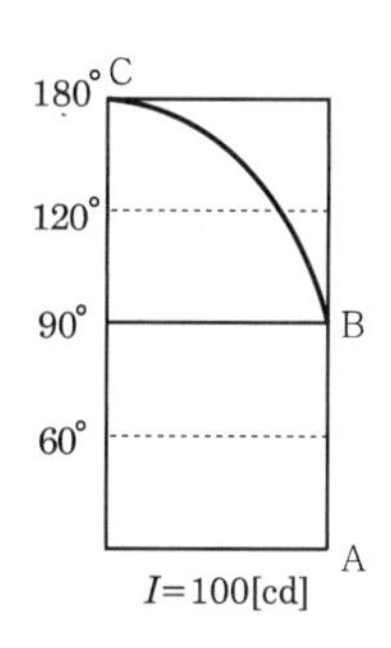

① 528
② 628
③ 728
④ 828

(해설) 상반구 광속$(F)=\frac{2\pi}{R}\cdot S$ [lm]

여기서, S : 상반구 면적

∴ 하반구 광속$(F)=\frac{2\pi}{100}\times 100^2=628$[lm]

답 ②

기출개념 06 반사율, 투과율, 흡수율

[1] 반사율, 투과율, 흡수율

(1) 반사율

$\rho = \dfrac{F_\rho}{F} \times 100$: 입사되는 광속에 대한 반사되는 광속의 비

F_ρ : 반사광속
F : 입사광속
유백색 유리면
F_α : 흡수광속
F_τ : 투과광속

(2) 투과율

$\tau = \dfrac{F_\tau}{F} \times 100$: 입사되는 광속에 대한 투과되는 광속의 비

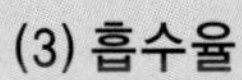

(3) 흡수율

$\alpha = \dfrac{F_\alpha}{F} \times 100$: 입사되는 광속에 대한 흡수되는 광속의 비

(4) 반사율 + 투과율 + 흡수율 = 1

$$\rho + \tau + \alpha = \frac{F_\rho}{F} + \frac{F_\tau}{F} + \frac{F_\alpha}{F} = \frac{F}{F} = 1$$

[2] 글로브의 효율

$$\eta = \frac{F_0}{F} = \frac{\tau}{(1-\rho)}$$

[3] 광속 발산도와 조도의 관계

$$R = \pi B = \rho E = \tau E = \eta E[\mathrm{rlx}]$$

기·출·개·념 문제

200[W] 전구를 우유색 구형 글로브에 넣었을 경우 우유색 유리 반사율을 30[%], 투과율은 50[%]라고 할 때 글로브의 효율[%]을 구하면? (06 기사 / 17·15 산업)

① 약 88　② 약 83　③ 약 76　④ 약 71

해설 $\eta = \dfrac{\tau}{1-\rho}$ 에서

여기서, τ : 투과율, ρ : 반사율

$\eta = \dfrac{\tau}{1-\rho} = \dfrac{0.5}{1-0.3} = \dfrac{0.5}{0.7} = 0.714$

∴ 약 71[%]

답 ④

기출개념 07 발광 현상

[1] 발광 원리

빛을 발생하는 원리에는 온도 복사와 루미네선스가 있다.

[2] 온도 복사에 관한 법칙

온도 복사란 전압을 가하면 백열(白熱 : 높은 온도) 상태가 되어 가시광선의 파장으로 전자파가 복사되는 현상을 말한다.

(1) 스테판-볼츠만의 법칙

흑체의 단위표면적에서 방출되는 모든 파장의 빛 에너지 총합은 흑체의 절대온도 4승에 비례한다.

$$W = KT^4$$

여기서, K : 상수 $= 5.68 \times 10^{-8}$[W/m^2 · K^4], T : 절대온도[K]

(2) 빈의 변위 법칙

최대 분광 복사가 나타나는 파장은 절대온도에 반비례한다.

$$\lambda_m \cdot T = 2.896$$

$$\lambda_m \propto \frac{1}{T}$$

여기서, λ : 파장, T : 절대온도

(3) 플랭크의 식

특정된 파장에서 나오는 에너지를 계산한 식이다.

① 분광 복사속의 발산도
② 광온도계의 측정 원리

$$E_\lambda d\lambda = \frac{2\pi h C^2 \lambda^{-5}}{(e^{hc/K\lambda T} - 1)} d\lambda$$

여기서, h : 플랭크 상수, C : 광속, K : 볼츠만 상수

(4) 색온도(color temperature)

같은 광색을 낼 때의 흑체의 온도이다.

① 백열등 : 2,650[K]
② 고압 수은등 : 5,800[K]
③ 형광등(백색) : 4,500[K]
④ 메탈핼라이드등 : 5,000[K]
⑤ 형광등(주광색) : 6,500[K]
⑥ 고압 나트륨등 : 2,100[K]
⑦ 할로겐등 : 3,000[K]

* **흑체 : 입사되는 모든 전자기파를 100[%] 흡수하고, 반사율이 0인 가상의 검은 물체**

[3] 루미네선스(luminescence)

온도 복사를 제외한 모든 발광 현상을 말한다.

- 형광 : 자극을 주는 동안에만 발광하는 현상
- 인광 : 자극이 없어진 후에도 발광을 지속하는 현상

(1) 종류

① 전기 루미네선스 : **네온관등, 수은등** → 기체 중의 방전 현상
② 복사 루미네선스 : **형광등** → 높은 에너지를 가지는 복사선이 조사될 때 생기는 방전 현상
③ 전계 루미네선스 : **EL등** → 전계에 의해 고체가 발광하는 현상
④ 파이로 루미네선스 : **발염 아크등** → 기체 중의 금속 증기 발광 현상

(2) 파센의 법칙

평등 자계 하에서 방전 개시 전압은 기체의 압력과 전극 간 거리와의 곱에 비례한다.

$$V \propto Pd$$

(3) 스토크스의 정리(형광에 관한 법칙)

형광체나 인광체에 빛을 쪼여 주었을 때 발광하는 형광이나, 인광의 파장은 원래 빛의 파장과 같거나 길어지는 법칙

기·출·개·념 **문제**

1. 발광 현상에서 복사에 관한 법칙이 아닌 것은? 22·11 산업

① 스테판-볼츠만의 법칙
② 빈의 변위 법칙
③ 입사각의 코사인 법칙
④ 플랭크의 법칙

(해설) ① **스테판-볼츠만의 법칙** : 흑체에서 전 복사에너지는 그 절대온도의 4승에 비례한다.
② **빈의 변위 법칙** : 최대 분광 복사가 일어나는 파장은 그 절대온도에 반비례한다.
④ **플랭크의 법칙** : 특정된 파장에서만 나오는 에너지를 계산하는 식이다.

답 ③

2. 파이로 루미네선스를 이용한 것은? 12 산업

① 텔레비전 영상
② 수은등
③ 형광등
④ 발염 아크등

(해설) 파이로 루미네선스는 알칼리 금속, 알칼리 토금속 등의 증발하기 쉬운 원소 또는 염류를 알코올 램프의 불꽃 속에 넣을 때 발광하는 현상을 말하며, 이것은 화합물의 분석과 발염 아크등에 이용된다.

답 ④

기출 개념 08

광원

[1] 백열 전구

(1) 백열 전구의 구조

① 유리구 : 전구 내부를 보호

㉠ 전구용 유리

• 연질 : 소다 석회 유리

• 경질 : 붕규산 유리

㉡ 스템 유리

• 일반 : 납유리

• 특수 및 고용량 : 붕규산 유리

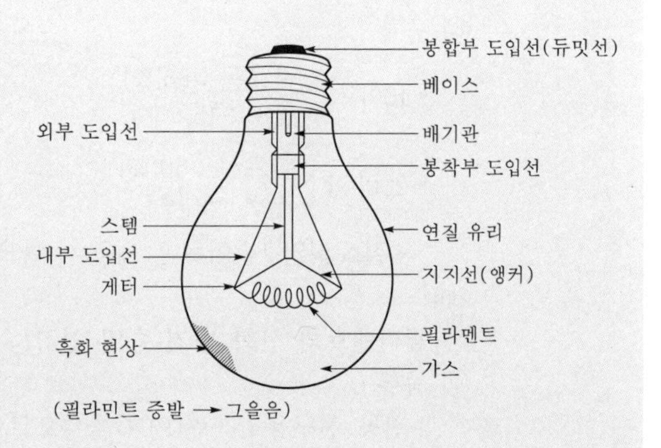

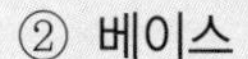

㉠ 전구를 전원에 접속하는 부분

㉡ 재료 : 황동이나 알루미늄

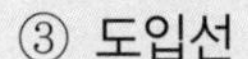

㉠ 내부 도입선 : 니켈

㉡ 외부 도입선 : 동선

㉢ 봉합부 도입선 : 선팽창계수가 유리와 같은 철-니켈 합금에 동을 피복한 듀밋선

④ 앵커 : 필라멘트를 지지

㉠ 특성 : 내열성, 내진성이 강할 것

㉡ 종류 : 몰리브덴선, 텅스텐

⑤ 필라멘트 : 온도 복사에 의해 빛을 내는 발광체

㉠ 구비 조건

• **융점이 높을 것**

• **고온에서 증발하지 않을 것(흑화 현상 방지)**

• **전기저항이 높고 가공이 용이할 것**

• **선팽창계수가 적을 것**

*** 흑화현상 : 점등 중 금속 표면으로부터 분자가 증발하여 필라멘트가 가늘게 되어 증발 금속 분자가 유리구 내벽에 부착되는 현상**

㉡ 재료 : 텅스텐(융점 : 3,651.3[K] 온도 : 2,145~2,750[℃])

㉢ 종류

• 단일 코일 필라멘트

• 2중 코일 필라멘트 → 효율 개선

⑥ 주입 가스

㉠ 목적

- 텅스텐의 증발 억제
- 수명 연장 및 고온 유지
- 효율이 높아진다.

㉡ 종류

- 100[V] [아르곤 : 85[%] / 질소 : 15[%]
- 200[V] [아르곤 : 50[%] / 질소 : 50[%]

* 질소 봉입 : 순아르곤 사용 시 아크 전압이 낮으므로 아크가 일어나기 쉽다.

⑦ 게터

㉠ **필라멘트의 산화 방지(수명 연장)**

㉡ 종류

- 진공 전구용 : 적린(P) + 플루오르화소다(NaF)
- 가스입 전구용 : 질화바륨($Ba(N_3)_2$) + 카올린($Al_2O_3 \cdot 2SiO_2 \cdot 2H_2O$)

(2) 동정 특성

① 동정 곡선 : 전류, 전력, 광속 등을 시간과의 관계를 나타낸 것

② 수명

㉠ 유효 수명 : 광속 값이 처음 값의 80[%]가 될 때까지 사용하는 시간

㉡ 단선 수명 : 필라멘트가 단선될 때까지 사용

㉢ 단선율=(전구의 단선 수)/(전구의 총 수)

③ 전압 특성

㉠ **광속** : $E \propto F \propto V^{3.6}$

㉡ 전력 : $P \propto V^{1.5\sim1.6}$

㉢ 전류 : $I \propto V^{0.5\sim0.6}$

㉣ 효율 : $\eta \propto V^{1.8\sim2.0}$

㉤ 수명 : $L \propto V^{-13\sim-14}$

④ 전구 시험

㉠ 구조 시험

㉡ 동정 특성 시험

㉢ 초특성 시험

[2] 특수 전구

(1) 할로겐 전구

① 용량 : 500~1,500[W]

㉠ 효율 : 20~22[lm/W]

㉡ 수명 : 2,000~3,000[h]

② 특성 : 백열 전구에 비해 소형이며, 발생 광속이 많고 고휘도, 배광 제어가 용이

③ 용도 : 경기장, 자동차용

(2) 적외선 전구

① 적외선에 의한 가열, 건조 등 공업 분야에 이용(방직, 염색)

② 필라멘트 온도 : 2,500[K]

③ 건조에 유효한 파장 : 1.14[μm]

(3) EL 램프

① 전기 루미네선스를 이용

② 특징

㉠ 면광원

㉡ 고체등

㉢ 형광 물질 : 황화 아연(ZnS)

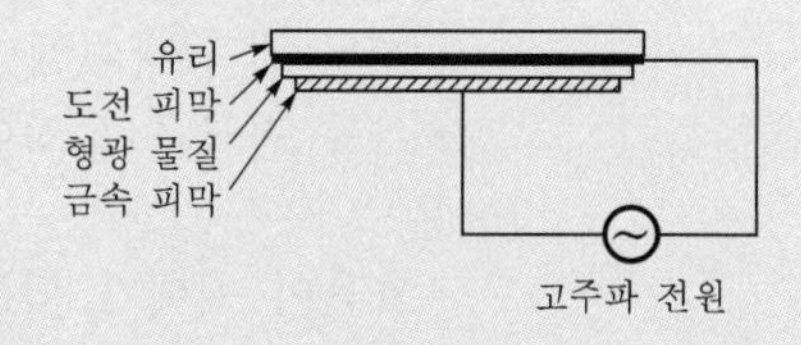

▌EL 램프의 구조▐

[3] 방전등

(1) 형광등

열 음극으로 된 저압 수은등

① 구조

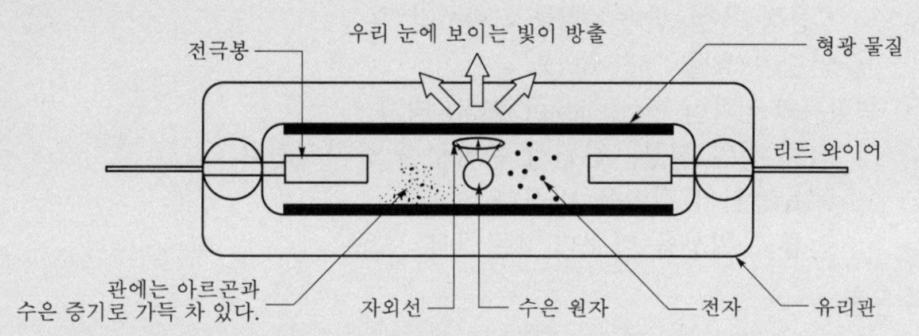

▌형광등의 구조▐

㉠ 초크 : 방전 후 회로를 차단(방전관의 파괴 방지)

㉡ 안정기 : 방전 개시 전압을 얻기 위하여 수하 특성을 갖음(자기 누설 변압기)

㉢ 역률 : 50~60[%]

㉣ 방전관 내부에는 0.01[mmHg]의 수은 증기와 Ar 가스 봉입

② 특징

㉠ 임의의 광색을 얻을 수 있다.

㉡ 램프의 휘도가 낮다.

㉢ 수명이 길다.

㉣ 역률이 나쁘다.

㉤ 플리커 현상이 있다.

③ 형광등의 광색에 따른 형광 물질 : 형광 물질의 종류에 따라 다르다.

• **텅스텐산 칼슘[$CaWO_4$] : 청색** • 텅스텐산 마그네슘[$MgWO_4$] : 청백색 • 규산 아연[$ZnSiO_3$] : 녹색(효율 최대) • 규산 카드뮴[$CdSiO_2$] : 주광색(등색) • 붕산 카드뮴[CdB_2O_5] : 분홍색(다홍색)

㉠ 형광 물질의 자극 파장(자외선) : 2,537[Å]

㉡ 형광등의 점등 순간
- 가동 전극(바이메탈)이 떨어지는 순간
- 가동 전극을 움직이는 것 : 글로우 방전

㉢ 온도
- **효율이 최대가 되는 주위 온도 : 25[℃]**
- **효율이 최대가 되는 관벽 온도 : 40[℃]**

㉣ 역률
- 50~60[%]
- 역률형 : 85[%] 이상

㉤ 광속
- 초광속 : 점등 100시간 후 광속 측정
- 동정 특성 광속 : 점등 500시간 후

㉥ 안정기 효율 : 55~65[%]

④ 형광등의 깜박임 현상(Flicker 현상) 방지

㉠ **직류 전원 사용, 전원의 주파수를 증가시킨다.**

㉡ **3상 전원의 접속을 바꾼다.**

㉢ **전류의 위상을 바꾼다.** (**콘덴서** 사용)

(2) 수은등

수은증기 중의 방전을 이용한 전등으로 수은의 증기압에 따라 저압, 고압, 초고압 수은등으로 나눈다.

① 종류

• 저압 수은등 : 0.01[mmHg] 정도(자외선 살균등, 형광등) • 고압 수은등 : 1기압(760[mmHg]) 정도(도로, 공원 조명등) • 초고압 수은등 : 10기압 이상(보건용)

㉠ 관이 2중관[발광관(내관)+외관]을 사용하는 이유 → 발광관의 온도를 고온으로 유지하기 위하여

㉡ 특성
- 저압 수은등 → 스펙트럼 에너지 파장 : 2,537[Å]
- 고압 수은등
  - 효율이 좋고 소형이며, 광속이 크므로 널리 사용
  - 효율 : 50[lm/W]
- 초고압 수은등 : 증기압 10기압 이상, 휘도가 크다.

㉢ 안정 점등 시간 : 약 8분 정도

㉣ 재점등 안정 시간 : 약 10분 정도

② 구조

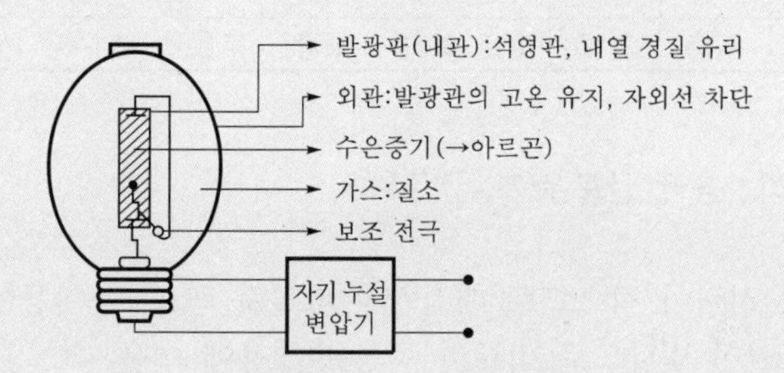

(3) 나트륨등

나트륨 가스 중의 방전을 이용하며 분광 분포가 D선이라는 5,890~5,896[Å]의 황색이 76[%]를 차지하고, 이때 D선의 비시감도는 0.765이므로 전기 에너지 중 76[%]가 전부 D선의 빛으로 변하는 등이다.

① 특징

㉠ **투과력이 좋다. (안개 지역 등에서 사용)**

㉡ 단색 광원이므로 옥내 조명에 부적당하다.

㉢ 효율이 좋다.

㉣ D선 5,890[Å]을 광원으로 이용한다.

② 효율 최대 : 복사에너지가 대부분이고, D선은 비시감도가 좋다.

㉠ D선 : 복사에너지의 76[%] 차지

㉡ 비시감도 : D선의 76.5[%] 차지

㉢ 비시감도=(시감도)/(555[nm]에 대한 시감도)

- 이론상의 효율 : $\eta = 680 \times 0.765 \times 0.76 =$ **395[lm/W]**
- 실제 효율 : $\eta =$ **170[lm/W]**
- 가장 적당한 효율 : $\eta =$ **170~190[lm/W]**

㉣ 색파장 : 황색, 589[nm]

③ 용도

㉠ **가로등(안개 지역)**

㉡ **주사액의 불순물 검출**

㉢ **유리의 굴절률 검사**

[4] 네온등

(1) 네온관등

① 발광 원리 : **양광주**(가늘고 긴 유리관의 양단에 전극을 봉입하고, 수[mmHg] 불활성 가스의 방전에 이용한 냉음극 방전등)

② 용도 : 광고등(네온 사인용)

③ 2차 전압 : 3,000[V], 6,000[V], 9,000[V], 12,000[V], 15,000[V]

④ 방전의 색상

가스의 종류	네온 (Ne)	수은 (Hg)	아르곤 (Ar)	나트륨 (Na)	헬륨 (He)	수소 (H_2)	이산화탄소 (CO_2)	질소 (N_2)
발광색	주홍	청록	붉은 보라	노랑	붉은 노랑	장미색	흰색	황색

(2) 네온 전구

① 발광 원리 : **음극 글로우**(부 글로우)

② 특징

㉠ 소비 전력이 적으므로 배전반의 파일럿 램프, 종야등에 적합

㉡ 음극만이 빛나므로 직류의 극성 판별용에 이용

㉢ 일정 전압에서 점등하므로 검전기, 교류 파고치의 측정에 쓰임

㉣ 잔광이 없고, 광도가 전류에 비례(측정계기, 오실로그래프)

㉤ 방전을 쉽게 하기 위하여 바륨, 세슘, 마그네슘을 바른다.

③ 봉입 압력 : 수 10[mmHg] 네온가스 봉입

④ 전극 : Fe(철), Ni(니켈)

[5] 크세논 램프

(1) 10기압 정도의 압력을 석영관에 봉입한 크세논 가스 중의 방전을 이용한다.

(2) 인공 광원 중 천연 주황색에 가장 가깝다.

(3) 연색성이 가장 좋다.

[이유] 분광 에너지와 주광 에너지 분포가 비슷

기·출·개·념 **문제**

1. 백열 전구에서 필라멘트의 재료로서 필요 조건 중 틀린 것은? 20 기사 / 22·19·11·00 산업

① 고유저항이 적어야 한다.

② 선팽창률이 적어야 한다.

③ 가는 선으로 가공하기 쉬워야 한다.

④ 기계적 강도가 커야 한다.

(해설) **필라멘트의 구비 조건**

- 융해점이 높을 것
- 가는 선으로 가공이 용이할 것
- 선팽창률이 적을 것
- 고온에서도 증발하지 않을 것
- 전기저항의 온도계수가 (+)일 것

답 ①

기·출·개·념 문제

2. 정격전압 100[V], 평균 구면 광도 100[cd]의 진공 텅스텐 전구를 97[V]로 점등한 경우의 광도는 약 몇 [cd]인가? **17 기사 / 22 산업**

① 90 ② 100 ③ 110 ④ 120

해설 백열 전구의 전압 특성에서 $\frac{F}{F_0}=\frac{E}{E_0}=\frac{I}{I_0}=\left(\frac{V}{V_0}\right)^{3.6}$ 이다.

$\therefore\ I=I_0\left(\frac{V}{V_0}\right)^{3.6}=100\times\left(\frac{97}{100}\right)^{3.6}=89.6[\text{cd}]$

답 ①

3. 광질과 특색이 고휘도이고 광색은 적색 부분이 많고 배광 제어가 용이하며 흑화가 거의 일어나지 않는 램프는? **20·17 산업**

① 수은 램프 ② 형광 램프
③ 크세논 램프 ④ 할로겐 램프

해설 할로겐 램프는 할로겐 사이클에 의해 수명이 길고, 수명이 끝날 때까지 필라멘트는 덜 가늘어져서 흑화 현상이 적으며 광속의 저하나 색 온도의 저하가 매우 적은 전등이다.

답 ④

4. 형광등에서 아르곤을 봉입하는 이유는? **92 기사**

① 연색성을 개선한다. ② 효율을 개선한다.
③ 역률을 개선한다. ④ 방전을 용이하게 한다.

해설 아르곤 가스를 봉입하여 열전도율을 감소시켜 방전을 용이하게 한다.

답 ④

5. 청색 형광방전등의 램프에 사용되는 형광체는? **17 산업**

① 규산 아연 ② 규산 카드뮴
③ 붕산 카드뮴 ④ 텅스텐 칼슘

해설 **형광체의 광색**
- 텅스텐 칼슘 : 청색
- 텅스텐 마그네슘 : 청백색
- 규산 아연 : 녹색
- 붕산 카드뮴 : 핑크색

답 ④

6. 형광방전등의 효율이 가장 좋으려면 주위 온도[℃]와 관벽 온도[℃]는 각각 어느 정도가 적당한가? **17 산업**

① 주위 온도 : 40[℃], 관벽 온도 : 40~45[℃]
② 주위 온도 : 25[℃], 관벽 온도 : 40~45[℃]
③ 주위 온도 : 40[℃], 관벽 온도 : 20~30[℃]
④ 주위 온도 : 25[℃], 관벽 온도 : 20~30[℃]

해설 형광등은 일반적으로 주위 온도 20~27[℃], 관벽 온도 40~45[℃]일 때 최고 효율이 발생된다.

답 ②

기·출·개·념 문제

7. 나트륨등의 이론적 발광 효율은 약 몇 [lm/W]인가? 16 기사

① 255 ② 300
③ 395 ④ 500

해설 나트륨등의 이론적 효율(η)

$\eta = 680 \times 0.765 \times 0.76 = 395[\text{lm/W}]$

답 ③

8. 휘도가 낮고 효율이 좋으며 투과성이 양호하여 터널 조명, 도로 조명, 광장 조명 등에 주로 사용되는 것은? 18 산업

① 형광등 ② 백열 전구
③ 나트륨등 ④ 할로겐등

해설 나트륨등은 투과력이 양호하여 강변 도로등, 안개지역 가로등, 터널 내 조명에 사용된다.

답 ③

9. 가로 조명, 도로 조명 등에 사용되는 저압 나트륨등의 설명으로 틀린 것은? 20·17 산업

① 효율은 높고 연색성은 나쁘다.
② 점등 후 10분 정도에서 방전이 안정된다.
③ 냉음극이 설치된 발광관과 외관으로 되어 있다.
④ 실용적인 유일한 단색 광원으로 589[nm]의 파장을 낸다.

해설 나트륨등은 나트륨 가스를 통하여 방전해 5,890[Å]의 D선을 이용하며 열음극을 가지고 있는 발광관에 보온용 외관을 붙인 구조로 된 방전등이다.

답 ③

10. 발광에 양광주를 이용하는 조명등은? 22·18 산업

① 네온전구 ② 네온관등
③ 탄소아크등 ④ 텅스텐아크등

해설 네온관등은 가늘고 긴 유리관에 불활성 가스 또는 수은을 봉입하고 양단에 원통형의 전극을 설치한 방전등으로 양광주라고 하는 부분의 발광을 이용한 것이다.

답 ②

11. 네온 전구의 용도에서 잘못된 것은? 16 기사/15 산업

① 소비 전력이 적으므로 배전반의 파일럿, 종야등에 적합하다.
② 일정 전압에서 점화하므로 검전기, 교류 파고값의 측정에 이용할 수 없다.
③ 음극만 빛나므로 직류의 극성 판별용에 사용된다.
④ 빛의 관성이 없고 어느 범위 내에서는 광도의 전류가 비례하므로 오실로스코프용 스트로보스코프 등에 이용된다.

해설 네온 전구는 잔광이 없고, 광도가 전류에 비례하므로 측정계기 등에 적합하며 직류의 극성 판별에도 사용이 가능하고, 소비 전력도 적다.

답 ②

기출개념 09 조명설계

[1] 조명의 목적

(1) 명시 조명

주어진 동작 내지 작업과 관련하여 어떤 물체를 명확히 보기 위한 조명

(2) 분위기 조명

사람의 심리를 움직이게 하는 분위기를 생활 행동에 알맞도록 하는 조명

(3) 좋은 조명의 조건

① 조도
② 휘도
③ 눈부심
④ 그림자
⑤ 광원의 광색
⑥ 기분
⑦ 조명기구의 위치
⑧ 경제와 보수

[2] 조명기구 및 조명 방식

(1) 조명기구

반사기, 전등갓, 글로브, 루버, 투광기
* 루버 : 빛을 아래쪽으로 확산시키면, 눈부심을 적게 하는 조명기구

(2) 조명 방식

① 조명기구 배광에 의한 분류

조명 방식	하향 광속[%]	상향 광속[%]
직접 조명	100~90	0~10
반직접 조명	90~60	10~40
전반 확산 조명	60~40	40~60
반간접 조명	40~10	60~90
간접 조명	10~0	90~100

② 조명기구 배치에 의한 분류
㉠ 전반 조명 : 작업면의 전체를 균일한 조도가 되도록 조명(공장, 사무실, 교실)
㉡ 국부 조명 : 작업에 필요한 장소마다 그곳에 맞는 조도를 얻는 방식
㉢ 전반 국부 조명 : 작업면 전체는 비교적 낮은 조도의 전반 조명을 실시하고, 필요한 장소에만 높은 조도가 되도록 국부 조명을 하는 방식(정밀한 작업을 하는 곳)

[3] 전등의 설치 높이와 간격

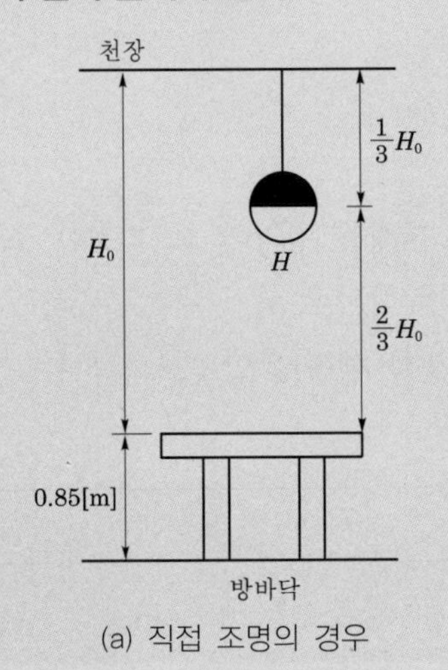

(a) 직접 조명의 경우 (b) 간접 및 반간접 조명의 경우

(1) 등고

① 직접 조명 시

H : 피조면에서 광원까지

② 간접 조명 시

H_0 : 피조면에서 천장까지

(2) 등간격

① 등기구 간격 : $S \leq 1.5H$

② 광원과 벽면 간격 : $S_0 \leq \dfrac{H}{2}$ (벽측을 사용하지 않을 경우)

$S_0 \leq \dfrac{H}{3}$ (벽측을 사용하는 경우)

(3) 실지수의 결정

방의 크기와 모양에 대한 광속의 이용 척도

$$\text{실지수 } G = \frac{XY}{H(X+Y)}$$

여기서, X : 방의 가로 길이

Y : 방의 세로 길이

H : 등고(광원에서 작업면까지의 높이)

(4) 조명설계의 기본식

① $NFU = ESD$

여기서, N : 등수(소수점 발생 시 무조건 절상)

F : 광속[lm]

U : 조명률 = 이용률 = $\dfrac{\text{이용 광속}}{\text{전광속}}$

E : 조도[lx]

S : 면적[m²]

D : 감광 보상률 = $\dfrac{1}{\text{유지율}}$

② **감광 보상률의 결정** : 조명 시설은 사용함에 따라 피조면의 조도가 감소

㉠ 감광 보상률 : 손실에 대한 값을 미리 정해 주는 것(여유계수)

- 백열 전구 : 1.3~1.8
- 형광등 : 1.4~2.0

㉡ 면적

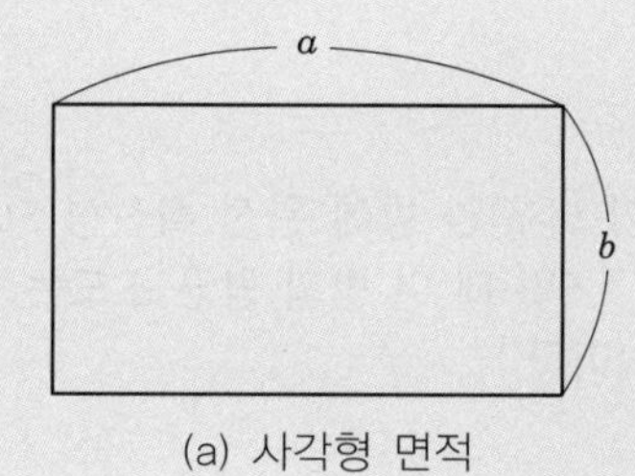

(a) 사각형 면적

(b) 원형 면적

▌실내▌

(5) 도로 조명($N = 1$)

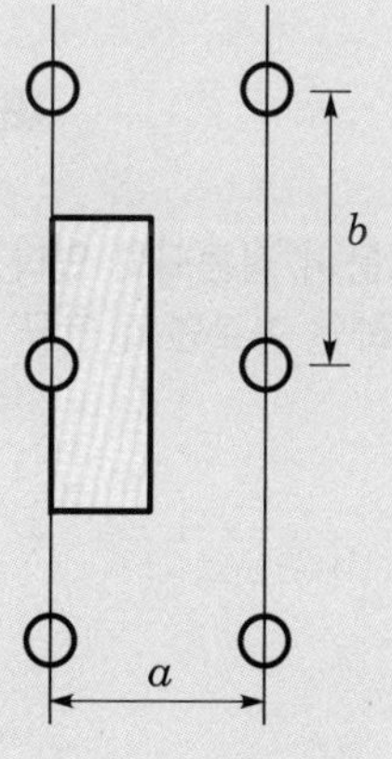

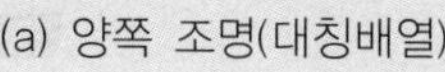

(a) 양쪽 조명(대칭배열)

$S = \dfrac{a}{2} \cdot b[\text{m}^2]$

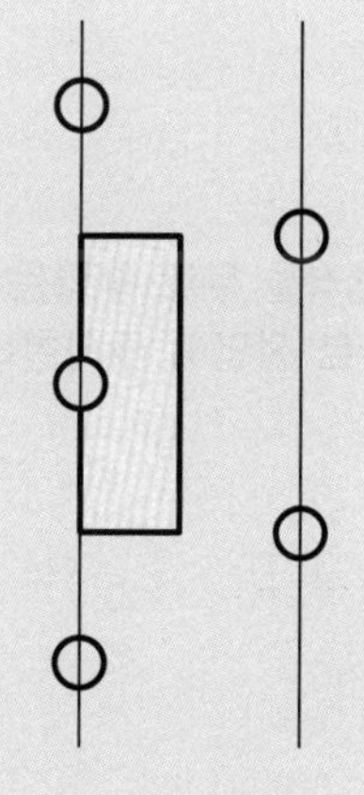

(b) 지그재그

$S = \dfrac{a}{2} \cdot b[\text{m}^2]$

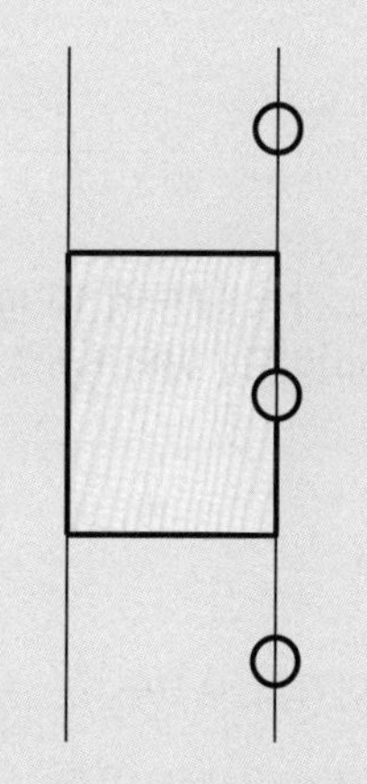

(c) 일렬 조명(편도배열)

$S = ab[\text{m}^2]$

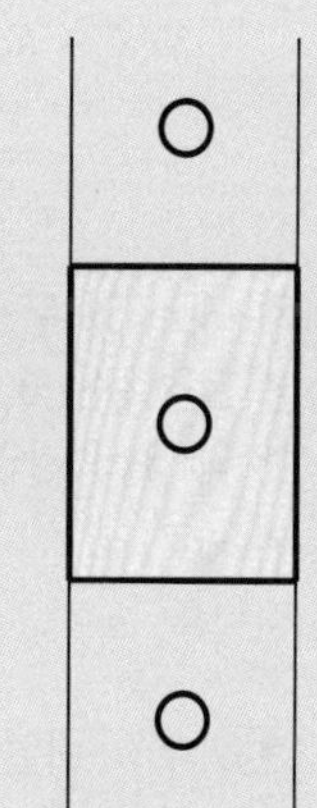

(d) 일렬(중앙배열)

$S = ab[\text{m}^2]$

기·출·개·념 **문제**

1. 발산 광속이 상향으로 90~100[%] 정도 발산하며 직사 눈부심이 없고 낮은 휘도를 얻을 수 있는 조명 방식은? 22·17 산업

① 직접 조명 ② 간접 조명
③ 국부 조명 ④ 전반 확산 조명

(해설) 간접 조명은 확산 조도가 직사 조도보다 높은 조명 방식으로 광속에 90[%] 이상을 상향으로 발산시키는 조명 방식이다.

답 ②

2. 직접 조명 시 벽면을 이용할 경우 등기구와 벽면 사이의 간격 S_0는? (단, H는 작업면에서 광원까지의 높이이다.) 16 산업

① $S_0 \leq \frac{H}{2}$ ② $S_0 \leq \frac{H}{3}$
③ $S_0 \leq 1.5H$ ④ $S_0 \leq 2H$

(해설) 벽면 간격(S)

- 벽측을 사용하지 않는 경우 $S \leqq \frac{H}{2}$
- 벽측을 사용하는 경우 $S \leqq \frac{H}{3}$

답 ②

3. 가로 10[m], 세로 20[m], 천장의 높이가 5[m]인 방에 완전 확산성 FL-40D 형광등 24등을 점등하였다. 조명률 0.5, 감광 보상률이 1.5일 때 이 방의 평균 조도는 몇 [lx]인가? (단, 형광등의 축과 수직 방향의 광도는 300[cd]이다.) 20·15 산업

① 38 ② 118
③ 150 ④ 177

(해설) 조명설계 기본식

$NFU = ESD$

$\therefore E = \frac{NFU}{SD} = \frac{24 \times \pi^2 \times 300 \times 0.5}{10 \times 20 \times 1.5} = 118[\text{lx}]$

답 ②

4. 폭 15[m]의 무한히 긴 가로 양측에 10[m]의 간격을 두고 수많은 가로등이 점등되고 있다. 1등당 전광속은 3,000[lm]이고, 이의 60[%]가 가로 전면에 투사한다고 하면 가로면의 평균 조도는 약 몇 [lx]인가? 17 기사

① 36 ② 24
③ 18 ④ 9

(해설) 대칭 배열등당 면적$(S) = 10 \times \frac{15}{2} = 75[\text{m}^2]$

$\therefore$ 조도$(E) = \frac{FU}{S} = \frac{3{,}000 \times 0.6}{75} = 24[\text{lx}]$

답 ②

이런 문제가 시험에 나온다!

CHAPTER 01
조명공학

단원 최근 빈출문제

기출 핵심 NOTE

01 복사속의 단위로 옳은 것은? [18년 산업]

① [sr]　② [W]
③ [lm]　④ [cd]

해설 복사속
단위시간에 어느 면을 통과하는 복사에너지의 양으로 그 단위는 와트[W]이다.

> **01 복사속**
> $\phi = \frac{W}{t}$ [J/s] = [W]

02 사람의 눈이 가장 밝게 느낄 때의 최대 시감도는 약 몇 [lm/W]인가? [14년 산업]

① 540　② 555
③ 683　④ 760

해설 사람의 눈으로 보았을 때 가장 밝게 보이는 황록색의 최대 시감도 파장은 555[nm], 에너지는 680[lm/W]이다.

> **02 최대 시감도**
> • 에너지 : 680[lm/W]
> • 파장 : 555[nm]

03 가시광선 중에서 시감도가 가장 좋은 광색과 그때의 파장[nm]은 얼마인가? [18년 산업]

① 황적색, 680[nm]　② 황록색, 680[nm]
③ 황적색, 555[nm]　④ 황록색, 555[nm]

해설 어느 파장의 에너지가 빛으로 느껴지는 정도를 시감도라 하며, 최대 시감도는 파장 555[nm](5,550[Å])의 황록색에서 발생하고, 그 때의 시감도는 680[lm/W]이다.

04 가시광선 파장[nm]의 범위는? [19년 산업]

① 280~310　② 380~760
③ 400~430　④ 555~580

해설 가시광선의 파장 범위

색	보라	파랑	초록	노랑	주황	빨강
파장 [nm]	380 ~430	430 ~452	452 ~550	550 ~590	590 ~640	640 ~760

> **04 가시광선의 파장범위**
> 380~760[nm]

정답 01. ② 02. ③ 03. ④ 04. ②

기출 핵심 NOTE

05 광도의 단위는? [15년 산업]

① 루멘[lm] ② 칸델라[cd]
③ 스틸브[sb] ④ 럭스[lx]

해설 광도 $I = \frac{F}{\omega}$[lm/sr = cd]

05 광도

$I = \frac{F}{\omega}$[cd]

06 평균 구면 광도가 90[cd]인 전구로부터의 총 발산 광속[lm]은? [15년 산업]

① 1,130 ② 1,230
③ 1,330 ④ 1,440

해설 평균 구면 광도$(I_0) = \frac{F}{4\pi}$[cd]

$\therefore F = 4\pi I_0 = 4\pi \times 90 = 1,130$[lm]

06 구광원에 의한 광도

$I = \frac{F}{4\pi}$[cd]

07 평균 구면 광도가 780[cd]인 전구로부터 발산하는 전광속[lm]은 약 얼마인가? [19년 기사/20년 산업]

① 9,800 ② 8,600
③ 7,000 ④ 6,300

해설 구광원(전구)의 전광속

$F = 4\pi I = 4\pi \times 780 ≒ 9,800$[lm]

07 구광원의 광속

$F = 4\pi I$[lm]

08 광속 계산의 일반식 중에서 직선 광원(원통)에서의 광속을 구하는 식은 어느 것인가? (단, I_0는 최대 광도, I_{90}은 $\theta = 90°$ 방향의 광도이다.) [22·18년 산업]

① πI_0 ② $\pi^2 I_{90}$
③ $4\pi I_0$ ④ $4\pi I_{90}$

해설
- 구광원 : $F = 4\pi I$
- 반구 광원 : $F = 2\pi I$[lm]
- 원통 광원 : $F = \pi^2 I_0$[lm]

08 원통 광원의 광속

$F = \pi^2 I$[lm]

09 전등효율이 14[lm/W]인 100[W] LED 전등의 구면 광도는 약 몇 [cd]인가? [18년 기사]

① 95 ② 111
③ 120 ④ 127

정답 05. ② 06. ① 07. ① 08. ② 09. ②

해설 광속 $F = P\eta = 100 \times 14 = 1{,}400\,[\mathrm{lm}]$

$\therefore\ I = \dfrac{F}{4\pi} = \dfrac{1{,}400}{4\pi} \fallingdotseq 111\,[\mathrm{cd}]$

10 조도 E[lx]에 대한 설명으로 옳은 것은? [20년 산업]

① 광도에 비례하고 거리에 반비례한다.
② 광도에 반비례하고 거리에 비례한다.
③ 광도에 비례하고 거리의 제곱에 반비례한다.
④ 광도의 제곱에 반비례하고 거리에 비례한다.

해설 **조도에 관한 거리 역제곱의 법칙**

조도 $E = \dfrac{E}{A} = \dfrac{I}{r^2}\,[\mathrm{lx}]$

즉, 조도는 광도 I에 비례하고, 거리 r의 제곱에 반비례한다.

10 거리 역제곱의 법칙
법선조도 E는 광도 I에 비례하고 거리 r의 제곱에 반비례한다.

11 내면이 완전 확산 반사면으로 되어 있는 밀폐구 내에 광원을 두었을 때 그 면의 확산 조도는 어떻게 되는가? [15년 기사]

① 광원의 형태에 의하여 변한다.
② 광원의 위치에 의하여 변한다.
③ 광원의 배광에 의하여 변한다.
④ 구의 지름에 의하여 변한다.

해설 조도$(E) = \dfrac{F}{S}\,[\mathrm{lx}]$

$\therefore\ E = \dfrac{F}{4\pi r^2}\,[\mathrm{lx}] \propto \dfrac{1}{r^2}$

∴ 구의 지름에 의해서 조도가 변한다.

12 광도가 160[cd]인 점광원으로부터 4[m] 떨어진 거리에서, 그 방향과 직각인 면과 기울기 60°로 설치된 간판의 조도[lx]는? [16년 산업]

① 3
② 5
③ 10
④ 20

해설 $E = \dfrac{I}{r^2}\cos\theta = \dfrac{160}{4^2} \times \cos 60° = 5\,[\mathrm{lx}]$

12 입사각 여현 법칙
$E = \dfrac{I}{r^2}\cos\theta\,[\mathrm{lx}]$

정답 10. ③ 11. ④ 12. ②

기출 핵심 NOTE

13 60[cd]의 점광원으로부터 2[m]의 거리에서 그 방향에 직각되는 면과 30° 기울어진 평면상의 조도는 약 몇 [lx]인가? [18년 산업]

① 11 ② 13
③ 20 ④ 26

해설 광도 I[cd]의 광원에서 r[m] 떨어져 θ만큼 기울어진 면의 조도 E[lx]는 다음과 같다.

$E=\frac{I}{r^2}\cos\theta=\frac{60}{2^2}\times\cos 30° \fallingdotseq 13[\text{lx}]$

14 60[m²]의 정원에 평균 조도 20[lx]를 얻기 위해 필요한 광속[lm]은? (단, 유효한 광속은 전광속의 40[%]이다.) [17년 산업]

① 3,000 ② 4,000
③ 4,500 ④ 5,000

해설 조도$E=\frac{Fu}{S}$[lx]

$\therefore$ 광속 $F=\frac{E\cdot S}{u}=\frac{60\times 20}{0.4}=3{,}000[\text{lm}]$

14 조도

$E=\frac{F}{S}[\text{lx}=\text{lm/m}^2]$

15 그림과 같이 간판을 비추는 광원이 있다. 간판면상 P점의 조도를 200[lx]로 하려면 광원의 광도[cd]는? [16·12년 산업]

① 400
② 500
③ $800\sqrt{2}$
④ $500\sqrt{2}$

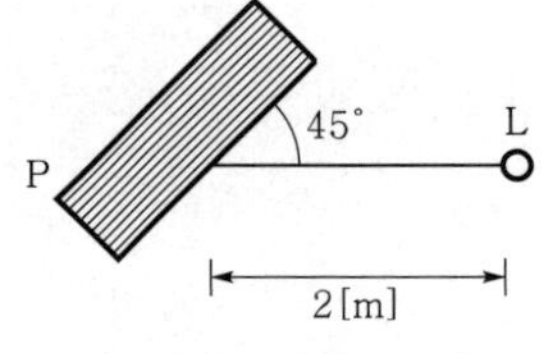

해설 $E=\frac{I}{r^2}\cos\theta[\text{lx}]$

$\therefore I=\frac{E\cdot r^2}{\cos\theta}=\frac{200\times 2^2}{\cos 45°}=800\sqrt{2}[\text{cd}]$

16 광도가 312[cd]인 전등을 지름 3[m]의 원탁 중심 바로 위 2[m]되는 곳에 놓았다. 원탁 가장 자리의 조도는 약 몇 [lx]인가? [15년 기사 / 22년 산업]

① 30 ② 40
③ 50 ④ 60

정답 13. ② 14. ① 15. ③ 16. ②

해설 $I = 312[\text{cd}]$

$r = \sqrt{1.5^2 + 2^2} = 2.5[\text{m}]$

$\therefore E = \dfrac{I}{r^2}\cos\theta = \dfrac{312}{2.5^2} \times \dfrac{2}{2.5} \fallingdotseq 40[\text{lx}]$

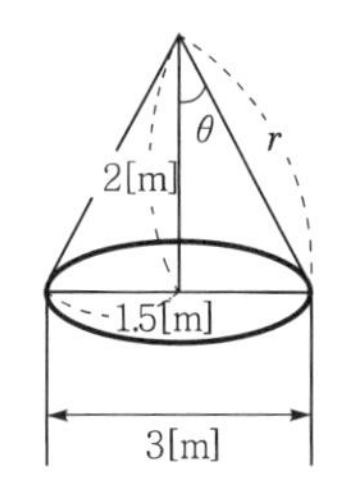

17 2,000[cd]의 점광원으로부터 4[m] 떨어진 점에서 광원에 수직한 평면상으로 1/50초간 빛을 비추었을 때의 노출[lx · s]은? [16년 산업]

① 2.5　　② 3.7
③ 5.7　　④ 6.3

해설 노출 $= E \cdot t = \dfrac{I}{r^2} \cdot t = \dfrac{2{,}000}{4^2} \times \dfrac{1}{50} = 2.5[\text{lx} \cdot \text{s}]$

18 모든 방향으로 360[cd]의 광도를 갖는 전등을 직경 2[m]의 원형 탁자의 중심에서 수직으로 3[m] 위에 점등하였다. 이 원형 탁자의 평균 조도는 약 몇 [lx]인가? [19년 산업]

① 37
② 126
③ 144
④ 180

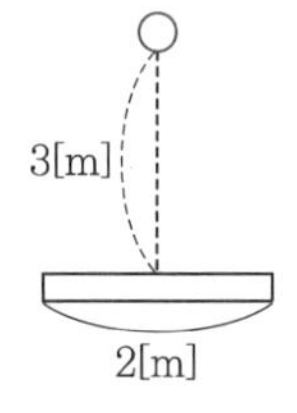

해설 $E = \dfrac{F}{S} = \dfrac{2(1-\cos\theta)I}{r^2} = \dfrac{2}{1^2} \times \left(1 - \dfrac{3}{\sqrt{1^2+3^2}}\right) \times 360 \fallingdotseq 37[\text{lx}]$

18 점광원에 의한 원뿔 입체각의 광속

$F = \omega I$

$= 2\pi(1-\cos\theta)I[\text{lm}]$

입체각 $\omega[\text{sterad}]$

$\omega = 2\pi(1-\cos\theta)[\text{sr}]$

19 그림과 같이 광원 L에서 P점 방향의 광도가 50[cd]일 때 P점의 수평면 조도는 약 몇 [lx]인가? [22·19년 산업]

① 0.6
② 0.8
③ 1.2
④ 1.6

L
50[cd]
3[m]
P
4[m]

해설 수평면 조도

$E_h = \dfrac{1}{r^2}\cos\theta = \dfrac{50}{(\sqrt{4^2+3^2})^2} \times \dfrac{3}{\sqrt{4^2+3^2}} = \dfrac{50}{25} \times \dfrac{3}{5} = 1.2[\text{lx}]$

19 수평면 조도

$E_h = E_n\cos\theta = \dfrac{I}{r^2}\cos\theta$

정답 17. ① 18. ① 19. ③

20 모든 방향에 400[cd]의 광도를 갖고 있는 전등을 지름 3[m]의 테이블 중심 바로 위 2[m] 위치에 달아 놓았다면 테이블의 평균 조도는 약 몇 [lx]인가? [18년 기사]

① 35 ② 53
③ 71 ④ 90

해설 $E=\dfrac{F}{S}=\dfrac{2\pi(1-\cos\theta)I}{\pi r^2}$

$=\dfrac{2}{1.5^2}\left(1-\dfrac{2}{\sqrt{2^2+1.5^2}}\right)\times 400$

$\fallingdotseq 71[\text{lx}]$

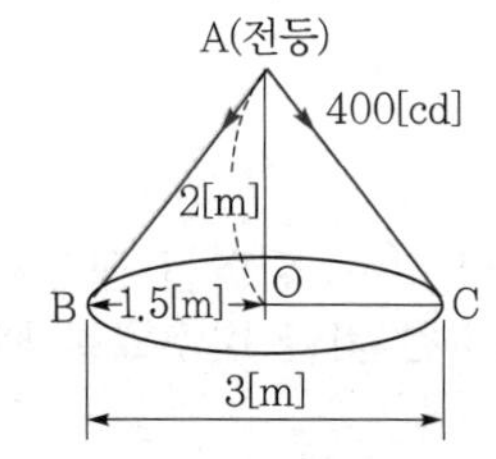

21 그림과 같이 광원 S로 단면의 중심이 O인 원통형 연돌을 비추었을 때 원통의 표면상의 한 점 P에서의 조도는 약 몇 [lx]인가? (단, SP의 거리는 10[m], ∠OSP=10°, ∠SOP=20°, 광원의 SP 방향의 광도를 1,000[cd]라고 한다.) [17년 산업]

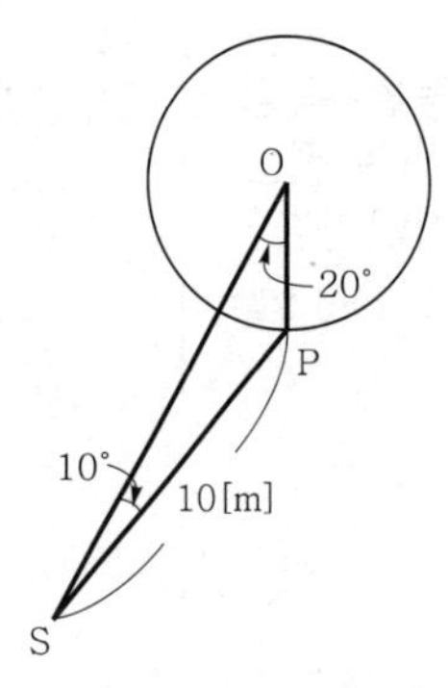

① 4.3 ② 6.7
③ 8.6 ④ 9.9

해설 조도 $E=\dfrac{I}{r^2}\cos\theta[\text{lx}]$

여기서, I : 광도[cd], r : 거리[m]

$\therefore E=\dfrac{1,000}{10^2}\times\cos 30°=8.66[\text{lx}]$

22 반사율 70[%]의 완전 확산성 종이를 100[lx]의 조도로 비추었을 때 종이의 휘도[cd/m^2]는 약 얼마인가? [20년 산업]

① 50 ② 45
③ 32 ④ 22

기출 핵심 NOTE

20 조도

$E=\dfrac{F}{S}=\dfrac{\omega I}{\pi r^2}=\dfrac{2\pi(1-\cos\theta)I}{\pi r^2}$

22 완전 확산면

광속 발산도 : $R=\pi B[\text{rlx}]$
$=\rho E$

정답 20. ③ 21. ③ 22. ④

해설 완전 확산면의 조도를 E, 광속 발산도를 R, 반사율을 ρ, 휘도를 B라 하면

$R=\pi B=\rho E$

$\therefore\ B=\dfrac{\rho E}{\pi}=\dfrac{0.7\times 100}{\pi}=22.28[\text{cd/m}^2]$

23 평균 수평 광도는 200[cd], 구면 확산율이 0.8일 때 구광원의 전광속은 약 몇 [lm]인가? [22·18년 산업]

① 2,010 ② 2,060
③ 2,260 ④ 3,060

해설 구면 확산율이 0.8일 때, 평균 구면 광도 I와 평균 수평 광도 I_h는 다음과 같다.

$I=0.8I_h=0.8\times 200=160[\text{cd}]$

따라서 전광속 F는

$F=4\pi I=4\pi\times 160=2{,}010.62[\text{lm}]$

23 구광원의 광속

$F=4\pi I[\text{lm}]$

구면 확산율 $=\dfrac{\text{평균 구면 광도}}{\text{평균 수평 광도}}$

24 완전 확산면의 휘도(B)와 광속 발산도(R)의 관계식은? [17년 기사 / 22년 산업]

① $R=4\pi B$ ② $R=2\pi B$
③ $R=\pi B$ ④ $R=\pi^2 B$

해설 완전 확산면은 어느 면에서 바라보나 휘도(B)가 같은 면으로서 광속 발산도(R) $=\pi B$[rlx]이다.

24 완전 확산면의 광속 발산도

$R=\pi B[\text{rlx}]$

25 반지름 20[cm]인 완전 확산성 반구를 사용하여 평균 휘도가 0.4[cd/cm^2]인 천장 직부등을 설치하려고 한다. 기구 효율을 0.8이라 하면 광속은 약 몇 [lm]인가? [17년 산업]

① 1,985 ② 3,948
③ 7,946 ④ 10,530

해설 완전 확산면에 광속 발산도(R) $=\pi B$[rlx]

$\therefore\ R=\pi\times 0.4=0.4\pi[\text{rlx}]$

반구의 총 광속(F) $=RS=R\times\dfrac{\pi d^2}{2}=0.4\pi\times\dfrac{\pi\times 40^2}{2}$

$=320\pi^2[\text{lm}]$

$\therefore$ 전구의 전광속(F_0) $=\dfrac{F}{\eta}=\dfrac{320\pi^2}{0.8}=3{,}947.8[\text{lm}]$

정답 23. ① 24. ③ 25. ②

기출 핵심 NOTE

26 150[W] 백열 전구를 반경 20[cm], 투과율 80[%]의 글로브 속에서 점등시켰을 때의 휘도[sb]는 약 얼마인가? (단, 글로브의 반사는 무시하고 전구의 광속은 2,450[lm]이라 한다.) [14년 산업]

① 0.124 ② 0.390
③ 0.487 ④ 0.496

해설 글로브 밖으로 나오는 광속 F_o, 전광속 F라 하면

$F_o = \tau F = 0.8 \times 2{,}450 = 1{,}960[\text{lm}]$

$$휘도(B) = \frac{I}{S} = \frac{\frac{F_o}{4\pi}}{\pi r^2} = \frac{F_o}{4\pi^2 r^2} = \frac{1{,}960}{4\pi^2 \times 20^2}$$
$$= 0.124[\text{cd/cm}^2](=[\text{sb}])$$

26 휘도(B)

$[\text{nt}] = [\text{cd/m}^2]$

$[\text{sb}] = [\text{cd/cm}^2]$

27 30[W]의 백열 전구가 1,800[h]에서 단선되었다. 이 기간 중에 평균 100[lm]의 광속을 방사하였다면 전광량 [lm · h]은? [20년 기사]

① 5.4×10^4 ② 18×10^4
③ 60 ④ 18

해설 100[lm]의 광속을 1,800[h] 동안 방사하였으므로,

전광량 $= 100[\text{lm}] \times 1{,}800[\text{h}] = 18 \times 10^4[\text{lm} \cdot \text{h}]$

28 3,400[lm]의 광속을 내는 전구를 반경 14[cm], 투과율 80[%]인 구형 글로브 내에서 점등시켰을 때 글로브의 평균 휘도[sb]는 약 얼마인가? [21년 기사]

① 0.35 ② 35
③ 350 ④ 3,500

해설 외구에서 나오는 광속을 F_o, 전구의 광속을 F라고 하면

$F_o = 4\pi I = \tau F = 0.8 \times 3{,}400 = 2{,}720[\text{lm}]$

광도를 I라고 하면 평균 휘도 B는

$$B = \frac{I}{\pi r^2} = \frac{F_0}{4\pi \times \pi r^2} = \frac{2{,}720}{4 \times \pi^2 \times 14^2} = 0.35[\text{cd/cm}^2] = 0.35[\text{sb}]$$

29 광속 5,000[lm]의 광원과 효율 80[%]의 조명기구를 사용하여 넓이 4[m^2]의 우유빛 유리를 균일하게 비출 때 유리 이(裏)면(빛이 들어오는 면의 뒷면)의 휘도는 약 몇 [cd/m^2]인가? (단, 우유빛 유리의 투과율은 80[%]이다.) [20년 기사]

① 255 ② 318
③ 1,019 ④ 1,274

정답 26. ① 27. ② 28. ① 29. ①

해설 광원의 효율(η)과 우유빛 유리의 투과율(τ)은 0.8이므로, 이면에서 발산하는 광속은

$F' = \tau\eta F = 0.8 \times 0.8 \times 5{,}000 = 3{,}200[\mathrm{lm}]$

이면의 광속 발산도 R은

$R = \dfrac{F'}{S} = \dfrac{3{,}200}{4} = 800[\mathrm{lm/m^2}] = 800[\mathrm{rlx}]$

또한 $R = \pi B$이므로,

$\therefore\ B = \dfrac{R}{\pi} = \dfrac{800}{\pi} = 254.65[\mathrm{cd/m^2}]$

30 완전 확산 평판 광원의 최대 광도가 I[cd]일 때의 전광속[lm]은? (단, 보통 한 면에서 광속이 나오는 것으로 한다.)

[14년 기사]

① $2\pi I$ ② πI

③ $3\pi I$ ④ $4\pi I$

해설 광도(I)$= \dfrac{F}{\omega}$[cd] (ω : 입체각)

평판(면) 광원에서 입체각(ω)은 π이다.

$\therefore$ 광속(F)$= \pi I$[lm]

30 평면 광원에 의한 광도

$I = \dfrac{F}{\pi}$[cd]

31 점광원으로부터 원뿔의 밑면까지의 거리가 4[m]이고, 밑면의 반경이 3[m]인 원형면의 평균 조도가 100[lx]라면, 이 점광원의 평균 광도[cd]는?

[20년 산업]

① 225

② 250

③ 2,250

④ 2,500

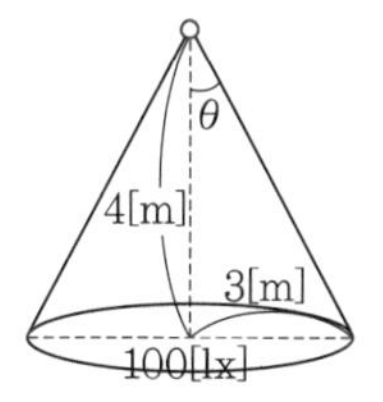

해설 $E = \dfrac{F}{S} = \dfrac{\omega I}{\pi r^2} = \dfrac{2\pi(1-\cos\theta)I}{\pi r^2}$

$= \dfrac{2I(1-\cos\theta)}{r^2}$

$\cos\theta = \dfrac{4}{5} = 0.8$

$\therefore\ I = \dfrac{Er^2}{2(1-\cos\alpha)} = \dfrac{100 \times 3^2}{2(1-0.8)}$

$= 2{,}250$[cd]

31 조도

$E = \dfrac{F}{S} = \dfrac{\omega I}{\pi r^2} = \dfrac{2\pi(1-\cos\theta)I}{\pi r^2}$

정답 30. ② 31. ③

기출 핵심 NOTE

32 반경 r, 휘도가 B인 완전 확산성 구면 광원의 중심에서 h되는 거리의 점 P에서 이 광원의 중심으로 향하는 조도의 크기는 얼마인가? [19·17년 기사]

① πB
② πBr^2
③ $\pi Br^2 h$
④ $\dfrac{\pi Br^2}{h^2}$

해설 P점 조도$(E)=\pi B\sin^2\theta$[lx]

$\sin\theta=\dfrac{r}{h}$

$\therefore\ E_h=\dfrac{\pi Br^2}{h^2}$[lx]

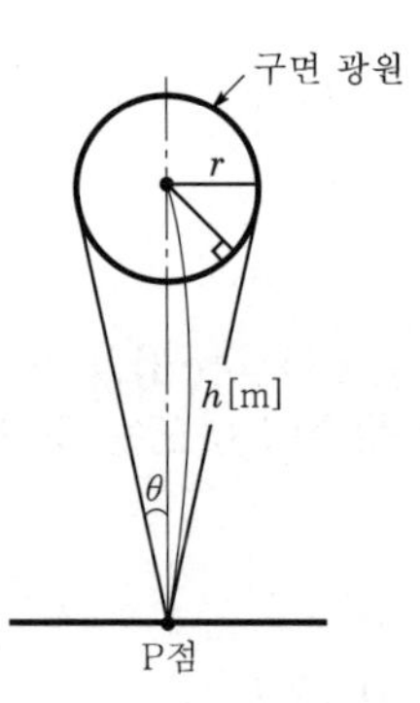

32 구형 광원에 의한 조도

$E=\dfrac{\pi Br^2}{h^2}$[lx]

33 루소 선도가 그림과 같이 표시되는 광원의 전광속[lm]은 약 얼마인가? [20년 산업]

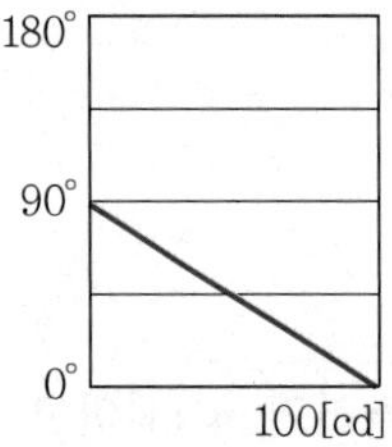

① 314
② 628
③ 942
④ 1,256

해설 **루소 선도에 의한 광속계산**

$F=\dfrac{2\pi}{r}S$[lm]

여기서, S : 루소 선도의 0°~90° 사이의 면적이다.

$S=\dfrac{1}{2}rI_o$

$\therefore\ F=\dfrac{2\pi}{r}S=\dfrac{2\pi}{r}\times\dfrac{1}{2}rI_o=\pi I_o=\pi\times100=314$[lm]

33 루소 선도

전광속 F는 루소 선도의 면적 S와 상수 a의 곱과 같다.

$F=aS=\dfrac{2\pi}{r}\cdot S$[lm]

34 루소 선도가 아래 그림과 같을 때, 배광 곡선의 식은? [19년 산업]

① $I_\theta=100\cos\theta$
② $I_\theta=50(1+\cos\theta)$
③ $I_\theta=\dfrac{2\theta}{\pi}100$
④ $I_\theta=\dfrac{\pi-2\theta}{\pi}100$

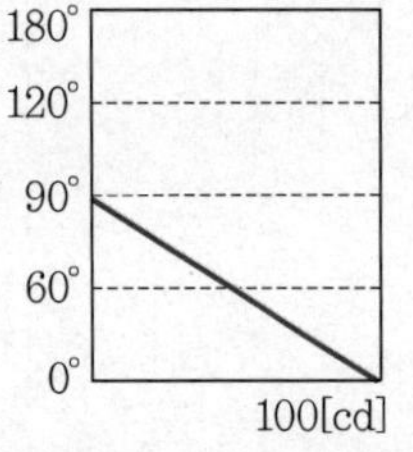

정답 32. ④ 33. ① 34. ①

기출 핵심 NOTE

PART 1

해설 $I_\theta = 100\cos\theta$

$\theta = 0°$일 때 $I_\theta = 100[cd]$

$\theta = 60°$일 때 $I_\theta = 50[cd]$

$\theta = 90°$일 때 $I_\theta = 0[cd]$

35 루소 선도가 다음과 같이 표시될 때, 배광 곡선의 식은?

[21년 기사]

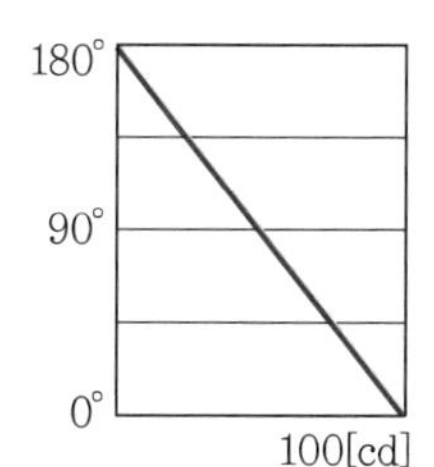

① $I_\theta = \dfrac{\theta}{\pi} \times 100$

② $I_\theta = \dfrac{\pi - \theta}{\pi} \times 100$

③ $I_\theta = 100\cos\theta$

④ $I_\theta = 50(1 + \cos\theta)$

해설 $I_\theta = 50(1 + \cos\theta)$

$\theta = 0°$일 때 $I_\theta = 100[cd]$

$\theta = 90°$일 때 $I_\theta = 50[cd]$

$\theta = 180°$일 때 $I_\theta = 0[cd]$

35 $I_\theta = a\cos\theta + b$

$a = \dfrac{\triangle I_\theta}{\triangle 90°}$

b는 $\theta = 90°$일 때 I_θ

36 반사율 60[%], 흡수율 20[%]인 물체에 2,000[lm]의 빛을 비추었을 때 투과되는 광속[lm]은?

[15년 산업]

① 100 ② 200

③ 300 ④ 400

해설 투과광속$(F_\tau) = \tau \cdot F$ [lm]

$\therefore F_\tau = 0.2 \times 2{,}000 = 400$ [lm]

37 반사율 60[%], 흡수율 20[%]인 물체에 1,000[lm]의 빛을 비추었을 때 투과되는 광속[lm]은?

[20년 산업]

① 100 ② 200

③ 300 ④ 400

해설 $\rho + \tau + \alpha = 1$이므로

$\tau = 1 - \rho - \alpha = 1 - 0.6 - 0.2 = 0.2$

따라서 투과광속

$F_\tau = \tau F = 0.2 \times 1{,}000 = 200$[lm]

37 반사율, 투과율, 흡수율

$\rho + \tau + \alpha = 1$

여기서, ρ : 반사율

τ : 투과율

α : 흡수율

정답 35. ④ 36. ④ 37. ②

기출 핵심 NOTE

38 반사율 10[%], 흡수율 20[%]인 5.6[m^2]의 유리면에 광속 1,000[lm]인 광원을 균일하게 비추었을 때 그 이면의 광속 발산도[rlx]는? (단, 전등기구 효율은 80[%]이다.)

[18년 산업]

① 25　② 50
③ 100　④ 125

해설 $\rho+\tau+\delta=1$이므로

여기서, τ : 투과율, ρ : 반사율, δ : 흡수율

$\tau=1-\rho-\delta=1-0.1-0.2=0.7$

따라서 이면의 광속 발산도 R은

$$R=\frac{\tau F}{S}\cdot\eta=\frac{0.7\times1,000}{5.6}\times0.8=100[\text{rlx}]$$

39 200[W] 전구를 우유색 구형 글로브에 넣었을 경우 우유색 유리 반사율 40[%], 투과율은 50[%]라고 할 때 글로브의 효율[%]은?

[22·15년 산업]

① 23　② 43
③ 53　④ 83

해설 글로브 효율$(\eta)=\dfrac{\tau}{1-\rho}\times100$

$$\therefore\ \eta=\frac{0.5}{1-0.4}\times100=83[\%]$$

39 글로브 효율

$$\eta=\frac{\tau}{1-\rho}\times100[\%]$$

40 반사율 ρ, 투과율 τ, 반지름 r인 완전 확산성 구형 글로브의 중심에 광도 I의 점광원을 켰을 때, 광속 발산도는?

[20·14년 산업]

① $\dfrac{\tau I}{r^2(1-\rho)}$

② $\dfrac{\rho I}{r^2(1-r)}$

③ $\dfrac{4\pi\rho I}{r^2(1-r)}$

④ $\dfrac{\rho\pi}{r^2(1-\rho)}$

해설 **구형 글로브 광속 발산도(R)**

$$R=\frac{\eta F}{S}=\frac{\dfrac{\tau\cdot4\pi I}{1-\rho}}{4\pi r^2}=\frac{\tau I}{r^2(1-\rho)}[\text{rlx}]$$

정답 38. ③ 39. ④ 40. ①

41 지름 40[cm]인 완전 확산성 구형 글로브의 중심에 모든 방향의 광도가 균일하게 110[cd]되는 전구를 넣고 탁상 2[m]의 높이에서 점등하였다. 탁상 위의 조도는 약 몇 [lx]인가? (단, 글로브 내면의 반사율은 40[%], 투과율은 50[%]이다.) [19년 기사]

① 23
② 33
③ 43
④ 53

해설 글로브의 효율 η

$$\eta = \frac{\tau}{1-\rho} = \frac{0.5}{1-0.4} = -0.833$$

여기서, ρ : 반사율, τ : 투과율

$$\therefore\ E = \frac{\eta I}{R^2} = \frac{0.833 \times 110}{2^2} \fallingdotseq 23[\text{lx}]$$

42 절대온도 T[K]인 흑체의 복사발산도(전방사 에너지)는? (단, σ는 스테판-볼츠만의 상수이다.) [19년 산업]

① σT
② $\sigma T^{1.6}$
③ σT^2
④ σT^4

해설 **스테판-볼츠만(Stefan-Boltzmann)의 법칙**

흑체의 복사발산량 W는 절대온도 T[K]의 4제곱에 비례한다.

$W = \sigma T^4$[W/m²]

여기서, σ는 스테판-볼츠만의 상수이다.

43 온도 T[K]의 흑체의 단위표면적으로부터 단위시간에 방사되는 전방사 에너지는? [22·14년 기사]

① 그 절대온도에 비례한다.
② 그 절대온도에 반비례한다.
③ 그 절대온도의 4승에 비례한다.
④ 그 절대온도의 4승에 반비례한다.

해설 스테판-볼츠만의 법칙에서 온도 T[K]의 흑체 단위표면적으로부터 단위시간에 방사되는 전방사 에너지는 그 절대온도 4승에 비례한다.

$\therefore\ W = \sigma T^4$[W/m²]

기출 핵심 NOTE

42 스테판-볼츠만의 법칙

$W = \sigma T^4$[W/m²]

- σ : 상수
- T : 절대온도

정답 41. ① 42. ④ 43. ③

44 흑체의 온도 복사 법칙 중 절대온도가 높아질수록 파장이 짧아지는 법칙은? [22년 기사]

① 스테판-볼츠만(Stefan-Boltzmann)의 법칙
② 빈(Wien)의 변위 법칙
③ 플랑크(Planck)의 복사 법칙
④ 베버 페히너(Weber-Fechner)의 법칙

해설 **빈(Wien)의 변위 법칙**
흑체의 분광 방사 휘도 또는 분광 방사 발산도가 최대가 되는 파장 λ_m은 그 흑체의 절대온도 T[K]에 반비례한다. 즉, 온도가 높아질수록 λ_m은 짧아진다.
$\lambda_m T = 2.896 \times 10^{-3}$[m · K]

45 흑체 복사의 최대 에너지의 파장 λ_m은 절대온도 T와 어떤 관계인가? [19년 산업]

① T^4　② $\frac{1}{T}$
③ $\frac{1}{T^2}$　④ $\frac{1}{T^4}$

해설 최대 스펙트럼 방사 발산도를 발생하는 파장은 빈의 변위 법칙에 의하여 $\lambda_m T = 2.896 \times 10^{-3}$[m · K]
$\therefore \lambda_m \propto \frac{1}{T}$[K]

46 시감도가 최대인 파장 555[nm]의 온도[K]는 약 얼마인가? (단, 빈의 법칙의 상수는 2,896[μm · K]이다.) [19년 기사]

① 5,218　② 5,318
③ 5,418　④ 5,518

해설 최대 스펙트럼 방사 발산도를 발생하는 파장은 빈의 변위 법칙에 의하여 $\lambda_m T = 2{,}896$[μm · K]
$\therefore T = \frac{2{,}896}{\lambda_m} = \frac{2{,}896 \times 10^{-6}}{555 \times 10^{-9}} = 5{,}218$[K]

47 다음 광원 중 루미네선스에 의한 발광 현상을 이용하지 않는 것은? [14년 산업]

① 형광등　② 수은등
③ 백열 전구　④ 네온 전구

기출 핵심 NOTE

44 빈의 변위 법칙
흑체에서 최대 복사의 파장 λ_m은 온도 T에 반비례한다.
$\lambda_m T = 2.896 \times 10^{-3}$[m · K]

47 루미네선스
온도 복사를 제외한 모든 발광 현상

정답 44. ② 45. ② 46. ① 47. ③

해설 백열 전구는 온도 복사를 이용한 전등이다.

48 광원 중 루미네선스(luminescence)에 의한 발광현상을 이용하지 않는 것은? [20·18년 산업]

① 형광 램프
② 수은 램프
③ 네온 램프
④ 할로겐 램프

해설 백열 전구나 할로겐 전구는 온도 복사를 이용한 광원이다.

49 형광판, 야광도료 및 형광방전등에 이용되는 루미네선스는? [20년 기사]

① 열 루미네선스
② 전기 루미네선스
③ 복사 루미네선스
④ 파이로 루미네선스

해설 복사 루미네선스는 높은 에너지를 가지는 복사선이 조사될 때 생기는 방전 현상으로 형광판, 야광도료, 형광방전등에 이용된다.

50 기체 또는 금속 증기 내의 방전에 따른 발광 현상을 이용한 것으로 수은등, 네온관등에 이용된 루미네선스는? [19년 산업]

① 열 루미네선스
② 결정 루미네선스
③ 화학 루미네선스
④ 전기 루미네선스

해설 전기 루미네선스는 기체 중의 방전 현상으로 수은등, 네온관등에 이용된다.

51 필라멘트 재료의 구비 조건에 해당되지 않는 것은? [17년 기사]

① 융해점이 높을 것
② 고유저항이 작을 것
③ 선팽창계수가 작을 것
④ 높은 온도에서 증발성이 적을 것

기출 핵심 NOTE

49 복사 루미네선스
형광등

50 전기 루미네선스
- 기체 중의 방전 현상
- 수은등, 네온관등

정답 48. ④ 49. ③ 50. ④ 51. ②

기출 핵심 NOTE

해설 필라멘트의 구비 조건
- 융해점이 높을 것
- 고유저항이 클 것
- 높은 온도에서 증발(승화)이 적을 것
- 선팽창계수가 작을 것
- 가공이 쉬울 것
- 전기저항의 온도계수가 (+)일 것

52 **전구에 게터(getter)를 사용하는 목적은?** [19년 산업]

① 광속을 많게 한다.
② 전력을 적게 한다.
③ 진공도를 10^{-2}[mmHg]로 낮춘다.
④ 수명을 길게 한다.

해설 게터는 유리구에 남아 있는 수소나 산소와 화합하여 제거함으로써 필라멘트의 증발을 감소시키고 진공을 좋게 하여, 유리구의 흑화를 방지하고 수명을 길게 한다.

52 게터
필라멘트의 산화 방지와 수명 연장을 위해 필라멘트에 발라주는 물질

53 **진공 텅스텐 전구에 사용되는 게터는?** [20년 산업]

① 적린 ② 질화바륨
③ 탄산칼슘 ④ 소다석회

해설 게터의 종류
- 진공 전구용 : 적린과 플루오르화소다
- 가스 주입 전구 : 질화바륨과 카올린

54 **300[W] 이상의 백열 전구에 사용되는 베이스의 크기는?** [20년 기사]

① E10 ② E17
③ E26 ④ E39

해설
- E26 : 250[W] 이하의 병형 전구용
- E39 : 300[W] 이상의 대형 전구용

55 **백열 전구의 동정 곡선은 다음 중 어느 것을 결정하는 중요한 요소가 되는가?** [17년 산업]

① 전류, 광속, 전압 ② 전류, 광속, 효율
③ 전류, 광속, 휘도 ④ 전류, 광도, 전압

55 동정 특성
전류, 전력, 광속, 효율이 사용기간의 경과에 따라 감소하는 상태를 나타낸 것

정답 52. ④ 53. ① 54. ④ 55. ②

해설 백열 전구의 동정 곡선은 필라멘트 온도 변화 시 저항, 전류, 전력, 광속, 효율, 수명 등의 변화 특성을 나타내는 곡선이다.

56 정격전압 220[V], 100[W]의 전구를 점등한 방의 조도가 120[lx]이다. 이 부하에 전압을 218[V]를 인가하면 이 방의 조도는 약 몇 [lx]인가? (단, 여기서 광속의 전압 지수는 3.6으로 한다.) [17·16년 기사]

① 119　　② 118
③ 116　　④ 124

해설 광속의 전압 특성

$$\frac{F}{F_0}=\left(\frac{V}{V_0}\right)^{3.6}$$

$E \propto I,\ I \propto F$ 하므로

$$\therefore\ \frac{E}{E_0}=\left(\frac{V}{V_0}\right)^{3.6}$$

$$\because\ E_0=E\left(\frac{V}{V_0}\right)^{3.6}=120\times\left(\frac{218}{220}\right)^{3.6}=116[\mathrm{lx}]$$

57 할로겐 전구의 특징이 아닌 것은? [20년 기사]

① 휘도가 낮다.　　② 열충격에 강하다.
③ 단위 광속이 크다.　　④ 연색성이 좋다.

해설 할로겐 전구의 특징
- 백열 전구에 비해 소형이다.
- 단위 광속이 크다.
- 수명이 백열 전구에 비하여 2배로 길다.
- 별도의 점등장치가 필요하지 않다.
- 열충격에 강하다.
- 배광제어가 용이하다.
- 연색성이 좋다.
- 온도가 높다.
- 휘도가 높다.
- 흑화가 거의 발생하지 않는다.

57 할로겐 전구
백열 전구의 일종으로 소형이며 발생 광속이 크고 배광제어가 쉽다.

58 적외선 전구를 사용하는 건조 과정에서 건조에 유효한 파장인 1~4[μm]의 방사파를 얻기 위한 적외선 전구의 필라멘트 온도[K] 범위는? [16년 산업]

① 1,800~2,200　　② 2,200~2,500
③ 2,800~3,000　　④ 2,800~3,200

정답 56. ③ 57. ① 58. ②

기출 핵심 NOTE

해설 적외선 전구의 필라멘트 온도는 약 2,400~2,500[K] 정도이고 전복사 효율은 60~85[%] 정도이다.

59 파장폭이 좁은 3가지의 빛을 조합하여 효율이 높은 백색 빛을 얻는 3파장 형광 램프에서 3가지 빛이 아닌 것은? [16년 산업]

① 청색 ② 녹색
③ 황색 ④ 적색

해설 3파장(역발광)형 형광 램프는 특수한 형광재를 써서 적색, 청색, 녹색의 세 분광 파장역에 분광 분포의 피크가 있도록 한 형광 램프이다.

60 녹색 형광 램프의 형광체로 옳은 것은? [15년 산업]

① 텅스텐산 칼슘 ② 규소 카드뮴
③ 규산 아연 ④ 붕산 카드뮴

해설 규산 카드뮴은 등색(노란색)이고, 규산 아연은 녹색이고, 붕산 카드뮴은 핑크색이다.

60 형광체의 광색
- 텅스텐산 칼슘 : 청색
- 규산 아연 : 녹색

61 다음 중 형광체로 쓰이지 않는 것은? [15년 산업]

① 텅스텐산 칼슘 ② 규산 아연
③ 붕산 카드뮴 ④ 황산 나트륨

해설 광체의 광색은 다음과 같다.

형광체	분자식	광 색
텅스텐산 칼슘	$CaWO_4-Sb$	청색
텅스텐산 마그네슘	$MgWO_4$	청백색
규산 아연	$ZnSiO_3-Mn$	녹색
규산 카드뮴	$CdSiO_2-Mn$	등색
붕산 카드뮴	CdB_2O_5	핑크색
할로인산 칼슘	$3Ca_3(PO_4)_4 \cdot Ca_2(Cl_2F_2)-Sb, Mn$	황백색

62 형광등은 주위 온도가 약 몇 [℃]일 때 가장 효율이 높은가? [19·16년 산업]

① 5~10 ② 10~15
③ 20~25 ④ 35~40

62 형광등 효율이 가장 좋은 주위 온도
20~25[℃]

정답 59. ③ 60. ③ 61. ④ 62. ③

해설 형광등은 주위 온도에 따라서 효율이 다르다. 일반적으로 주위 온도는 25[℃], 관벽의 온도는 40[℃]일 때 최대 효율이 된다.

63 형광등의 광색이 주광색일 때 색온도[K]는 약 얼마인가? [21년 기사]

① 3,000
② 4,500
③ 5,000
④ 6,500

해설 **광색에 따른 형광 램프의 분류**

광색의 종류	기 호	상관색온도[K]
주광색	D	5,700~7,100
주백색	N	4,600~5,400
백색	W	3,900~4,500
온백색	WW	3,200~3,700
전구색	L	2,600~3,150

64 FL-20D 형광등의 전압이 100[V], 전류가 0.35[A], 안정기의 손실이 6[W]일 때 역률[%]은? [14년 산업]

① 57 ② 65
③ 74 ④ 85

해설 전력$(P) = VI\cos\theta$[W]

$$\therefore \cos\theta = \frac{P}{VI} = \frac{20+6}{100\times0.35}\times100 ≒ 74.2[\%]$$

65 램프 효율이 우수하고 단색광이므로 안개 지역에서 가장 많이 사용되는 광원은? [21·17·15년 기사]

① 나트륨등
② 메탈헬라이드등
③ 수은등
④ 크세논등

해설 **나트륨등의 특징**

- 투과력이 좋다. (안개 지역에 사용)
- 단색 광원이므로 옥내 조명에 부적당하다.
- 효율이 좋다.

65 나트륨등의 용도
안개 지역 가로등

정답 63. ④ 64. ③ 65. ①

66 터널 내의 배기가스 및 안개 등에 대한 투과력이 우수하여 터널 조명, 교량 조명, 고속도로 인터체인지 등에 많이 사용되는 방전등은? [19년 기사]

① 수은등　　② 나트륨등
③ 크세논등　　④ 메탈핼라이드등

해설 나트륨등은 투과력이 양호하여 강변 도로등, 안개 지역 가로등, 터널 내 조명으로 사용된다.

67 저압 나트륨등에 대한 설명 중 틀린 것은? [16년 기사]

① 광원의 효율은 방전등 중에서 가장 우수하다.
② 가시광의 대부분이 단일 광색이므로 연색지수가 낮다.
③ 물체의 형체나 요철의 식별에 우수한 효과가 있다.
④ 연색성이 우수하여 도로, 터널의 조명 등에 쓰인다.

해설 나트륨등은 D선에 단일 광색이 사용되므로 연색성이 나쁘고(연색지수가 낮음), 직진성과 투과력이 좋아서 안개가 많은 지역이나 터널 조명에 많이 사용된다.

68 투명 네온관등에 네온 가스를 봉입하였을 때 광색은? [16년 산업]

① 등색　　② 황갈색
③ 고동색　　④ 등적색

해설 네온관등에 네온 가스 봉입 시 광색은 유리관색이 투명색일 때는 등적색이며 유리관색이 청색일 때는 등색이다.

69 방전등에 속하지 않는 것은? [22년 기사]

① 할로겐등　　② 형광수은등
③ 고압 나트륨등　　④ 메탈핼라이드등

해설 **발광 광원의 종류**
- 온도 복사에 의한 발광
  - 백열등
  - 할로겐등
- 루미네선스에 의한 방전 발광
  - 아크 방전등 : 발염 아크등, 고휘도 아트등
  - 저압 방전등 : 네온관등, 형광등, 저압 나트륨등
  - 고압 방전등 : 고압 수은등, 고압 나트륨등
  - 초고압 방전등 : 크세논등, 초고압 수은등

기출 핵심 NOTE

66 나트륨등
D선을 이용한 것으로 직진성이 우수하고 투과력이 좋다.

69 온도 복사에 의한 발광
- 백열등
- 할로겐등

정답 66. ② 67. ④ 68. ④ 69. ①

70 다음 중 등(램프) 종류별 기호가 옳은 것은? [17년 기사]

① 형광등 : F　　② 수은등 : N
③ 나트륨등 : T　　④ 메탈핼라이드등 : H

해설 방전등 종류의 심벌은 다음과 같다.
- 형광등 : F
- 수은등 : H
- 나트륨등 : N
- 메탈핼라이드등 : M

71 등기구의 표시 중 H자로 표시가 있는 것은 어떤 등인가? [15년 산업]

① 백열등　　② 수은등
③ 형광등　　④ 나트륨등

해설 수은등 : H, 형광등 : F, 나트륨등 : N

72 옥내 전반 조명에서 바닥면의 조도를 균일하게 하기 위한 등간격은? (단, 등간격 : S, 등높이 : H이다.) [16년 산업]

① $S = H$　　② $S \le 2H$
③ $S \le 0.5H$　　④ $S \le 1.5H$

해설 등기구 설치 시 등간격은 다음과 같다.
- 등기구 간격 : $S \le 1.5H$
- 벽면 간격
  - 벽면을 사용하지 않는 경우 : $S \le 0.5H$
  - 벽면을 사용하는 경우 : $S \le \frac{1}{3}H$

73 직접 조명의 장점이 아닌 것은? [18년 산업]

① 설비비가 저렴하여 설계가 단순하다.
② 그늘이 생기므로 물체의 식별이 입체적이다.
③ 조명률이 크므로 소비 전력은 간접 조명의 1/2~1/3이다.
④ 등기구의 사용을 최소화하여 조명효과를 얻을 수 있다.

해설 **직접 조명의 장점**
- 설비비가 저렴하여 설계가 단순하다.
- 그늘이 생기므로 물체의 식별이 입체적이다.
- 조명률이 크므로 소비 전력은 간접 조명의 1/2~1/3이다.
- 조명기구의 점검, 보수가 용이하다.

기출 핵심 NOTE

72 등기구 간격
$S \le 1.5H$

정답 70. ① 71. ② 72. ④ 73. ④

기출 핵심 NOTE

74 실내 조도계산에서 조명률 결정에 미치는 요소가 아닌 것은? [20년 기사]

① 실지수 ② 반사율
③ 조명기구의 종류 ④ 감광 보상률

해설
- 조명률은 실지수, 조명기구의 종류, 실내면(천장, 벽, 바닥 등)의 반사율에 따라서 달라진다.
- 감광 보상률은 점등 중의 광속 감소를 고려하여 소요 광속에 여유를 두는 정도를 의미한다.

74 조명률

광원의 총 발산 광속이 피조면에 얼마나 입사하는가에 대한 비율이다.

75 폭 10[m], 길이 20[m]의 교실에 총 광속 3,000[lm]인 32[W] 형광등 24개를 점등하였다. 조명률 50[%], 감광 보상률 1.5라 할 때 이 교실의 공사 후 초기 조도[lx]는? [22·17년 산업]

① 90 ② 120
③ 152 ④ 180

해설 조명설계의 기본식은 $NFU = ESD$

$$\therefore E = \frac{NFU}{SD} = \frac{24 \times 3{,}000 \times 0.5}{10 \times 20 \times 1.5} = 120[\text{lx}]$$

75 조명설계의 기본식

$NFU = ESD$

여기서, N : 등수
F : 광속[lm]
U : 조명률
E : 조도[lx]
S : 면적[m^2]
D : 감광 보상률

76 가로 12[m], 세로 20[m]인 사무실에 평균 조도 400[lx]를 얻고자 32[W] 전광속 3,000[lm]인 형광등을 사용하였을 때 필요한 등수는? (단, 조명률은 0.5, 감광 보상률은 1.25이다.) [18년 기사]

① 50 ② 60
③ 70 ④ 80

해설 $FUN = SED$

$$\therefore N = \frac{SED}{FU} = \frac{12 \times 20 \times 400 \times 1.25}{3{,}000 \times 0.5} = 80$$

여기서, F : 1등당의 광원 광속[lm], U : 조명률, N : 광원의 수, S : 면적[m^2], E : 조도[lx], D : 감광 보상률

77 1,000[lm]의 광속을 발산하는 전등 10개를 1,000[m^2]의 방에 설치하였다. 조명률은 0.5, 감광 보상률이 1이라면 평균 조도[lx]는 얼마인가? [15년 기사]

① 2 ② 5
③ 20 ④ 50

정답 74. ④ 75. ② 76. ④ 77. ②

해설 조명설계 기본식

$NFU = ESD$

$$\therefore\ E = \frac{NFU}{SD} = \frac{10 \times 1{,}000 \times 0.5}{1{,}000 \times 1} = 5[\text{lx}]$$

78 평균 구면 광도 100[cd]의 전구 5개를 지름 10[m]인 원형의 실에 점등할 때 조명률을 0.5, 감광 보상률을 1.5로 하면 방의 평균 조도는 약 몇 [lx]인가? [20·14년 기사]

① 18　　② 23

③ 27　　④ 32

해설 • 평균 구면 광도에서 광속$(F) = 4\pi I = 4\pi \times 100$

• 면적$(A) = \pi r^2 = \pi \times 5^2$

조명설계 기본식에서

$$E = \frac{NFU}{AD} = \frac{4\pi \times 100 \times 0.5 \times 5}{\pi \times 5^2 \times 1.5} = 26.7 ≒ 27[\text{lx}]$$

79 곡선 도로 조명상 조명기구의 배치 조건으로 가장 적합한 것은? [16년 산업]

① 양측 배치의 경우는 지그재그식으로 한다.

② 한쪽만 배치하는 경우는 커브 바깥쪽에 배치한다.

③ 직선 도로에서보다 등간격을 조금 더 넓게 한다.

④ 곡선 도로의 곡률 반경이 클수록 등간격을 짧게 한다.

해설 도로의 곡선 부분에 조명하는 경우에는 한쪽에만 배치 시 곡선 부분 바깥쪽에 배치하도록 한다.

80 지름 2[m]의 작업면의 중심 바로 위 1[m]의 높이에서 각 방향의 광도가 100[cd]되는 광원 1개로 조명할 때의 조명률은 약 몇 [%]인가? [18년 기사]

① 10　　② 15

③ 48　　④ 65

해설

조명률 $U = \frac{\text{작업면의 입사광속}}{\text{전광속}} \times 100$이므로

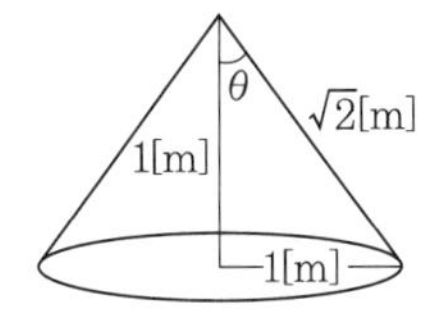

80 조명률(U)

$$U = \frac{\text{이용 광속}}{\text{전광속}} \times 100[\%]$$

정답 78. ③ 79. ② 80. ②

$$\therefore\ U = \frac{F}{F_o} \times 100 = \frac{2\pi(1-\cos\theta)I}{4\pi I} \times 100$$
$$= \frac{2\pi \times \left(1 - \frac{1}{\sqrt{2}}\right) \times 100}{4\pi \times 100} \times 100 \fallingdotseq 15[\%]$$

81 주로 옥외 조명기구로 사용되며 실내에서는 체육관 등 넓은 장소에 사용되는 조명기구는? [15년 산업]

① 다운 라이트 ② 트랙 라이트
③ 투광기 ④ 펜던트

해설 투광기는 광고탑, 건물 간판, 작업장, 경기장 등에 조명으로 많이 사용되며 옥외에 시설할 수 있는 방수형으로 되어 있다.

82 조명기구나 소형 전기기구에 전력을 공급하는 것으로 상점이나 백화점, 전시장 등에서 조명기구의 위치를 빈번하게 바꾸는 곳에 사용되는 것은? [20·17년 기사]

① 라이팅 덕트 ② 다운 라이트
③ 코퍼 라이트 ④ 스포트 라이트

해설 조명기구의 위치를 빈번하게 바꾸는 곳에 적당한 공사는 라이팅 덕트이다.

83 무대 조명의 배치별 구분 중 무대 상부 배치 조명에 해당되는 것은? [21년 기사]

① Foot light ② Tower light
③ Ceiling Spot light ④ Suspension light

해설 **서스팬션 라이트(suspension light)**
천정으로부터 늘어뜨려 부분적으로 조명하는 방법

84 천장면을 여러 형태의 사각, 삼각, 원형 등으로 구멍을 내어 다양한 형태의 매입 기구를 취부하여 실내의 단조로움을 피하는 조명 방식은? [22년 기사]

① pin hole light ② coffer light
③ line light ④ cornis light

해설 **코퍼 라이트(coffer light)**
다운 라이트 방식 중 하나로 천장면에 반원 모양의 구멍을 뚫고 그 속에 조명기구를 매립 설치하는 방식

기출 핵심 NOTE

82 라이팅 덕트
조명의 위치를 바꾸기 쉽도록 레일 형식으로 전력을 공급하는 것

83
- Foot light
  무대 하부조명
- Ceiling Spot light
  객석 배치조명

정답 81. ③ 82. ① 83. ④ 84. ②

CHAPTER

02 전동기 응용 및 전력용 반도체

01 운동에너지 이론

02 전동기 기동

03 전동기 속도 제어

04 전동기 제동법

05 전동기 용량 계산

06 전동기 보호

07 전력용 반도체 소자

08 정류회로

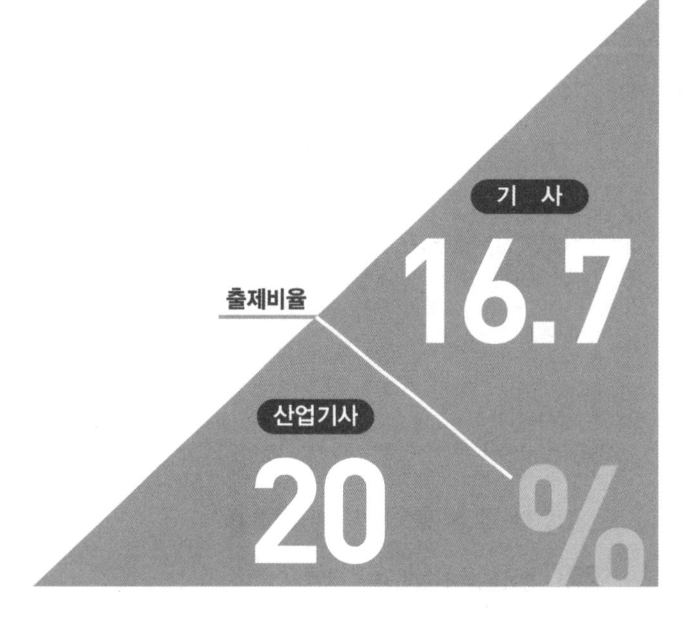

기출 개념 01

운동에너지 이론

[1] 관성체의 운동 역학 관계

직선 운동		회전 운동	
거리	x[m]	각도	θ[rad]
속도	$v=\frac{dx}{dt}$[m/s]	회전속도	N[rpm]
		각속도	$\omega=\frac{d\theta}{dt}=\frac{2\pi N}{60}$[rad/s]
		선속도	$v=r\frac{d\theta}{dt}=r\omega$[m/s]
가속도	$a=\frac{dv}{dt}=\frac{d^2x}{dt^2}$[m/s^2]	각가속도	$a_\theta=\frac{d\omega}{dt}=\frac{d^2\theta}{dt^2}$[rad/s^2]
		선가속도	$a=r\frac{d\omega}{dt}=r\frac{d^2\theta}{dt^2}$[m/s^2]
질량	m[kg]	관성 모멘트	$J=mr^2=\frac{GD^2}{4}$[kg · m^2]
힘	$F=ma$[N]	토크	$T=Fr=mr^2\frac{d\omega}{dt}=J\frac{d\omega}{dt}$[N · m]
에너지	$W=Fx=\frac{1}{2}mv^2$[J]	에너지	$W=\frac{1}{2}J\omega^2=\frac{1}{8}GD^2\omega^2=\frac{GD^2}{730}N^2$[J]
동력	$P=\frac{dW}{dt}=Fv$[W]	동력	$P=d\frac{W}{dt}=T\omega=0.1047\,TN$[W]

[2] 토크(회전력)

(1) $T=F\cdot r$[N · m]

여기서, F : 작용한 힘[N]

r : 회전 반경[m]

동력 P[W], 각속도 ω[rad/s]일 때 토크(T)는 다음과 같이 구한다.

$P=F\cdot V=F\cdot r\cdot\omega=T\cdot\omega$[W]

$$T=\frac{P}{\omega}=\frac{P}{2\pi n}=\frac{P}{2\pi\frac{N}{60}}[\text{N}\cdot\text{m}]$$

(질량 1[kg]= 9.8[N])

$$\therefore\ T=\frac{1}{9.8}\times\frac{60}{2\pi}\times\frac{P}{N}=0.975\frac{P}{N}\,[\text{kg}\cdot\text{m}]$$

여기서, P : 동력=전력[W]

N : 회전수[rpm]

(2) 안정 운전 조건

전동기는 가속토크, 부하는 제동토크를 발생시킨다. 이때 두 토크 차가 (+)일 때 가속, (−)일 때는 감속하게 되는데 평형점의 속도 ω보다 낮은 속도에서는 가속, 빠른 속도에서는 감속되어 항상 ω점에서 수렴되어 안정 운전이 이루어진다. 이때의 조건이 다음 식을 만족하는 경우이다.

$$\frac{dT_L}{dN} > \frac{dT_M}{dN}$$

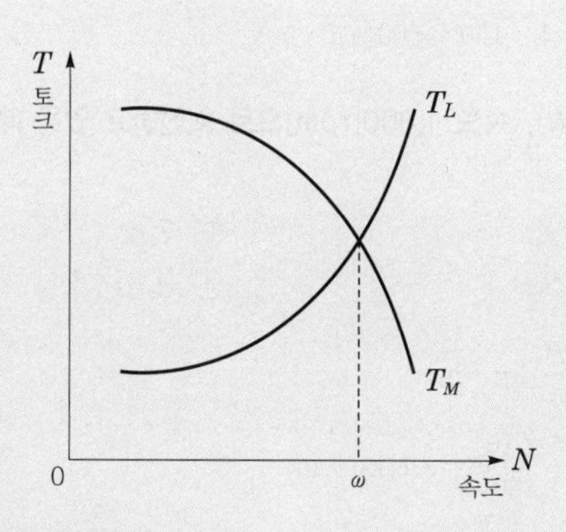

[3] 전동기의 속도 토크 특성의 구분

(1) 속도 특성에 의한 분류

① 정속도 전동기

부하에 관계 없이 항상 일정한 속도로 가동하는 것

㉠ 종류 : 직류 분권전동기, 동기전동기, 유도전동기, 직류 차동 복권전동기

㉡ 용도 : 팬, 송풍기, 펌프, 압축기, 공작기계 등

② 변속도 전동기

부하가 많이 걸리면 감속이 되고, 부하가 적게 걸리면 회전수가 가속이 되는 것

㉠ 종류 : 교류 직권 정류자전동기, 직류 직권전동기, 직류 가동 복권전동기

㉡ 용도 : 전차, 기중기, 하역 기계 등

(2) 부하 특성에 의한 분류

① 정토크 부하

㉠ **속도에 관계 없이 일정한 토크를 가지는 것**

㉡ **용도 : 권상기, 기중기, 압연기, 인쇄기, 목공기 등**

② 제곱토크 부하

㉠ **토크가 속도의 제곱에 비례하는 특성을 가지는 것**

㉡ **용도 : 펌프, 송풍기, 배의 스크루 등**

③ 정동력 부하 : **회전속도가 변해도 출력(동력)이 일정한 특성을 가지는 것**

기·출·개·념 **문제**

1. 회전축에 대한 관성 모멘트가 150[kg · m^2]인 회전체의 플라이휠 효과(GD^2)는 몇 [kg · m^2]인가? 22·20 산업

① 450 ② 600
③ 900 ④ 1,000

해설 관성 모멘트 $J=\frac{1}{4}GD^2[\text{kg}\cdot\text{m}^2]$

$\therefore\ GD^2=4\times J=4\times 150=600[\text{kg}\cdot\text{m}^2]$

답 ②

2. 전동기의 출력이 15[kW], 속도 1,800[rpm]으로 회전하고 있을 때 발생되는 토크[kg · m]는? 19·15 기사

① 6.2 ② 7.4
③ 8.1 ④ 9.8

해설 토크$(T)=0.975\frac{P}{N}[\text{kg}\cdot\text{m}]$

$\therefore\ T=0.975\times\frac{15\times10^3}{1{,}800}=8.1[\text{kg}\cdot\text{m}]$

답 ③

3. 엘리베이터용 전동기에 대한 설명으로 틀린 것은? 19·15 산업

① 기동토크가 큰 것이 요구된다.
② 플라이휠 효과(GD^2)가 커야 한다.
③ 관성 모멘트가 작아야 한다.
④ 유도전동기도 엘리베이터에 사용된다.

해설 **엘리베이터용 전동기의 특징**

- 기동토크가 클 것
- 가속도의 변화 비율이 일정 값이 되도록 선택할 것(가속, 감속 시 불쾌한 충격을 주지 않기 위하여)
- 소음이 적을 것
- 회전 부분의 관성 모멘트가 작을 것

답 ②

4. 하역기계에서 무거운 것은 저속으로, 가벼운 것은 고속으로 작업하여 고속이나 저속에서 다같이 동일한 동력이 요구되는 부하는? 21·15 기사

① 정토크 부하
② 제곱토크 부하
③ 정동력 부하
④ 정속도 부하

해설 전동기의 저속이나 고속에서 일정한 동력이 요구되는 부하는 정동력 부하이다. 답 ③

기출개념 02 전동기 기동

[1] 농형 유도전동기

(1) 전전압 기동법=직입 기동법

전동기에 정격전압을 직접 인가하여 기동하는 기동법

① 역률이 나쁘다.

② **기동전류가 전부하 전류의 4~6배 크다.**

③ **5[kW] 이하의 소용량 농형 유도전동기에 적용**

(2) Y-△ 기동법

전동기를 Y결선으로 기동하고 기동되면 △결선으로 운전하여 기동 시 기동전류를 $\frac{1}{3}$로 줄여 기동하는 기동법

① 전류비$\left(\frac{I_Y}{I_\triangle}\right)=\dfrac{\dfrac{V}{\sqrt{3}\,Z}}{\dfrac{\sqrt{3}\,V}{Z}}=\dfrac{1}{3}$

② 기동토크가 $\frac{1}{3}$로 감소한다.

③ **5~15[kW] 정도에 이용**

(3) 기동보상기법

3상 단권 변압기를 Y결선하여 기동전압을 줄여 기동하는 기동법

① **15[kW] 이상에 이용**

② 구조가 복잡하고 비싸다.

③ 저압 해방 장치(전원 전압이 일정 값 이하로 내려갈 때 자동으로 개폐기를 정지시키는 장치) 시설

(4) 리액턴스 기동법

전동기 1차측에 리액터를 접속해 전압강하에 의해 기동전류를 줄여 기동하는 기동법

① 장치가 간단하고 경제적이다.

② 기동전류를 임의로 가감할 수 있어 기동토크를 줄여 기동 시 충격을 적게 할 때 사용

[2] 권선형 유도전동기(2차 저항법)

2차 회로에 저항을 접속하고 비례추이를 이용해 기동전류를 줄이고 기동토크를 크게 하여 기동하는 방법

[3] 동기전동기의 기동법

(1) 자기동법

제동권선을 기동권선으로 이용하여 기동하는 방법이다.

(2) 기동전동기법

타여자 직류전동기 또는 3상 유도전동기를 이용하는 기동방법이다. 유도전동기를 이용하는 경우는 동기전동기의 극수보다 2극 적은 것을 사용한다.

(3) 저주파 기동법

주파수변환기를 이용하여 기동하는 방법이다.

[4] 단상 유도전동기의 기동

(1) 단상 유도전동기의 기동방법

① 반발 기동형 : **기동토크가 가장 크다.**
② 콘덴서 기동형
③ 분상 기동형
④ 셰이딩 코일형 : **기동토크가 가장 적다.**

(2) 기동토크가 큰 순서

반발 기동형 > 콘덴서 기동형 > 분상 기동형 > 셰이딩 코일형

기·출·개·념 **문제**

1. 일반적인 농형 유도전동기의 기동법이 아닌 것은? 21 기사

① Y−△ 기동　② 전전압 기동
③ 2차 저항 기동　④ 기동보상기에 의한 기동

(해설) **유도전동기 기동법**
- 농형 유도전동기
  - 전전압 기동법 : 5[kW] 이하에 사용
  - Y−△ 기동법 : 5~15[kW]에 사용
  - 기동보상기법 : 15[kW] 이상 중대형기에 사용
- 권선형 유도전동기 − 2차 저항 기동법 : 2차측 저항 조절에 의한 비례추이를 이용하여 기동하는 방법

답 ③

2. 기동토크가 가장 큰 단상 유도전동기는? 21·18·16 기사/22·20·18 산업

① 반발 기동전동기　② 분상 기동전동기
③ 콘덴서 기동전동기　④ 셰이딩 코일형 기동전동기

(해설) **기동토크가 큰 순서**

반발 기동형 > 콘덴서 기동형 > 분상 기동형 > 셰이딩 코일형

답 ①

기출개념 03 전동기 속도 제어

[1] 직류전동기 속도 제어

회전속도를 부하의 요구에 따라 변화시키는 것

$$N = K\frac{V - I_a r_a}{\phi}[\text{rpm}]$$

여기서, V, ϕ, r_a : 변수

(1) 전압 제어

① 워드-레오나드 방식
- ㉠ 광범위한 속도 조정이 가능하다.
- ㉡ 조작이 간단하고 효율이 좋다.
- ㉢ 구조가 복잡하고 시설비가 비싸다.
- ㉣ 정토크 제어방식이다.
- ㉤ **권상기, 엘리베이터, 기중기, 인쇄기 등에 사용한다.**

② 일그너 방식
- ㉠ 플라이휠 설치
- ㉡ **제철용 압연기, 가변속도 대용량 제관기 등에 사용한다.**

(2) 계자 제어

① 제어전류가 적어 손실이 적다.

② **정출력 제어방식**이다.

(3) 저항 제어

전기자 회로에 저항을 연결하여 전압강하에 의해 속도를 제어하는 것

① 효율이 나쁘다.

② 속도 변동률이 크다.

③ 거의 사용되지 않는다.

[2] 유도전동기 속도 제어

(1) 1차 주파수 제어

$$N_S = \frac{120f}{P}[\text{rpm}]$$

① 가변 주파수 전원장치가 필요해 시설비가 비싸다.

② 인견 공업용 포트 모터에 사용

* 포트 모터
- 회전수 : 6,000~10,000[rpm]
- 전동기의 종류 : 종축의 농형 유도전동기
- 속도 제어 방법 : 인버터에 의한 주파수 제어

③ **전기 선박 추진용 전동기에 많이 사용**된다.

(2) 2차 저항 제어

권선형 유도전동기에서 2차 저항을 변화시켜 비례추이 특성을 이용한 제어

(3) 2차 여자 제어

권선형 유도전동기에서 2차 저항에서 생기는 전압강하분의 전압을 2차측 외부에서 슬립링을 통해 공급하는 제어

① 크래머 방식 : **2차 출력의 일부를 기계적 동력으로 바꾸는 방식**

② 세르비어스 방식 : **2차 출력의 일부를 전원에 반환하는 방식**

(4) 극수 제어

$$N_S = \frac{120f}{P}[\text{rpm}]$$

권선 구성을 바꾸어 극수를 변환해 속도 제어

(5) 공급 단자 전압 제어

전압을 제어하여 속도 토크 특성을 바꿈으로써 부하의 속도를 제어하는 방식

기·출·개·념 **문제**

1. 직류전동기의 속도 제어법 중 가장 효율이 낮은 것은? 19 산업

① 전압 제어 ② 저항 제어
③ 계자 제어 ④ 워드 레오나드 제어법

(해설) • 전압 제어 : 정토크 제어
• 계자 제어 : 정출력 제어
• 저항 제어 : 효율이 가장 낮다.

답 ②

2. 직류전동기의 속도 제어법에서 정출력 제어에 속하는 것은? 20·16 기사

① 계자 제어법 ② 전압 제어법
③ 전기자 저항 제어법 ④ 워드 레오나드 제어법

(해설) 직류전동기의 속도 제어법 중 계자 제어가 정출력 제어이다.

답 ①

3. 직류전동기 속도 제어에서 일그너 방식이 채용되는 것은? 21 기사

① 제지용 전동기 ② 특수한 공작기계용
③ 제철용 대형 압연기 ④ 인쇄기

(해설) **일그너 방식**
부하변동이 심한 경우 플라이휠을 설치한 전압 제어방식이다. 제철용 압연기, 가변속도 대용량 제관기 등에 적합하다.

답 ③

기출개념 04 전동기 제동법

[1] 역상 제동

3상 중 2상의 접속을 바꾸어 역회전으로 역토크를 발생시켜 전동기를 급정지시키는 제동법

[2] 발전 제동

전동기를 전원에서 분리시켜 직류 전압을 인가해 발전기로 운전시켜 발생된 전기에너지를 열로 소비시켜 제동

① 권선형 : 2차 가감 저항기

② 농형 : 권선 내에 저항

[3] 회생 제동

전동기를 동기속도 이상의 속도에서 운전하여 유도발전기로 작동시켜($S < 0$ 상태) 발생된 전력을 전원으로 반환시켜 제동

기·출·개·념 문제

1. 3상 유도전동기를 급속히 정지 또는 감속시킬 경우, 가장 손쉽고 효과적인 제동법은?

22·18·16 기사/22·18 산업

① 역상 제동
② 회생 제동
③ 발전 제동
④ 와전류 제동

(해설) 3상 중 2상의 접속을 바꾸어 역회전에 의한 역토크를 발생시켜 전동기를 손쉽게 급정지시키는 제동법은 역상 제동이다.

답 ①

2. 기중기 등으로 물건을 내릴 때 또는 전차가 언덕을 내려가는 경우 전동기가 갖는 운동에너지를 전기에너지로 변환하고, 이것을 전원에 반환하면서 속도를 점차로 감속시키는 제동법은?

22 기사/20·17 산업

① 발전 제동
② 회생 제동
③ 역상 제동
④ 와류 제동

(해설) 운동에너지를 전기에너지로 변환시켜 발생된 전기를 전원측으로 반환시켜 제동하는 전기적 제동법을 회생 제동이라 한다.

답 ②

기출개념 05 전동기 용량 계산

[1] 펌프용(양수펌프) 전동기

$$P = \frac{9.8KqH}{\eta} = \frac{KQH}{6.12\eta}[\text{kW}]$$

여기서, K : 손실계수
q : 양수량[m^3/sec]
H : 총양정[m]
Q : 양수량[m^3/min]
η : 효율

[2] 기중기 및 권상기용 전동기

$$P = \frac{9.8KWv}{\eta} = \frac{KWV}{6.12\eta}[\text{kW}]$$

$$P = \frac{KWV}{4.5\eta}[\text{HP}]$$

여기서, K : 손실계수(여유계수)
W : 중량(하중)[ton]
v : 권상속도[m/sec], V : 권상속도[m/min]
η : 효율

[3] 엘리베이터용 전동기

$$P = \frac{9.8Wv}{\eta}F = \frac{WV}{6.12\eta}F[\text{kW}]$$

$$P = \frac{WV}{4.5\eta}F[\text{HP}]$$

여기서, W : 중량(하중)[ton]
v : 권상속도[m/sec], V : 권상속도[m/min]
F : 평형추의 평형률(0.4~0.6)
η : 효율

[4] 송풍기용 전동기

$$P = \frac{KQH}{6{,}120\eta}[\text{kW}]$$

여기서, K : 여유계수
Q : 풍량[m^3/min]
H : 풍압[mmAq]
η : 효율

기·출·개·념 문제

1. 다음 중 양수량 $Q = 10[m^3/min]$, 총양정 $H = 8[m]$를 양수하는 데 필요한 구동용 전동기의 출력 P[kW]는 약 얼마인가? (단, 펌프 효율 $\eta = 75[\%]$, 여유계수 $K = 1.1$이다.) 14 기사

① 10　② 15
③ 20　④ 25

(해설) 펌프용 전동기 용량

$$P = K\frac{9.8QH}{\eta}$$

$$= 1.1 \times \frac{9.8 \times 10/60 \times 8}{0.75} \fallingdotseq 20[\text{kW}]$$

답 ③

2. 권상하중 40[t], 권양속도 12[m/min]의 기중기용 전동기의 용량은 약 몇 [kW]인가? (단, 전동기를 포함한 기중기의 효율은 60[%]이다.) 22·14 산업

① 800　② 278.9
③ 189.8　④ 130.7

(해설) 기중기용 전동기 용량

$$P = \frac{WV}{6.12\eta}$$

$$= \frac{40 \times 12}{6.12 \times 0.6} = 130.7[\text{kW}]$$

답 ④

3. 5층 빌딩에 설치된 적재중량 1,000[kg]의 엘리베이터를 승강속도 50[m/min]으로 운전하기 위한 전동기의 출력은 약 몇 [kW]인가? (단, 권상기의 기계효율은 0.9이고 균형추의 평형률은 1이다.) 18 산업

① 4　② 6
③ 7　④ 9

(해설) 엘리베이터의 소요출력

$$P = \frac{WVC}{6{,}120\eta}$$

$$= \frac{1{,}000 \times 50 \times 1}{6{,}120 \times 0.9} \fallingdotseq 9[\text{kW}]$$

답 ④

4. 풍량 $6{,}000[m^3/min]$, 전 풍압 120[mmAq]의 주배기용 팬을 구동하는 전동기의 소요동력[kW]은 약 얼마인가? (단, 팬의 효율 $\eta = 60[\%]$, 여유계수 $K = 1.2$) 21 기사

① 200　② 235
③ 270　④ 305

(해설) 전동기 소요동력

$$P = \frac{QHK}{6.12\eta}$$

$$= \frac{6{,}000 \times 120 \times 1.2}{6.12 \times 0.6} \times 10^{-3} \fallingdotseq 235[\text{kW}]$$

답 ②

기출개념 06 전동기 보호

[1] 보호계전기

(1) 과전류 계전기 : 과부하 및 단락사고 시 동작하는 계전기

(2) 지락 계전기 : 지락사고 시 동작하는 계전기

(3) 온도 계전기 : 기기의 이상온도 시 동작하는 계전기

[2] 전동기 절연물 허용온도

절연의 종류	Y	A	E	B	F	H	C
허용 최고온도[℃]	90	105	120	130	155	180	180 초과

[3] 전동기의 형식

(1) 방식형(방부형) : 부식성의 산, 알칼리 또는 유해가스가 존재하는 장소에 사용할 수 있는 구조

(2) 내산형 : 염분이 많은 해안지역에서 사용

(3) 방적형 : 이물질 및 떨어지는 물방울이 침입할 수 없는 구조

(4) 방폭형 : 폭발성 가스가 있는 장소에서 사용할 수 있는 구조

(5) 방수형 : 1~3분간 물을 뿌려도 물이 침입할 수 없는 구조

(6) 수중형 : 규정의 수압 및 시간동안 수중에서 사용하여도 지장 없는 구조

기·출·개·념 문제

1. 전기기기에 사용하는 각종 절연물의 종류별 허용 최고온도로 옳은 것은? 14 산업

① A : 120°　　② B : 130°

③ C : 150°　　④ E : 105°

(해설) 절연 종별에 따른 최고 허용온도

절연 종별	Y종	A종	E종	B종	F종	H종	C종
온도[℃]	90	105	120	130	155	180	180 초과

답 ②

2. 부식성의 산, 알칼리 또는 유해가스가 있는 장소에서 실용상 지장 없이 사용할 수 있는 구조의 전동기는? 18 기사

① 방적형　　② 방진형

③ 방수형　　④ 방식형

(해설) 방식형(방부형)

부식성의 산·알칼리 또는 유해가스가 존재하는 장소에서 실용상 지장 없이 사용할 수 있는 구조

답 ④

기출개념 07 전력용 반도체 소자

[1] 다이오드(Diode)

PN 접합 → 다이오드(정류 작용)

(1) P형 반도체

진성 반도체에 3가의 갈륨(Ga), 인듐(In) 등 억셉터를 넣어 만든 반도체

(2) N형 반도체

진성 반도체에 5가의 안티몬(Sb), 금(Au) 등 도너를 넣어 만든 반도체

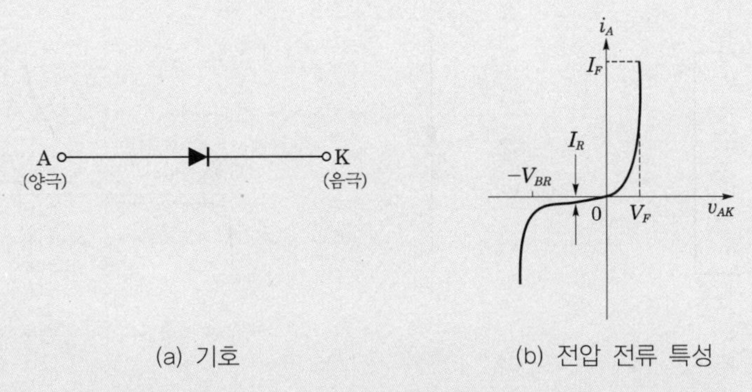

(a) 기호　　(b) 전압 전류 특성

(3) 항복 전압

역바이어스 전압이 어떤 임계값에 전류가 급격히 증가하여 전압 포화 상태를 나타내는 임계값으로 온도 증가 시 항복 전압도 증가하게 된다.

(4) 다이오드의 종류

① 제너 다이오드 : **전원 전압을 안정하게 유지(정전압 정류** 작용)

② 가변 용량 다이오드(버랙터 다이오드) : **P-N 접합에서 역바이어스 시 전압에 따라 커패시터 용량이 변화하는 다이오드의 공간 전하 용량 이용**

③ 터널 다이오드(에사키 다이오드) : 불순물의 함량을 증가시켜 공간 전하 영역의 폭을 좁혀 터널 효과가 나타나도록 한 것으로 방사능 측정에 사용(**발진작용, 스위칭작용, 증폭작용)**

④ 포토 다이오드 : **빛에너지를 전기에너지로 변환시키며 빛을 감지하는 광센서용 다이오드**

[2] 사이리스터(Thyristor)

(1) 사이리스터

다이오드(정류 소자)에 제어 단자인 게이트 단자를 추가하여 정류기와 동시에 전류를 ON/OFF하는 제어 기능을 갖게 한 반도체 소자

(2) 종류

① SCR(Silicon Controlled Rectifier)

㉠ 게이트 작용 : 통과 전류 제어 작용

㉡ 이온 소멸 시간이 짧다.

㉢ 게이트 전류에 의해서 방전 개시 : 전압을 제어할 수 있다.

㉣ PNPN 구조로서 부성(−) 저항 특성이 있다.

- ON → 저항 낮다.
- OFF → 저항 높다.

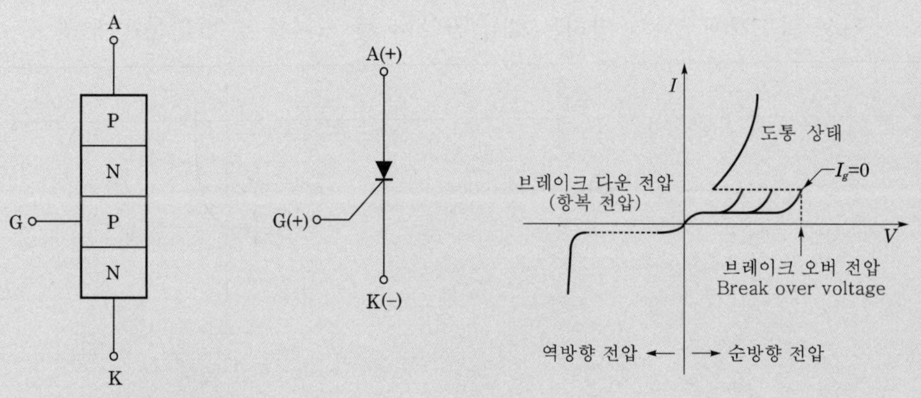

㉤ 다이너트론과 기능 비슷

㉥ 소형이면서 대전력용

- ON → OFF : 전원 전압을 음(−)으로 한다.
- turn on 상태 : 게이트 전류에 의해 제어
- 브레이크 오버 전압 : 제어 정류기의 게이트가 도전 상태로 들어가는 전압

② GTO SCR(Gate Turn Off SCR) : SCR은 게이트 전류로 turn off 시킬 수 없으나 GTO는 게이트 전류를 반대 방향으로 흘려 turn off 시킬 수 있다. 이런 특징을 **자기소호기능**이라 한다.

③ LASCR(Lighting Activated SCR) : 빛에 의해 동작

④ SCS(Silicon Controlled Switch) : 2개의 게이트를 갖고 있는 **4단자 단방향성 사이리스터**

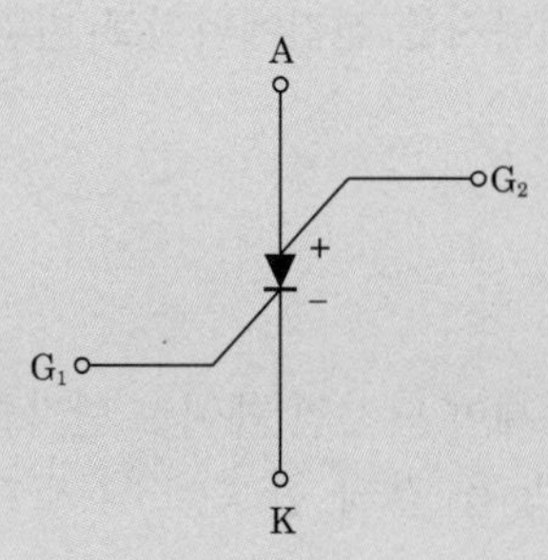

⑤ SSS(Silicon Symmetrical Switch) : 게이트가 없는 2단자 양방향성 사이리스터

⑥ TRIAC(Triode AC Switch)

㉠ **쌍방향 3단자 소자**이다.

㉡ **SCR 역병렬 구조와 같다.**

㉢ 교류 전력을 양극성 제어한다.

㉣ (포토 커플러+트라이액) : 교류 무접점 릴레이 회로 이용

⑦ DIAC(Diode AC Switch)

㉠ **쌍방향 2단자 소자**

㉡ 소용량 저항 부하의 AC 전력 제어

㉢ SCR과 제너 다이오드의 조합

[3] 기타 반도체

(1) 트랜지스터

전류증폭 작용

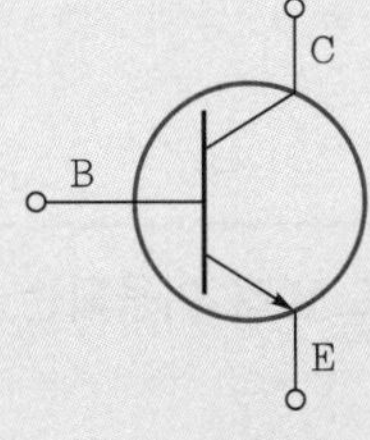

▌npn형▐

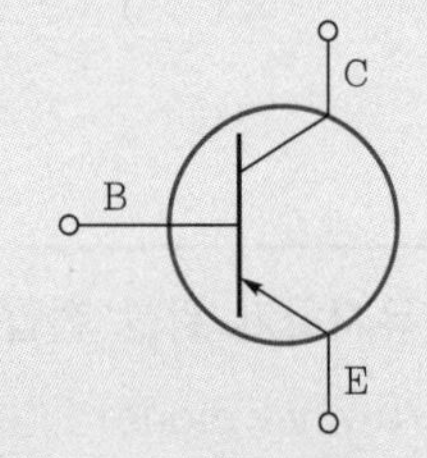

▌pnp형▐

(2) MOSFET

전계효과 트랜지스터로 입력 임피던스가 10^{13}[Ω] 정도로 높다.

(3) IGBT

MOSFET보다 높은 항복 전압과 전류를 얻을 수 있는 트랜지스터

(4) DIAC

발진회로

(5) 서미스터(Thermister)

① 보통의 저항에 비해 온도에 따른 저항의 변화가 큰 저항

② 온도계수는 (−)를 갖고 있다.

③ **온도 측정 및 온도 보상용으로 사용**한다.

(6) 배리스터(Varistor)

① 전압에 따라 저항값이 변화하는 비직선형 반도체 소자

② **서지 전압에 대한 회로 보호용**

③ 비직선적인 전압−전류 특성을 갖는 2단자 반도체 소자

[4] 각종 반도체 소자의 비교

(1) 방향성

① 단방향(역저지) : Diode, SCR, LASCR, GTO, SCS
② 양방향(쌍방향) : DIAC, TRIAC, SSS

(2) 단자(극) 수

① 2단자 : Diode, DIAC, SSS
② 3단자 : SCR, LASCR, GTO, TRIAC
③ 4단자 : SSS

(3) 구조(접합층)

① 3층 구조 : DIAC
② 4층 구조 : SCR, LASCR, GTO, SCS
③ 5층 구조 : TRIAC, SSS

기·출·개·념 **문제**

1. 전압을 일정하게 유지하기 위한 전압 제어 소자로 널리 이용되는 다이오드는? 16 기사

① 터널 다이오드(tunnel diode)
② 제너 다이오드(zener diode)
③ 버랙터 다이오드(varactor diode)
④ 쇼트키 다이오드(schottky diode)

해설 제너 다이오드는 정전압 소자이며, 정·부의 온도계수를 가지는 다이오드이다. 답 ②

2. 역방향 바이어스 전압에 따라 접합 정전용량이 가변되는 성질을 이용하는 다이오드는? 15 산업

① 제너 다이오드
② 버랙터 다이오드
③ 터널 다이오드
④ 브리지 다이오드

해설 버랙터 다이오드는 PN 접합에 역방향으로 전압을 걸면 PN 접합층의 공핍층으로 인하여 정전용량을 갖게 된다. 전압이 올라가면 P쪽의 정공이 (−)쪽으로 끌려가고, N쪽의 전자가 (+)쪽으로 끌려간다. 즉, 공핍층 사이가 멀어지게 된다. 이렇게 전압변동에 의해서 정전용량이 변하는 특성을 가지는 다이오드이다. 답 ②

기·출·개·념 **문제**

3. 터널 다이오드의 용도로 가장 널리 사용되는 것은? 15 산업

① 검파 회로
② 스위칭 회로
③ 정류기
④ 정전압 소자

해설 터널 다이오드(Esaki diode)는 부성 저항 특성을 이용하여 마이크로파의 발진, 증폭, 스위칭 작용에 사용된다. 답 ②

4. 사이리스터(thyristor)의 응용에 대한 설명으로 잘못된 것은? 15 기사

① 위상 제어에 의해 교류 전력 제어가 가능하다.
② 교류 전원에서 가변 주파수 교류 변환이 가능하다.
③ 직류 전력의 증폭인 컨버터가 가능하다.
④ 위상 제어에 의해 제어 정류 즉, 교류를 가변 직류로 변환할 수 있다.

해설 DC 전력 증폭에는 사용되지 않는다. 답 ③

5. SCR에 대한 설명으로 옳은 것은? 19 기사

① 제어 기능을 갖는 쌍방향성의 3단자 소자이다.
② 정류 기능을 갖는 단일방향성의 3단자 소자이다.
③ 증폭 기능을 갖는 단일방향성의 3단자 소자이다.
④ 스위칭 기능을 갖는 쌍방향성의 3단자 소자이다.

해설 SCR은 정류 및 스위칭 기능을 갖는 단일방향성의 3단자 소자이다. 답 ②

6. SCR에 대한 설명 중 틀린 것은? 18·15 기사

① 3개 접합면을 가진 4층 다이오드 형태로 되어 있다.
② 게이트 단자에 펄스 신호가 입력되는 순간부터 도통된다.
③ 제어각이 작을수록 부하에 흐르는 전류 도통각이 커진다.
④ 위상 제어의 최대 조절 범위는 0°~90°이다.

해설 SCR의 점호각 조정 범위는 0°~180°이다. 답 ④

7. 자기 소호 기능이 가장 좋은 소자는? 20·17 기사/14 산업

① GTO
② SCR
③ DIAC
④ TRIAC

해설 GTO는 자기 소호 기능, 역저지 3단자 사이리스터, 게이트 ON·OFF, 정격전류, 정격전압이 높은 소자이다. 답 ①

기·출·개·념 **문제**

8. 반도체 소자의 종류 중에서 게이트에 의한 턴온을 이용하지 않는 소자는? 20 산업

① SSS ② SCR
③ GTO ④ SCS

(해설) SSS는 게이트가 없는 2단자 양방향 사이리스터 답 ①

9. 두 개의 사이리스터를 역병렬로 접속한 것과 같은 특성을 나타내는 소자는? 17 기사 / 22·19 산업

① TRIAC ② GTO
③ SCS ④ SSS

(해설) TRIAC
- 쌍방향 3단자 소자이다.
- SCR 역병렬 구조와 같다.
- 교류 전력을 양극성 제어한다.

답 ①

10. 다이액(DIAC)에 대한 설명 중 틀린 것은? 16 산업

① 과전압 보호 회로에 사용되기도 한다.
② 역저지 4극 사이리스터로 되어 있다.
③ 쌍방향으로 대칭적인 부성 저항을 나타낸다.
④ 콘덴서 방전전류에 의하여 트라이액을 ON 시킬 수 있다.

(해설) 전압의 증가에 대하여 전류가 감소하는 특성을 부성 저항이라 하는데, 대표적인 소자에는 에사키 다이오드, 4극 진공관이 있으며 DIAC에 해당하지는 않는다. 답 ③

11. 트랜지스터(TR)의 기호에서 이미터의 화살표 방향이 나타내는 것은? 14 기사

① 전압 인가의 방향 ② 전류의 방향
③ 전계의 방향 ④ 저항의 방향

(해설) 트랜지스터의 기호에서 이미터의 화살표 방향은 이미터 접합의 순방향 즉, 전류의 방향을 나타낸다. 답 ②

12. 반도체 소자 중 게이트-소스 간 전압으로 드레인 전류를 제어하는 전압 제어 스위치로 스위칭 속도가 빠른 소자는? 17 산업

① SCR ② GTO
③ IGBT ④ MOSFET

(해설) MOSFET의 특징
- 금속막, 산화막, 반도체 영역으로 구성된 소자이다.
- 전압 제어 스위치이다.
- 고속 스위칭 소자이다.
- 게이트-소스 간 전압으로 드레인 전류를 제어하는 소자이다.

답 ④

기·출·개·념 문제

13. 최근 많이 사용되는 전력용 반도체 소자 중 IGBT의 특성이 아닌 것은? 22·17 기사

① 게이트 구동 전력이 매우 높다.
② 용량은 일반 트랜지스터와 동등한 수준이다.
③ 소스에 대한 게이트의 전압으로 도통과 차단을 제어한다.
④ 스위칭 속도는 FET와 트랜지스터의 중간 정도로 빠른 편에 속한다.

해설 IGBT의 특징은 다음과 같다.
- 게이트-이미터 간의 전압이 구동되어 입력신호에 의해 ON-OFF가 된다.
- 대전력의 고속 스위칭이 가능하다.
- Gate의 구동력이 낮다.

답 ①

14. 서미스터(thermistor)의 주된 용도는? 20·17 기사

① 온도 보상용
② 잡음 제거용
③ 전압 증폭용
④ 출력 전류 조절용

해설 서미스터는 Mn, Fe, Co, Ni, Cu 등의 산화물 분말을 혼합 소결한 산화물 반도체로서 전자 장치의 온도 보상용으로 사용한다.

답 ①

15. 배리스터(Varistor)의 주용도는? 17·15 기사 / 22 산업

① 전압 증폭
② 진동 방지
③ 과도 전압에 대한 회로 보호
④ 전류 특성을 갖는 4단자 반도체 장치에 사용

해설 배리스터는 비직선적인 전압-전류 특성을 갖는 2단자 반도체 소자로 서지 전압(surge voltage)에 대한 회로 보호용으로 쓰인다.

답 ③

16. 다음 중 쌍방향 2단자 사이리스터는? 22·20 기사

① SCR
② TRIAC
③ SSS
④ SCS

해설 **각종 반도체 소자의 비교**
- 방향성
  - 양방향성(쌍방향성) 소자 : DIAC, TRIAC, SSS
  - 역저지(단방향성) 소자 : SCR, LASCR, GTO, SCS
- 극(단자) 수
  - 2극(단자) 소자 : DIAC, SSS, Diode
  - 3극(단자) 소자 : SCR, LASCR, GTO, TRIAC
  - 4극(단자) 소자 : SCS

답 ③

기출개념 08 정류회로

[1] 다이오드 정류회로

(1) 단상 반파

$E_d = 0.45E_a \quad PIV = \sqrt{2}\,E_a$

(2) 단상 전파

$E_d = 0.9E_a \quad PIV = 2\sqrt{2}\,E_a$

(3) 3상 반파

$E_d = 1.17E_a$

(4) 3상 전파

$E_d = 1.35E_a$

[2] 사이리스터 정류회로

(1) 단상 반파

$$E_d = \frac{\sqrt{2}}{\pi}E_a\left(\frac{1+\cos\alpha}{2}\right)$$

(2) 단상 전파

$$E_d = \frac{2\sqrt{2}}{\pi}E_a\left(\frac{1+\cos\alpha}{2}\right)$$

(3) 3상 반파

$$E_d = \frac{3\sqrt{6}}{2\pi}E_a\cos\alpha = 1.17E_a\cos\alpha$$

(4) 3상 전파

$$E_d = \frac{3\sqrt{2}}{\pi}E_a\cos\alpha = 1.35E_a\cos\alpha$$

[3] 맥동률

(1) $맥동률 = \frac{교류분}{직류분} \times 100[\%]$

정류회로에 포함된 교류분 전압 = 직류분 × 맥동률

(2) 정류회로별 맥동률

① 단상 반파 정류회로 : 121[%]
② 단상 전파 정류회로 : 48[%]
③ 3상 반파 정류회로 : 17[%]
④ 3상 전파 정류회로 : 4[%]

기·출·개·념 **문제**

1. 200[V]의 단상 교류 전압을 반파 정류하였을 경우, 직류 출력전압의 평균값[V]은? 19 산업

① 90 ② 110
③ 180 ④ 200

해설 반파 정류이므로

$E_d = 0.45V = 0.45 \times 200 = 90$[V]

답 ①

2. 상전압 200[V]의 3상 반파 정류회로의 각 상에 SCR을 사용하여 위상 제어할 때 제어각이 30° 이면 직류 전압은 약 몇 [V]인가? 14 기사

① 109 ② 150
③ 203 ④ 256

해설 3상 반파 정류회로에서 직류 전압(E_d)$=1.17E_a$[V]이다.

$E_d = 1.17 \times 200 = 234$

제어각이 30°일 때

$\therefore\ E_{d\alpha} = 234 \times \cos 30° \fallingdotseq 203$[V]

답 ③

3. 정류방식 중 맥동률이 가장 적은 것은? (단, 저항부하인 경우이다.) 22·18 산업

① 3상 반파방식 ② 3상 전파방식
③ 단상 반파방식 ④ 단상 전파방식

해설

정류 종류	단상 반파	단상 전파	3상 반파	3상 전파
맥동률[%]	121	48	17	4

답 ②

4. 정류방식 중 정류 효율이 가장 높은 것은? (단, 저항부하를 사용한 경우이다.) 21·18 기사

① 단상 반파방식 ② 단상 전파방식
③ 3상 반파방식 ④ 3상 전파방식

해설

정류 종류	단상 반파	단상 전파	3상 반파	3상 전파
맥동률[%]	121	48	17	4
정류 효율	40.5	81.1	96.7	99.8

답 ④

CHAPTER 02

전동기 응용 및 전력용 반도체

이런 문제가 시험에 나온다!

단원 최근 빈출문제

01 전동기의 토크 단위는? [14년 산업]

① [kg] ② [kg·m²]
③ [kg·m] ④ [kg·m/s]

해설 토크(T)는 물체에 작용하여 물체를 회전시키는 물리량으로서 [N·m] 또는 [kg·m]의 단위를 사용한다.

02 3상 4극 유도전동기를 입력 주파수 60[Hz], 슬립 3[%]로 운전할 경우 회전자 주파수[Hz]는? [15년 기사]

① 0.18 ② 0.24
③ 1.8 ④ 2.4

해설 회전자 주파수$(f_{2s}) = sf_1$[Hz]

$\therefore\ f_{2s} = 0.03 \times 60 = 1.8$[Hz]

03 출력 P[kW], 속도 N[rpm]인 3상 유도전동기의 토크[kg·m]는? [18년 기사]

① $0.25\dfrac{P}{N}$ ② $0.716\dfrac{P}{N}$
③ $0.956\dfrac{P}{N}$ ④ $0.975\dfrac{P}{N}$

해설 **토크**

$$T = \frac{P}{\omega} = \frac{P}{2\pi n}[\text{N}\cdot\text{m}]$$
$$= \frac{P}{2\pi\frac{N}{60}} \times \frac{1}{9.8} = 0.975\frac{P}{N}[\text{kg}\cdot\text{m}]$$

04 출력 7,200[W], 800[rpm]으로 회전하고 있는 전동기의 토크[kg·m]는 약 얼마인가? [16년 산업]

① 0.14 ② 8.77
③ 86 ④ 115

기출 핵심 NOTE

01 토크

$$\tau = 0.975\frac{P}{N}[\text{kg}\cdot\text{m}]$$
$$= 0.975\frac{P}{N} \times 9.8[\text{N}\cdot\text{m}]$$

03 토크

$$\tau = 0.975\frac{P}{N}[\text{kg}\cdot\text{m}]$$

정답 01. ③ 02. ③ 03. ④ 04. ②

해설 토크$(T) = 0.975\frac{P}{N}$[kg · m]

$\therefore\ T = 0.975 \times \frac{7,200}{800} = 8.77$[kg · m]

05 극수 P의 3상 유도전동기가 주파수 f[Hz], 슬립 s, 토크 T[N · m]로 회전하고 있을 때의 기계적 출력[W]은?

[19년 기사]

① $\frac{4\pi f T}{P}$　② $T\frac{2\pi f}{P}(1-s)$

③ $T\frac{4\pi f}{P}(1-s)$　④ $T\frac{\pi f}{P}(1-s)$

해설 $n = \frac{2f}{P}(1-s)$[rps]

$\omega = 2\pi n = \frac{4\pi f}{P}(1-s)$[rad/s]

$\therefore\ P = T\omega = T\frac{4\pi f}{P}(1-s)$[W]

06 전동기의 손실 중 직접 부하손에 해당하는 것은?

[18년 산업]

① 풍손
② 베어링 마찰손
③ 브러시 마찰손
④ 전기자 권선의 저항손

해설

총손실	무부하손	철손 : 히스테리시스손, 와류손
		기계손 : 풍손, 베이링 마찰손, 브러시 마찰손
	부하손	전기자 저항손 $P_c = I_a^2 R$[W]
		브러시 전기손
		표류 부하손 : 권선 이외 부분의 누설 자속에 의해 발생

07 전동기의 진동 원인 중 전자적 원인이 아닌 것은?

[17년 산업]

① 베어링의 불평등
② 고정자 철심의 자기적 성질 불평등
③ 회전자 철심의 자기적 성질 불평등
④ 고조파 자계에 의한 자기력의 불평형

기출 핵심 NOTE

PART 1

05 각속도

$\omega = 2\pi n$

$= 2\pi\frac{2f}{P}(1-s) = \frac{4\pi f}{P}(1-s)$

정답 05. ③ 06. ④ 07. ①

기출 핵심 NOTE

해설 전동기 운전 시 발생되는 진동의 원인
- 기계적 원인
  - 회전자의 정적 및 동적 불평형
  - 베어링의 불평등
  - 상대 기계와의 연결불량 및 설치불량
- 전자적 원인
  - 회전자의 편심, 기타 원인에 의한 회전 시 에어갭의 변동
  - 회전자 철심의 자기적 성질 불균등
  - 고조파 자계에 의한 자기력의 불평등

08 엘리베이터에 사용되는 전동기의 특성이 아닌 것은?

[22·17·14년 기사]

① 소음이 적어야 한다.
② 기동토크가 적어야 한다.
③ 회전 부분의 관성 모멘트는 적어야 한다.
④ 가속도의 변화 비율이 일정 값이 되도록 선택한다.

해설 엘리베이터에 사용되는 전동기는 회전 부분의 관성 모멘트가 적고, 기동토크가 커야 하며 가속·감속 시에 충격을 주지 않기 위하여 가속도의 변화 비율이 일정 값이 되도록 해야 하고 소음이 적어야 한다.

08 엘리베이터용 전동기
기동과 정지가 빈번하기 때문에 회전 부분의 관성 모멘트가 작아야 한다.

09 직류 직권전동기는 어느 부하에 적당한가? [22·16년 산업]

① 정토크 부하 ② 정속도 부하
③ 정출력 부하 ④ 변출력 부하

해설 직류 직권전동기는 부하가 증가하면 속도는 급감하지만 토크가 증가하게 된다.

10 직류 방식 전차용 전동기로 적당한 전동기는? [17년 산업]

① 분권형 ② 직권형
③ 가동 복권형 ④ 차동 복권형

해설 전차용 전동기에는 직류 직권전동기가 가장 많이 사용된다.

11 전동기의 정격(rate)에 해당되지 않는 것은? [11년 기사]

① 연속 정격 ② 반복 정격
③ 단시간 정격 ④ 중시간 정격

정답 08. ② 09. ③ 10. ② 11. ④

기출 핵심 NOTE

PART 1

해설 전동기의 정격은 표준 규격에 정해져 있는 온도 상승 한도를 초과하지 않고 기타의 제한에 벗어나지 않는 상태의 정격으로 연속 정격, 단시간 정격, 반복 정격으로 나눈다.

12 3상 유도전동기의 기동 방식이 아닌 것은? [19년 산업]

① 직입 기동 ② Y-△ 기동
③ 콘덴서 기동 ④ 리액터 기동

해설
• 농형 유도전동기 기동법
  - 전전압 기동법
  - Y-△ 기동법
  - 리액터 기동법
  - 기동보상기법
• 권선형 유도전동기 기동법
  - 2차 저항 기동법

13 유도전동기 기동법 중 감전압 기동법이 아닌 것은? [22·14년 기사]

① 직입 기동법 ② 콘돌퍼 기동법
③ 리액터 기동법 ④ 1차 저항 기동법

해설 농형 유도전동기 기동법 중 전압을 줄이고 기동전류를 줄여서 기동하는 기동법에는 직입 기동법, 리액터 기동법, 기동보상기법, 콘돌퍼 기동법 등이 있다.

14 15[kW] 이상의 중형 및 대형기의 기동에 사용되는 농형 유도전동기의 기동법은? [15년 산업]

① 기동보상기법 ② 전전압 기동법
③ 2차 임피던스 기동법 ④ 2차 저항 기동법

해설 단권 변압기를 Y결선하여 전동기에 인가전압을 줄여 기동하는 기동보상기법은 15[kW]가 넘는 전동기 기동법에 많이 사용된다.

14 기동보상기법
15[kW] 이상의 농형 유도전동기

15 일반적인 농형 유도전동기의 기동법이 아닌 것은? [17년 기사]

① Y-△ 기동 ② 전전압 기동
③ 2차 저항 기동 ④ 기동보상기에 의한 기동

해설 2차 저항 기동법은 권선형 유도전동기의 기동법이다.

15 권선형 유도전동기 기동법
2차 저항 기동법

정답 12. ③ 13. ① 14. ① 15. ③

기출 핵심 NOTE

16 유도전동기의 비례추이 특성을 이용한 기동 방법은?

[16년 산업]

① 전전압 기동 ② Y－△ 기동
③ 리액터 기동 ④ 2차 저항 기동

해설 3상 권선형 유도전동기에서 회전자(2차)에 슬립링을 통해 저항을 연결하고, 2차 저항을 변화시키면 같은 토크(T)에서 슬립(s)이 변하고, 토크 특성 곡선이 비례하여 이동하는 것을 비례추이라 하며 2차 저항 기동법이 대표적이다.

16 비례추이
2차 저항에 비례하여 슬립이 변하고 토크는 일정한 특성을 말한다.

17 다음 중 기동토크가 가장 적은 전동기는?

[15년 산업]

① 반발 기동형
② 콘덴서 기동형
③ 분상 기동형
④ 반발 유도형

해설 단상 유도전동기에서 기동토크가 큰 것부터 순서로 배열하면 반발 기동형 → 반발 유도형 → 콘덴서 기동형 → 분상 기동형 → 셰이딩 코일형 → 모노사이클릭 기동형 순이다.

17 기동토크 큰 순서
반발 기동형 > 반발 유도형 > 셰이딩 코일형

18 단상 유도전동기 중 운전 중에도 전류가 흘러 손실이 발생하여 효율과 역률이 좋지 않고 회전 방향을 바꿀 수 없는 전동기는?

[22·14년 산업]

① 반발 기동형 ② 콘덴서 기동형
③ 분상 기동형 ④ 셰이딩 코일형

해설 단상 유도전동기는 주권선과 기동 권선 중 어느 하나에 접속을 바꾸면 회전 방향이 반대가 된다. 하지만 셰이딩 코일형 전동기는 회전 방향을 바꿀 수 없다.

19 전차, 권상기, 크레인 등에 가장 적합한 전동기는?

[14년 기사]

① 분권형 ② 직권형
③ 화동 복권형 ④ 차동 복권형

해설 직류 직권전동기의 기동토크는 전류의 제곱에 비례하고 부하에 따라 자동적으로 속도가 증감하여 중부하에서도 입력이 지나치게 커지지 않기 때문에 전차용, 견인 전동기, 기중기, 권상기용 전동기로 많이 사용된다.

정답 16. ④ 17. ③ 18. ④ 19. ②

20 단상 유도전동기의 기동방법이 아닌 것은? [19년 기사]

① 분상 기동법 ② 전압 제어법
③ 콘덴서 기동법형 ④ 셰이딩 코일형

해설 **단상 유도전동기 기동방법**
- 분상 기동형
- 콘덴서 기동형
- 반발 기동형
- 셰이딩 코일형

21 직류전동기의 속도 제어법으로 쓰이지 않는 것은? [22년 기사 / 16년 산업]

① 저항 제어법
② 계자 제어법
③ 전압 제어법
④ 주파수 제어법

해설 직류전동기의 속도 제어법으로는 전압 제어법, 계자 제어법, 저항 제어법이 있다.

22 플라이휠을 이용하여 변동이 심한 부하에 사용되고 가역 운전에 알맞은 속도 제어방식은? [18년 기사]

① 일그너 방식
② 워드 레오나드 방식
③ 극수를 바꾸는 방식
④ 전원주파수를 바꾸는 방식

해설 **일그너 방식**
부하변동이 심한 경우 플라이휠을 설치한 전압제어방식으로 제철용 압연기, 가변속도 대용량 제관기 등에 적합하다.

23 플라이휠의 사용과 무관한 것은? [16년 산업]

① 효율이 좋아진다.
② 최대 토크를 감소시킨다.
③ 전류의 동요가 감소한다.
④ 첨두 부하값을 감소시킨다.

해설 플라이휠을 사용하면 최대 토크와 최대 부하값 및 효율이 감소하게 된다.

기출 핵심 NOTE

20 단상 유도전동기 기동방법
- 분상 기동형
- 콘덴서 기동형
- 반발 기동형
- 셰이딩 코일형

22 일그너 방식
부하변동이 심할 때 플라이휠을 설치한 전압제어방식이다.

정답 20. ② 21. ④ 22. ① 23. ①

기출 핵심 NOTE

24 플라이휠 효과가 GD^2[kg · m²]인 전동기의 회전자가 n_2[rpm]에서 n_1[rpm]으로 감속할 때 방출한 에너지[J]는?

[18·14년 산업]

① $\dfrac{GD^2(n_2-n_1)^2}{730}$

② $\dfrac{GD^2(n_2^2-n_1^2)}{730}$

③ $\dfrac{GD^2(n_2-n_1)^2}{375}$

④ $\dfrac{GD^2(n_2^2-n_1^2)}{375}$

해설 에너지$(W)=\dfrac{1}{2}JW^2=\dfrac{1}{2}\times\left(\dfrac{1}{4}GD^2\right)\times\left(\dfrac{2\pi N}{60}\right)^2$

$=\dfrac{GD^2N^2}{730}=\dfrac{GD^2(n_2{}^2-n_1{}^2)}{730}$[J]

25 플라이휠 효과 1[kg · m²]인 플라이휠 회전 속도가 1,500[rpm]에서 1,200[rpm]으로 떨어졌다. 방출에너지는 약 몇 [J]인가?

[20·17년 기사]

① 1.11×10^3　② 1.11×10^4
③ 2.11×10^3　④ 2.11×10^4

해설 속도 감속 시 방출 에너지$(W)=\dfrac{1}{730}GD^2(N_1{}^2-N_2{}^2)$[J]이다.

$\therefore W=\dfrac{1}{730}\times1^2\times(1{,}500^2-1{,}200^2)=1.1\times10^3$[J]

25 속도 감소 시 방출에너지

$W=\dfrac{GD^2(N_1{}^2-N_2{}^2)}{730}$[J]

26 3상 농형 유도전동기의 속도 제어방법이 아닌 것은?

[20년 기사]

① 극수 변환법　② 주파수 제어법
③ 전압 제어법　④ 2차 저항 제어법

해설 **농형 유도전동기의 속도 제어법**
- 주파수 제어법
- 극수 변환법
- 전압 제어법

※ **권선형 유도전동기의 속도 제어법**
- 2차 여자 제어법
- 2차 저항 제어법

26 농형 유도전동기의 속도 제어법
- 주파수 제어법
- 극수 변환법
- 전압 제어법

정답 24. ② 25. ① 26. ④

27 다음 전동기 중에서 속도 변동률이 가장 큰 것은?

[16년 기사 / 15년 산업]

① 3상 농형 유도전동기 ② 3상 권선형 유도전동기
③ 3상 동기전동기 ④ 단상 유도전동기

해설 단상 유도전동기는 3상 유도전동기에 비해서 속도 변동이 큰 전동기이다.

28 선박의 전기 추진에 많이 사용되는 속도 제어방식은?

[16년 기사]

① 크레머 제어방식 ② 2차 저항 제어방식
③ 극수 변환 제어방식 ④ 전원 주파수 제어방식

해설 전기 선박 추진용 전동기 및 인견 공업의 포트 모터에서 많이 사용되는 속도 제어는 1차(전원) 주파수 제어이다.

29 2차 저항 제어를 하는 권선형 유도전동기의 속도 특성은?

[15년 산업]

① 가감 정속도 특성 ② 가감 변속도 특성
③ 다단 변속도 특성 ④ 다단 정속도 특성

해설 권선형 유도전동기는 정속도 특성이 있다.

29 저항 제어를 하는 경우 가감 방식을 주로 이용한다.

30 유도전동기 제동방법으로 쓰이지 않는 것은?

[14년 기사]

① 회생 제동 ② 계자 제동
③ 역상 제동 ④ 발전 제동

해설 유도전동기의 제동법에는 발전 제동, 회생 제동, 역상 제동(플러깅)이 있다.

30 유도전동기 제동법
- 발전 제동
- 회생 제동
- 역상 제동

31 3상 유도전동기에서 플러깅의 설명으로 가장 옳은 것은?

[17년 산업]

① 단상 상태로 기동할 때 일어나는 현상
② 플러그를 사용하여 전원을 연결하는 방법
③ 고정자와 회전자의 상수가 일치하지 않을 때 일어나는 현상
④ 고정자측의 3단자 중 2단자를 서로 바꾸어 접속하여 제동하는 방법

정답 27. ④ 28. ④ 29. ① 30. ② 31. ④

해설 플러깅은 3상 유도전동기에서 3단자 중 2단자의 접속을 바꾸어 역회전시켜 발생되는 역토크를 이용해서 전동기를 급정지시키는 제동법이다.

32 전동기를 전원에 접속한 상태에서 중력 부하를 하강시킬 때, 전동기의 유기기전력이 전원 전압보다 높아져서 발전기로 동작하고 발생 전력을 전원으로 되돌려줌과 동시에 속도를 점차로 감속하는 경제적인 제동법은? [18년 기사]

① 역상 제동 ② 회생 제동
③ 발전 제동 ④ 와류 제동

해설 회생 제동은 전동기를 발전기로 운전시켜 발생된 역기전력을 전원측 전압보다 높게 하여 전원측으로 되돌려 속도를 제동하는 전기적 제동법이다.

33 전동기의 회생 제동이란? [15년 기사 / 16년 산업]

① 전동기의 기전력을 저항으로서 소비시키는 방법이다.
② 와류손으로 회전체의 에너지를 잃게 하는 방법이다.
③ 전동기를 발전 제동으로 하여 발생 전력을 선로에 보내는 방법이다.
④ 전동기의 결선을 바꾸어서 회전 방향을 반대로 하여 제동하는 방법이다.

해설 전동기를 발전기로 운전해서 발생된 전기에너지를 전원측 전압보다 높게 하여 전원측으로 반환시켜 제동하는 방법이 회생 제동이다.

34 높이 10[m]에 있는 용량 100[m^3]의 수조를 만조시키는 데 필요한 전력량은 약 몇 [kWh]인가? (단, 전동기 및 펌프 종합 효율은 80[%], 여유계수는 1.2, 손실수두는 2[m]이다.) [16년 기사]

① 1.5 ② 2.4
③ 3.7 ④ 4.9

해설 총 양정(높이) $H = 10 + 2 = 12[\text{m}]$

$$\therefore W = \frac{9.8QH}{3{,}600\eta} = \frac{9.8 \times 100 \times 12 \times 1.2}{3{,}600 \times 0.8} = 4.9[\text{kWh}]$$

기출 핵심 NOTE

32 회생 제동
제동효율이 가장 우수하며 제동시간이 길게 된다.

정답 32. ② 33. ③ 34. ④

35 양수량 5[m³/min], 총양정 10[m]인 양수용 펌프전동기의 용량은 약 몇 [kW]인가? (단, 펌프 효율 85[%], 여유계수 $K=1.1$이다.)

[18년 산업]

① 9.01　② 10.56
③ 16.60　④ 17.66

해설 $P=\dfrac{KQH}{6.12\eta}$

$=\dfrac{1.1\times5\times10}{6.12\times0.85}=10.57[\text{kW}]$

36 발전소에 설치된 50[t]의 천장 주행 기중기의 권상속도가 2[m/min]일 때 권상용 전동기의 용량은 약 몇 [kW]인가? (단, 효율은 70[%]이다.)

[17년 산업]

① 5　② 10
③ 15　④ 23

해설 기중기용 전동기 용량$(P)=\dfrac{WV}{6.12\eta}[\text{kW}]$

$\therefore P=\dfrac{50\times2}{6.12\times0.7}=23.3[\text{kW}]$

37 동력 전달 효율이 78.4[%]인 권상기로 30[t]의 하중을 매분 4[m]의 속력으로 끌어 올리는 데 필요한 동력은 약 몇 [kW]인가?

[19년 산업]

① 14　② 18
③ 21　④ 25

해설 $P=\dfrac{KWV}{6.12\eta}=\dfrac{30\times4}{6.12\times0.784}=25[\text{kW}]$

여기서, K : 손실계수(여유계수), W : 중량(하중)[ton],
V : 권상속도[m/min], η : 효율

38 양수량 30[m³/min], 총 양정 10[cm]를 양수하는 데 필요한 펌프용 3상 전동기에 전력을 공급하고자 한다. 단상 변압기를 V결선하여 전력을 공급하고자 할 때 단상 변압기 한 대의 용량[kVA]은 약 얼마인가? (단, 펌프의 효율은 70[%]이다.)

[22년 기사]

① 31　② 36
③ 41　④ 46

기출 핵심 NOTE

35 양수 펌프용 전동기 용량

$P=\dfrac{KQH}{6.12\eta}[\text{kW}]$

여기서, K : 손실계수(여유계수)
Q : 양수량[m³/min]
H : 총 양정[m]
η : 효율

36 기중기용 전동기 용량

$P=\dfrac{WV}{6.12\eta}[\text{kW}]$

여기서, W : 권상하중[t]
V : 권상속도[m/min]
η : 효율

정답 35. ② 36. ④ 37. ④ 38. ③

해설 • 펌프의 용량

$$P=\frac{QHK}{6.12\eta}=\frac{30\times10\times1}{6.12\times0.7}=70[\text{kW}]$$

• 단상 변압기 1대의 용량

$$P_1=\frac{P_V}{\sqrt{3}}=\frac{70}{\sqrt{3}}=40.4[\text{kVA}]$$

39 풍압 500[mmAq], 풍량 0.5[m^3/s]인 송풍기용 전동기의 용량[kW]은 약 얼마인가? (단, 여유계수는 1.23, 팬의 효율은 0.6이다.) [20년 기사]

① 5　② 7
③ 9　④ 11

해설 송풍기의 송풍량이 Q[m^3/s], 소요 풍압이 H[mmAq], 송풍 효율 η, 여유계수 K인 경우 전동기 소요 출력은

$$P=\frac{KQH}{6{,}120\eta}=\frac{1.23\times0.5\times60\times500}{6{,}120\times0.6}=5.02=5[\text{kW}]$$

40 전동기의 사용장소에 따른 보호방식 중 연직면에서 15° 이내의 각도로 낙하하는 물방울이나 이물체가 직접 내부로 침입함이 없는 구조는? [14년 산업]

① 방수형　② 방적형
③ 방진형　④ 방식형

해설 방적형은 전기기기 보호방식 중 연직에서 15° 이내의 각도로 낙하하는 물방울이 직접 또는 기체의 면을 따라 혹은 이에 반발되어서 기체 안에 들어가 철심 또는 절연물과 접촉되는 일이 없게 만든 전기기기이다.

41 PN 접합 다이오드에서 cut-in voltage란? [18·15년 산업]

① 순방향에서 전류가 현저히 증가하기 시작하는 전압이다.
② 순방향에서 전류가 현저히 감소하기 시작하는 전압이다.
③ 역방향에서 전류가 현저히 감소하기 시작하는 전압이다.
④ 역방향에서 전류가 현저히 증가하기 시작하는 전압이다.

해설 다이오드의 $V-I$의 특성에서 순방향일 때 전류가 현저히 증가하기 시작하는 전압을 cut-in voltage라 한다.
PN 접합 다이오드는 순방향으로만 전류가 흐르는 특성(정류 작용)이 있으며, 역방향일 때는 차단되는 특성이 있으나 어느 정도 역전압이 상승하면 도통 상태가 되는데 이때의 전압을 break-down voltage라고 한다.

기출 핵심 NOTE

39 송풍기용 전동기 용량

$$P=\frac{KQH}{6{,}120\eta}[\text{kW}]$$

여기서, Q : 풍량[m^3/min]
H : 풍압[mmAq]
K : 여유계수
η : 전동기 팬 효율[%]

정답 39. ① 40. ② 41. ①

42 동일 정격의 다이오드를 병렬로 사용하면? [16년 기사]

① 역전압을 크게 할 수 없다.
② 필터 회로가 필요 없게 된다.
③ 전원 변압기를 사용할 수 있다.
④ 순방향 전류를 증가시킬 수 있다.

해설 다이오드를 직렬로 접속하면 역내 전압이 증가하며, 병렬 접속 시는 저항이 감소하게 되어 전류를 증가시킬 수 있다.

43 다이오드 클램퍼(clamper)의 용도는? [18년 기사]

① 전압 증폭
② 전류 증폭
③ 전압 제한
④ 전압 레벨 이동

해설 클램퍼는 입력전압에 직류 전압을 가감하여 파형의 변형 없이 다른 레벨에 파형을 고정시키는 회로에 사용된다.

44 제너 다이오드에 관한 설명 중 틀린 것은? [20년 산업]

① 정전압 소자이다.
② 전압 조정기에 사용된다.
③ 인가되는 전압의 크기에 따라 전류 방향이 달라진다.
④ 제너 항복이 발생되면 전압은 거의 일정하게 유지되나 전류는 급격하게 증가한다.

해설 제너 다이오드는 제너 항복을 응용한 정전압 소자로, 전압의 크기가 변하면 전류의 크기는 변하지만 방향은 변하지 않는다.

45 제너 다이오드(zener diode)의 용도로 가장 옳은 것은? [17년 산업]

① 검파용
② 정전압용
③ 고압 정류용
④ 전파 정류용

해설 제너 다이오드는 정전압 다이오드라고 하며, 전압을 일정하게 유지하기 위한 전압 제어 소자로 많이 이용된다.

기출 핵심 NOTE

42 다이오드의 병렬접속
과전류 방지기능

44 제너 다이오드
정전압 특성을 이용하여 전압 안정화에 응용된다.

정답 42. ④ 43. ④ 44. ③ 45. ②

46 정전압 소자로 사용되는 다이오드는? [16년 산업]

① 제너 다이오드
② 터널 다이오드
③ 포토 다이오드
④ 발광 다이오드

해설 전원 전압을 안정하게 유지하는 정전압 정류 작용을 하는 다이오드는 제너 다이오드이다.

47 포토 다이오드(Photo diode)에 관한 설명 중 틀린 것은? [20년 산업]

① 온도 특성이 나쁘다.
② 빛에 대하여 민감하다.
③ PN 접합에 역방향으로 바이어스를 가한다.
④ PN 접합의 순방향 전류가 빛에 대하여 민감하다.

해설 포토 다이오드는 반도체의 접합부에 빛이 닿으면 전류가 발생하는 성질을 이용한 것으로서 빛의 검출 따위에 사용되며 빛에 대하여 민감하며 온도 특성이 좋다.

48 전력용 반도체 소자의 종류 중 스위칭 소자가 아닌 것은? [22·19년 산업]

① GTO ② Diode
③ TRIAC ④ SSS

해설 다이오드(Diode)는 회로의 주변 상황에 따라 순방향으로 전압이 가해지면 도통하고 역방향으로 전압이 가해지면 도통하지 않는 수동적인 소자로 사용자가 임의로 ON, OFF 시킬 수 없다.

49 사이리스터의 게이트 트리거 회로로 적합하지 않은 것은? [22·15년 기사]

① UJT 발진회로
② DIAC에 의한 트리거 회로
③ PUT 발진회로
④ SCR 발진회로

해설 UJT, DIAC, PUT는 트리거 회로에 쓰이나 SCR은 위상 제어, 인버터 초퍼 등에 쓰인다.

기출 핵심 NOTE

46 제너 다이오드
전원 전압을 안정하게 유지하는 정전압 정류 작용을 하는 다이오드를 말한다.

정답 46. ① 47. ① 48. ② 49. ④

기출 핵심 NOTE

50 SCR을 두 개의 트랜지스터 등가회로로 나타낼 때의 올바른 접속은? [22·20년 산업]

①
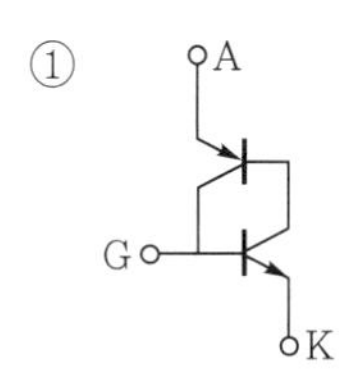

②
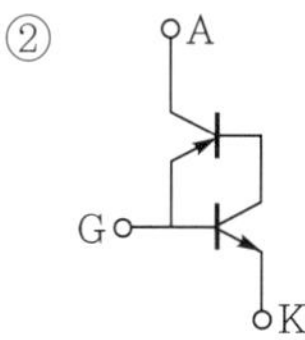

③
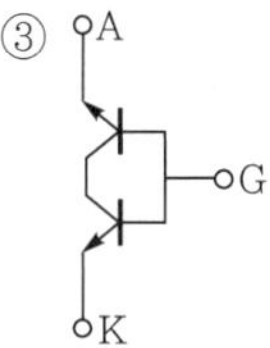

④
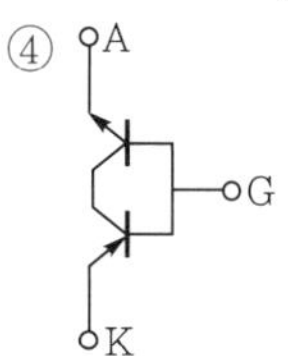

해설 SCR의 기호

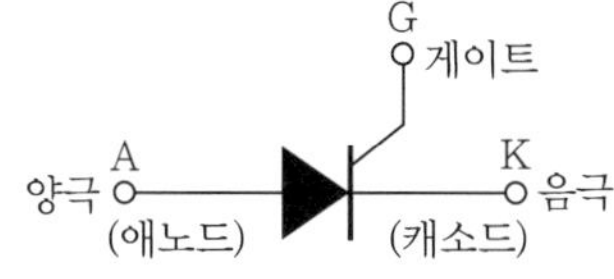

A : Anode(양극), G : Gate, K : Cathode(음극)

51 SCR 사이리스터에 대한 설명으로 틀린 것은? [21년 기사]

① 게이트 전류에 의하여 턴온 시킬 수 있다.
② 게이트 전류에 의하여 턴오프 시킬 수 없다.
③ 오프 상태에서는 순방향 전압과 역방향 전압 중 역방향 전압에 대해서만 차단 능력을 가진다.
④ 턴오프 된 후 다시 게이트 전류에 의하여 턴온 시킬 수 있는 상태로 회복할 때까지 일정한 시간이 필요하다.

해설 SCR 사이리스터는 게이트에 전류가 흐르지 않으면, 양방향 전압 저지 특성을 갖는다.

52 도통 상태(ON 상태)에 있는 SCR을 차단 상태(turn off)로 하기 위한 적당한 방법은? [14년 기사]

① 게이트 전류를 차단시킨다.
② 양극(애노드) 전압을 음으로 한다.
③ 게이트에 역방향 바이어스를 인가시킨다.
④ 양극 전압을 더 높게 가한다.

해설 SCR은 게이트에 (+)의 트리거 펄스가 인가되면 통전 상태로 되어 정류 작용이 개시되고 일단 통전이 되면 게이트 전류를 차단해도 주전류(애노드 전류)가 차단되지 않는다. 따라서 애노드 전압을 0 또는 (−)로 하면 차단이 된다.

52 SCR의 turn off
애노드의 극성을 바꾼다.

정답 50. ① 51. ③ 52. ②

53 소형이면서 대전력용 정류기로 사용하는 것은?

[15년 산업]

① 게르마늄 정류기
② SCR
③ CdS
④ 셀렌 정류기

해설 SCR은 수은 정류기, 다이너트론 등의 소자에 비해 효율이 높고 고속 동작이 용이하며, 소형 경량이고 수명이 길다. 또한, 사용이 쉽고 고전압 대전류에 적합하다.

54 SCR에 애노드 전류가 20[A]로 흐르고 있을 때 게이트 전류를 반으로 줄이면 애노드 전류는 몇 [A]가 되는가?

[17년 기사 / 17년 산업]

① 0　　② 10
③ 20　　④ 40

해설 SCR이 일반 ON 상태이고 전류가 유지 전류 이상으로 유지하고 있으면 게이트 전류에 관계없이 항상 일정하게 된다.

55 트랜지스터의 안정도가 제일 좋은 바이어스법은?

[18년 기사]

① 고정 바이어스
② 조합 바이어스
③ 전압 궤환 바이어스
④ 전류 궤환 바이어스

해설 **조합 바이어스**
트랜지스터 회로 바이어스법의 일종으로 안정도는 좋으나 전압 궤환 회로의 문제점인 부하가 저항이 아니면 사용할 수 없다는 것과, 교류 동작에도 부궤환이 걸린다는 문제점은 존재한다.

56 트랜지스터의 정합(junction) 온도 T_j의 최대 정격값을 75[℃], 주위 온도 $T_a = 35$[℃]일 때의 컬렉터 손실 P_c의 최대 정격값을 10[W]라고 할 때 열저항[℃/W]은?

[14년 산업]

① 40　　② 4
③ 2.5　　④ 0.2

해설 열저항$(R) = \dfrac{\theta}{P_c} = \dfrac{T_j - T_a}{P_c} = \dfrac{75-35}{10} = 4$[℃/W]

기출 핵심 NOTE

53 SCR
소형이며 대전력용 정류기로 사용

정답 53. ② 54. ③ 55. ② 56. ②

57 FET에서 핀치 오프(pinch off) 전압이란? [22·19년 기사]

① 채널 폭이 막힌 때의 게이트의 역방향 전압
② FET에서 애벌린치 전압
③ 드레인과 소스 사이의 최대 전압
④ 채널 폭이 최대로 되는 게이트의 역방향 전압

해설 FET(Field Effect Transister)에서 일어나는 현상으로서 gate와 소스 사이에 역전압을 증가시키면 드레인 전류가 0[A]가 되는데 이때의 전압을 핀치 오프 전압이라 한다.

58 MOSFET, BJT, GTO의 이점을 조합한 전력용 반도체 소자로서 대전력의 고속 스위칭이 가능한 소자는? [15년 기사]

① 게이트 절연 양극성 트랜지스터
② MOS 제어 사이리스터
③ 금속 산화물 반도체 전계효과 트랜지스터
④ 모놀리틱 달링톤

해설 게이트 절연 양극성 트랜지스터가 대전력 고속 스위칭이 가능한 소자이다.

59 광전 소자의 구조와 동작에 대한 설명 중 틀린 것은? [20년 기사]

① 포토 트랜지스터는 모든 빛에 감응하지 않으며, 일정 파장 범위 내의 빛에 감응한다.
② 포토 커플러는 전기적으로 절연되어 있지만 광학적으로 결합되어 있는 발광부와 수광부를 갖추고 있다.
③ 포토 사이리스터는 빛에 의해 개방된 두 단자 사이를 도통시킬 수 있어 전류의 ON-OFF 제어에 쓰인다.
④ 포토 다이오드는 일반적으로 포토 트랜지스터에 비해 반응속도가 느리다.

해설 포토 트랜지스터는 일반적으로 포토 다이오드보다 반응속도는 느리지만 전류가 증폭되므로 감도는 더 크다.

60 서미스터의 저항값이 감소한다는 것은 서미스터의 온도 변화와 어떤 관계를 갖는가? [14년 산업]

① 서미스터의 온도가 상승하고 있다.
② 서미스터의 온도가 낮아지고 있다.
③ 서미스터의 온도는 변화가 없이 일정하다.
④ 서미스터의 온도 변화와 관련이 없다.

기출 핵심 NOTE

57 핀치 오프 전압
FET(Field Effect Transister)에서 일어나는 현상으로서 gate와 소스 사이에 역전압을 증가시키면 드레인 전류가 0[A]가 되는데 이때의 전압을 핀치 오프 전압이라 한다.

정답 57. ① 58. ① 59. ④ 60. ①

해설 서미스터의 저항 온도계수는 (−)로 온도 상승에 따라서 저항이 감소한다.

$\therefore\ \theta \propto \frac{1}{R}$

61 인버터(inverter)의 용도는? [16년 산업]

① 교류를 교류로 변환 ② 직류를 직류로 변환
③ 교류를 직류로 변환 ④ 직류를 교류로 변환

해설 직류(DC)를 교류(AC)로 변환하는 장치를 인버터라 한다.

62 어느 쪽 게이트에서든 게이트 신호를 인가할 수 있고 역저지 4극 사이리스터로 구성된 것은? [15년 산업]

① SCS ② GTO
③ PUT ④ DIAC

해설 2개의 게이트 소자를 가지고 있어 어느 쪽이든 신호를 인가할 수 있고 4단자 역저지 사이리스터는 SCS이다.

63 다음 사이리스터 중 2단자 양방향 소자는? [22·20·14년 산업]

① SCR ② LASCR
③ TRIAC ④ DIAC

해설 **각종 반도체 소자의 비교**

- 방향성
  - 양방향성(쌍방향성) 소자 : DIAC, TRIAC, SSS
  - 역저지(단방향성) 소자 : SCR, LASCR, GTO
- 극(단자) 수
  - 2극(단자) 소자 : DIAC, SSS, Diode
  - 3극(단자) 소자 : SCR, LASCR, GTO, TRIAC
  - 4극(단자) 소자 : SCS

64 다이오드를 사용한 단상 전파 정류회로에서 전원 220[V], 주파수 60[Hz]일 때 출력전압의 평균값은 약 몇 [V]인가? [17년 산업]

① 100 ② 168
③ 198 ④ 215

기출 핵심 NOTE

61 인버터
DC를 AC로 변환하는 장치

62 SCS
2개의 게이트를 갖고 있어 4단자이다.

63
- 2단자 소자
  DIAC, SSS, Diode
- 양방향성 소자
  DIAC, TRIAC, SSS

64 단상 전파 정류회로

$E_d = \frac{2\sqrt{2}}{\pi}E = 0.9E$

정답 61. ④ 62. ① 63. ④ 64. ③

기출 핵심 NOTE

PART 1

해설 단상 전파 정류회로 출력전압(E_d)

$$\frac{2\sqrt{2}}{\pi}E = \frac{2\sqrt{2}}{\pi} \times 220 = 198[\text{V}]$$

65 3상 반파 정류회로에서 변압기의 2차 상전압 220[V]를 SCR로써 제어각 $\alpha = 60°$로 위상 제어할 때 약 몇 [V]의 직류 전압을 얻을 수 있는가? [18년 산업]

① 108.6 ② 118.6
③ 128.6 ④ 138.6

해설 3상 반파 정류회로의 직류 전압(E_d)

$$E_d = \frac{3\sqrt{6}}{2\pi}E_a \cos\alpha = \frac{3\sqrt{6}}{2\pi} \times 220 \times \cos 60° = 128.6$$

66 220[V]의 교류 전압을 전파 정류하여 순저항 부하에 직류 전압을 공급하고 있다. 정류기의 전압강하가 10[V]로 일정할 때 부하에 걸리는 직류 전압의 평균값은 약 몇 [V]인가? (단, 브리지 다이오드를 사용한 전파 정류회로이다.) [16년 산업]

① 99 ② 189
③ 198 ④ 220

해설 전파 정류회로에서 직류 전압(E_d)

$$E_d = \frac{2\sqrt{2}}{\pi}(E_a - e) = \frac{2\sqrt{2}}{\pi} \times (220 - 10) = 189[\text{V}]$$

66 전파 정류 시 직류측 전압

$$E_d = \frac{2\sqrt{2}}{\pi}(E_d - e)$$

여기서, e : 정류기의 전압강하

67 어떤 정류회로에서 부하 양단의 평균 전압이 2,000[V]이고 맥동률은 2[%]라 한다. 출력에 포함된 교류분 전압의 크기[V]는? [18년 산업]

① 60 ② 50
③ 40 ④ 30

해설 $\therefore$ 교류분 = 직류분 × 맥동률 = $2{,}000 \times 0.02 = 40[\text{V}]$

67 맥동률

$$\frac{\text{교류분}}{\text{직류분}} \times 100[\%]$$

정답 65. ③ 66. ② 67. ③

"다른 사람의 경주를 뛰지 말고
자신만의 달리기를 완주하라."

– 조엘 오스틴 –

CHAPTER

03 전기철도

01 전기철도의 종류 및 궤도

02 급전설비

03 전차선로

04 차량과 열차의 운전

05 전식

06 보안설비

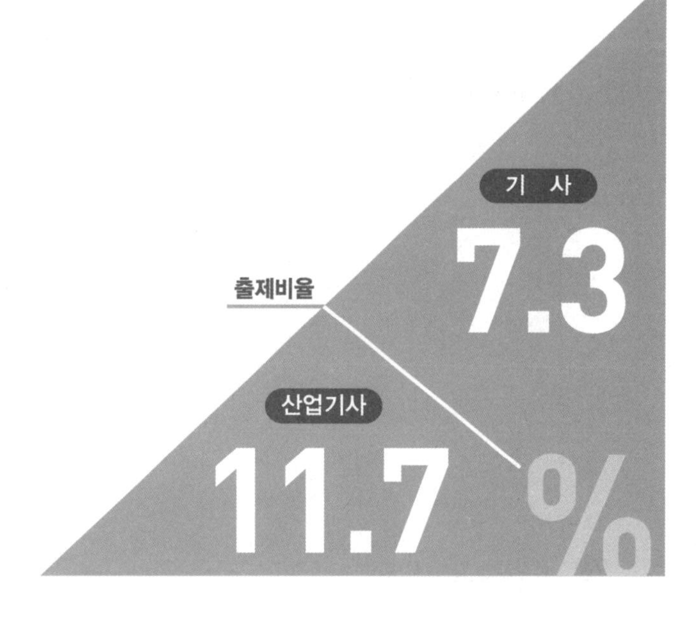

기출개념 01 전기철도의 종류 및 궤도

[1] 부설 지역에 의한 분류

(1) 도시 고속 철도

고속도 대용량(서울 지하철)으로 시가지 내 고가 철도 및 지하 철도를 말하며 대도시 교통 수단에 대표적인 철도

(2) 도시간 철도

도시와 도시 사이를 연결하는 철도

(3) 관광 철도

관광이나 유람을 목적으로 사용하는 철도

(4) 간선 철도

경부선과 같이 기간이 되는 철도

[2] 선로의 구성

(1) 궤도의 3요소

① 궤조(rail) : 열차의 주행 통로, 고탄소강 사용
② 침목(sleeper) : 궤조를 정확한 위치에 유지하고 궤간을 확보하는 것
③ 도상(ballast) : 궤도의 탄력성을 주어 승차감을 좋게 하고 배수를 잘되게 하여 궤도 재료의 수명 연장

(2) 궤간(gauge)

① 레일과 레일의 두부 내측 사이의 간격 두부 : 머리 부분
② 표준 궤간 : 1,435[mm]
③ 광궤 : 표준 궤간보다 넓은 궤간(1,675[mm] → 산악 지대, 경사 지대)
예 1,523[mm], 1,600[mm], 1,675[mm]
④ 협궤 : 표준 궤간보다 좁은 궤간(1,067[mm] → 교외 철도, 유희용 열차)
예 1,000[mm], 1,067[mm]

(3) 유간(clearance)

온도 변화에 따른 레일의 신축성 때문에 이음매 부분에 약간의 간격을 둔 것

유간

(4) **확도(슬랙 : slack)**

곡선 부위에서 궤조를 조금 넓혀 주는 것

$$S=\frac{l^2}{8R}[\mathrm{mm}]$$

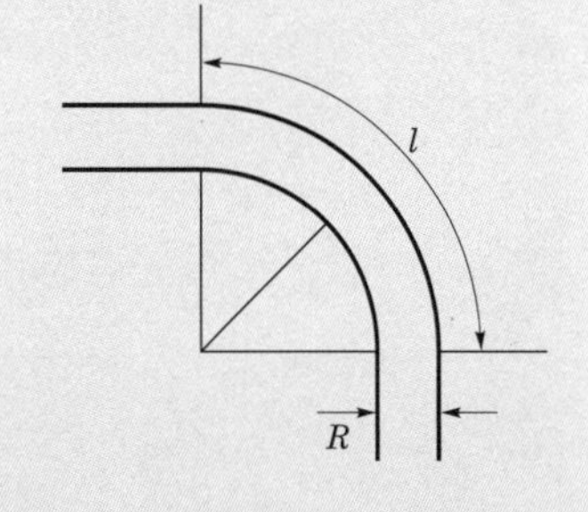

여기서, R : 곡률 반경[m]

l : 고정 차축거리[m]

표준 궤간 : 1,435[mm]

(5) **고도(캔트 : cant)**

① 곡선 부위에서 안쪽 레일보다 바깥쪽 레일을 조금 높게 하는 것

② 이유 : 운전의 안정성 확보를 위하여(원심력에 의해 열차의 탈선을 방지)

$$h=\frac{Gv^2}{127R}[\mathrm{mm}]$$

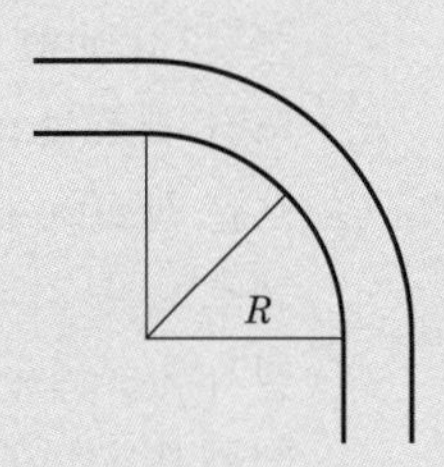

여기서, G : 궤간[mm]

v : 속도[km/h]

R : 곡선 반지름[m]

(6) **복진지(anti-creeper)**

열차 진행 방향과 반대 방향으로 레일이 후퇴하는 작용을 방지하는 것

[3] 구배(기울기)

(1) **구배(경사, grade)**

수평거리 1,000[m]당 몇 [m]를 올라가느냐를 1,000분율로 나타낸 것

$$\frac{\mathrm{BC}}{\mathrm{AC}}\times 1{,}000[‰]$$

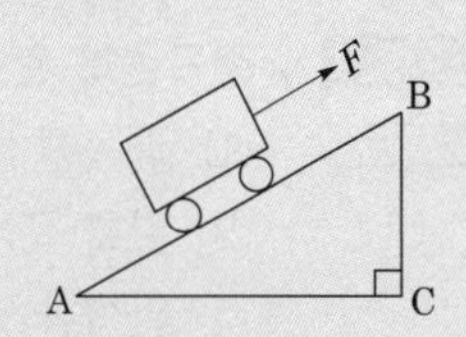

① 경사진 정도, 두 지점 사이의 높이의 차(천분율)

$$[‰]=\frac{\text{두 지점 간 높이의 차}}{\text{두 지점 간 수평거리}}$$

② 중요 선로 : 10[‰]

③ 보통 선로 : 25[‰]

④ 전차 전용 선로 : 35[‰]

(2) 분기 개소

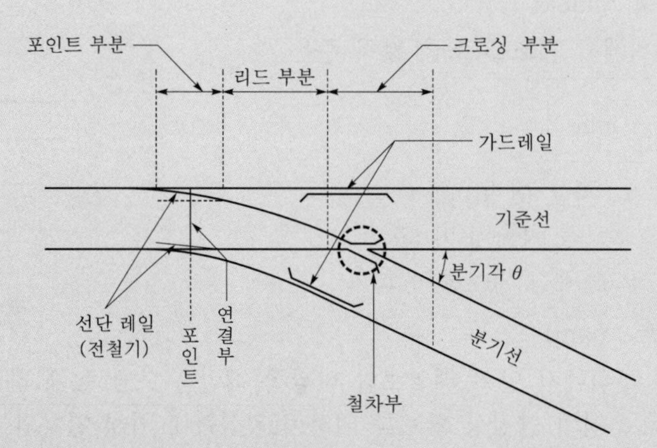

① 전철기(point) : 차륜을 하나의 궤도에서 다른 궤도로 유도하는 부분

② 도입 궤조(lead rail) : 전철기와 철차 사이를 연결하는 곡선 궤조

③ 호륜 궤조(guard rail) : 철차의 반대쪽에 설치하여 차륜을 바른 방향으로 유도하는 궤조로 분기되는 곳에서 궤조의 강도를 보강하기 위하여 설치

④ 철차부(crossing) : 궤도를 분기하는 부분

⑤ 철차 번호(turn out number) : 분기는 본선과 분기 방향과의 사이에 각을 주는데 그 정도를 철차각을 수단계로 나누어 번호로 나타낸 것

$$N = \frac{1}{2}\cot\frac{\theta}{2} \fallingdotseq \cot\theta$$

기·출·개·념 플러스

종곡선과 완화 곡선

(1) 종곡선 : 수평 궤도에서 경사 궤도로 변화하는 부분

(2) 완화 곡선 : 직선 궤도에서 곡선 궤도로 바뀌는 경우 차량 동요 방지를 위해 곡선 부분을 완화한 곡선

기·출·개·념 문제

1. 전기철도에서 궤도의 구성 요소가 아닌 것은? 20·14 기사

① 침목 ② 레일
③ 캔트 ④ 도상

해설 전기철도에서 궤도의 구성은 침목(sleeper), 도상(ballast), 궤조(레일 : rail)로 이루어져 있다.

답 ③

2. 우리나라에서 운행되고 있는 표준 궤간은 몇 [mm]인가? 20 산업

① 1,067 ② 1,372
③ 1,435 ④ 1,524

해설
- 표준 궤간 : 1,435[mm]
- 광궤간 : 1,675[mm], 1,600[mm], 1,523[mm]
- 협궤간 : 1,067[mm], 1,000[mm]

답 ③

3. 궤도의 확도(slack)는 약 몇 [mm]인가? (단, 곡선의 반지름 100[m], 고정 차축거리 5[m]이다.) 17 산업

① 21.25 ② 25.68
③ 29.35 ④ 31.25

해설 확도(S)$=\dfrac{l^2}{8R}$[mm]

여기서, l : 고정 차축거리[m]
R : 곡선 반지름[m])

$\therefore\ S=\dfrac{5^2}{8\times100}\times10^3=31.25$[mm]

답 ④

4. 시속 45[km/h]의 열차가 곡률 반지름 1,000[m]인 곡선 궤도를 주행할 때 고도(cant)는 약 몇 [mm]인가? (단, 궤간은 1,067[mm]이다.) 20 산업

① 10 ② 13
③ 17 ④ 20

해설 $h=\dfrac{GV^2}{127R}$

$=\dfrac{1{,}067\times45^2}{127\times1{,}000}=17$[mm]

답 ③

기출개념 02 급전설비

고속 주행하는 전기차에 안정된 전기를 공급해 주기 위한 설비로 직류 급전방식과 교류 급전방식으로 대별되며 교류 급전방식에는 직접 급전방식, 흡상 변압기 급전방식, 단권 변압기 급전방식이 있다.

[1] 직접 급전방식

(1) 가장 간단한 급전회로로 전차선로 구성은 전차선과 레일로 되어 있다.
(2) 전차선로의 구성이 간단하여 보수가 용이하고 경제적이다.
(3) 전기차 귀선전류가 레일에 흐르므로 누설전류에 의한 통신유도장해가 크고 레일 전위가 큰 결점이 있다.

[2] 흡상 변압기(BT : Booster Transformer) 급전방식

(1) 1차 권선과 2차 권선의 권수비가 1 : 1인 변압기로 1차 단자는 전차선에, 2차 단자는 부급전선에 설치하여 레일에 흐르는 귀선전류를 강제로 부급전선으로 흡상하여 **누설전류를 없애고, 유도장해를 방지**할 수 있다.
(2) 설치 간격은 **4[km]마다 설치**한다.

[3] 단권 변압기(AT : Auto Transformer) 급전방식

단권 변압기 권선을 트롤리선과 급전선에 병렬 접속하고, 권선의 중성점을 레일에 접속하는 방식으로 설치 간격은 약 10[km] 정도이다.

기·출·개·념 **문제**

전기철도에서 흡상 변압기의 용도는? 22·19 기사

① 궤도용 신호 변압기
② 전자유도 경감용 변압기
③ 전기 기관차의 보조 변압기
④ 전원의 불평형을 조정하는 변압기

해설 흡상 변압기(BT) 급전방식은 전기철도에서 누설전류를 없애고 유도장해를 경감하는 방식이다.

답 ②

기출개념 03 전차선로

[1] 전차선의 종류

(1) **가공 단선식** : 트롤리선(전차선)과 레일(귀선)

(2) **가공 복선식** : 트롤리선 2본

(3) **제3궤조식**

① 제3레일로 전력 공급 + 귀선(레일)

② 특징

㉠ 가공이 아닌 레일식이므로 높이가 낮아져 경제적이다.

㉡ 소형, 저전압 단거리용 구간에 많이 적용하고 있다.

㉢ 유희용 전차 등에 사용한다.

㉣ 집전장치의 고유저항이 구리의 약 7배이다.

(4) **강체 복선식 : 모노레일 등에 주로 사용**되고 있는 방식

[2] 집전장치

전기차량이 전차선로에서 전력을 받아들이는 장치

(1) **팬터그래프** : 가공선식으로 고속, 대용량의 전차와 전기 기관차에 사용된다.

① 이선율[%] $= \dfrac{\text{이선 시간}}{\text{실제 운전 시간}} \times 100$

② 습동판의 압력 : 5~10[kg]의 압력

③ 공기 상승 자중 하강식, 공기 상승 스프링 하강식 및 상승식

(2) **트롤리봉** : 저속도 · 저전압용 차량, 시가지 노면 철도

(3) **궁형 집전자(뷔겔 집전자)** : 저속도 · 저전압용 차량

(4) **집전화**

① 제3궤조방식의 집전장치

② 고유저항 13[$\mu\Omega \cdot$ cm](구리의 약 7배)

[3] 전차선의 전기적 마모 경감 대책

(1) 팬터그래프의 집전판을 개량한다.

(2) 전차선에 경도가 높은 합금재질을 사용한다.

(3) 집전전류를 일정하게 유지한다.

[4] 전차선의 조가 방식

(1) 직접 조가식

전차선 가선에 스팬선을 이용

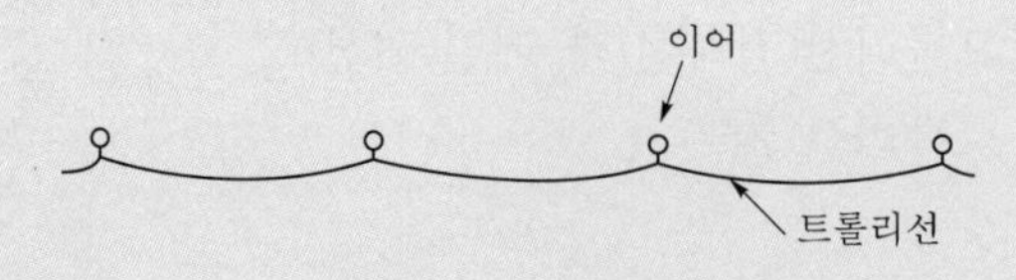

❙ 직접 조가식 ❙

(2) 단식 커티너리 조가식

조가선으로 가선하고, 행거로 매달아 가선하는 방식으로 **고속 전기철도 등에 이용**

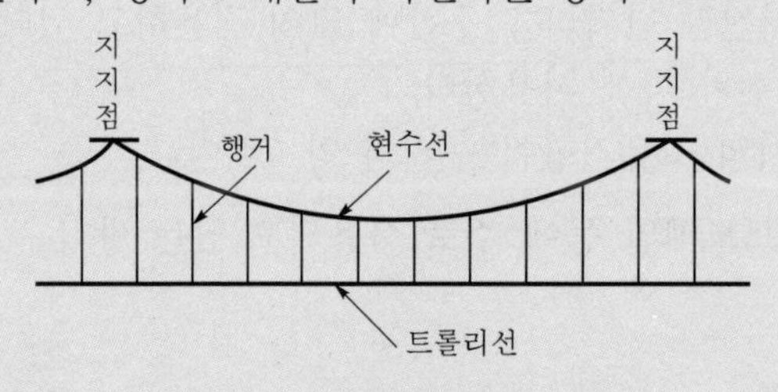

❙ 단식 커티너리 ❙

(3) 복식 커티너리 조가식(컴파운드 가선)

현수선에 드로퍼를 붙잡아둔 보조 현수선에 트롤리선을 시설하는 구조

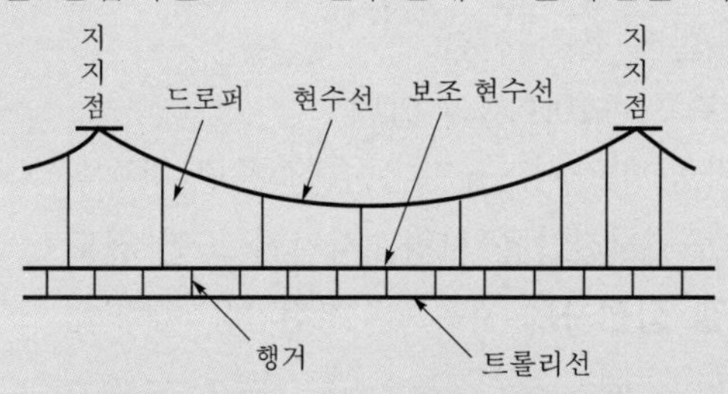

❙ 복식 커티너리 ❙

(4) 변형 Y형 커티너리 조가식

현수선 지지점 전·후에 Y선이라는 보조 현수용 전선을 사용하는 구조

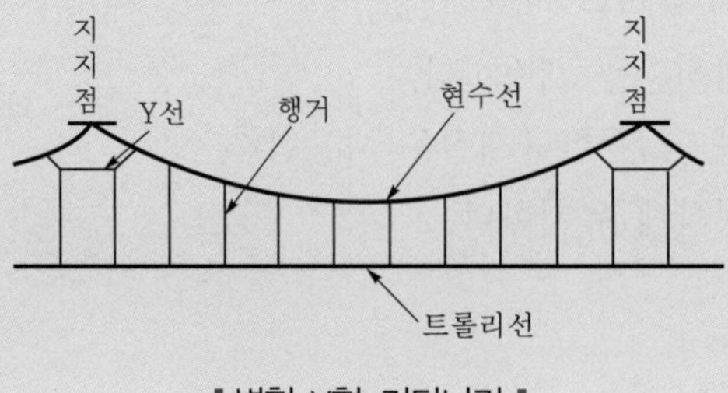

❙ 변형 Y형 커티너리 ❙

PART 1

(5) 합성 소자부 커티너리 조가식

커티너리 조가식의 드로퍼 또는 행거에 합성 소자를 삽입한 구조

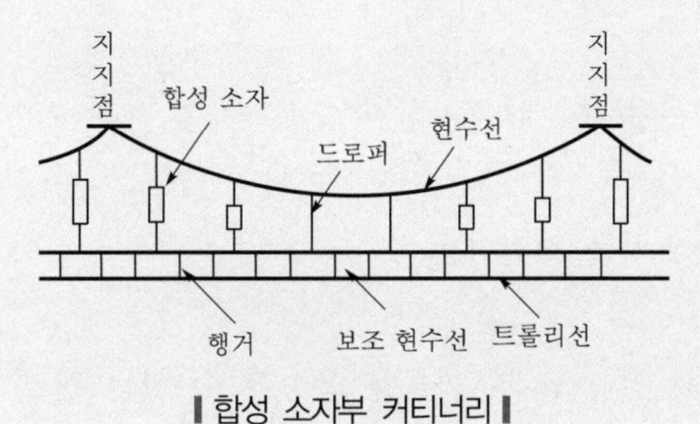

▌합성 소자부 커티너리▐

기·출·개·념 **문제**

1. 모노레일 등에 주로 사용되고 있는 전차선로의 가선 형태는 무엇인가? 14 기사

① 제3궤조 방식
② 가공 복선식
③ 가공 단선식
④ 강체 복선식

(해설) **전차선로 가선 형태**
- 일반 철도 : 가공 단선식
- 무궤도 전차 : 가공 복선식
- 지하철 : 제3궤조 방식
- 모노레일 : 강체 복선식

답 ④

2. 그림과 같은 전동차선의 조가법(操架法)은 다음 중 어느 것인가? 15 산업

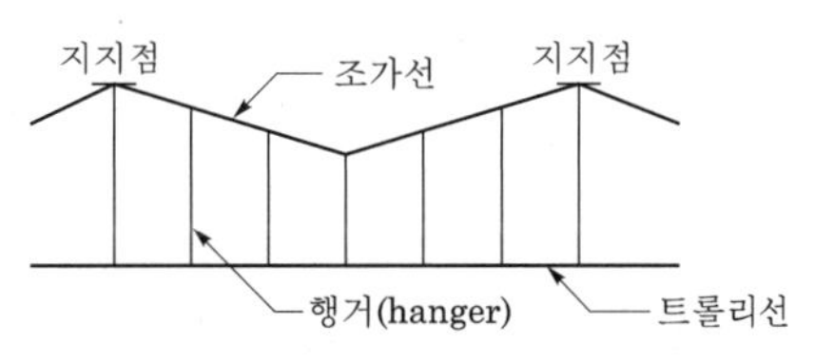

① 직접 조가식　　② 단식 커티너리식
③ 변형 Y형 단식 커티너리식　　④ 복식 커티너리식

(해설) 행거와 트롤리선의 연결이 간단하면 단식 방식이며, 조가선이 2중으로 되어 있으면 복식이다.

답 ②

기출개념 04 차량과 열차의 운전

[1] 차량의 종류

차량 성능에 따른 분류

(1) 전기 기관차

전동기 구비, 열차를 견인하는 것

(2) 전동차

차체에 전동기 구비, 승객, 화물을 운송할 수 있는 것

(3) 제어차

제어기와 운전실 구비, 전동차를 제어할 수 있는 것

(4) 부수차

전동기와 제어기가 없는 차량(객차, 화차)

[2] 운전 속도

(1) $$\text{평균 속도} = \frac{\text{운전거리}}{\text{순 주행시간}}$$

(2) $$\text{표정 속도} = \frac{(n-1)L}{(n-2)t+T} = \frac{\text{시발역과 종착역의 거리}}{\text{순 주행시간} + \text{정차시간}}$$

여기서, n : 정차 역수, L : 역간 간격, t : 정차시간, T : 주행시간

① 표정 속도를 높이는 방법

㉠ **정차시간을 짧게**

㉡ **주행시간을 짧게**(가 · 감 속도를 크게)

② 열차의 경제 운전 방법 : 타성에 의해서 가는 것

[3] 주행저항

(1) 기동저항

열차가 정지 상태에서 출발할 때 축과 축받이 사이에서 유막이 형성되기까지 발생하는 저항

(2) 주행저항

주행 시 발생하는 축과 축받이 사이에서 발생하는 마찰저항과 공기저항의 합

(3) 경사(구배)저항

차량 1[ton]당 구배 G[‰]의 저항

$$R_g = G\,[\text{kg/t}]$$

(4) 곡선저항

$$R_0 = \frac{1,000\mu(G+L)}{2R}[\text{kg/t}]$$

여기서, μ : 마찰계수, G : 궤간[mm]

L : 차륜과 고정축 간 거리[m], R : 곡률 반경[m]

(5) 가속저항

① 전동차 : $F = 31\,WA$[kg]

② 부수차 : $F = 30\,WA$[kg]

여기서, W : 차량의 중량[t], A : 가속도[km/h/s]

[4] 견인력

(1) 최대 견인력

$$F = 1,000\mu W[\text{kg}]$$

여기서, μ : 레일과 바퀴의 마찰(점착)계수

W : 동륜상의 열차 중량[t](점착중량)

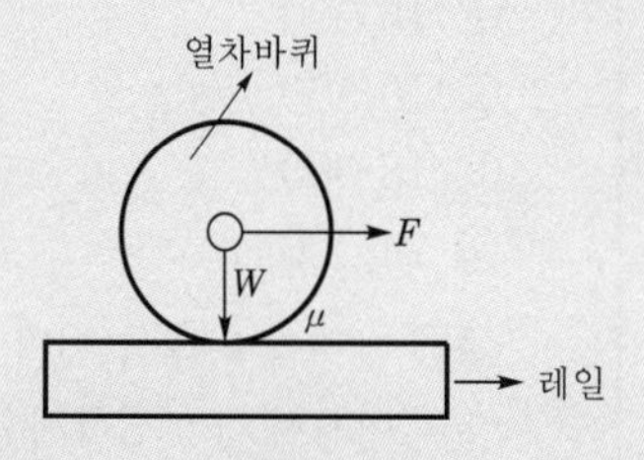

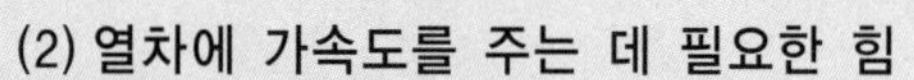

(2) 열차에 가속도를 주는 데 필요한 힘

$$F = 31a\,W[\text{kg}]$$

여기서, a : 가속도[km/h/s], W : 열차중량[t]

[5] 전차용 전동기

(1) 전동기용량

$$P = \frac{FV}{367\eta}[\text{kW}]$$

여기서, F : 열차 견인력[kg], V : 열차운전속도[km/h], η : 효율

(2) 주전동기

전철용 전동기는 특성상 직류 직권전동기를 사용하였으나 최근에는 동기전동기 및 유도전동기가 주류이다.

(3) 열차의 속도 제어 및 제동법

① 속도 제어

$$N = K\frac{V - I(r_a + R)}{\phi}[\text{rpm}]$$

여기서, r_a : 전동기 저항, R : 저항기 합성저항

* 직류 직권 전동기

㉠ 저항 제어

㉡ 직·병렬 제어 : 개로 전이, 단락 전이, 브리지 전이(직렬에서 병렬로 바꾸는 것을 '트랜지션'이라 한다.)

㉢ 계자 제어 : 단락 계자법, 계자 분로법, 혼합법
㉣ 초퍼 제어(사이리스터) : 전기자 제어 초퍼 방식
② 제동 : 수동 제어 장치, 공기 제동 장치, 전기 제동 장치
⇒ 회생 제동이 제동효율 가장 우수(제동시간은 길다.)

차량에 미치는 영향이 적고 두 단계 제어 가능
브리지 트랜지션

기·출·개·념 **문제**

1. 열차 자체의 중량이 80[t]이고 동륜상의 중량이 55[t]인 기관차의 최대 견인력[kg]은? (단, 궤조의 점착계수는 0.3으로 한다.) 17 기사

① 15,000
② 16,500
③ 18,000
④ 24,000

해설 열차의 최대 견인력$(F) = 1{,}000\mu W_a$[kg]
여기서, μ : 점착계수
W_a : 동륜상 중량[t]
$\therefore\ F = 1{,}000 \times 55 \times 0.3 = 16{,}500$[kg]

답 ②

2. 전차를 시속 100[km]로 운전하려 할 때 전동기의 출력[kW]은 약 얼마인가? (단, 차륜상의 견인력은 400[kg]이다.) 20 산업

① 95 ② 100
③ 109 ④ 121

해설 $P = \dfrac{FV}{367} = \dfrac{400 \times 100}{367} \fallingdotseq 109$[kW]
여기서, F : 열차의 견인력[kg]
V : 열차의 운전속도[km/h]

답 ③

3. 전기철도의 전기차 주전동기 제어방식 중 특성이 다른 것은? 22·15 산업

① 개로 제어
② 계자 제어
③ 단락 제어
④ 브리지 제어

해설 전기철도 직·병렬 제어에는 회로 전류를 끊고 접속을 바꾸게 되면 전기적·기계적 충격이 커서 전이방식을 채용하며 대표적인 전이방식에는 개로 전이, 단락 전이, 브리지 전이가 있다.

답 ②

기출개념 05 전식

[1] 패러데이 전기분해법칙

전기분해에 의해서 석출되는 물질의 양은 전해액을 통과한 전기량에 비례하고, 전기량이 일정한 경우 전기화학당량에 비례한다.

$$W = KQ = KIt[\mathrm{g}]$$

여기서, K : 전기화학당량 $= \dfrac{\text{화학당량}}{96,500}[\mathrm{g/c}]$

Q : 전기량[C]

I : 전류[A]

t : 시간[s]

[2] 전식

레일의 접속 부분에서 저항이 높으면 레일에 흐르는 전류의 일부가 대지로 누설하여 부근의 수도관, 가스관, 전력 케이블 등의 지중 금속제 매설물을 통해 흐르다가 전위가 높아져, **지중 금속제 매설물에서 누설전류가 유출하는 곳에서 발생**하는 전해작용(부식)

[3] 전식 방지법

(1) 전기철도측 시설

누설전류를 적게 할 것

① 전차선의 전압 승압 → 흡상 변압기 : 전자유도현상 경감용 변압기

② 귀선저항 감소 : 레일 이음매 부분은 길이 60[cm] 이상, 굵기 115[mm^2] 이상의 연동선 2조 이상으로 견고하게 용접 등에 의하여 시설할 것

㉠ 레일본드(크로스본드)

㉡ 보조귀선

③ 변전소 간격을 단축할 것

④ 도상의 절연저항을 크게 할 것

(2) 매설 금속체 측에서의 방법

① 직접배류법 : 매설 금속체와 변전소 부극 또는 귀선과를 직접 도체로서 접속하여 배류하는 방법

② 선택배류법 : 역류를 방지하는 장치를 시설하는 방법

③ 강제배류법 : **매설 금속체와 귀선을 연결하는 회로에 직류 전원을 넣어서 배류를 촉진시키는 방법**

기·출·개·념 **문제**

1. 전기철도에서 귀선의 누설전류에 의한 전식은 어디서 발생하는가? 19 기사

① 궤도로 전류가 유입하는 곳
② 궤도에서 전류가 유출하는 곳
③ 지중관로로 전류가 유입하는 곳
④ 지중관로에서 전류가 유출하는 곳

해설 지중 금속제 매설물에서 누설전류가 유출하는 곳에서 발생하는 전해작용(부식)을 전식이라고 한다.

답 ④

2. 전기철도에서 전기부식방지 방법 중 전기철도측 시설이 아닌 것은? 15 기사

① 레일에 본드를 시설한다.
② 레일을 따라 보조귀선을 설치한다.
③ 변전소 간 간격을 짧게 한다.
④ 매설관의 표면을 절연한다.

해설 **전기철도측 시설 : 누설전류를 적게 할 것**

- 전차선의 전압 승압 → 흡상 변압기 : 전자유도현상 경감용 변압기
- 귀선저항 감소 : 레일 이음매 부분은 길이 60[cm] 이상, 굵기 115[mm^2] 이상의 연동선 2조 이상으로 견고하게 용접 등에 의하여 시설할 것
  - 레일본드(크로스본드)
  - 보조귀선
- 변전소 간격을 단축할 것
- 도상의 절연저항을 크게 할 것

답 ④

3. 전기철도의 매설관 측에 시설하는 전식 방지방법은? 21 기사

① 임피던스본드 설치
② 보조귀선 설치
③ 이선율 유지
④ 강제배류법 이용

해설 **매설 금속체 측에서의 전식 방지법**

- 직접배류법
- 선택배류법
- 강제배류법

답 ④

기출개념 06 보안설비

(1) **폐색장치**

열차의 충돌을 방지하기 위하여 일정구간 안에 두 열차가 동시에 진입하지 못하도록 하여 열차 간의 일정한 간격을 확보하기 위한 설비

(2) **임피던스본드**

자동폐색식에서 사용되며 전차선의 귀선전류는 흐르게 하고 신호전류는 흐르지 못하게 한 회로

(3) **레일본드**

레일 사이의 전기저항을 작게 하기 위하여, 레일 끝부분을 전기적으로 접속하기 위하여 쓰이는 도체

(4) **크로스본드**

귀선전류의 평형을 유지하기 위하여 2개 이상의 선로를 접속하는 도체

기·출·개·념 **문제**

직류 전차선로에서 전압강하 및 레일의 전위 상승이 현저한 경우에 귀선의 전기저항을 감소시켜 전식의 피해를 줄이기 위해 설치하는 것으로 가장 옳은 것은? 15 기사

① 레일본드
② 보조귀선
③ 크로스본드
④ 압축본드

(해설) 저항이 큰 상태에서 강한 전류를 흘려주면 전압강하가 크게 발생하고 대지로 누설전류가 많이 발생하여 지하 매설 금속의 전식에 피해를 줄 수 있다.
이를 방지하기 위해서 레일을 이은 곳을 레일본드라고 하는 도체로 교락시킨다.

답 ①

이런 문제가 시험에 나온다!

CHAPTER 03
전기철도

단원 최근 빈출문제

기출 핵심 NOTE

01 온도의 변화로 인한 궤조의 신축에 대응하기 위한 것은? [18년 산업]

① 궤간 ② 곡선
③ 유간 ④ 확도

해설 유간은 온도변화에 따른 레일의 신축성 때문에 이음매 부분에 약간의 간격을 둔 것을 말한다.

02 열차가 곡선 궤도부를 원활하게 통과하기 위한 조치는? [16년 산업]

① 궤간(gauge) ② 확도(slack)
③ 복진지(anti-creeping) ④ 종곡선(vertical curve)

해설 확도는 곡선 부위에서 궤도를 조금 넓혀 주어 열차가 곡선 궤도부를 원활하게 통과하도록 만들어 주는 것이다.

03 열차가 곡선 궤도를 운행할 때 차륜의 플랜지와 레일 사이의 측면 마찰을 피하기 위하여 내측 레일의 궤간을 넓히는 것은? [20년 기사]

① 고도 ② 유간
③ 확도 ④ 철차각

해설
- 확도(슬랙) : 곡선 부위에서 궤조를 조금 넓혀 주는 것
- 유간 : 이음매 부분에 약간의 간격을 둔 것
- 고도(캔트) : 곡선 부위에서 안쪽 레일보다 바깥쪽 레일을 조금 높게 하는 것

04 바깥쪽 레일은 원심력의 작용으로 지나친 하중이 걸려 탈선하기 쉬우므로 안쪽 레일보다 얼마간 높게 한다. 이 바깥쪽 레일과 안쪽 레일의 높이차를 무엇이라 하는가? [17년 산업]

① 편위 ② 확도
③ 캔트 ④ 궤간

01 유간
10[mm] 정도

02 확도(slack : 슬랙)
곡선 부위에서 궤조를 조금 넓혀 주는 것

04 고도(cant : 캔트)
- 곡선 부위에서 안쪽 레일보다 바깥쪽 레일을 조금 높게 하는 것
- 이유 : 운전 안정성 확보

정답 01. ③ 02. ② 03. ③ 04. ③

해설 곡선부에서 원심력 때문에 차체가 외측으로 넘어지는 것을 막기 위해서 외측 궤조를 약간 높여주는데 이때 내측과 외측 궤조의 높이 차를 고도(cant)라 한다.

05 곡선 궤도에 있어 캔트(cant)를 두는 주된 이유는?

[16년 산업]

① 시설이 곤란하기 때문에
② 운전 속도를 제한하기 위하여
③ 운전의 안전을 확보하기 위하여
④ 타고 있는 사람의 기분을 좋게 하기 위하여

해설 캔트는 곡선 부위에서 안쪽 레일보다 바깥 레일을 조금 높게 해주는 것으로 원심력에 의해 열차가 탈선되는 것을 방지하기 위한 것이다.

06 전기철도의 곡선부에서 원심력 때문에 차체가 외측으로 넘어지려는 것을 막기 위하여 외측 레일을 약간 높여준다. 이 내외측의 레일 높이의 차를 무엇이라고 하는가?

[14년 산업]

① 가드 레일
② 이도
③ 고도
④ 확도

해설 고도(cant)는 열차가 곡선부를 운행 중 원심력 때문에 차체가 외측으로 넘어지는 것을 막기 위해서 외측 궤조를 약간 높여 줄 때 내외 궤조의 높이차를 말한다.

07 궤간이 1[m]이고 반경이 1,270[m]인 곡선 궤도를 64[km/h]로 주행하는 데 적당한 고도는 약 몇 [mm]인가?

[22·18년 산업]

① 13.4
② 15.8
③ 18.6
④ 25.4

해설 $C = \dfrac{GV^2}{127R} = \dfrac{1,000 \times 64^2}{127 \times 1,270} = 25.4\,[\mathrm{mm}]$

기출 핵심 NOTE

07 고도(cant : 캔트)

$C = \dfrac{GV^2}{127R}\,[\mathrm{mm}]$

여기서, C : 캔트[mm]
G : 궤간[mm]
V : 열차속도[km/h]
R : 곡선 반지름[m]

정답 05. ③ 06. ③ 07. ④

기출 핵심 NOTE

08 고도(cant)가 20[mm]이고 반지름이 800[m]인 곡선 궤도를 주행할 때 열차가 낼 수 있는 최대 속도는 약 몇 [km/h]인가? (단, 궤간은 1,067[mm]이다.) [17년 산업]

① 34.94 ② 38.94
③ 43.64 ④ 83.64

해설 고도$(C) = \dfrac{GV^2}{127R}$[mm]

여기서, G : 궤간, V : 속도, R : 반지름

$\therefore V = \sqrt{\dfrac{127 \times 800 \times 20}{1{,}067}} = 43.64$[km/h]

09 직선 궤도에서 호륜 궤조를 반드시 설치해야 하는 곳은? [15년 산업]

① 분기 개소 ② 병용 궤도
③ 저속도 운전 구간 ④ 교량 위

해설 궤도의 분기에서 차체를 원활하게 분기 선로로 유도하기 위해서 철차의 반대 궤조측에 호륜 궤조를 설치한다.

10 복진지에 대한 설명으로 옳은 것은?? [22·20년 산업]

① 궤조가 열차의 진행 방향으로 이동함을 막는 것
② 침목의 이동을 막는 것
③ 궤조가 열차의 진행과 반대 방향으로 이동함을 막는 것
④ 궤조의 진동을 막는 것

해설 복진지는 열차 진행 방향과 반대 방향으로 레일이 후퇴하는 작용을 방지하는 것이다.

10 복진지
궤조가 열차의 진행 방향으로 이동함을 막는 것

11 리드 레일(lead rail)에 대한 설명으로 옳은 것은? [14년 산업]

① 열차가 대피 궤도로 도입되는 레일
② 전철기와 철차와의 사이를 연결하는 곡선 레일
③ 직선부에서 하단부로 변화하는 부분의 레일
④ 직선부에서 경사부로 변화하는 부분의 레일

해설 도입 궤조(lead rail)는 전철기와 철차 사이를 연결하는 곡선 궤조이다.

정답 08. ③ 09. ① 10. ① 11. ②

PART 1

기출 핵심 NOTE

12 전차선로의 철차(crossing)에 관한 설명으로 옳은 것은? [14년 산업]

① 궤도를 분기하는 장치
② 차륜을 하나의 궤도에서 다른 궤도로 유도하는 장치
③ 열차의 진로를 완전하게 전환시키기 위한 전환장치
④ 열차의 통과 중 헐거움 또는 잘못된 조작이 없도록 하는 쇄정장치

해설 철차는 궤도를 분기하는 장치를 말한다.

12 철차부
궤도를 분기하는 부분

13 교류식 전기철도가 직류식 전기철도보다 유리한 점은? [18·14년 산업]

① 전철용 변전소에 정류장치를 설치한다.
② 전선의 굵기가 크다.
③ 차 내에서 전압의 선택이 가능하다.
④ 변전소 간의 간격이 짧다.

해설 **교류 방식의 특징**
- 변압기를 시설하여 차 내에서 전압을 자유롭게 선택 가능하다.
- 전압을 높게 할 수 있다.
- 전차선 전류가 적어 전압강하가 적다.
- 전식에 의한 피해가 적다.
- 변전소 간격이 크게 되어 변전소 수가 적어진다.

14 유도장해를 경감할 목적으로 하는 흡상 변압기의 약호는? [17년 산업]

① PT ② CT
③ BT ④ AT

해설 전기철도에서 통신선에 미치는 유도장해를 경감시키기 위해 사용되는 것이 흡상 변압기(BT)이다.

14 흡상 변압기(BT ; Booster Transformer)
누설전류를 없애고 유도장해 방지

15 단상 교류식 전기철도에서 통신선에 발생하는 유도장해를 경감하기 위하여 사용되는 것은? [22년 기사]

① 흡상 변압기 ② 3권선 변압기
③ 스코트 결선 ④ 크로스본드

해설 흡상 변압기(BT) 급전방식은 권수비 1 : 1의 단권 변압기로 1차 단자는 전차선에, 2차 단자는 부급전선에 설치하여 누설전류를 없애고 유도장해를 경감하는 방식이다.

정답 12. ① 13. ③ 14. ③ 15. ①

16 전기철도의 교류 급전방식 중 AT 급전방식은 어떤 변압기를 사용하여 급전하는 방식을 말하는가? [20·16년 산업]

① 단권 변압기
② 흡상 변압기
③ 스코트 변압기
④ 3권선 변압기

해설 교류 AT 급전방식은 단권 변압기에 AC 50[kV]를 급전하고 단권 변압기의 중성점과 궤도회로 등 임피던스본드의 중성점을 통하여 레일에 전류를 공급하여 전차선과 레일 사이에 25[kV]를 급전하는 방식이다.

17 교류식 전기철도에서 전압 불평형을 경감시키기 위해 사용되는 급전용 변압기는? [17년 기사 / 22·14년 산업]

① 흡상 변압기
② 단권 변압기
③ 크로스 결선 변압기
④ 스코트 결선 변압기

해설 전기철도에서 부하 불평형에 대한 전압 불평형 방지를 위해서 3상에서 2상 전력으로 변환하는 스코트 결선(T 결선)을 많이 사용한다.

18 우리나라 전기철도에 주로 사용하는 집전장치는? [18년 산업]

① 뷔겔 ② 집전슈
③ 트롤리봉 ④ 팬터그래프

해설 **팬터그래프**
고속 대형 전차에 가장 많이 사용되며, 우리나라에서 주로 사용한다.

19 모노레일의 특징이 아닌 것은? [15년 기사]

① 소음이 적다.
② 승차감이 좋다.
③ 가속, 감속도를 크게 할 수 있다.
④ 단위 차량의 수송력이 크다.

해설 모노레일은 단위 차량의 수송능력이 작다는 단점을 가지고 있다.

기출 핵심 NOTE

16 교류 급전방식
- 직접 급전식
- 흡상 변압기(BT)
- 단권 변압기(AT)

18
- 집전장치
  전류를 공급받는 장치
- 우리나라 사용 집전장치
  팬터그래프

정답 16. ① 17. ④ 18. ④ 19. ④

20 **전철의 급전선의 구간은?** [19년 산업]

① 전동기에서 레일까지
② 변전소에서 트롤리선까지
③ 트롤리선에서 집전장치까지
④ 집전장치에서 주전동기까지

해설 급전선은 변전소에서 트롤리선까지 전력을 공급하는 선이다.

21 **급전선의 급전 분기장치의 설치방식이 아닌 것은?** [15년 산업]

① 스팬선식 ② 암식
③ 커티너리식 ④ 브래킷식

해설 커티너리식은 전차선을 조가하는 방법이다.

22 **다음 중 전기차량의 대차에 의한 분류가 아닌 것은?** [16년 기사]

① 4륜차 ② 전동차
③ 보기차 ④ 연결차

해설 전기차량은 크게 성능에 따른 종류와 대차에 의한 종류가 있으며, 대차에 따른 종류에는 4륜차, 보기차, 연결차 등 세 종류가 있다.

23 **열차가 주행할 때 중력에 의하여 발생하는 저항으로 두 점 간의 수평거리와 고저차의 비로 표시되는 저항은?** [16년 산업]

① 출발저항 ② 구배저항
③ 곡선저항 ④ 주행저항

해설 열차가 구배(경사)를 주행할 때 중력에 의하여 발생하는 저항을 구배저항이라 한다. 구배는 두 점 간의 수평거리와 두 점 간의 고저차의 비로 표시된다.

24 **열차의 자체 중량이 75[ton]이고, 동륜상의 중량이 50[ton]인 기관차가 열차를 끌 수 있는 최대 견인력은 몇 [kg]인가? (단, 궤조의 접착계수는 0.3으로 한다.)** [19·15년 산업]

① 10,000[kg] ② 15,000[kg]
③ 22,500[kg] ④ 1,125,000[kg]

해설 $F = 1,000\mu W_a = 1,000 \times 0.3 \times 50 = 15,000[\text{kg}]$

기출 핵심 NOTE

20 급전선
변전소에서 트롤리선까지 전력을 공급하는 선

23 구배저항
경사를 올라갈 때 중력에 의해 발생하는 저항

정답 20. ② 21. ③ 22. ② 23. ② 24. ②

기출 핵심 NOTE

25 전기 기관차의 자중이 150[t]이고, 동륜상의 중량이 95[t]이라면 최대 견인력[kg]은? (단, 궤조의 점착계수는 0.2로 한다.)

[15년 산업]

① 19,000
② 25,000
③ 28,500
④ 38,000

해설 $F_m = 1{,}000\mu W_a = 1{,}000\times 0.2\times 95 = 19{,}000$[kg]

25 동륜상의 중량이 주어질 때 견인력

$F = 1{,}000\mu W$[kg]

여기서, μ : 점착계수

W : 동륜상의 중량[t]

26 경사각 θ, 미끄럼 마찰계수 μ_s의 경사면 위에서 중량 M[kg]의 물체를 경사면과 평행하게 속도 v[m/s]로 끌어올리는 데 필요한 힘 F[N]는?

[17년 기사]

① $F = 9.8M(\sin\theta + \mu_s\cos\theta)$
② $F = 9.8M(\cos\theta + \mu_s\sin\theta)$
③ $F = 9.8Mv(\sin\theta + \mu_s\cos\theta)$
④ $F = 9.8Mv(\cos\theta + \mu_s\sin\theta)$

해설 경사면 견인력(F)은 그림과 같이 F_1과 F_2가 동시에 가해지므로 합성 힘이 작용한다.

$F = F_1 + F_2$[N]

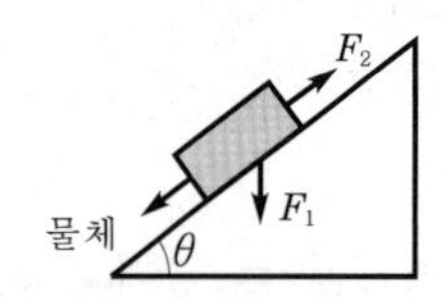

$F_1 = Mg\sin\theta$[N], $F_2 = Mg\mu\cos\theta$[N]

여기서, g : 중력가속도 $= 9.8$[m/s^2]

$\therefore\ F = F_1 + F_2 = 9.8M(\sin\theta + \mu\cos\theta)$[N]

27 전철 전동기에 감속 기어를 사용하는 주된 이유는?

[16년 산업]

① 역률 개선
② 정류 개선
③ 역회전 방지
④ 주전동기의 소형화

해설 동일 출력이면 전동기의 속도가 높을수록 작은 회전력으로 충분하며, 전동기의 크기를 줄일 수 있다. 높은 회전수에 감속 기어를 이용하면 회전력의 증가가 가능하다.

정답 25. ① 26. ① 27. ④

기출 핵심 NOTE

PART 1

28 열차의 설비에 의한 전력 소비량을 감소시키는 방법이 아닌 것은? [18년 기사]

① 회생 제동을 한다. ② 직병렬 제어를 한다.
③ 기어비를 크게 한다. ④ 차량의 중량을 경감한다.

해설 전력 소비량 감소방법
- 차량의 중량을 감소시킨다.
- 직병렬 제어를 한다.
- 기어비를 적절하게 한다.
- 회생 제동방식을 사용한다.

29 전기철도의 전동기 속도 제어방식 중 주파수와 전압을 가변시켜 제어하는 방식은? [21년 기사 / 22년 산업]

① 저항 제어 ② 초퍼 제어
③ 위상 제어 ④ VVVF 제어

해설 가변전압 가변주파수 제어(VVVF)
유도전동기에 공급하는 전원의 주파수와 전압을 같이 가변하여 전동기의 속도를 제어하는 방법

29 VVVF 제어
가변전압 가변주파수 제어

30 전기철도에서 통신유도장해의 경감대책으로 통신선의 케이블화, 전차선과 통신선의 이격거리 증대 등의 방법은 어느 측에 하는 대책인가? [17년 산업]

① 전철 ② 통신선
③ 전기차 ④ 지중 매설관

해설 통신선을 케이블화하여 유도장해를 방지하기 위한 방법은 통신선측 대책이다.

31 전기철도에서 귀선 궤조에서의 누설전류를 경감하는 방법과 관련이 없는 것은? [22·15년 산업]

① 보조귀선
② 크로스본드
③ 귀선의 전압강하 감소
④ 귀선을 정(+)극성으로 설정

해설 누설전류를 경감하는 방법은 저항을 감소시키거나 절연을 강화시키는 방법이 사용된다. 그러나 절연강화방법은 곤란하므로 저항을 감소시키는 방법을 주로 사용한다.

정답 28. ③ 29. ④ 30. ② 31. ④

32 전기철도에서 전식 방지법이 아닌 것은? [17년 기사]

① 변전소 간격을 짧게 한다.
② 대지에 대한 레일의 절연저항을 크게 한다.
③ 귀선의 극성을 정기적으로 바꿔주어야 한다.
④ 귀선저항을 크게 하기 위해 레일에 본드를 시설한다.

해설 전식 방지를 위해서는 다음과 같이 시설한다.
- 귀선저항을 적게 하기 위해 레일본드를 시설한다.
- 레일을 따라 보조귀선을 설치한다.
- 변전소 간격을 짧게 한다.
- 귀선의 극성을 정기적으로 바꾼다.
- 대지에 대한 레일의 절연저항을 크게 한다.
- 절연 음극 궤전선을 설치하여 레일과 접속한다.

33 전기부식을 방지하기 위한 전기철도측에서의 방법 중 틀린 것은? [16년 기사]

① 변전소 간격을 단축할 것
② 귀선로의 저항을 적게 할 것
③ 도상의 누설저항을 적게 할 것
④ 전차선(트롤리선) 전압을 승압할 것

해설 전식 방지를 위한 전기철도측 대책은 다음과 같다.
- 전차선의 전압 승압
- 귀선저항 감소(레일본드 및 보조귀선 설치)
- 변전소 간격 단축
- 도상의 절연저항 증가

34 복진 방지(Anti-Creeper)방법으로 적당하지 않은 것은? [14년 산업]

① 레일에 임피던스본드를 설치한다.
② 철도용 못을 이용하여 레일과 침목 간의 체결력을 강화한다.
③ 레일에 앵커를 부설한다.
④ 침목과 침목을 연결하여 침목의 이동을 방지한다.

해설 임피던스본드는 자동폐색신호식을 채용하는 경우 폐색 구간의 구분점에서 인접 구간 궤도에 직류는 자유롭게 통과시키지만 신호용 교류의 통과는 저지시키는 장치이다.

기출 핵심 NOTE

32 전기철도측 전식방지
- 레일본드 설치
- 보조귀선 설치
- 전차선의 전압 승압
- 변전소 간격 단축

정답 32. ④ 33. ③ 34. ①

CHAPTER

04 전기화학

01 전기화학 기초

02 전기분해의 활용

03 전지

04 축전지의 용량 및 충전방법

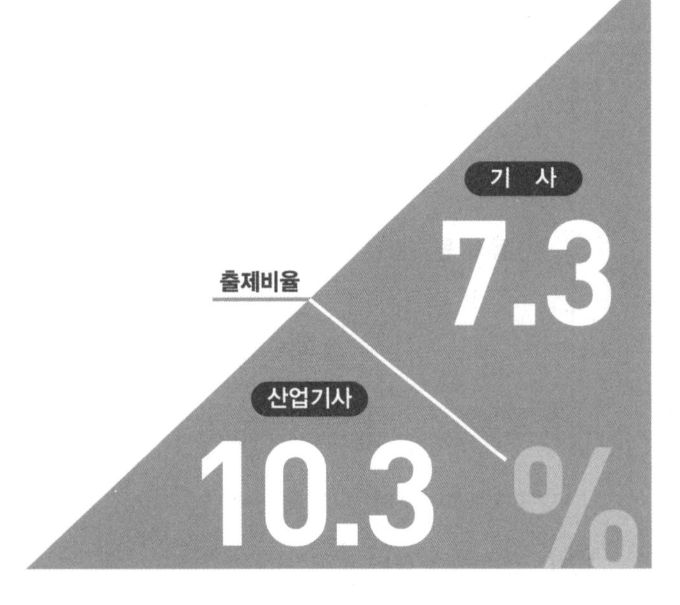

기출개념 01 전기화학 기초

(1) 패러데이 법칙

전기분해에 의해 석출되는 물질의 양은 전해액을 통과하는 총 전기량에 비례하고 또 물질의 화학당량에 비례한다.

$$W = KQ = KIt\,[\text{g}]$$

여기서, W : 석출되는 물질의 양[g], K : 화학당량[g/C]
Q : 통과한 전기량($Q = It$)[C], I : 전류[A], t : 시간[s]

(2) 전기화학당량 K

① 전기화학당량 $K = \dfrac{\text{화학당량}}{96,500}$[g/C], 패러데이 상수 $F \fallingdotseq 96,500$

② **화학당량** $= \dfrac{\text{원자량}}{\text{원자가}}$[g]

(3) 이온화 경향이 큰 순서

원자 또는 분자가 이온이 되려고 하는 경향으로 이온화 경향이 큰 순서대로 나열하면 다음과 같다.

Li(리튬) > K(칼륨) > Ba(바륨) > Ca(칼슘) > Na(나트륨) > Mg(마그네슘) > Al(알루미늄) > Mn(망간) > Cr(크롬) > Fe(철) > Co(코발트) > Ni(니켈) > Sn(주석) > Cu(구리) > Hg(수은) > Ag(은) > Pt(백금) > Au(금)

기·출·개·념 **문제**

1. 전기분해에서 패러데이의 법칙은? (단, Q[C]=통과한 전기량, K=물질의 전기화학당량, W[g]=석출된 물질의 양, t=통과시간, I=전류, E[V]=전압이다.) 16 산업

① $W = K\dfrac{Q}{E}$　② $W = KEt$　③ $W = KQ = KIt$　④ $W = \dfrac{1}{R}Q = \dfrac{1}{R}It$

해설 **전기분해의 패러데이 법칙**
전기분해에 의해서 석출되는 물질의 양은 전해액을 통과한 전기량(Q)에 비례하고, 전기량이 일정한 경우에는 전기화학당량에 비례한다.
$\therefore W = KQ = KIt$[g]

답 ③

2. 동의 원자량은 63.54이고 원자가가 2라면 전기화학당량은 약 몇 [mg/C]인가? 20·19 산업

① 0.229　② 0.329　③ 0.429　④ 0.529

해설 화학당량 $= \dfrac{\text{원자량}}{\text{원자가}} = \dfrac{63.54}{2} = 31.77$

전기화학당량 $K = \dfrac{\text{화학당량}}{96,500} = \dfrac{31.77}{96,500} = 0.0003292\,[\text{g/C}] = 0.3292\,[\text{mg/C}]$

답 ②

기출개념 02 전기분해의 활용

물질(전해액)에 전류를 흘려 화학변화를 일으키는 현상을 전기분해라고 한다.

(1) 물의 전기분해

순수한 물은 부도체이다. 따라서 물은 도전율이 낮기 때문에 전기가 잘 통하도록 전해질을 넣어야 한다. 20[%] 정도의 가성소다(NaOH : 수산화나트륨)와 가성칼리(KOH : 수산화칼륨)를 사용하여 도전율을 높인다. **음(−)극은 산화반응으로 수소기체가 발생**하고, **양(+)극은 환원반응으로 산소기체가 발생**한다.

(2) 전기도금

전기분해에 의하여 음극에 있는 금속에 양극의 금속을 입히는 것(양극에 구리 막대, 음극에 은 막대를 두고 전기를 가하면 은 막대에 구리색을 띠는 현상)

(3) 전해정련

전기분해를 이용하여 순수한 금속만을 음극에서 정제하여 석출하는 것
Cu(전기동), Ag(은), Sn(주석), Ni(니켈)

(4) 전주(electric forming − 전기 주조)

전착에 의하여 원형과 똑같은 제품을 복제하는 것(공예품, 활자 인쇄용 원판, 레코드 등)

(5) 전해연마

금속을 양극으로 전해액 중에서 단시간 전류를 통하면 금속 표면의 돌출된 부분이 먼저 분해되어 평활하게 되는 것(터빈 날개, 반사경, 식기, 바늘 등)

(6) 전기영동

액체 중에 분산되어 있는 입자 표면에 ⊕, ⊖ 전하가 존재하는데 이에 직류 전압을 가하면 이온이 이동하듯 입자가 이동되는 현상(흑연정제, 전착도장 등에 이용)

(7) 전기 침투

액체 용액 속에 ⊕, ⊖극을 설치하고 이 사이를 다공질의 격막을 사용해 막고 직류 전압을 인가 시 격막을 통해 액체가 한 쪽에서 다른 쪽으로 이동하여 수위가 높아지는 현상(전해 콘덴서 제조, 재생 고무 제조, 점토의 전기적 정제, 전기 선광법 등에 이용)

기·출·개·념 **문제**

1. 물을 전기분해하면 음극에서 발생하는 기체는? 18·15 기사 / 22 산업

① 산소
② 질소
③ 수소
④ 이산화탄소

(해설) 전기로 물을 수소와 산소로 분리하는 것을 물의 전기분해라 하며 음극에는 수소가 발생하고 양극에는 산소가 발생한다.
답 ③

2. 물을 전기분해할 때 수산화나트륨을 20[%] 정도 첨가하는 이유는? 14 산업

① 물의 도전율을 높이기 위해
② 수소와 산소가 혼합되는 것을 막기 위해
③ 전극의 손상을 막기 위해
④ 열의 방생을 줄이기 위해

(해설) 물의 도전율이 적기 때문에 도전율을 높이기 위해서 NaOH, KOH를 전해액으로 사용한다.
답 ①

3. 황산 용액에 양극으로 구리 막대, 음극으로 은 막대를 두고 전기를 통하면 은 막대는 구리색이 난다. 이를 무엇이라고 하는가? 15 산업

① 전기도금
② 이온화 현상
③ 전기분해
④ 분극작용

(해설) 양극에 도달한 SO_4^{--}이 구리와 화합하여 용액의 농도를 변화시키지 않으며, 음극의 막대에는 구리가 부착되는 데 이러한 현상을 전기도금이라 한다.
답 ①

4. 금속을 양극으로 하고 음극은 불용성의 탄소 전극을 사용한 다음, 전기분해하면 금속 표면의 돌기 부분이 다른 표면 부분에 비해 선택적으로 용해되어 평활하게 되는 것은? 20 산업

① 전주
② 전기도금
③ 전해정련
④ 전해연마

(해설) 전해연마는 금속을 양극으로 전해액 중에서 단시간 전류를 통하면 금속 표면의 돌출된 부분이 먼저 분해되어 평활하게 되는 것이다.
답 ④

기출 개념 03 전지

[1] 전지의 개념

화학 반응에 의해 발생되는 열, 빛 등의 물리에너지를 전기에너지로 바꾸어 주는 장치

(1) 1차 전지

한번 방전하면 재사용이 불가능한 전지(망간 건전지, 수은 건전지, 공기 건전지)

(2) 2차 전지

방전과 반대 방향으로 충전하면 재사용이 가능한 전지[납(연)축전지, 알칼리 축전지]

(3) 물리 전지

반도체 P−N 접합면에 광선을 조사하여 기전력을 발생시키는 전지(태양 전지, 원자력 전지)

(4) 연료 전지

외부에서 연료를 공급하는 동안만 기전력을 발생하는 전지(수소, 산소 연료 전지)

[2] 1차 전지

(1) 망간 건전지(르클랑세 전지)

① 화학 반응식

$$Zn + 2NH_4Cl + 2MnO_2 \rightarrow Zn(NH_3)_2Cl_2 + H_2O + Mn_2O_3$$

② 양극재 : **탄소봉**

③ 음극재 : **아연판**

④ 전해액 : **염화암모늄(NH_4Cl)**

⑤ 감극제 : **이산화망산(MnO_2)**

⑥ 분극(성극) 작용 : **일정한 전압을 가진 전지에 부하를 걸었을 때 양극에서 발생하는 수소가 음극제에 둘러싸여 기전력이 저하되는 현상**

* 방지 대책 : **감극제(MnO_2)**

⑦ 국부 작용 : **전지를 사용하지 않아도 음극재에 포함되어 있는 자체 불순물에 의하여 국부적인 자체 방전이 일어나는 현상**

* 방지 대책 : **순수 금속, 수은 도금 금속**

(2) 공기 건전지

① 화학 반응식

$$Zn + 2NH_4Cl + O \rightarrow Zn(NH_3)_2Cl_2 + H_2O$$
$$Zn + 2NaOH + O \rightarrow Na_2ZnO_2 + H_2O$$

② 양극재 : C

③ 음극재 : Zn

④ 전해액 : NH_4Cl(염화암모늄), NaOH(수산화나트륨)
⑤ 감극제 : O_2
⑥ 기전력 : 1.4[V]
⑦ 특징
㉠ 자체 방전이 작고, 장기간 보존이 가능하며 가볍다.
㉡ 방전 시 전압변동이 적다.
㉢ 용량은 크고, 처음 전압은 망간 전지에 비하여 약간 낮다.

(3) 수은 건전지
① 화학 반응식

$$Zn + HgO \rightarrow ZnO + Hg$$

② 양극재 : Ni
③ 음극재 : Zn(분말)
④ 전해액 : KOH(수산화칼륨)
⑤ 감극제 : HgO(산화수은)
⑥ 기전력 : 1.1~1.2[V]
⑦ 특징
㉠ 기전력 1.2[V]로 전압의 안정성이 좋다.
㉡ 전압강하가 적고, 방전용량이 크다.
⑧ 용도 : 보청기, 휴대용 카메라, 휴대용 소형 라디오, 휴대용 계산기

[3] 2차 전지

(1) 납(연)축전지
① 화학 반응식

$$\underset{(+)극}{PbO_2} + \underbrace{2H_2SO_4}_{전해액} + \underset{(-)극}{Pb} \underset{충전}{\overset{방전}{\rightleftarrows}} \underset{(+)극}{PbSO_4} + 2H_2O + \underset{(-)극}{PbSO_4}$$

② 충전·방전 시 특징
㉠ 충전의 경우
• 1셀당 기전력 : 2[V]
• 전해액 비중 : 1.23~1.26
㉡ 방전의 경우
• 1셀당 기전력 : 1.8[V](방전 종지 전압)
• 전해액 비중 : 1.1 이하
③ 정격 방전율 : 10[Ah]
④ 축전지 용량 = 방전전류 × 방전시간[Ah]
㉠ 납축전지가 용량이 감퇴되는 이유 : 극판의 황산화
㉡ 특징 : 효율이 좋고, 단시간 대전류 공급이 가능

㉢ 종류

- 클래드식(CS형 : 완방전형)
- 페이스트식(HS형 : 급방전형)

(2) 알칼리 축전지 : 에디슨 축전지, 융그너 축전지

① 화학 반응식

㉠ 에디슨 축전지

$$2Ni(OH)_3 + Fe \rightleftarrows 2Ni(OH)_2 + Fe(OH)_2$$

- 양극재 : $Ni(OH)_3$
- 전해액 : KOH
- 음극재 : Fe

㉡ 융그너 축전지 : 일반적으로 널리 사용함

$$2Ni(OH)_3 + Cd \rightleftarrows 2Ni(OH)_2 + Cd(OH)_2$$

- 양극재 : $Ni(OH)_3$
- 전해액 : KOH
- 음극재 : Cd

② 충전 시 1셀당 기전력 : 1.3~1.4[V](공칭전압 1.2[V])

③ 정격 방전율 : 5[Ah]

④ 알칼리 축전지의 장 · 단점(납 축전지와 비교)

㉠ 장점

- 수명이 길다.(3~4배)
- 급격한 충 · 방전이 가능하다.
- 충격 및 진동 발생 장소에 적합하다.

㉡ 단점

- 기전력이 낮다.
- 효율이 나쁘다.
- 가격이 비싸다.

㉢ **특징 : 수명이 길고, 운반 및 진동에 강하며, 급충전 또는 급방전에 견디고, 다소 용량이 감소하여도 못쓰게 되지 않는다.**

㉣ 종류

- 포켓식
  - 완방전형 : AL
  - 표준형 : AM
  - 급방전형 : AMH
  - 초급 방전형 : AH－P
- 소결식
  - 초급 방전형 : AH－S
  - 초초급 방전형 : AHH

[4] 물리 전지

반도체 PN 접합면에 태양 광선이나 방사선을 조사해서 기전력을 얻는 방식

(1) 태양 전지

(2) 원자력 전지

[5] 연료 전지

연료의 연소 반응을 전기에너지로 바꾸어 기전력을 얻는 전지

기·출·개·념 **문제**

1. 음극에 아연, 양극에 탄소봉, 전해액은 염화암모늄을 사용하는 1차 전지는? 19 산업

① 수은 전지
② 리튬 전지
③ 망간 건전지
④ 알칼리 건전지

해설 **망간 건전지 구조**
- 양극재 : 탄소봉
- 음극재 : 아연판
- 전해액 : 염화암모늄
- 감극제 : 이산화망간

답 ③

2. 망간 건전지에서 분극 작용에 의한 전압강하를 방지하기 위하여 사용되는 감극제는? 22·20·16 산업

① O_2
② HgO
③ MnO_2
④ $H_2Cr_2O_7$

해설 분극 작용은 양극(+)에 발생되는 수소에 의해서 전압이 강하되는 현상이며, 이를 방지하기 위해 사용되는 것을 감극제라 한다. 망간 건전지에는 주로 이산화망간(MnO_2)이 사용되고 있다.

답 ③

3. 자체 방전이 적고 오래 저장할 수 있으며 사용 중에 전압변동률이 비교적 적은 것은? 16 기사

① 공기 건전지
② 보통 건전지
③ 내한 건전지
④ 적층 건전지

해설 공기 건전지는 망간 전지와 구조는 유사하지만 전압변동과 국부작용이 적고 수명이 길며 경부하 방전에 유리한 전지이다.

답 ①

기·출·개·념 **문제**

4. 연축전지의 음극에 쓰이는 재료는? 22 기사

① 납　② 카드뮴
③ 철　④ 산화니켈

(해설) **납(연)축전지의 화학 반응식**

$$Pb + 2H_2SO_4 + PbO_2 \underset{\text{충전}}{\overset{\text{방전}}{\rightleftarrows}} 2PbSO_4 + 2H_2O$$

답 ①

5. 납축전지가 충분히 충전되었을 때 양극판은 무슨 색인가? 16 기사 / 16 산업

① 황색　② 청색
③ 적갈색　④ 회백색

(해설) 납축전지가 충분히 충전되면 적갈색, 충분히 방전되면 회백색을 띄게 된다. 답 ③

6. 알칼리 축전지의 양극에 쓰이는 재료는? 15 기사 / 17 산업

① 이산화납　② 아연
③ 구리　④ 수산화니켈

(해설) 알칼리 축전지의 전해액은 KOH, 양극재는 $Ni(OH)_3$, 음극재는 Cd 또는 Fe이다. 답 ④

7. 알칼리 축전지의 전해액은? 17 산업

① KOH　② PbO_2
③ H_2SO_4　④ NiOOH

(해설) 알칼리 축전지의 (+)극은 $Ni(OH)_3$, (−)극은 Cd 또는 Fe를 사용하고 전해액은 KOH를 사용한다. 답 ①

8. 알칼리 축전지에 대한 설명으로 옳은 것은? 22·17 기사

① 전해액의 농도 변화는 거의 없다.
② 전해액은 묽은 황산 용액을 사용한다.
③ 진동에 약하고 급속 충방전이 어렵다.
④ 음극에 Ni 산화물, Ag 산화물을 사용한다.

(해설) **알칼리 축전지 특징**

- 수명이 길다.
- 진동에 강하다.
- 급속 충방전이 가능하다.
- 양극에는 $Ni(OH)_3$, 음극에는 Cd 또는 Fe를 사용한다.
- 전해액에는 KOH(가성 칼리)를 사용한다.

답 ①

기출개념 04 축전지의 용량 및 충전방법

[1] 축전지의 용량

$$C\,[\text{Ah}] = \frac{1}{L}\left[K_1 I_1 + K_2(I_2 - I_1) + K_3(I_3 - I_2) + \cdots + K_n(I_n - I_{n-1})\right]$$

여기서, C : 25[℃]에 있어서의 정격방전율 환산용량[Ah]

L : 보수율 → 사용연수의 경과, 사용조건의 변동 등에 의한 용량 변화 보정값 =0.8(경년용량 저하율)

K : 방전시간 T와 축전지의 최저 온도 및 허용되는 최저 전압으로 정해지는 용량환산시간

I : 방전전류[A]

[2] 충전 방식

(1) 보통 충전

필요한 때마다 표준시간율로 소정의 충전을 하는 방식(10시간 정도)

(2) 급속 충전

비교적 단시간에 보통 전류의 2~3배 정도로 충전하는 방식(1시간 정도)

(3) 부동 충전

전지의 자기방전을 보충함과 동시에, 상용 부하에 대한 전력 공급은 충전기가 부담하되 충전기가 부담하기 어려운 일시적인 대부하 전류는 축전지로 하여금 부담하게 하는 방식

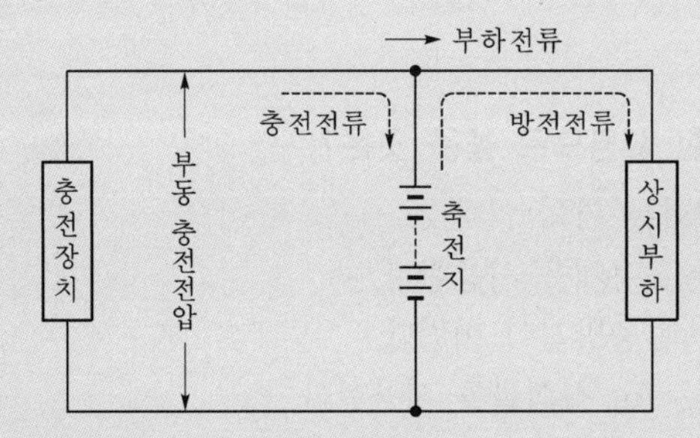

(4) 세류 충전(트리클)

자기방전량만을 항상 충전하는 부동 충전방식

(5) 균등 충전

부동 충전방식 사용 시 각 전해조에서 일어나는 전위차를 보정하기 위해 1~3개월마다 1회 정전압으로 10~12시간 충전하는 방식

기·출·개·념 문제

1. 축전지의 충전방식 중 전지의 자기방전을 보충함과 동시에 상용부하에 대한 전력공급은 충전기가 부담하도록 하되, 충전기가 부담하기 어려운 일시적인 대전류 부하는 축전지로 하여금 부담하게 하는 충전방식은? 21·20 기사

① 보통 충전
② 과부하 충전
③ 세류 충전
④ 부동 충전

해설 • 보통 충전 : 필요할 때마다 표준시간율로 소정의 충전을 하는 방식이다.
• 세류 충전 : 자기방전량만을 항시 충전하는 부동 충전방식의 일종이다.
• 부동 충전 : 축전지의 자기방전을 보충함과 동시에 상용부하에 대한 전력공급은 충전기가 부담하도록 하되 충전기가 부담하기 어려운 일시적인 대전류 부하는 축전지로 하여금 부담하게 하는 방식이다.

답 ④

2. 자기방전량만을 항시 충전하는 부동 충전방식의 일종인 충전방식은? 17 기사

① 세류 충전
② 보통 충전
③ 급속 충전
④ 균등 충전

해설 세류 충전방식은 단속적인 미량 방전 또는 자체 방전을 보상하기 위하여 8시간율 방전전류의 0.5~2[%] 정도의 일정한 전류로 충전하는 방식이다.

답 ①

CHAPTER 04
전기화학

이런 문제가 시험에 나온다!

단원 최근 빈출문제

01 전기분해에 의하여 전극에 석출되는 물질의 양은 전해액을 통과하는 총 전기량에 비례하며 그 물질의 화학당량에 비례하는 법칙은? [17년 산업]

① 줄(Joule)의 법칙
② 암페어(Ampere)의 법칙
③ 톰슨(Thomson)의 법칙
④ 패러데이(Faraday)의 법칙

해설 전기분해에 의해 석출되는 물질의 양은 전해액을 통과한 전기량에 비례하고 전기량이 일정한 경우 전기화학당량에 비례한다는 것은 패러데이의 전기분해법칙이다.

02 다음 중 전기화학당량의 단위는? [20년 산업]

① [C/g] ② [g/C]
③ [g/k] ④ [Ω/m]

해설 **패러데이 법칙**
전기분해에 의해 석출되는 물질의 양은 전해액을 통과하는 총 전기량에 비례하고 또 물질의 화학당량에 비례한다.
$W=KQ=KIt$[g]
여기서, W : 석출되는 물질의 양[g], K : 화학당량[g/C],
Q : 통과한 전기량($Q=It$)[C], I : 전류[A],
t : 시간[s]

03 전기분해에 의해 일정한 전하량을 통과했을 때 얻어지는 물질의 양은 어느 것에 비례하는가? [15년 기사]

① 화학당량
② 원자가
③ 전류
④ 전압

해설 패러데이의 전기분해법칙은 전기분해에 의해 전극에 석출되는 물질의 양은 전해액을 통과하는 총 전기량에 비례하고 전기량이 일정한 경우 전기화학당량에 비례한다.

기출 핵심 NOTE

01 패러데이 법칙
$W=KQ=KIt$[g]
여기서, K : 전기화학당량
Q : 전기량

02 전기화학당량
$K=\frac{\text{화학당량}}{96,500}$[g/C]

정답 01. ④ 02. ② 03. ①

04 구리의 원자량은 63.54이고 원자가가 2일 때, 전기화학당량은 약 얼마인가? (단, 구리화학당량과 전기화학당량의 비는 약 96,494이다.) [21년 기사]

① 0.3292[mg/C]
② 0.03292[mg/C]
③ 0.3292[g/C]
④ 0.032929[g/C]

해설 $구리화학당량 = \frac{원자량}{원자가} = \frac{63.54}{2} = 31.77$

구리화학당량과 전기화학당량의 비는 약 96,494이므로

$\therefore$ $전기화학당량 = \frac{31.77}{96,494} = 0.0003292[g/C] = 0.3292[mg/C]$

05 금속 중 이온화 경향이 가장 큰 물질은? [22·17년 산업]

① K ② Fe
③ Zn ④ Na

해설 이온화 경향이 큰 금속의 순서는 다음과 같다.
K > Ca > Na > Mg > Al > Zn > Fe > Ni > Sn > Pb

06 금속의 화학적 성질로 틀린 것은? [16년 기사]

① 산화되기 쉽다.
② 전자를 잃기 쉽고, 양이온이 되기 쉽다.
③ 이온화 경향이 클수록 환원성이 강하다.
④ 산과 반응하고, 금속의 산화물은 염기성이다.

해설 이온화 경향이 큰 것은 산화되는 성질이 강하다.

07 전기분해로 제조되는 것은 어느 것인가? [22·15년 산업]

① 암모니아
② 카바이드
③ 알루미늄
④ 철

해설 **알루미늄**
보크사이트(Al_2O_3가 60[%] 함유된 광석)를 용해하여 순수한 산화알루미늄(알루미나)을 만든 후 빙정석을 넣고 약 1,000[℃]로 전기분해하여 순도 99.8[%]로 제조한다.

기출 핵심 NOTE

04 화학당량
원자가에 대한 원자량과의 비

05 이온화경향이 큰 순서
Li(리튬) > K(칼륨) > Ba(바륨) > Ca(칼슘)

07 전기분해 이용
- 금속의 도금
- 알루미늄의 제련
- 구리의 정제

정답 04. ① 05. ① 06. ③ 07. ③

08 전기화학공업에서 직류 전원으로 요구되는 사항이 아닌 것은?

[19년 산업]

① 일정한 전류로서 연속운전에 견딜 것
② 효율이 높을 것
③ 고전압 저전류일 것
④ 전압조정이 가능할 것

해설 **전기화학용 직류 전원의 요구사항**
- 저전압 대전류일 것
- 효율이 높을 것
- 전압조정이 가능할 것

09 금속의 전해정제로 틀린 것은?

[16년 기사]

① 전력 소비가 적다.
② 순도가 높은 금속이 석출된다.
③ 금속을 음극으로 하고 순금속을 양극으로 한다.
④ 동(Cu)의 전해 정제는 H_2SO_4와 $CuSO_4$의 혼합 용액을 전해액으로 사용한다.

해설 전해정제는 양극에 조금속을 이용해 전해하여 음극에 고순도 금속을 얻는 습식 전기 야금의 일종이다.

10 전해정제법이 이용되고 있는 금속 중 최대 규모로 행하여지는 대표 금속은?

[18년 산업]

① 철 ② 납
③ 구리 ④ 망간

해설 전기분해를 이용하여 순수한 금속만을 음극에서 석출하여 정제하는 것을 전해정제라 하며 이 방법에 의하여 정제하는 금속으로는 구리가 가장 대표적이다.

11 전기화학용 직류전원장치에 요구되는 사항이 아닌 것은?

[21·15년 기사]

① 저전압 대전류일 것
② 전압 조정이 가능할 것
③ 정전류로서 연속 운전에 견딜 것
④ 저전류에 의한 저항손의 감소에 대응할 것

해설 전기화학용 직류전원장치는 대전류여야 한다.

기출 핵심 NOTE

08 전기화학용 직류 전원의 요구사항
- 저전압 대전류일 것
- 효율이 높을 것
- 전압조정이 가능할 것

10 전해정제법 이용 금속
구리, 은, 주석

정답 08. ③ 09. ③ 10. ③ 11. ④

12 다음 중 1차 전지가 아닌 것은? [15년 기사]

① 망간 건전지 ② 공기 전지
③ 알칼리 축전지 ④ 수은 전지

해설 알칼리 축전지는 2차 전지의 대표적인 전지이다.

13 1차 전지 중 휴대용 라디오, 손전등, 완구, 시계 등 매우 광범위하게 이용되고 있는 건전지는? [17년 기사]

① 망간 건전지 ② 공기 건전지
③ 수은 건전지 ④ 리튬 건전지

해설 망간 건전지는 가격이 저렴하고 전등용, 전화용 및 휴대용 라디오 등에 사용되는 1차 전지이다.

14 전지에서 자체 방전 현상이 일어나는 것은 다음 중 어느 것과 가장 관련이 있는가? [22·15·14년 산업]

① 전해액의 고유저항
② 이온화 경향
③ 불순물 혼입
④ 전해액의 농도

해설 아연 음극 또는 전해액 중에 불순물이 혼입되면, 아연이 부분적으로 용해되어 국부 방전이 발생하게 되며, 수명이 짧아진다. 이러한 현상이 국부 작용이다.

15 리튬 1차 전지의 부극 재료로 사용되는 것은? [17년 기사]

① 리튬염 ② 금속 리튬
③ 불화카본 ④ 이산화망간

해설 리튬 전지는 1차 전지로서 음극(−)에는 금속 리튬을 사용하고 있다.

16 리튬 전지의 특징이 아닌 것은? [18년 기사]

① 자기방전이 크다.
② 에너지 밀도가 높다.
③ 기전력이 약 3[V] 정도로 높다.
④ 동작온도범위가 넓고 장기간 사용이 가능하다.

기출 핵심 NOTE

12 • 1차 전지
- 망간 전지
- 공기 전지
- 수은 전지

• 2차 전지
- 연축전지
- 알칼리 축전지

15 리튬 전지 음극(부극) 물질
Li(리튬)

정답 12. ③ 13. ① 14. ③ 15. ② 16. ①

기출 핵심 NOTE

해설 **리튬 전지의 특징**

- 에너지 밀도가 높다.
- 자기방전에 의한 전력 손실이 매우 적다.
- 기전력이 약 3[V] 정도로 높다.
- 동작온도범위가 넓고 장기간 사용이 가능하다.

17 다음 1차 전지 중 음극(부극)물질이 다른 것은? [22년 기사]

① 공기 전지
② 망간 건전지
③ 수은 전지
④ 리튬 전지

해설 **1차 전지의 종류**

전지명	감극제	전해액	음극재
망간 건전지	MnO_2	NH_4Cl	Zn
알칼리 건전지	MnO_2	KOH	Zn
공기 전지	O_2	KOH	Zn
리튬 전지	MnO_2	유기전해질	Li

18 연축전지(납축전지)의 방전이 끝나면 그 양극(+극)은 어느 물질로 되는가? [20·18년 산업]

① Pb
② PbO
③ PbO_2
④ $PbSO_4$

18 연(납)축전지 양극 물질
- 충전 시 : PbO_2
- 방전 시 : $PbSO_4$

해설 **연(납)축전지의 화학 반응식**

$$\underset{\text{양극}}{PbO_2} + \underset{\text{전해액}}{2H_2SO_4} + \underset{\text{음극}}{Pb} \underset{\text{충전}}{\overset{\text{방전}}{\rightleftarrows}} \underset{\text{양극}}{PbSO_4} + \underset{\text{전해액}}{2H_2O} + \underset{\text{음극}}{PbSO_4}$$

19 납축전지에 대한 설명 중 틀린 것은? [16년 기사]

① 충전 시 음극 : $PbSO_4 \rightarrow Pb$
② 방전 시 음극 : $Pb \rightarrow PbSO_4$
③ 충전 시 양극 : $PbSO_4 \rightarrow PbO$
④ 방전 시 양극 : $PbO_2 \rightarrow PbSO_4$

해설 납축전지의 화학 반응식은 다음과 같다.

$$\overset{(+)\text{극}}{PbO_2} + 2H_2SO_4 + \overset{(-)\text{극}}{Pb} \underset{\text{충전}}{\overset{\text{방전}}{\rightleftarrows}} \overset{(+)\text{극}}{PbSO_4} + 2H_2O + \overset{(-)\text{극}}{PbSO_4}$$

정답 17. ④ 18. ④ 19. ③

20 납축전지에 대한 설명 중 틀린 것은? [16년 산업]

① 공칭전압은 1.2[V]이다.
② 전해액으로 묽은 황산을 사용한다.
③ 주요 구성 부분은 극판, 격리판, 전해액, 케이스로 이루어져 있다.
④ 양극은 이산화납을 극판에 입힌 것이고, 음극은 해면 모양의 납이다.

해설 납축전지의 공칭전압은 2[V]이며, 알칼리 축전지의 공칭전압은 1.2[V]이다.

21 납축전지의 특징으로 옳은 것은? [17년 산업]

① 저온 특성이 좋다.
② 극판의 기계적 강도가 강하다.
③ 과방전, 과전류에 대해 강하다.
④ 전해액의 비중에 의해 충방전 상태를 추정할 수 있다.

해설 납축전지의 충전 시 전해액의 비중은 1.23~1.26 정도이며 방전 시에는 비중이 감소한다.

22 알칼리(융그너) 축전지의 음극으로 사용할 수 있는 것은? [14년 기사]

① 카드뮴
② 아연
③ 마그네슘
④ 납

해설 알칼리 축전지에 사용되는 음극의 재료로 카드뮴(Cd)을 사용하면 융그너 축전지, 철(Fe)을 사용하면 에디슨 축전지이다.

23 니켈-카드뮴(Ni-Cd) 축전지에 대한 설명으로 틀린 것은? [15년 산업]

① 1차 전지이다.
② 전해액으로 수산화칼륨이 사용된다.
③ 양극에 수산화니켈, 음극에 카드뮴이 사용된다.
④ 탄광의 안전등 및 조명등으로 사용된다.

해설 니켈-카드뮴 전지는 2차 전지인 알칼리 축전지의 일종이다.

기출 핵심 NOTE

20 공칭전압
- 연축전지 : 2[V/cell]
- 알칼리 축전지 : 1.2[V/cell]

22 알칼리 축전지 음극재료
- 융그너 축전지 : 카드뮴
- 에디슨 축전지 : 철

정답 20. ① 21. ④ 22. ① 23. ①

기출 핵심 NOTE

24 알칼리 축전지의 특징에 대한 설명으로 틀린 것은?

[15년 기사]

① 전지의 수명이 납축전지보다 길다.
② 진동 충격에 강하다.
③ 급격한 충 · 방전 및 높은 방전율에 견디기 어렵다.
④ 소형 경량이며, 유지 관리가 편리하다.

해설 **알칼리 축전지의 특징**
- 전지의 수명이 길다. (납축전지보다 3~4배 정도)
- 구조상 운반 진동에 견딜 수 있다.
- 급격한 충·방전, 높은 방전율에 견디며, 다소 용량이 감소되어도 사용 불능이 되지 않는다.

25 태양 광선이나 방사선을 조사(照射)해서 기전력을 얻는 전지를 태양 전지, 원자력 전지라고 하는데 이것은 다음 중 어느 부류의 전지에 속하는가?

[16년 산업]

① 1차 전지 ② 2차 전지
③ 연료 전지 ④ 물리 전지

해설 물리 전지는 물질의 물리적 변화에 의해서 발생되는 에너지를 직접 전기 에너지로 변환하는 전지로서 태양 전지, 원자력 전지, 열전기 발전형 전지, 열전자 발전형 전지 등이 있다.

26 축전지의 용량을 표시하는 단위는?

[19년 산업]

① [J] ② [Wh]
③ [Ah] ④ [VA]

해설 축전지 용량[Ah] = 방전전류[A] × 방전시간[h]

26 축전지 공칭 용량
- 알칼리 축전지 : 5[Ah]
- 연(납)축전지 : 10[Ah]

정답 24. ③ 25. ④ 26. ③

CHAPTER

05

전열

01 전기가열의 특징
02 전열의 기초
03 열량계산
04 전기가열방식 및 전기로
05 전열재료
06 온도 측정
07 전기용접
08 열전효과 및 물리적 현상

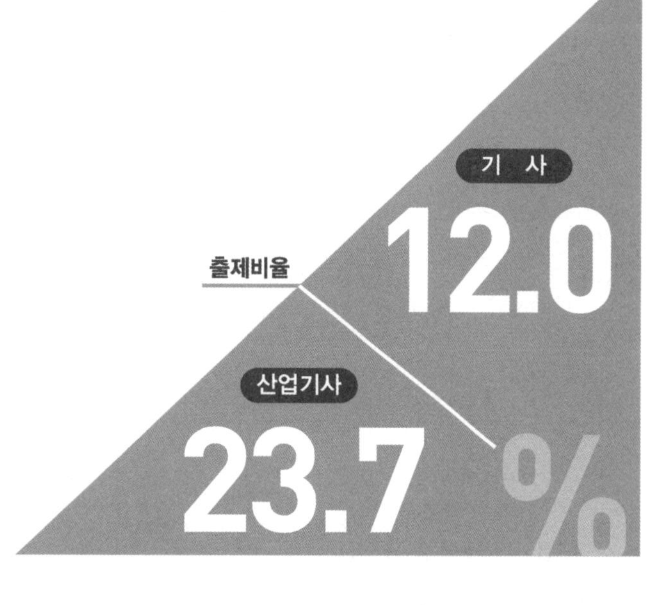

기출개념 01 전기가열의 특징

(1) 매우 높은 온도를 얻을 수 있다.
(아크 가열 : 6,000[℃] 정도)

(2) 내부 가열(내부 및 선택 가열)을 할 수 있다.
(유도 가열 및 유전 가열)

(3) 조작이 간단하고, 작업 환경이 좋다.

(4) **열효율이 높다.**

(5) 온도 제어 및 가열 시간의 제어가 용이하다.

기·출·개·념 문제

전기가열의 특징에 해당되지 않는 것은? 22·16 산업

① 내부 가열이 가능하다.
② 열효율이 매우 나쁘다.
③ 방사열의 이용이 용이하다.
④ 온도 제어 및 조작이 간단하다.

해설 전기가열의 특징은 다음과 같다.
- 매우 높은 온도를 얻을 수 있다.
- 내부 및 선택 가열이 가능하다.
- 조작이 간단하고 작업 환경이 좋다.
- 열효율이 높다.
- 온도 제어 및 가열 시간의 제어가 용이하다.

답 ②

기출개념 02 전열의 기초

[1] 열량

(1) 열량의 단위

가장 많이 사용되는 것을 킬로칼로리[kcal]이다.

① 1[cal] = 4.186[J] = [Ws] ≒ 4.2[J]

② 1[kcal] = 4,186[J]

③ 1[J] = 0.24[cal]

(2) 열량 환산

전력량[kWh]을 열량[kcal]으로 환산한다.

① 1[kcal] : 1[kg]의 물을 1[℃](14.5~15.5[℃]) 높이는 데 요하는 열량

㉠ 1[J] = 0.2389[cal] ≒ 0.24[cal]

㉡ 1[cal] = 4.2[J]

㉢ 1[kWh] = 1[kW]×1[h]=1,000[W]×3,600[sec]

$= 0.2389 \times 1{,}000 \times 3{,}600 \times 10^{-3} =$ **860[kcal]**

② 1[BTU] : 영국의 열량 단위로 물 1[lb]을 1[°F](61.5~62.5[°F]) 높이는 데 드는 열량

1[BTU] = 0.252[kcal]

[2] 전열 용어

(1) 비열 C[kcal/kg℃]

물체 1[kg]의 온도를 1[℃] 올리는 데 필요한 열량이다. 물의 비열은 1이다.

(2) 열용량 C[J/℃], [kcal/℃]

물체의 온도를 1[℃] 높이는 데 필요한 열량이다. 질량과 비열의 곱이다.

(3) 용해

고체가 액체로 되는 현상

(4) 기화

액체가 기체되는 현상

* 물의 기화열 : 539[kcal/kg]

(5) 열전도율[W/m℃], [kcal/mh℃]

단위길이당 이동한 열에너지

(6) 열전달률[W/m^2℃], [kcal/m^2h℃]

단위면적당 이동한 열에너지

[3] 열의 전달

열의 전달방법에는 전도, 대류, 복사의 3가지 경우가 있다.

(1) 전도

열에너지가 고체를 통하여 이동하는 것

(2) 대류

열에너지가 액체나 기체를 통하여 이동하는 것

(3) 복사

열에너지가 전자파 형태로 이동하는 것으로 스테판-볼츠만의 법칙이 적용된다.

[4] 열회로와 전기회로의 옴의 법칙

(1) 열류(I[W])

$$I = \frac{\theta}{R}\left(R = \rho\frac{l}{A} = \frac{l}{\lambda A}\right) = \frac{\lambda A\theta}{l}[\text{W}]$$

여기서, θ : 온도차[℃], R : 열저항[℃h/kcal], A : 단면적[m^2]
λ : 열전도율[W/m℃]

(2) 열전도율

$$\lambda = \frac{Il}{A\theta}[\text{W/m℃}]$$

(3) 열저항

$$R = \frac{\theta}{I}[\text{℃/W}]$$

[5] 전기회로와 열회로의 대응관계

전기회로			열회로			공업용
명칭	기호	단위	명칭	기호	단위	단위
전압	V	[V]	온도차	θ	[K]	[℃]
전류	I	[A]	열류	I	[W]	[kcal/h]
저항	R	[Ω]	열저항	R	[℃/W]	[℃·h/kcal]
전기량	Q	[C]	열량	Q	[J]	[kcal]
도전율	K	[℧/m]	열전도율	λ	[W/m·℃]	[kcal/h·m·deg]
정전용량	C	[F]	열용량	C	[J/℃]	[kcal/℃]

기·출·개·념 **문제**

1. 단위 변환이 틀리게 표현된 것은? 14 산업

① 1[J]=0.2389×10^{-3}[kcal]
② 1[kWh]=860[kcal]
③ 1[BTU]=0.252[kcal]
④ 1[kcal]=3,968[J]

해설 1[J]=0.24[cal]

$$\therefore\ 1[\text{kcal}] = \frac{1}{0.24}\times 10^3 = 4{,}166.6[\text{J}]$$

답 ④

기·출·개·념 **문제**

2. 344[kcal]를 [kWh]의 단위로 표시하면? 22·18 기사

① 0.4　② 407　③ 400　④ 0.0039

(해설) 1[kWh] = 860[kcal]이므로

$\therefore$ $344[\text{kcal}] = \dfrac{344}{860} = 0.4[\text{kWh}]$

답 ①

3. 200[W]는 약 몇 [cal/s]인가? 19·14 산업

① 0.2389　② 0.8621　③ 47.78　④ 70.67

(해설) 1[J]=0.24[cal]

$1[\text{W}]=1[\text{J/s}]=0.24[\text{cal/s}]=0.24\times10^{-3}[\text{kcal}/60^{-2}\text{h}]=0.86[\text{kcal/h}]$

$\therefore$ 200[W]=172[kcal/h]=47.78[cal/s]

답 ③

4. 5[Ω]의 전열선을 100[V]에 사용할 때의 발열량은 약 몇 [kcal/h]인가? 22·17·14 산업

① 1,720　② 2,770　③ 3,745　④ 4,728

(해설) 발열량$(H)=0.24I^2Rt=0.24\times\left(\dfrac{100}{5}\right)^2\times5\times3{,}600\times10^{-3}=1{,}728[\text{kcal/h}]$

답 ①

5. 전기의 전도와 열의 전도는 서로 근사하여 온도를 전압, 열류를 전류와 같이 생각하여 열전도의 계산에 사용될 때 열류의 단위로 옳은 것은? 15 기사

① [J]　② [deg]　③ [deg/W]　④ [W]

(해설) 열류$(I) = \dfrac{Q}{t}[\text{J/s}]=[\text{W}]$

답 ④

6. 열전도율을 표시하는 단위는? 20 산업

① [J/℃]　② [℃/W]　③ [W/m · ℃]　④ [m · ℃/W]

(해설) $\lambda = \dfrac{Il}{A\theta}[\text{W/m℃}] = [\text{kcal/mh℃}]$

답 ③

7. 전기회로와 열회로의 대응관계로 틀린 것은? 20·17 산업

① 전류 – 열류　② 전압 – 열량
③ 도전율 – 열전도율　④ 정전용량 – 열용량

(해설) 전기회로와 열회로의 대응관계
- 전압 – 온도차
- 전기량 – 열량
- 전류 – 열류
- 도전율 – 열도전율
- 정전용량 – 열용량

답 ②

기출개념 03 열량계산

[1] 소요열량 및 소요전력량 계산

$m[l]$의 물을 H시간에 온도 T[℃]에서 T_0[℃]까지 상승시키는 데 요하는 열량 Q[kcal]는 다음 식으로 계산된다.

$$Q = C \cdot \theta \text{ [J]}$$

여기서, C : 열용량, θ : 온도차($T - T_0$)

* 열용량 $C = \dfrac{Q}{\theta}$[J/℃], $C = c \cdot m$(비열×질량)

→ 열량에 비례하고, 온도차에 반비례한다.

(1) $Q = C \cdot m(T - T_0)$ [cal]

① 단위가 [cal]이면 질량은 [g]

② 단위가 [kcal]이면 질량은 [kg]

(2) $Q = 0.24I^2Rt$ [cal]

여기서, I : 전류[A], R : 저항[Ω], t : 시간[sec]

(3) $Q = 860\eta Pt$ [kcal]

여기서, η : 효율, P : 전력[kW], t : 시간[h]

단, 1[kg] 물을 수증기로 변화시키려면 기화열 539[kcal/kg] 필요

$Q = m[C(T - T_0) + q]$ [kcal]

(4) $Q = 860\eta \cdot Pt = c \cdot m(T - T_0)$ [kcal]

① 소비 전력 : $P = \dfrac{c \cdot m(T - T_0)}{860\eta \cdot t}$ [kW]

② 효율 : $\eta = \dfrac{c \cdot m(T - T_0)}{860P \cdot t} \times 100$[%]

③ 시간 : $t = \dfrac{c \cdot m(T - T_0)}{860P \cdot t}$ [h]

(5) $Q = m \cdot H$ [kcal]

여기서, m : 질량[kg], H : 발열량[kcal/kg]

[2] 전열선의 설계 계산

(1) 도체저항

$$R = \rho \frac{l}{\frac{\pi d^2}{4}} = \rho \frac{4l}{\pi d^2} \text{ [Ω]}$$

(2) 도체의 표면 전력 밀도

$$W_d = \frac{P}{S} = \frac{I^2 R}{\pi d l} = \frac{I^2}{\pi d l} \times \rho \frac{4l}{\pi d^2} = \frac{4\rho I^2}{\pi^2 d^3}[\mathrm{W/m^2}]$$

여기서, S : 도체의 표면적 = 원의 둘레 × 길이 = $\pi dl[\mathrm{m^2}]$

기·출·개·념 **문제**

1. 2[g]의 알루미늄을 60[℃] 높이는 데 필요한 열량은 약 몇 [cal]인가? (단, 알루미늄 비열은 0.2[cal/g · ℃]이다.) **17 산업**

① 24
② 20.64
③ 860
④ 20,640

해설 열량$(Q) = Cm\theta$[cal]
여기서, C : 비열[cal/g · ℃], m : 질량[g], θ : 온도차[℃]
$\therefore Q = 0.2 \times 2 \times 60 = 24$[cal]

 ①

2. 물 7[l]를 14[℃]에서 100[℃]까지 1시간 동안 가열하고자 할 때, 전열기의 용량[kW]은? (단, 전열기의 효율은 70[%]이다.) **21 기사**

① 0.5
② 1
③ 1.5
④ 2

해설 $P = \frac{Cm(T - T_0)}{860t\eta} = \frac{7 \times 1 \times (100 - 14)}{860 \times 1 \times 0.7} = 1$[kW]
여기서, P : 전력[kW], t : 시간[h], m : 물의 양[l], T, T_0 : 물의 온도[℃],
c : 비열, 물의 비열은 1이다.

 ②

3. 600[W]의 전열기로서 3[l]의 물을 15[℃]로부터 100[℃]까지 가열하는 데 필요한 시간은 약 몇 분인가? (단, 전열기의 발생 열은 모두 물의 온도상승에 사용되고 물의 증발은 없다.) **18 산업**

① 30
② 35
③ 40
④ 45

해설 시간 $t = \frac{Cm(T - T_0)}{860pt} = \frac{3 \times 1 \times (100° - 15°)}{860 \times 600 \times 10^{-3}} \fallingdotseq 0.5[\mathrm{h}] = 0.5 \times 60 = 30[\mathrm{min}]$

답 ①

기출개념 04 전기가열방식 및 전기로

[1] 저항 가열

(1) 직접 저항 가열(직접 저항로)

피열물 자체에 직접 전류를 흐르게 하여 줄열(옴손)에 의해 발열시키는 방식이다.

* 종류 : 흑연화로, 카바이드로(CaC_2 제조로), 카보런덤로

(2) 간접 저항 가열(간접 저항로)

다른 발열체(저항체)에서 발생된 열을 피열물에 간접적으로 전달(전도, 대류, 복사)하여 가열하는 방식이다.

* 종류

① 발열체로 : 금속의 열처리, 용해 및 건조 등에 폭넓게 이용된다.

② 염욕로 : 형태가 복잡하게 생긴 피열물을 용해열 속에서 가열하는 방식으로, 빨리 가열되므로 경합금의 열처리, 균열, 급열, 항온 등에 사용되고 있다.

③ 탄소립(크리프톨)로 : 실험실이나 연구실에 많이 사용된다.

[2] 아크 가열(아크로)

전극 사이에 발생하는 아크열을 이용한 가열방식이다.

열량$(Q) = 0.24 I^2 Rt \times 10^{-3}$[kcal]

아크 가열의 전극으로는 인조 흑연 전극 또는 천연 흑연 전극을 사용한다.

(1) 고압 아크로 : 공중 질소 고정으로 질산 제조

① **센헬로**

② **포오링로**

③ **비라케란드 아이데로**

(2) 진공 아크로

고도의 기계공업분야(로켓, 항공기)의 재료 제조에 적합하나 생산성이 낮고 설비비가 고가이다.

[3] 유도 가열(유도로) – 고주파 가열

(1) 교번자계 중에 놓여진 유도성 물체에 와전류와 히스테리시스손에 의한 발열을 이용한 방식이다.

(2) **전원** : 교류(직류는 사용할 수 없다.)

① **저주파 유도로** : 50~60[Hz] 정도의 주파수인 전원

② **고주파 유도로** : 500[Hz]~15[kHz] 정도의 주파수인 전원

(3) **용도**

① 반도체 정련(단결정 제조)

② 금속의 표면 가열(표면 담금질, 금속의 표면처리, 국부 가열)

PART 1

[4] 유전 가열 – 고주파 가열

(1) **교번자기장에 의하여 유전체 내부에서 발생하는 유전체손에 의한 가열방식**

(2) **전원**

교류(직류는 사용할 수 없다.)

(3) **유전체손**

$$P = EI_R = EI_c \tan\delta = \omega CE^2 \tan\delta = 2\pi f CE^2 \tan\delta \ [\text{W}]$$

여기서, δ : 유전체 손실각, f : 주파수[Hz], C : 정전용량[μF], E : 상전압[V]

* $f = 60$[Hz]일 경우 유전체손은 매우 작은 양이지만 $f = 1\sim200$[MHz] 등으로 크게 하면 유전체가 가열된다.

① 사용 주파수 : 1~200[MHz]

② 단위체적당 유전체손 P_0

$$P_0 = \frac{5}{9} f \varepsilon_s E^2 \tan\delta \cdot 10^{-12} \ [\text{W/cm}^3]$$

(4) **용도**

① **목재 건조 및 접착**

② **비닐막 접착**

③ **식품 건조**

[5] 적외선 가열

(1) 적외선 전구를 이용하여 가열 및 건조하는 것

(2) **자동차 도장, 방직, 염색 등 표면 건조에 사용**

[6] 전자 빔 가열

(1) 진공 중에서 직류 고전압에 의해 가속된 전자류를 피열물에 가하여 가열하는 방식

(2) **금속이나 세라믹의 가열 용접 및 가공에 이용**할 수 있다.

[7] 레이저 가열

(1) 레이저 광선을 접속해서 빛·에너지로써 가열시키는 방식으로 에너지 변환효율이 낮다.

(2) 고속가열 및 원격가공이 가능하다.

(3) **용도**

① 레이저 가공(구멍뚫기, 절단)

② 레이저 용접

③ 표면 열처리 담금질

기·출·개·념 **문제**

1. 피열물에 직접 통전하여 발생시키는 방식의 전기로는? 14 산업

① 직접식 저항로 ② 간접식 저항로 ③ 아크로 ④ 유도로

(해설) 직접 저항 가열은 도전성의 피열물에 직접 통전하여 가열하는 방식이다. 답 ①

2. 다음 중 직접식 저항로가 아닌 것은? 20 기사/18 산업

① 흑연화로 ② 카보런덤로 ③ 지로식 전기로 ④ 염욕로

(해설) • 직접 저항로 : 흑연화로, 카보런덤로, 카바이드로
• 간접 저항로 : 발열체로, 염욕로, 탄소립로 답 ④

3. 형태가 복잡하게 생긴 금속 제품을 균일하게 가열하는 데 가장 적합한 전기로는? 22·19·18 기사

① 염욕로 ② 흑연화로 ③ 카보런덤로 ④ 페로알로이로

(해설) 염욕로는 간접 저항로로 형태가 복잡하게 생긴 피열물을 용해열 속에서 가열하므로 빨리 가열된다. 답 ①

4. 고압 아크로의 종류가 아닌 것은? 17·15 산업

① 로킹(rocking)로 ② 센헬(schonherr)로
③ 포오링(pauling)로 ④ 비라케란드 아이데(birkeland-eyde)로

(해설) 고압 아크로의 종류는 센헬로, 포오링로, 비라케란드 아이데로가 있다. 답 ①

5. 로켓, 터빈, 항공기와 같은 고도의 기계공업 분야의 재료 제조에 적합한 전기로는? 22·15 산업

① 크리프톨로 ② 지로식 전기로 ③ 진공 아크로 ④ 고주파 유도로

(해설) 고도의 기계공업 분야의 재료 제조에 적합한 전기로는 진공식 아크로이다.
Ti, Zr, Mo 등의 활성 금속 또는 내열 금속의 용해법으로 개발되었으나, 설비비가 높고 경제상 불리하며 생산성이 낮다는 단점이 있다. 답 ③

6. 교번자계 중에서 도전성 물질 내에 생기는 와류손과 히스테리시스손에 의한 가열방식은? 19 산업

① 저항 가열 ② 유도 가열 ③ 유전 가열 ④ 아크 가열

(해설) 유도 가열은 교번자계 중에 있는 도전성 물질에서 발생하는 와류손과 히스테리시스손에 의한 발열을 이용한 방식이다. 답 ②

7. 금속의 표면 담금질에 가장 적합한 가열은? 21 기사/22·14 산업

① 적외선 가열 ② 유도 가열 ③ 유전 가열 ④ 저항 가열

(해설) 유도 가열은 전로의 표피 작용을 이용하여 강재의 표면 가열에 사용되고 있다. 답 ②

기·출·개·념 **문제**

8. 전기가열방식 중에서 고주파 유전 가열의 응용으로 틀린 것은? 16 기사/19 산업

① 목재의 건조 ② 비닐막 접착
③ 목재의 접착 ④ 공구의 표면 처리

해설 유전 가열은 합성수지의 비닐막 접착, 목재의 건조 및 목재의 접착 등에 사용되는 가열법이다.

답 ④

9. 고주파 유전 가열에서 피열물의 단위체적당 소비 전력[W/cm³]은? (단, E[V/cm]는 고주파 전계, δ는 유전체 손실각, f는 주파수, ε_s는 비유전율이다.) 22·18·16 산업

① $\frac{5}{9}E^2 f\varepsilon_s \tan\delta \times 10^{-8}$

② $\frac{5}{9}Ef\varepsilon_s \tan\delta \times 10^{-9}$

③ $\frac{5}{9}Ef\varepsilon_s \tan\delta \times 10^{-10}$

④ $\frac{5}{9}E^2 f\varepsilon_s \tan\delta \times 10^{-12}$

해설 **단위체적당 전력(P)**

$$P = \frac{W}{S \cdot d} = \frac{V^2}{d^2} \times f \times \varepsilon_s \tan\delta \times \frac{0.5}{9} \times 10^{-9} = \frac{5}{9}E^2 f\varepsilon_s \tan\delta \times 10^{-12}[\text{W/cm}^3]$$

답 ④

10. 자동차 등 차량 공업기계 및 전기 기계기구, 기타 금속제품의 도장을 건조하는 데 주로 이용되는 가열방식은? 22·16 산업

① 저항 가열 ② 유도 가열
③ 고주파 가열 ④ 적외선 가열

해설 적외선 가열은 피열물의 표면을 직접 가열하기 때문에 도장 등의 표면 건조에 많이 사용된다.

답 ④

11. 레이저 가열의 특징으로 틀린 것은? 22·18 기사

① 파장이 짧은 레이저는 미세가공에 적합하다.
② 에너지 변환효율이 높아 원격가공이 가능하다.
③ 필요한 부분에 집중하여 고속으로 가열할 수 있다.
④ 레이저의 파워와 조사면적을 광범위하게 제어할 수 있다.

해설 **레이저 가열의 특징**

- 고속가열 및 원격가공이 가능하다.
- 에너지 변환효율이 낮다.
- 미세가공에 적합하다.

답 ②

기출개념 05 전열재료

[1] 발열체의 구비 조건

(1) 내열성(융해점)이 클 것
(2) 내식성이 클 것
(3) 적당한 저항값을 갖고, 온도계수가 (+)일 것
(4) 팽창계수가 작을 것
(5) 압연성(연전성)이 풍부하며 가공이 쉬울 것

[2] 발열체의 종류

(1) 금속 발열체 최고 사용 온도

① 합금 발열체
㉠ 니켈-크롬 제1종 : 1,100[℃]
㉡ 니켈-크롬 제2종 : 900[℃]
㉢ 철-크롬 제1종 : 1,200[℃]
㉣ 철-크롬 제2종 : 1,100[℃]

② 순금속 발열체 : 몰리브덴(Mo), 텅스텐(W), 백금(Pt)

(2) 비금속 발열체

탄소질 발열체 : SiC(탄화규소)
→ 최고 사용 온도 : 연속 사용 1,400[℃], 단시간 사용 1,500[℃]

[3] 전기로의 전극재료 구비 조건

(1) 열전도율이 작고, 전기전도율은 클 것
(2) 고온에 견디며 기계적 강도가 클 것
(3) 피열물과 사이에 화학 작용이 발생하지 않을 것

[4] 전기로에 사용하는 전극의 고유저항

(1) 인조 흑연 전극

0.0005~0.0012[Ω·cm]

(2) 고급 천연 전극

0.0009~0.0033[Ω·cm]

(3) 천연 흑연 전극

0.0030~0.0076[Ω·cm]

(4) 무정형 탄소 전극

0.005~0.008[Ω·cm]

기·출·개·념 문제

1. 발열체의 구비 조건 중 틀린 것은? 15 기사

① 내열성이 클 것
② 내식성이 클 것
③ 가공이 용이할 것
④ 저항률이 비교적 작고 온도계수가 높을 것

해설 **발열체의 구비 조건**
- 내열성 및 내식성이 커야 한다.
- 적당한 고유저항을 가져야 한다.
- 저항의 온도계수가 (+)이어야 한다.
- 가공이 쉬워야 한다.
- 가격이 저렴해야 한다.

답 ④

2. 다음 발열체 중 최고 사용 온도가 가장 높은 것은? 15 기사

① 니크롬 제1종
② 니크롬 제2종
③ 철크롬 제1종
④ 탄화규소 발열체

해설
- 니켈-크롬 제1종의 최고 사용 온도는 1,100[℃]
- 니켈-크롬 제2종의 최고 사용 온도는 900[℃]
- 철-크롬 제1종의 최고 사용 온도는 1,200[℃]
- 철-크롬 제2종의 최고 사용 온도는 1,100[℃]

답 ③

3. 다음 합금 발열체 중 최고 사용 온도가 가장 낮은 것은? 15 산업

① 니크롬 제1종
② 니크롬 제2종
③ 철크롬 제1종
④ 철크롬 제2종

해설
- 니켈-크롬 제1종의 최고 사용 온도는 1,100[℃]
- 니켈-크롬 제2종의 최고 사용 온도는 900[℃]
- 철-크롬 제1종의 최고 사용 온도는 1,200[℃]
- 철-크롬 제2종의 최고 사용 온도는 1,100[℃]

답 ②

기출개념 06 온도 측정

[1] 저항 온도계

온도 변화에 따른 저항 변화량을 측정하여 온도를 측정하는 온도계

* 사용 금속선 : 백금, 구리, 니켈, 서미스터

[2] 열전 온도계

제벡(Seebeck) 효과를 이용한 온도계

(1) 제벡 효과

서로 다른 두 금속을 접합하고 접합점의 온도차에 의한 기전력이 발생하여 전류가 흐르는 현상

① 열전대 : 비스무트－안티몬

② 1[℃]차 : 0.12[mV/℃] 기전력 발생

(2) 열전대의 구성 및 최고 사용 온도(연속 사용)

① 구리－콘스탄탄 : 600(350)[℃]

② 철－콘스탄탄 : 800(500)[℃]

③ 크로멜－알루멜 : 1,200(1,000)[℃]

④ **백금－백금 로듐 : 1,600(1,400)[℃]**

[3] 복사(방사) 온도계

(1) 스테판－볼츠만 법칙을 이용

(2) 2,000[℃] 이상까지 측정 가능

(3) 멀리 떨어져 있어도 측정 가능

(4) ⓜⓥ 전압계 사용

[4] 광 온도계

(1) 플랑크의 복사 법칙을 이용

(2) 2,000[℃] 이상까지 측정 가능

(3) 광전관 이용 시 이동하는 물체, 변화하는 물체 온도 측정

(4) 복사 온도계에 비하여 높은 정밀도

기·출·개·념 문제

1. 금속의 전기저항이 온도에 의하여 변화하는 것을 이용한 온도계는? 20 산업

① 광 온도계
② 저항 온도계
③ 방사 온도계
④ 열전 온도계

해설 • 저항 온도계 : 측온체의 저항값 변화량을 측정하여 온도를 측정하는 온도계
• 열전 온도계 : 제벡 효과를 이용한 온도계
• 방사 온도계 : 스테판-볼츠만의 법칙 이용
• 광 온도계 : 플랑크의 복사 법칙 이용

답 ②

2. 열전 온도계의 원리는? 18 산업

① 홀 효과
② 핀치 효과
③ 톰슨 효과
④ 제벡 효과

해설 열전 온도계는 제벡(Seebeck) 효과를 이용한 온도계이다.

답 ④

3. 다음 중 열전대의 조합이 아닌 것은? 22·20·14 산업

① 크롬 – 콘스탄탄
② 구리 – 콘스탄탄
③ 철 – 콘스탄탄
④ 크로멜 – 알루멜

해설 열전 온도계에서 사용하는 대표적인 열전대의 종류는 다음과 같다.
• 구리 – 콘스탄탄
• 철 – 콘스탄탄
• 크로멜 – 알루멜
• 백금 – 백금 로듐

답 ①

4. 공업용 온도계로서 가장 높은 온도를 측정할 수 있는 것은? 17 기사

① 철 – 콘스탄탄
② 동 – 콘스탄탄
③ 크로멜 – 알루멜
④ 백금 – 백금 로듐

해설 **열전대의 종류에 따른 측정 온도**
• 백금 – 백금 로듐 : 1,400[℃]
• 크로멜 – 알루멜 : 1,000[℃]
• 철 – 콘스탄탄 : 700[℃]
• 구리 – 콘스탄탄 : 400[℃]

답 ④

기출개념 07 전기용접

[1] 저항용접

용접하고자 하는 두 금속 접촉부에 대전류를 통하게 하여 접촉저항에 의해 발생하는 열을 이용하는 용접방법

(1) 겹치기 저항용접

① 점(spot) 용접 : 백열 전구의 필라멘트 용접, 열전대 용접에 이용
② 시임(봉합) 용접(seam welding) : 점 용접을 연속적으로 이용
③ 돌기 용접(프로젝션 용접)

(2) 맞대기 저항용접

① 업셋 맞대기 용접
② 플래시 맞대기 용접
③ 전기 충격 용접

[2] 아크용접

(1) 탄소 아크용접

오늘날 널리 사용되는 아크용접의 근원

(2) 불활성 가스 아크용접

텅스텐 전극과 모재 사이에 방전을 발생시켜 그 방전 주위에 아르곤(Ar), 헬륨(He), 네온(Ne) 등을 분사하여 용접부의 산화를 방지하도록 한 용접방법으로 **알루미늄, 마그네슘, 스테인리스강 등의 용접에 사용**한다.

(3) 원자 수소 아크용접

2개의 텅스텐 봉을 양쪽 전극으로 하여 이들의 끝에서 발생하는 아크를 향해 불어오는 수소 기류에 둘러 싸여가면서 모재의 용접부를 가열하는 일종의 피포가스 아크용접이다.

[3] 용접 후 검사

(1) 비파괴검사

① 자기(磁氣)검사
② X선 또는 γ선 투과 시험
③ 초음파 탐상기에 의한 시험
④ 육안에 의한 외관검사

(2) 파괴검사

① 충격시험
② 부식시험

기·출·개·념 문제

1. 저항용접에 속하는 것은? 20 기사

① TIG 용접
② 탄소 아크 용접
③ 유니온멜트 용접
④ 프로젝션 용접

(해설) **겹치기 저항용접**
- 점 용접
- 돌기 용접(프로젝션 용접)
- 시임(봉합) 용접

답 ④

2. 알루미늄, 마그네슘의 용접에 가장 적합한 용접방법은? 19 기사 / 22·14 산업

① 피복금속 아크용접
② 불꽃용접
③ 원자 수소 아크용접
④ 불활성 가스 아크용접

(해설) 불활성 가스 아크용접은 알루미늄, 마그네슘, 스테인리스강 등의 특수강 아크용접에 많이 사용되고 있다.

답 ④

3. 방전용접 중 불활성 가스용접에 쓰이는 불활성 가스는? 20 산업

① 아르곤
② 수소
③ 산소
④ 질소

(해설) 불활성 가스용접에 쓰이는 불활성 가스로 아르곤, 헬륨, 네온 등을 사용하나 아르곤 가스가 용접부의 산화 방지 효과가 커서 널리 사용된다.

답 ①

기출개념 08 열전효과 및 물리적 현상

[1] 제벡 효과

서로 다른 두 금속 A, B를 접속하고 다른 쪽에 전압계를 연결하여 접속부를 가열하면 전압이 발생하는 것을 알 수 있다. 이와 같이 **서로 다른 금속을 접속하고 접속점을 서로 다른 온도를 유지하면 기전력이 생겨 일정한 방향으로 전류가 흐른다. 이러한 현상**을 제벡 효과(Seebeck effect)라 한다. 즉, 온도차에 의한 열기전력 발생을 말한다.

[2] 펠티에 효과

서로 다른 두 금속에서 다른 쪽 금속으로 전류를 흘리면 열의 발생 또는 흡수가 일어나는데 이 현상을 펠티에 효과라 한다.

[3] 톰슨 효과

동종의 금속에서도 각 부에서 온도가 다르면 그 부분에서 열의 발생 또는 흡수가 일어나는 효과를 톰슨 효과라 한다.

[4] 핀치 효과

용융체에 강한 전류를 통하면 전자력에 의한 인력이 커지므로 용융체가 도중에 끊어져 전류가 끊어지는 현상을 핀치 효과라 한다.

[5] 표피 효과

도체에 고주파 전류를 통하면 중심부에 가까울수록 전류와 쇄교하는 자속의 수가 많아져 전기저항이 증가되어 전류가 도체 표면에 집중하는 현상으로 금속의 표면 열처리에 이용한다.

[6] 광전 효과

빛을 받으면 전기적 특성 변화(전기저항 변화)를 일으키는 현상을 광전 효과라 한다.

[7] 홀(hall) 효과

도체나 반도체의 물질에 전류를 흘리고 이것과 직각 방향으로 자계를 가하면, 전류와 자계가 이루는 면에 직각 방향으로 기전력이 발생되는 현상을 홀 효과라 한다.

기·출·개·념 **문제**

1. 두 도체로 이루어진 폐회로에서 두 접점에 온도차를 주었을 때 전류가 흐르는 현상은?

22·19 산업

① 홀 효과 ② 광전 효과
③ 제벡 효과 ④ 펠티에 효과

해설 **제벡 효과**
서로 다른 두 종류의 금속선을 접합하여 폐회로를 만든 후 두 접합점의 온도를 달리 하였을 때, 폐회로에 열기전력이 발생하여 열전류가 흐르게 되는 현상

답 ③

2. 2종의 금속이나 반도체를 접합하여 열전대를 만들고 기전력을 공급하면 각 접점에서 열의 흡수, 발생이 일어나는 현상은?

20·16 기사 / 22 산업

① 핀치(Pinch) 효과 ② 제벡(Seebeck) 효과
③ 펠티에(Peltier) 효과 ④ 톰슨(Thomson) 효과

해설 서로 다른 두 금속을 접합하고 접합점에 전류를 흘리면 줄열 이외의 열의 발생 또는 흡수되는 현상은 펠티에 효과이다.

답 ③

3. 금속의 표면 열처리에 이용하며 도체에 고주파 전류를 흘릴 때 전류가 표면에 집중하는 효과는?

22 기사

① 표피 효과 ② 톰슨 효과
③ 핀치 효과 ④ 제벡 효과

해설 **표피 효과**
도체에 고주파 전류를 통하면 전류가 표면에 집중하는 현상으로 금속의 표면 열처리에 이용한다.

답 ①

4. 반도체에 빛이 가해지면 전기저항이 변화되는 현상은?

21·16 기사

① 홀 효과 ② 광전 효과
③ 제벡 효과 ④ 열진동 효과

해설 반도체에 빛이 가해지면 전기저항이 변화되는 현상은 광전 효과이다.

답 ②

이런 문제가 시험에 나온다!

CHAPTER 05

전열

단원 최근 빈출문제

기출 핵심 NOTE

01 전열기에서 5분 동안에 900,000[J]의 일을 했다고 한다. 이 전열기에서 소비한 전력은 몇 [W]인가? [17년 산업]

① 500 ② 1,500
③ 2,000 ④ 3,000

해설 전력$(P) = \dfrac{W}{t}$[W]

$\therefore\ P = \dfrac{900,000}{5 \times 60} = 3,000$[W]

01 전력

$P = \dfrac{W}{t}$[J/s] = [W]

02 500[W]의 전열기를 정격상태에서 1시간 사용할 때 발생하는 열량은 약 몇 [kcal]인가? [19년 산업]

① 430 ② 520
③ 610 ④ 860

해설 발열량 $Q = 0.24Pt$[cal]
따라서 매 시간당의 발열량
$Q = 0.24Pt = 0.24 \times 500 \times 60 \times 60 \times 10^{-3} = 432$[kcal]

02 열량

$H = 0.24Pt = 0.24I^2Rt$[cal]
여기서, P : 전력[W]
t : 시간[sec]

03 20[Ω]의 저항체에 5[A]의 전류를 1시간 동안 흘렸을 때 발생되는 총 열량[kcal]은 얼마인가? [14년 기사]

① 90 ② 432
③ 1,800 ④ 6,000

해설 발열량$(H) = 0.24I^2Rt$[cal]
$\therefore\ H = 0.24 \times 5^2 \times 20 \times 1 \times 3,600 \times 10^{-3} = 432$[kcal]

04 인가전압 100[V]인 회로에서 매초 0.12[kcal]를 발열하는 전열기가 있다. 이 전열기의 용량은 몇 [W]이며, 이 전열기가 사용되고 있을 때 저항[Ω]은 얼마인가? [14년 산업]

① 613, 16 ② 500, 20
③ 423, 23 ④ 353, 28

정답 01. ④ 02. ① 03. ② 04. ②

해설 열량$(H)=0.24P \cdot t$[cal]

$$\therefore P=\frac{0.12\times10^3}{0.24\times1}=500[W]$$

$$전력(P)=\frac{V^2}{R}[W]$$

$$\therefore R=\frac{V^2}{P}=\frac{100^2}{500}=20[\Omega]$$

05 열전도율이 가장 좋은 것은? [17년 산업]

① 철 ② 은
③ 니크롬 ④ 알루미늄

해설 열전도율이 큰 금속은 은 > 구리 > 백금 > 알루미늄 > 아연 > 니켈 > 철의 순서이다.

06 열전도율의 단위를 나타낸 것은? [16년 기사]

① [kcal/h]
② [m·h·℃/kcal]
③ [kcal/kg·℃]
④ [kcal/m·h·℃]

해설 열전도율의 기호는 K이며 단위는 [W/m·℃] 또는 공업 단위인 [kcal/m·h·℃]이다.

07 전기회로의 전류는 열회로의 무엇에 대응하는가? [16년 산업]

① 열류 ② 열량
③ 열용량 ④ 열저항

해설 전기회로에서 전류(I[A])는 열회로에서 열류(I[W])이다.

08 트랜지스터 정합온도(T_j)의 최대 정격값이 75[℃], 주위온도(T_a)가 35[℃]이다. 컬렉터 손실 P_c의 최대 정격값을 10[W]라고 할 때 열저항[℃/W]은? [20년 산업]

① 40 ② 4
③ 2.5 ④ 0.2

해설

$$열저항\ R=\frac{T_j-T_a}{P_c}=\frac{75-35}{10}=4[℃/W]$$

기출 핵심 NOTE

06 열전도율

단위길이당 이동한 열에너지
- [W/m·℃]
- [kcal/m·h·℃]

07 전기회로와 열회로의 대응관계
- 전류 ↔ 열류
- 전기저항 ↔ 열저항
- 전압 ↔ 온도차
- 도전율 ↔ 열전도율

정답 05. ② 06. ④ 07. ① 08. ②

09 단면적 0.5[m^2], 길이 10[m]인 원형 봉상도체의 한쪽을 400[℃]로 하고 이로부터 100[℃]의 다른 단자로 매 시간 40[kcal]의 열이 전도되었다면 이 도체의 열전도율은 약 몇 [kcal/m · h · ℃]인가? [19년 산업]

① 267 ② 26.7
③ 2.67 ④ 0.267

해설 $열류 = \frac{온도차}{열저항} = \frac{\lambda A\theta}{l} = \frac{\lambda \times 0.5 \times (400-100)}{10} = 40[\text{kcal/h}]$

여기서, λ : 열전도율[kcal/mh℃], A : 단면적[m^2],
θ : 온도차[℃], l : 길이[m]

$\therefore \lambda = \frac{40 \times 10}{0.5 \times (400-100)} ≒ 2.67[\text{kcal/m} \cdot \text{h} \cdot ℃]$

10 효율 80[%]의 전열기로 1[kWh]의 전기량을 소비하였을 때 10[l]의 물을 몇 [℃] 올릴 수 있는가? [14년 기사]

① 588 ② 688
③ 58.8 ④ 68.8

해설 전열 설계의 기본식 $860Ph\eta = Cm\theta$에서

$\therefore \theta = \frac{860Ph\eta}{Cm} = \frac{860 \times 1 \times 1 \times 0.8}{1 \times 10} = 68.8[℃]$

11 겨울철에 심야 전력을 사용하여 20[kWh] 전열기로 40[℃]의 물 100[l]를 95[℃]로 데우는 데 사용되는 전기요금은 약 얼마인가? (단, 가열 장치의 효율 90[%], 1[kWh]당 단가는 겨울철 56.10원, 기타 계절 37.90원이며, 계산 결과는 원단위 절삭한다.) [22·17년 기사]

① 260원 ② 290원
③ 360원 ④ 390원

해설 전열 설계의 기본식은 $860Ph\eta = Cm\theta$

$Ph = \frac{1 \times 100 \times (95-40)}{860 \times 0.9} = 7.11[\text{kWh}]$

∴ 1[kWh]당 56.10원이므로 7.11×56.10=398.87원

12 반경 30[cm], 두께 1[cm]의 강판을 유도 가열에 의하여 3초 동안에 20[℃]에서 700[℃]로 상승시키기 위해 필요한 전력은 약 몇 [kW]인가? (단, 강판의 비중은 7.85, 비열은 0.16[kcal/kg · ℃]이다.) [22·16년 산업]

① 3.37 ② 33.7
③ 6.67 ④ 66.7

기출 핵심 NOTE

09 • 열류

$I = \frac{\theta}{R} = \frac{\lambda A\theta}{l}[\text{W}]$

• 열전도율

$\lambda = \frac{Il}{A\theta}[\text{W/m℃}]$

10 전열 설계의 기본식

$860Ph\eta = Cm\theta$
$= Cm(T - T_0)$

정답 09. ③ 10. ④ 11. ④ 12. ②

기출 핵심 NOTE

해설 $P\times\frac{3}{3,600}=\frac{(7.85\times\pi\times3^2\times1\times10^{-3})\times0.16\times(700-20)}{860}$

$\therefore\ P=33.69\fallingdotseq33.7[\mathrm{kW}]$

13 1.2[l]의 물을 15[℃]에서 75[℃]까지 10분간 가열시킬 때 전열기의 용량[W]은? (단, 효율은 70[%]이다.) [20년 산업]

① 720 ② 795
③ 856 ④ 942

해설 $P=\frac{Cm(T-T_0)}{860t\eta}=\frac{1.2\times1(75-15)}{860\times\frac{1}{6}\times0.7}=0.72[\mathrm{kW}]=720[\mathrm{W}]$

14 25[℃]의 물 10[l]를 그릇에 넣고 2[kW]의 전열기로 가열하여 물의 온도를 80[℃]로 올리는 데 20분이 소요되었다. 이 전열기의 효율[%]은 약 얼마인가? [21년 기사 / 22년 산업]

① 59.5 ② 68.8
③ 84.9 ④ 95.9

해설 $860\eta Pt=Cm(T-T_0)$에서 물의 비열 $C=1$이므로

$\eta=\frac{m(T_2-T_1)}{860Pt}\times100=\frac{10\times(80-25)}{860\times2\times\frac{20}{60}}\times100\fallingdotseq95.9[\%]$

15 1[kW] 전열기를 사용하여 5[L]의 물을 20[℃]에서 90[℃]로 올리는 데 30분이 걸렸다. 이 전열기의 효율은 약 몇 [%]인가? [16년 기사]

① 70 ② 78
③ 81 ④ 93

해설 효율$(\eta)=\frac{Cm\theta}{860P\eta}=\frac{1\times5\times(90-20)}{860\times\frac{1}{2}\times1}\times100=81.3[\%]$

16 전기로의 전기가열방식 중 흑연화로, 카보런덤로의 가열 방식은? [15년 기사]

① 아크로 ② 유도로
③ 간접식 저항로 ④ 직접식 저항로

해설 흑연화로, 카보런덤로, 카바이드로는 직접식 저항로의 종류이다.

16 직접 저항로
- 흑연화로
- 카바이드로
- 카보런덤로

정답 13. ① 14. ④ 15. ③ 16. ④

17 제품 제조과정에서의 화학 반응식이 다음과 같은 전기로의 가열방식은? [16년 산업]

$$SiO_2 + 3C \rightarrow SiC + 2CO$$

① 유전 가열 ② 유도 가열
③ 간접 저항 가열 ④ 직접 저항 가열

해설 카보런덤(탄화규소=SiC)을 만드는 전기가열은 직접 저항 가열이다.

18 흑연화로, 카보런덤로, 카바이드로 등의 전기로 가열방식은? [21년 기사]

① 아크 가열 ② 유도 가열
③ 간접 저항 가열 ④ 직접 저항 가열

해설 • 직접 저항로 : 흑연화로, 카보런덤로, 카바이드로
• 간접 저항로 : 발열체로, 염욕로, 탄소립로

19 다음 전기로 중 열효율이 가장 좋은 것은? [20년 산업]

① 저주파 유도로 ② 염욕로
③ 고압 아크로 ④ 카보런덤로

해설 직접 저항로가 가장 효율이 높다.
※ **직접식 저항로** : 카바이드로, 카보런덤로, 흑연화로

20 다음 중 전기로의 가열방식이 아닌 것은? [22·14년 산업]

① 저항 가열 ② 유전 가열
③ 유도 가열 ④ 아크 가열

해설 전기로의 종류에는 다음과 같은 3가지가 있다.
• 저항로
• 아크로
• 유도로

21 전기가열방식 중 전극 사이의 공간에 전류가 흐를 때 발생하는 고열에 의한 가열방식은? [14년 기사]

① 아크 가열 ② 저항 가열
③ 적외선 가열 ④ 고주파 가열

해설 두 전극 사이에 발생되는 아크열을 이용한 가열은 아크 가열이다.

기출 핵심 NOTE

17 카보런덤로
$SiO_2 + 3C \rightarrow SiC + 2CO$

18 • 직접 저항로
흑연화로, 카보런덤로, 카바이드로
• 간접 저항로
발열체로, 염욕로, 탄소립로

정답 17. ④ 18. ④ 19. ④ 20. ② 21. ①

기출 핵심 NOTE

22 전압과 전류의 관계에서 수하 특성을 이용한 가열방식은?

[18년 산업]

① 저항 가열 ② 유도 가열
③ 유전 가열 ④ 아크 가열

해설 아크 가열은 아크방전에 의한 아크열을 이용한 가열방식으로, 아크 전원의 전압-전류 특성은 전류(부하)가 증가하면 전압이 감소하는 부특성(수하 특성)이다.

23 저압 아크로에 해당되지 않는 것은?

[15년 산업]

① 제철 ② 제강
③ 합금의 제조 ④ 공중 질소 고정

해설 공중 질소를 고정하는 아크로는 고압 아크로이다.

23 고압 아크로
공중 질소 고정으로 질산 제조

24 와전류손을 이용한 가열방법이며, 교번자계 중에서 도전성의 물체 중에 생기는 와류에 의한 줄열로 가열하는 방식은?

[14년 기사]

① 저항 가열 ② 적외선 가열
③ 유전 가열 ④ 유도 가열

해설 유도 가열은 교번자계 중에 있는 도전성 물체에서 발생되는 히스테리시스손과 와류손(맴돌이 전류손)을 이용한 가열이다.

24 유도 가열
교번자계 중에 놓여진 유도성 물체에 와전류와 히스테리시스손에 의한 발열을 이용한 방식

25 다음 중 유도 가열은 어떤 것을 이용한 것인가?

[20·17년 산업]

① 복사열 ② 아크열
③ 와전류손 ④ 유전체손

해설 유도 가열은 교번자계 중에서 도전성 물체에서 발생되는 히스테리시스손과 와류손을 이용한 가열방식이다.

26 고주파 유도 가열에 사용되는 전원이 아닌 것은?

[17년 산업]

① 동기 발전기
② 진공관 발진기
③ 고주파 전동 발전기
④ 불꽃 간극식 고주파 발진기

정답 22. ④ 23. ④ 24. ④ 25. ③ 26. ①

해설 유도 가열에 사용되는 전원
- 고주파 전동 발전기
- 불꽃 간극식 고주파 발생장치(공기 및 수은)
- 진공관 발진기

27 상용 주파수를 사용할 수 있는 가열방식은? [15년 기사]

① 초음파 가열 ② 유전 가열
③ 저주파 유도 가열 ④ 마이크로파 유전 가열

해설 저주파 유도 가열에 사용되는 주파수는 50~60[Hz] 정도로 상용 주파수를 사용하는 가열방식이다.

28 유도 가열의 용도로 가장 적합한 것은? [22·14년 산업]

① 목재의 접착 ② 금속의 용접
③ 금속의 열처리 ④ 비닐의 접착

해설 유도 가열은 전류의 표피 작용을 이용하여 금속의 표면 열처리에 많이 사용된다.

29 고주파 유도 가열의 용도가 아닌 것은? [22·15년 기사]

① 목재의 고주파 가공 ② 고주파 납땜
③ 전봉관 용접 ④ 단조

해설 목재의 건조 및 접착에는 유전 가열이 사용된다.

30 용해, 용접, 담금질, 가열 등에 가장 적합한 가열방식은? [18년 산업]

① 복사 가열 ② 유도 가열
③ 저항 가열 ④ 유전 가열

해설 유도 가열은 교류자계 중에 있어서 도전성 물체 중에 생기는 와전류에 의한 전류손 또는 히스테리시스손을 이용하는 가열로 금속의 표면 담금질·국부 가열·용접 등에 응용된다.

31 다음 중 전기로의 가열방식이 아닌 것은? [17년 산업]

① 저항 가열 ② 유전 가열
③ 유도 가열 ④ 아크 가열

기출 핵심 NOTE

28 **유도 가열의 용도**
- 금속의 표면 가열
- 반도체 정련

정답 27. ③ 28. ③ 29. ① 30. ② 31. ②

해설 전기로의 종류에는 저항로, 아크로, 유도로가 있으며 유전 가열은 고주파 가열방식이다.

32 비닐막 등의 접착에 주로 사용하는 가열방식은?
[18·16년 기사 / 22·15년 산업]

① 저항 가열 ② 유도 가열
③ 아크 가열 ④ 유전 가열

해설 유전 가열은 목재의 건조, 목재의 접착, 비닐막 접착 등에 사용되는 가열방식이다.

33 유전 가열의 특징으로 틀린 것은? [21년 기사 / 16년 산업]

① 표면의 소손, 균열이 없다.
② 온도 상승 속도가 빠르고 속도가 임의 제어된다.
③ 반도체의 정련, 단결정의 제조 등 특수 열처리가 가능하다.
④ 열이 유전체손에 의하여 피열물 자신에게 발생하므로 가열이 균일하다.

해설 반도체 정련이나 단결정의 제조 등에는 유도 가열이 이용된다.

34 평행평판 전극 사이에 유전체인 피열물을 삽입하고 고주파 전계를 인가하면 피열물 내 유전체손이 발생하여 가열되는 방식은? [20년 산업]

① 저항 가열 ② 유도 가열
③ 유전 가열 ④ 원자수소 가열

해설 유전 가열은 교번자기장에 의하여 유전체 내부에서 발생하는 유전체손에 의한 가열방식이다.

35 유전 가열의 용도를 설명하고 있다. 다음 중 틀린 것은?
[14년 기사]

① 합성수지의 가열 성형
② 베니어판의 건조
③ 고무의 유화
④ 구리의 용접

해설 고주파 유전 가열은 합성수지 공업, 목재의 접착, 목재의 건조, 고무 유화 등에 응용된다.

기출 핵심 NOTE

32 유전 가열의 용도
- 목재 건조 및 접착
- 비닐막 접착
- 식품 건조

34 유전 가열
교번자기장에 의하여 유전체 내부에서 발생하는 유전체손에 의한 가열방식

정답 32. ④ 33. ③ 34. ③ 35. ④

기출 핵심 NOTE

36 유전 가열의 용도로 틀린 것은?? [20년 기사]

① 목재의 건조 ② 목재의 접착
③ 염화비닐막의 접착 ④ 금속 표면처리

해설 **유전 가열의 용도**
- 목재의 건조 및 접착
- 비닐막의 접착
- 식품 건조

37 전열의 원리와 이를 이용한 전열기기의 연결이 틀린 것은? [16년 기사]

① 저항 가열 – 전기 다리미
② 아크 가열 – 전기 용접기
③ 유전 가열 – 온열 치료기구
④ 적외선 가열 – 피부 미용기기

해설 유전 가열은 목재의 건조 및 접착, 비닐 접착 등에 사용되고 있다.

38 목재의 건조, 베니어판 등의 합판에서의 접착 건조, 약품의 건조 등에 적합한 전기 건조방식은? [20년 산업]

① 아크 건조 ② 고주파 건조
③ 적외선 건조 ④ 자외선 건조

해설 고주파 가열에는 유도 가열과 유전 가열이 있다.

38 고주파 가열
- 유도 가열
- 유전 가열

39 유도 가열과 유전 가열의 공통된 특성은? [19년 산업]

① 도체만을 가열한다.
② 선택 가열이 가능하다.
③ 절연체만을 가열한다.
④ 직류를 사용할 수 없다.

해설 유도 가열, 유전 가열 모두 직류는 사용할 수 없다.

40 다음 중 적외선의 기능은? [20년 산업]

① 살균작용 ② 온열작용
③ 발광작용 ④ 표백작용

해설 적외선은 건조에 사용되는 반면 자외선은 살균, 유기물 분해 및 소독 등에 사용되며, 건조에는 사용되지 않는다.

정답 36. ④ 37. ③ 38. ② 39. ④ 40. ②

기출 핵심 NOTE

41 다음 중 전기 건조방식의 종류가 아닌 것은? [14년 기사]

① 전열 건조 ② 적외선 건조
③ 자외선 건조 ④ 고주파 건조

해설 전력에 의해서 고체 중의 수분을 증발시켜서 건조하는 것을 전기 건조라 하며 전열 건조, 적외선 건조, 고주파 건조가 있다.

42 적외선 건조에 대한 설명으로 틀린 것은? [18년 산업]

① 효율이 좋다. ② 온조 조절이 쉽다.
③ 대류열을 이용한다. ④ 소요되는 면적이 작다.

해설 **적외선 건조의 특징**

- 표면 건조에 적당하다.
- 건조기 구조가 간단하다.
- 적외선전구에 의한 복사열을 이용한다.

43 전열방식의 분류 중 전자의 충돌에 의한 가열방식은? [14년 기사]

① 아크 가열 ② 레이저 가열
③ 유도 가열 ④ 전자빔 가열

해설 전자빔이 물체에 충돌할 때 발생하는 열에너지를 이용한 가열이 전자빔 가열이다.

44 전자빔 가열의 특징이 아닌 것은? [17년 산업]

① 에너지 밀도를 높게 할 수 있다.
② 진공 중 가열로 산화 등의 영향이 크다.
③ 필요한 부분에 고속으로 가열시킬 수 있다.
④ 빔의 파워와 조사 위치를 정확히 제어할 수 있다.

해설 **전자빔 가열의 특징**

- 전력 밀도를 높게 할 수 있어 대단히 작은 부분의 가공이나 구멍을 뚫을 수 있다.
- 가열 범위를 극히 국한된 부분에 집중시킬 수 있으므로 열에 의하여 변질이 될 부분을 적게 할 수 있다.
- 고융점 재료 및 금속박 재료의 용접이 쉽다.
- 에너지 밀도와 분포를 쉽게 조절할 수 있다.
- 진공 중에서 가열이 가능하다.

42 적외선 건조의 특징

- 표면 건조에 적당하다.
- 건조기 구조가 간단하다.
- 적외선전구에 의한 복사열을 이용한다.

정답 41. ③ 42. ③ 43. ④ 44. ②

기출 핵심 NOTE

45 전자빔 가열의 특징으로 틀린 것은? [20년 기사 / 17년 산업]

① 진공 중에서의 가열이 가능하다.
② 신속하고 효율이 좋으며 표면 가열이 가능하다.
③ 고융점 재료 및 금속박 재료의 용접이 쉽다.
④ 에너지의 밀도나 분포를 자유로이 조절할 수 있다.

해설 표면 가열이 가능한 가열은 유도 가열이다.

46 간접식 저항 가열에 사용되는 발열체의 필요 조건이 아닌 것은? [16년 산업]

① 내열성이 클 것
② 내식성이 클 것
③ 저항률이 비교적 크고 온도계수가 작을 것
④ 발열체의 최고 온도가 가열 온도보다 낮을 것

해설 발열체의 구비 조건은 다음과 같다.
- 내열성(융해점)이 클 것
- 내식성이 클 것
- 적당한 저항값을 가지고, 온도계수가 (+)이면서 작을 것
- 팽창계수가 작을 것
- 압연성이 풍부하고 가공이 쉬운 것

46 발열체의 구비 조건
- 내열성(융해점)이 클 것
- 내식성이 클 것
- 온도계수가 (+)이면서 작을 것
- 팽창계수가 작을 것

47 니크롬 전열선에서 제1종의 최고 사용 온도[℃]는? [16년 산업]

① 700　② 900
③ 1,100　④ 1,300

해설 • 니켈 – 크롬 제1종의 최고 사용 온도는 1,100[℃]이다.
• 니켈 – 크롬 제2종의 최고 사용 온도는 900[℃]이다.

47 발열체의 최고 사용 온도
- 니크롬 제1종 : 1,100[℃]
- 니크롬 제2종 : 900[℃]
- 철-크롬 제1종 : 1,200[℃]
- 철-크롬 제2종 : 1,100[℃]

48 최고 사용 온도가 1,100[℃]이고 고온강도가 크며 냉간가공이 용이한 고온용 발열체는? [19년 산업]

① 니크롬 제1종　② 니크롬 제2종
③ 철크롬 제1종　④ 철크롬 제2종

해설 **발열체의 최고 사용 온도**
- 니크롬 제1종 : 1,100[℃]
- 니크롬 제2종 : 900[℃]
- 철-크롬 제1종 : 1,200[℃]
- 철-크롬 제2종 : 1,100[℃]

정답 45. ② 46. ④ 47. ③ 48. ①

49 순금속 발열체의 종류가 아닌 것은? [19년 기사]

① 백금(Pt) ② 텅스텐(W)
③ 몰리브덴(Mo) ④ 탄화규소(SiC)

해설 순금속 발열체
몰리브덴(Mo), 텅스텐(W), 백금(Pt)

50 비금속 발열체에 대한 설명으로 틀린 것은? [22년 기사]

① 탄화규소 발열체는 카보런덤을 주성분으로 한 발열체이다.
② 탄소질 발열체에는 인조 흑연을 가공하여 사용하는 것이 있다.
③ 규화 몰리브덴 발열체는 고온용의 발열체로써 칸탈선이라고도 한다.
④ 염욕 발열체는 높은 도전성을 가지는 고체 발열체이다.

해설 염욕 발열체는 높은 도전성을 가지는 액체 발열체이다.

51 전열기에서 발열선의 지름이 1[%] 감소하면 저항 및 발열량은 몇 [%] 증감되는가? [14년 산업]

① 저항 2[%] 증가, 발열량 2[%] 감소
② 저항 2[%] 증가, 발열량 2[%] 증가
③ 저항 4[%] 증가, 발열량 4[%] 감소
④ 저항 4[%] 증가, 발열량 4[%] 증가

해설 저항$(R)=\rho\dfrac{l}{s}=\dfrac{\rho l}{\dfrac{\pi}{4}d^2}$

∴ 지름 변화 후 저항$(R')=\dfrac{\rho l}{\dfrac{\pi}{4}d'^2}$

$$\frac{R'}{R}=\left(\frac{d}{d'}\right)^2$$

$$R'=\left(\frac{d}{d'}\right)^2\cdot R=\left\{\frac{d}{(1-0.01)d}\right\}^2\cdot R=\frac{R}{0.99^2}=1.02R$$

∴ 2[%] 증가
최초 발열량 W, 지름 1[%] 감소 후 발열량 W'

$$W=\frac{V^2}{R}t,\quad W'=\frac{V^2}{R'}t$$

$$\therefore \frac{W'}{W}=\frac{R}{R'}$$

$$W'=\frac{R}{R'}W=\frac{R}{1.02R}W=0.98W$$

∴ 2[%] 감소

기출 핵심 NOTE

49 • 금속 발열체
백금, 몰리브덴, 텅스텐
• 비금속 발열체
탄소질 발열체, 염욕 발열체

정답 49. ④ 50. ④ 51. ①

기출 핵심 NOTE

52 전기로에 사용되는 전극재료의 구비 조건이 아닌 것은?

[19년 산업]

① 열전도율이 클 것
② 전기전도율이 클 것
③ 고온에 견디며 기계적 강도가 클 것
④ 피열물과 화학 작용을 일으키지 않을 것

해설 **전극의 구비 조건**

- 전기의 전도율이 클 것
- 열의 전도율이 적을 것
- 고온에 견디고 고온에서의 기계적 강도가 클 것
- 피열물과 화학 작용을 일으키지 않을 것

53 고유저항(20[℃]에서)이 가장 큰 것은?

[21년 기사]

① 텅스텐 ② 백금
③ 은 ④ 알루미늄

해설

재 료	고유저항(20[℃]에서)$\times 10^{-2}$[Ω · mm^2/m]
은(Ag)	1.62
알루미늄(Al)	2.62
텅스텐(W)	5.48
백금(Pt)	10.50

54 금속의 전기저항이 온도에 의하여 변화하는 것을 이용한 온도계는?

[16년 산업]

① 광 온도계 ② 저항 온도계
③ 방사 온도계 ④ 열전 온도계

해설 저항 온도계는 온도 변화에 따라서 저항의 변화량을 측정하여 온도를 측정한다. 이때 대표적인 측온 요소로는 백금, 구리, 니켈, 서미스터 등이 사용된다.

54 저항 온도계
온도 변화에 따른 저항의 변화량을 측정하여 온도를 측정하는 온도계

55 다음 온도계의 동작 원리 중 제벡 효과를 이용한 온도계는?

[14년 기사]

① 저항 온도계 ② 방사 온도계
③ 열전 온도계 ④ 광 온도계

해설 열전 온도계는 제벡 효과를 이용한 온도계이다.

55 열전 온도계
제벡 효과를 이용한 온도계

정답 52. ① 53. ② 54. ② 55. ③

56 서로 관계가 깊은 것들끼리 짝지은 것이다. 틀린 것은?

[14년 산업]

① 유도 가열 : 와전류손
② 형광등 : 스토크스 정리
③ 표면 가열 : 표피 효과
④ 열전 온도계 : 톰슨 효과

해설 열전 온도계는 제벡 효과를 이용한 온도계이다.

57 열전 온도계에 사용되는 열전대의 조합은?

[19년 산업]

① 백금 – 철
② 아연 – 백금
③ 구리 – 콘스탄탄
④ 아연 – 콘스탄탄

해설 **열전대의 조합**
- 백금 – 백금 로듐
- 크로멜 – 알루멜
- 철 – 콘스탄탄
- 구리 – 콘스탄탄

57 열전대의 조합
- 백금 – 백금 로듐
- 크로멜 – 알루멜
- 철 – 콘스탄탄
- 구리 – 콘스탄탄

58 열전 온도계의 특징에 대한 설명으로 틀린 것은?

[17년 산업]

① 제벡 효과의 동작 원리를 이용한 것이다.
② 열전대를 보호할 수 있는 보호관을 필요로 하지 않는다.
③ 온도가 열기전력으로써 검출되므로 피측 온점의 온도를 알 수 있다.
④ 적절한 열전대를 선정하면 0~1,600[℃] 온도 범위의 측정이 가능하다.

해설 열전 온도계의 열전대 보호관에 유리는 금속관(강관, 크롬관, 니켈)과 비금속관(석명관, 붕규산 유리관)이 사용되고 있다.

59 다음 용접방법 중 저항 용접이 아닌 것은?

[16년 기사 / 18·16년 산업]

① 점 용접(spot welding)
② 이음매 용접(seam welding)
③ 돌기 용접(projection welding)
④ 전자빔 용접(electron beam welding)

해설 저항 용접에는 맞대기 용접, 점 용접, 봉합(이음매) 용접, 돌기 용접이 있다.

59 겹치기 저항 용접
- 점 용접
- 시임(봉합) 용접
- 돌기 용접

정답 56. ④ 57. ③ 58. ② 59. ④

기출 핵심 NOTE

60 다음 중 겹치기 용접이 아닌 것은? [14년 산업]

① 점 용접　② 업셋 용접
③ 심 용접　④ 프로젝션 용접

해설 저항 용접에서 겹치기 용접에는 다음과 같은 용접이 있다.
- 점 용접(spot welding)
- 돌기 용접(projection welding)
- 이음매 용접(seam welding)

61 저항 용접의 특징으로 틀린 것은? [18년 산업]

① 잔류응력이 작다.
② 용접부의 온도가 높다.
③ 전원에는 상용주파수를 사용한다.
④ 대전류가 필요하기 때문에 설비비가 높다.

해설 **저항 용접의 특징**
- 아크 용접에 비해 용접부의 온도가 낮다.
- 열의 영향이 용접부 부근에만 국한되므로 변형이나 잔류응력은 적다.
- 비교적 정밀한 공작물의 용접이 가능하며 용접시간도 매우 짧다.
- 일반적으로 대전류를 필요로 하기 때문에 설비가 고가이다.

62 아크 용접기는 어떤 원리를 이용한 것인가? [15년 산업]

① 줄열　② 수하 특성
③ 유전체손　④ 히스테리시스손

해설 아크 용접기는 정전류 특성인 수하 특성을 이용한 용접기이다.

62 아크 용접
부하전류와 전압이 반비례하는 수하 특성이어야 한다.

63 아크의 전압, 전류 특성은? [19·16년 기사]

① 전압 ↑ → 전류
② 전압 ↑ → 전류
③ 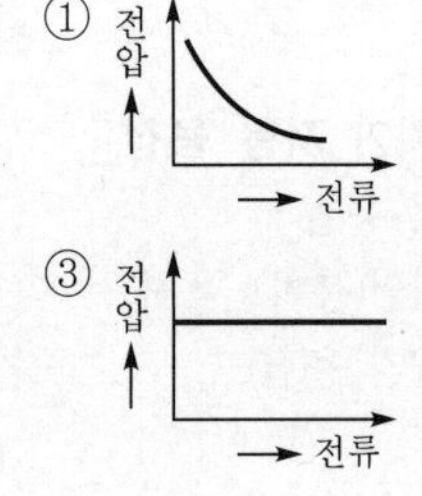

④ 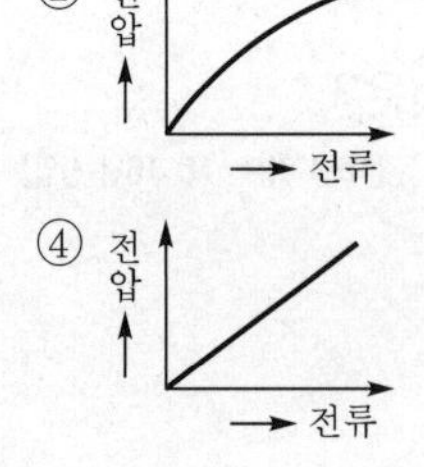

해설 수하 특성을 이용하는 것이 아크 용접이므로 부하전류가 증가하면 단자전압이 저하되는 현상이 발생한다.

정답 60. ② 61. ② 62. ② 63. ①

64 아크 용접에 주로 사용되는 가스는? [16년 산업]

① 산소 ② 헬륨
③ 질소 ④ 오존

해설 아크 용접에는 헬륨(He) 가스를 많이 사용한다.

65 불활성 가스 용접에서 아르곤 가스가 헬륨보다 널리 사용되는 이유로 틀린 것은? [14년 산업]

① 전리 전압이 낮으므로 아크의 발생과 유지가 쉽다.
② 피포 작용이 강하여 기류가 견고하다.
③ 용접면의 산화 방지 효과가 크다.
④ 가스 필요량이 적으며 가격이 저렴하다.

해설 아르곤 가스를 이용하는 이유는 용접부의 산화나 질화를 방지하기 위함이다.

66 초음파 용접의 특징으로 틀린 것은? [14년 산업]

① 표면의 전처리가 간단하다.
② 가열을 필요로 하지 않는다.
③ 이종 금속의 용접이 가능하다.
④ 고체 상태에서의 용접이므로 열적 영향이 크다.

해설 **초음파 용접의 특징**

- 냉간 압접과 비교했을 때 압력이 적어 용접물의 변형률이 적다.
- 용접물의 표면 처리가 쉽다.
- 압연한 그 형태로의 재료도 용접이 쉽다.
- 매우 얇은 판이나 필름 등도 쉽게 용접할 수 있다.
- 이종 금속의 용접이 가능하다.
- 판의 두께에 따라서 용접 강도의 변화가 쉽다.

67 용접부의 비파괴검사의 종류가 아닌 것은? [18·15년 산업]

① 고주파 검사
② 방사선 검사
③ 자기 검사
④ 초음파 검사

해설 용접부의 비파괴시험(검사)에는 자기 검사, X-선 검사, 방사선 검사, 초음파 탐상기 시험이 있다.

기출 핵심 NOTE

64 불활성가스 아크용접
방전 주위에 아르곤, 네온, 헬륨을 분사하여 용접부의 산화를 방지하도록 한 용접

67 비파괴시험(검사)의 종류
- 자기 검사
- X-선 검사
- 초음파 탐상기 시험

정답 64. ② 65. ③ 66. ④ 67. ①

기출 핵심 NOTE

68 플라즈마 용접의 특징이 아닌 것은? [18년 산업]

① 비드(bead) 폭이 좁고 용입이 깊다.
② 용접속도가 빠르고 균일한 용접이 된다.
③ 가스의 보호가 충분하며, 토치의 구조가 간단하다.
④ 플라즈마 아크의 에너지 밀도가 커서 안정도가 높다.

해설 **플라즈마 용접의 특징**

- 장점
  - 플라즈마 아크의 에너지 밀도가 커서 안정도가 높고 보유 열량이 크다.
  - 비드(bead) 폭이 좁고 용입이 깊다.
  - 용접속도가 빠르고 균일한 용접이 된다.
- 단점
  - 용접 속도가 크기 때문에 가스의 보호가 불충분하게 된다.
  - 피포 가스를 이중으로 사용할 필요가 있고 토치의 구조가 복잡하게 된다.

69 열전대를 이용한 열전 온도계의 원리는? [20년 기사]

① 제벡 효과　　② 톰슨 효과
③ 핀치 효과　　④ 펠티에 효과

해설 **제벡 효과**
두 금속을 두 접점으로 폐회로를 만들고 두 접점의 온도를 달리하면 기전력이 발생한다. 이 열기전력은 두 접점 간의 온도차에 비례한다. 이 두 금속을 열전대라 하고 이것을 이용한 것이 열전 온도계이다.

69 제벡 효과
열전 온도계와 열전대에 사용

70 서로 다른 두 개의 금속이나 반도체를 접속하여 전류를 인가하면 접합부에서 열이 발생하거나 흡수되는 현상은? [15년 산업]

① 제벡 효과
② 펠티에 효과
③ 톰슨 효과
④ 핀치 효과

해설 **펠티에 효과**
서로 다른 두 금속에서 다른 쪽 금속으로 전류를 흘리면 열의 발생 또는 흡수가 일어나는 현상을 말한다.

70 펠티에 효과
서로 다른 금속이나 반도체를 이용하여 전자 냉동의 원리로 적용되는 현상

정답 68. ③ 69. ① 70. ②

71 금속의 표면 열처리에 이용하며 도체에 고주파 전류를 통하면 전류가 표면에 집중하는 현상은? [17년 기사]

① 표피 효과　② 톰슨 효과
③ 핀치 효과　④ 제벡 효과

해설 **표피 효과**
도체에 고주파 전류를 통하면 중심부에 가까울수록 전류와 쇄교하는 자속의 수가 많아져 전기저항이 증가되어 전류가 도체 표면에 집중되는 현상이다.

72 금속이나 반도체에 전류를 흘리고 이것과 직각 방향으로 자계를 가하면 전류와 자계가 이루는 면에 직각 방향으로 기전력이 발생한다. 이러한 현상은? [18년 기사]

① 홀(hall) 효과　② 핀치(pinch) 효과
③ 제벡(seebeck) 효과　④ 펠티에(peltier) 효과

해설 **홀 효과**
도체나 반도체의 물질에 전류를 흘리고 이것과 직각 방향으로 자계를 가하면, 전류와 자계가 이루는 면에 직각 방향으로 기전력이 발생되는 현상이다.

기출 핵심 NOTE

71 표피 효과
도체에 흐르는 전류가 전선 표면에 집중되어 흐르는 현상

72 홀 효과
도체나 반도체의 물질에 전류를 흘리고 이것과 직각 방향으로 자계를 가하면, 전류와 자계가 이루는 면에 직각 방향으로 기전력이 발생되는 현상

정답 71. ① 72. ①

잠깐! 쉬어가세요.

"인생에서 성공하려거든 끈기를 죽마고우로,
경험을 현명한 조언자로, 신중을 형님으로,
희망을 수호신으로 삼아라."

- 존 러스킨 -

CHAPTER

06

자동제어

01 자동제어계의 종류

02 궤환(feedback)제어계의 구성

03 자동제어계의 제어량에 의한 분류

04 자동제어계의 목표값의 설정에 의한 분류

05 자동제어계의 제어동작에 의한 분류

06 전달함수의 정의 및 전기회로의 전달함수

07 제어요소의 전달함수

08 블록선도

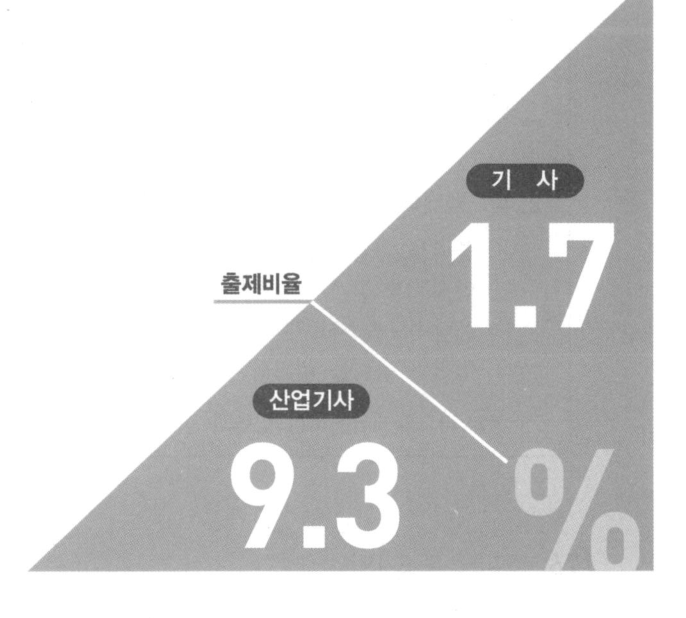

기출개념 01 자동제어계의 종류

[1] 개루프제어계

(1) 정의

신호의 흐름이 열려 있는 경우의 제어계로 미리 정해진 순서에 따라 각 단계가 순차적으로 진행되므로 시퀀스제어라고도 한다.

(2) 개루프제어계의 특징

① 구조가 간단하고 설치비가 저렴하다.
② **입력과 출력을 비교하는 장치가 없어 오차를 교정할 수가 없다.**

[2] 폐루프제어계

(1) 정의

정확한 제어를 위해 제어신호를 귀환시켜 기준입력과 비교·검토하여 오차를 자동적으로 정정하게 하는 제어계로 피드백제어(feedback control), 궤환제어라 하며 입력과 출력을 비교하는 장치가 반드시 필요하다.

(2) 피드백제어계의 특징

① 목표값을 정확히 달성할 수 있다.
② 시스템 특성 변화에 대한 입력 대 출력의 감도가 감소한다.
③ 대역폭이 증가한다.
④ 제어계가 복잡해지고 제어기의 가격이 비싸다.
⑤ **반드시 필요한 장치는 입력과 출력을 비교하는 장치이며 출력을 검출하는 센서가 필요하다.**

기·출·개·념 문제

1. 출력이 입력에 전혀 영향을 주지 못하는 제어는? 11 산업

① 프로그램제어 ② 되먹임제어 ③ 열린 루프제어 ④ 닫힌 루프제어

해설 열린 루프(개루프)제어는 가장 간단한 제어장치로 제어동작이 출력과 관계없이 신호의 통로가 열려 있는 제어이다.

답 ③

2. 피드백제어(feedback control)에 꼭 있어야 할 장치는? 17 산업

① 출력을 검출하는 장치
② 안정도를 좋게 하는 장치
③ 응답속도를 빠르게 하는 장치
④ 입력과 출력을 비교하는 장치

해설 피드백제어에서는 입력과 출력을 비교하는 장치가 반드시 있어야 한다.

답 ④

기출개념 02 궤환(feedback)제어계의 구성

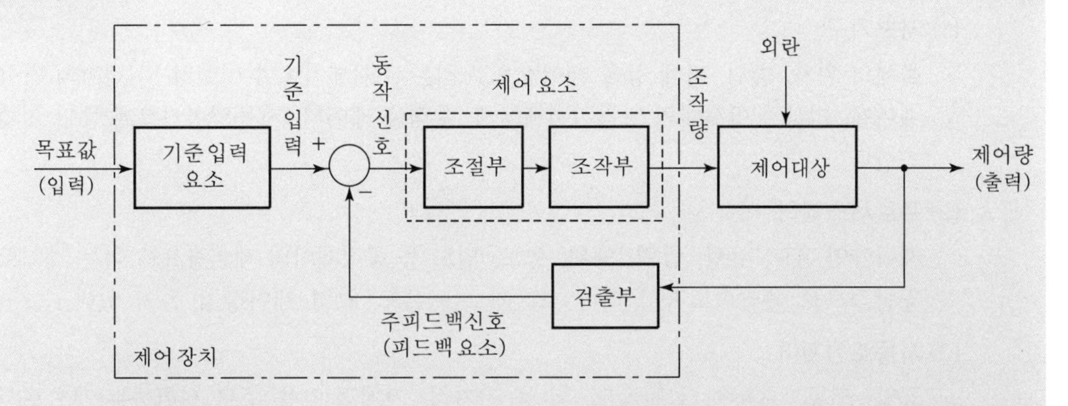

(1) 기준입력요소

목표값을 제어할 수 있는 기준입력신호로 변환하는 장치로 설정부라고도 한다.

(2) 동작신호

기준입력과 주피드백신호와의 차로써 **제어동작을 일으키는 신호**로 편차라고도 한다.

(3) 제어요소

동작신호를 조작량으로 변환하는 요소로서, **조절부와 조작부로 이루어진다.**

(4) 조작량

제어장치가 제어대상에 가하는 제어신호로서, 제어장치의 출력인 동시에 **제어대상의 입력**이 된다.

기·출·개·념 **문제**

1. 제어대상을 제어하기 위하여 입력에 가하는 양을 무엇이라 하는가? 18·15 산업

① 변환부　　② 목표값
③ 외란　　④ 조작량

(해설) 외란이란 제어량을 변화시키기 위해 가하는 기준입력신호 이외의 신호를 말한다.
조작량이란 제어요소 또는 조작부에서 제어대상에 가하는 양을 말한다.

답 ④

2. 제어요소는 무엇으로 구성되는가? 16 산업

① 검출부　　② 검출부와 조절부
③ 검출부와 조작부　　④ 조작부와 조절부

(해설) 제어요소는 조절부와 조작부로 이루어진다.

답 ④

기출개념 03 자동제어계의 제어량에 의한 분류

(1) 서보기구

물체의 위치, 방위, 자세 등을 제어량으로 하는 추치제어로써 비행기 및 선박의 방향 제어계, 미사일 발사대의 자동위치제어계, **추적용 레이더, 자동평형기록계** 등이 이에 속한다.

(2) 프로세스제어

제어량인 온도, 유량, 압력, 액위, 농도, 밀도 등 공정제어의 제어량으로 하는 제어로 일반적으로 응답속도가 느리다. 그 예로는 **온도·압력 제어장치** 등이 있다.

(3) 자동조정제어

전압, 전류, 주파수, 회전속도, 힘 등 전기적, 기계적 양을 주로 제어하는 것으로서 응답속도가 대단히 빠른 것이 특징이며 정전압장치(AVR), 발전기의 조속기 제어 등이 이에 속한다.

기·출·개·념 문제

1. 자동제어에서 제어량에 의한 분류인 것은? 17 산업

① 정치제어 ② 연속제어
③ 불연속제어 ④ 프로세스제어

해설 • 자동제어의 제어량 성질에 의한 분류 : 프로세스제어, 서보기구, 자동조정
• 자동제어의 목표값 성질에 의한 분류 : 정치제어, 추종제어, 프로그램제어

답 ④

2. 피드백제어 중 물체의 위치, 방위, 자세 등의 기계적 변위를 제어량으로 하는 것은? 19·18·10 산업

① 프로세스제어 ② 자동조정
③ 서보기구 ④ 피드백제어

해설 물체의 위치, 방위, 자세 등의 기계적 변위를 제어량으로 해서 목표값의 임의 변화에 추종하도록 구성된 제어계를 서보기구라 한다.

답 ③

3. 프로세스제어에 속하지 않는 것은? 22·18·16·09 산업

① 위치 ② 온도
③ 압력 ④ 유량

해설 프로세스제어는 제어량인 온도, 유량, 압력, 액위, 농도, 밀도 등 플랜트나 생산공정 중의 상태량을 제어량으로 하는 제어이다.

답 ①

PART 1

기출개념 04 자동제어계의 목표값의 설정에 의한 분류

(1) **정치제어**

목표값이 시간적 변화에 따라 항상 일정한 제어로 프로세스제어와 자동조정제어가 정치제어에 속한다.

(2) **추치제어**

목표값이 시간적 변화에 따라 변화하는 것으로 목표값에 제어량을 추종하도록 하는 제어를 추치제어라고 한다.

① 추종제어

목표값이 시간적으로 임의로 변하는 경우의 제어로서, 서보기구가 모두 여기에 속한다.

예 **유도미사일, 추적용 레이더**

② 프로그램제어

목표값의 변화가 미리 정해져 있어 그 정해진 대로 변화시키는 것을 목적으로 하는 제어를 말한다.

예 **무인열차, 무인자판기, 엘리베이터**

③ 비율제어

목표값이 다른 것과 일정한 비율을 유지하도록 제어하는 것을 말한다.

기·출·개·념 문제

1. 목표값이 시간에 대하여 변하지 않는 제어로 주파수를 제어하는 제어는? 19·14 산업

① 비율제어 ② 정치제어 ③ 추종제어 ④ 비율제어

해설 정치제어란 목표값이 시간적으로 변화하지 않고 일정한 값을 유지하는 경우의 제어를 말한다.

답 ②

2. 자동제어의 추치제어에 속하지 않는 것은? 16·08 산업

① 추종제어 ② 비율제어 ③ 프로그램제어 ④ 프로세스제어

해설 자동제어에서 제어목적에 의한 분류에는 정치제어와 추치제어가 있다. 추치제어에는 프로그램제어, 추종제어, 비율제어가 있다.

답 ④

3. 열차의 무인운전과 같이 미리 정해진 시간적 변화에 따라 정해진 순서대로 제어하는 방식은? 19 산업

① 추종제어 ② 비율제어 ③ 정치제어 ④ 프로그램제어

해설 프로그램제어는 미리 정해진 프로그램에 따라 제어량을 변화시키는 것을 목적으로 하는 제어법이다.

답 ④

기출개념 05 자동제어계의 제어동작에 의한 분류

[1] 연속동작에 의한 분류

연속적으로 제어동작하는 제어로 조절부 동작방식에 따라 P, I, D, PI, PD, PID 동작으로 구분한다. 동작신호를 x_i, 조작량을 x_o라 하면 제어동작은 다음과 같다.

(1) 비례동작(P동작)

$$x_o = K_P x_i$$

여기서, K_P : 비례이득(비례감도)

① **잔류편차(offset)가 발생한다.**

② **속응성(응답속도)이 나쁘다.**

(2) 적분동작(I동작)

$$x_o = \frac{1}{T_I}\int x_i dt$$

여기서, T_I : 적분시간

- **잔류편차(offset)를 없앨 수 있다.**

(3) 미분동작(D동작)

$$x_o = T_D \frac{dx_i}{dt}$$

여기서, T_D : 미분시간

- **오차가 커지는 것을 미연에 방지**한다.

(4) 비례적분동작(PI동작)

$$x_o = K_P\left(x_i + \frac{1}{T_I}\int x_i dt\right)$$

여기서, $\frac{1}{T_I}$: reset rate(리셋률), 분당 반복 횟수

- **정상특성을 개선하여 잔류편차(offset)를 제거한다.**

(5) 비례미분동작(PD동작)

$$x_o = K_P\left(x_i + T_D\frac{dx_i}{dt}\right)$$

- **속응성(응답속도) 개선에 사용된다.**

(6) 비례적분미분동작(PID동작)

$$x_o = K_P\left(x_i + \frac{1}{T_I}\int x_i dt + T_D\frac{dx_i}{dt}\right)$$

- **잔류편차(offset)를 제거하고 속응성(응답속도)도 개선되므로 안정한 최적 제어**이다.

[2] 불연속동작에 의한 분류

(1) ON-OFF제어(2위치제어)
(2) 샘플링제어

기·출·개·념 **문제**

1. 조절계의 조절요소에서 비례미분에 관한 기호는? 15 산업

① P
② PD
③ PI
④ PID

(해설) • 비례동작(P동작)
• 적분동작(I동작)
• 미분동작(D동작)
• 비례미분동작(PD동작)

답 ②

2. 잔류편차가 발생하는 제어방식은? 22·18 산업

① 비례제어
② 적분제어
③ 비례적분제어
④ 비례적분미분제어

(해설) • 비례동작(P동작) : 속응성이 나쁘고 잔류편차가 발생한다.
• 적분동작(I동작) : 잔류편차를 제거할 수 있다.
• 미분동작(D동작) : 오차가 커지는 것을 미연에 방지한다.

답 ①

3. 적분시간 1[sec], 비례감도가 2인 비례적분동작을 하는 제어계가 있다. 이 제어계에 동작신호 $Z(t)=t$를 주었을 때, 조작량은? (단, $t=0$일 때 조작량 $y(t)$의 값은 0으로 한다.) 11 산업

① t^2+2t
② t^2+4t
③ t^2+5t
④ t^2+6t

(해설) 전달함수 $G(s)=\dfrac{C(s)}{R(s)}$

$$=K_p\left(1+\frac{1}{T_i s}\right)=2\left(1+\frac{1}{s}\right)=2+\frac{2}{s}$$

$$\therefore\ C(s)=R(s)\cdot G(s)$$

$$=\frac{1}{s^2}\cdot\left(\frac{2}{s}+2\right)=\frac{2}{s^3}+\frac{2}{s^2}$$

$$\because\ C(t)=t^2+2t$$

답 ①

기출개념 06 전달함수의 정의 및 전기회로의 전달함수

(1) 전달함수의 정의

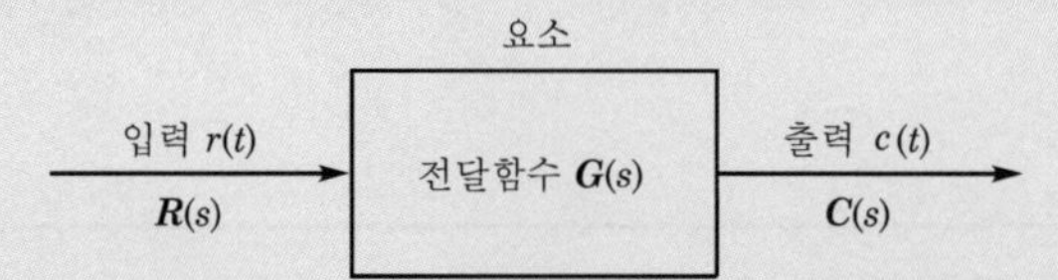

전달함수는 **'모든 초기값을 0으로 했을 때 입력신호의 라플라스 변환과 출력신호의 라플라스 변환의 비'**로 정의한다.

$$\text{전달함수 } G(s) = \frac{\mathcal{L}[c(t)]}{\mathcal{L}[r(t)]} = \frac{C(s)}{R(s)}$$

(2) 전기회로의 전달함수

① $R-L$ 직렬회로의 전달함수

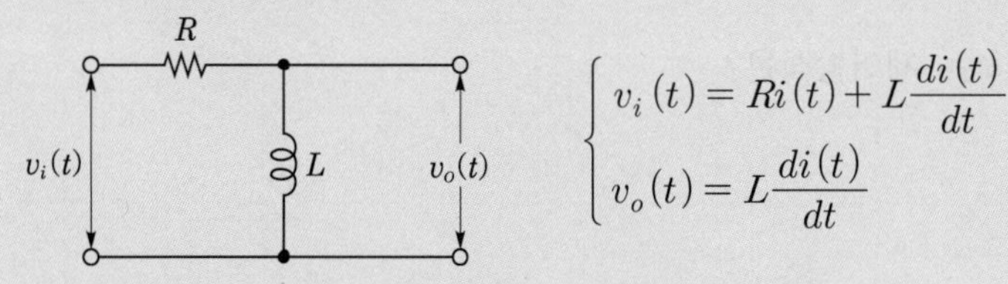

$$\begin{cases} v_i(t) = Ri(t) + L\dfrac{di(t)}{dt} \\ v_o(t) = L\dfrac{di(t)}{dt} \end{cases}$$

위 식을 초기값 0인 조건에서 라플라스 변환하면

$$\begin{cases} V_i(s) = RI(s) + LsI(s) = (R+Ls)I(s) \\ V_o(s) = LsI(s) \end{cases}$$

$$\therefore \ G(s) = \frac{V_o(s)}{V_i(s)} = \frac{Ls}{R+Ls}$$

[별해] $G(s) = \dfrac{\text{출력측에서 바라본 임피던스}}{\text{입력측에서 바라본 임피던스}}$

② $R-C$ 직렬회로의 전달함수

$$\begin{cases} v_i(t) = Ri(t) + \dfrac{1}{C}\displaystyle\int i(t)dt \\ v_o(t) = \dfrac{1}{C}\displaystyle\int i(t)dt \end{cases}$$

위 식을 초기값 0인 조건에서 라플라스 변환하면

$$\begin{cases} V_i(s) = \left(R + \dfrac{1}{Cs}\right)I(s) \\ V_o(s) = \dfrac{1}{Cs}I(s) \end{cases}$$

$$\therefore \ G(s) = \frac{V_o(s)}{V_i(s)} = \frac{\frac{1}{Cs}}{R + \frac{1}{Cs}}$$

[별해] $G(s) = \dfrac{\text{출력측에서 바라본 임피던스}}{\text{입력측에서 바라본 임피던스}}$

기·출·개·념 **문제**

1. 전달함수의 정의는? 05 산업

① 출력신호와 입력신호의 곱이다.
② 모든 초기값을 0으로 한다.
③ 모든 초기값을 고려한다.
④ 모든 초기값이 ∞일 때의 입력과 출력의 비이다.

(해설) 전달함수는 모든 초기값을 0으로 하였을 때 출력신호의 라플라스 변환과 입력신호의 라플라스 변환과의 비이다.

답 ②

2. 그림과 같은 회로에서 전달함수 $\dfrac{E(s)}{I(s)}$는?

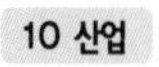

① $\dfrac{1}{Cs}$ ② $\dfrac{Cs}{Cs+1}$

③ $Cs+1$ ④ $\dfrac{s}{Cs+1}$

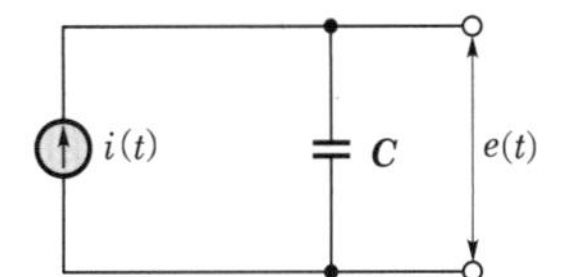

(해설) $i(t) = C\dfrac{d}{dt}e(t)$

초기값을 0으로 하고, 라플라스 변환하면 $I(s) = CsE(s)$

$\therefore \ \dfrac{E(s)}{I(s)} = \dfrac{1}{Cs}$

답 ①

3. 다음 회로에서 입력전압 e_i[V]과 출력전압 e_o[V] 사이의 전달함수 $G(s)$는?

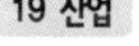

① $1 + \dfrac{R}{Cs}$

② $1 + \dfrac{1}{Rs}$

③ $\dfrac{1}{RCs+1}$

④ $\dfrac{1}{RCs^2+1}$

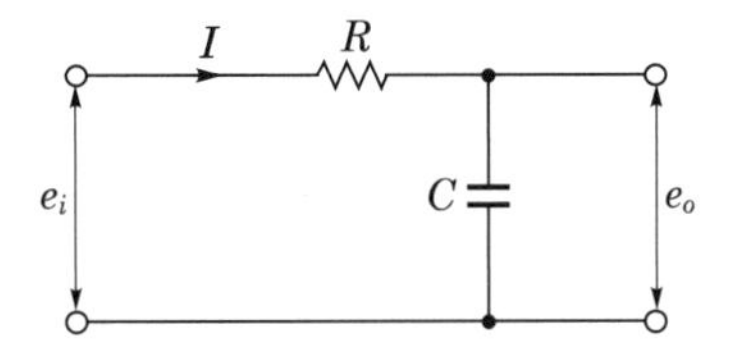

(해설) $G(S) = \dfrac{E_o(s)}{E_i(s)} = \dfrac{\frac{1}{Cs}}{R + \frac{1}{Cs}} = \dfrac{1}{RCs+1}$

답 ③

기출개념 07 제어요소의 전달함수

(1) 비례요소

전달함수 $G(s) = K$

여기서, K : 이득정수

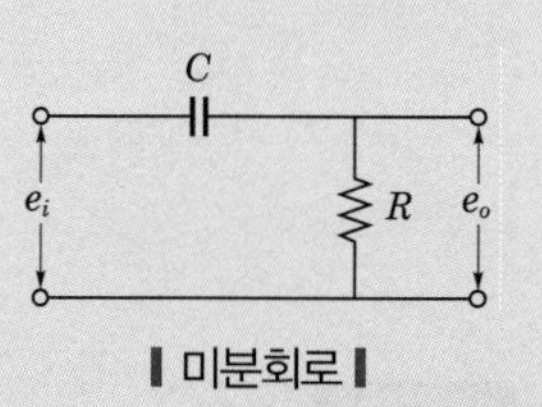

▌미분회로▌

(2) 미분요소

전달함수 $G(s) = \frac{Y(s)}{X(s)} = Ks$

(3) 적분요소

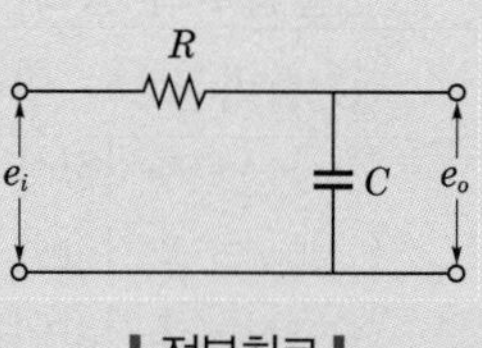

▌적분회로▌

전달함수 $G(s) = \frac{Y(s)}{X(s)} = \frac{K}{s}$

(4) 1차 지연요소

전달함수 $G(s) = \frac{Y(s)}{X(s)} = \frac{K}{Ts+1}$

(5) 부동작 시간요소

전달함수 $G(s) = \frac{Y(s)}{X(s)} = Ke^{-Ls}$

여기서, L : 부동작 시간

기·출·개·념 문제

적분요소의 전달함수는? 20·17·05·03·02 산업

① K

② Ts

③ $\frac{1}{Ts}$

④ $\frac{K}{1+Ts}$

해설
- 비례요소 : K
- 미분요소 : Ts
- 적분요소 : $\frac{1}{Ts}$
- 1차 지연요소 : $\frac{K}{1+Ts}$

답 ③

기출개념 08 블록선도

[1] 블록선도의 기본기호

명 칭	심 벌	내 용
전달요소	$G(s)$	입력신호를 받아서 적당히 변환된 출력신호를 만드는 부분으로 네모 속에는 전달함수를 기입한다.
화살표	$A(s) \rightarrow G(s) \rightarrow B(s)$	신호의 흐름는 방향을 표시하며 $A(s)$는 입력, $B(s)$는 출력이므로 $B(s)=G(s)\cdot A(s)$로 나타낼 수 있다.
가합점	$A(s)$, +, ±, $C(s)$, $B(s)$	두 가지 이상의 신호가 있을 때 이들 신호의 합과 차를 만드는 부분으로 $B(s)=A(s)\pm C(s)$가 된다.
인출점 (분기점)	$A(s)$, $B(s)$, $C(s)$	한 개의 신호를 두 계통으로 분기하기 위한 점으로 $A(s)=B(s)=C(s)$가 된다.

[2] 블록선도의 기본접속

(1) 직렬접속

2개 이상의 요소가 직렬로 접속되어 있는 방식

$$G(s)=\frac{C(s)}{R(s)}=G_1(s)\cdot G_2(s)$$

(2) 병렬접속

2개 이상의 요소가 병렬로 접속되어 있는 방식

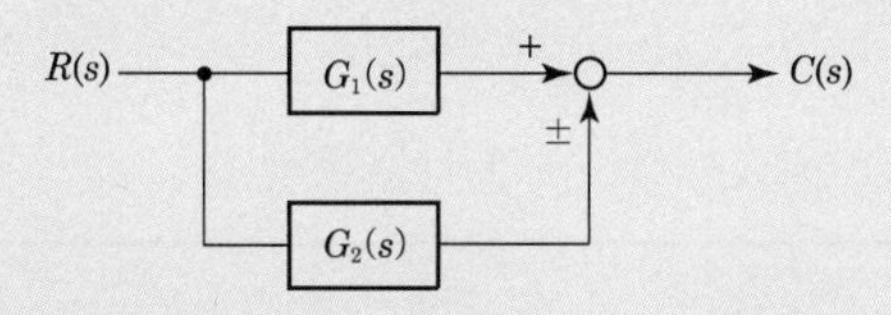

$$G(s)=\frac{C(s)}{R(s)}=G_1(s)\pm G_2(s)$$

(3) 피드백접속(궤환접속)

출력신호 $C(s)$의 일부가 요소 $H(s)$를 거쳐 입력측에 피드백(feedback)되는 접속방식

$$G(s)=\frac{C(s)}{R(s)}=\frac{G(s)}{1\pm G(s)H(s)}$$

[3] 블록선도의 용어

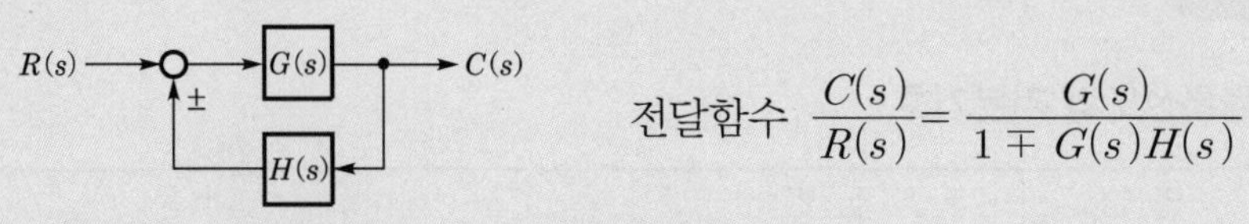

전달함수 $\dfrac{C(s)}{R(s)} = \dfrac{G(s)}{1 \mp G(s)H(s)}$

전달함수를 폐루프 전달함수 또는 종합전달함수라 한다.

(1) $H(s)$

피드백 전달함수

(2) $G(s)H(s)$

개루프 전달함수

(3) $H(s)=1$**인 경우**

단위 궤환제어계

(4) 특성방정식

전달함수의 분모가 0이 되는 방정식

$$\boxed{1 \mp G(s)H(s) = 0}$$

(5) 영점(○)

전달함수의 분자가 0이 되는 s의 근

(6) 극점(×)

전달함수의 분모가 0이 되는 s의 근

기·출·개·념 **문제**

블록선도에서 $\dfrac{C}{R}$는 얼마인가? 16·14 산업

① $\dfrac{G_1G_2G_3}{1+G_2G_3+G_1G_2G_4}$ ② $\dfrac{G_2G_3G_4}{1+G_1G_2+G_1G_2G_3G_4}$

③ $\dfrac{G_2G_3}{1+G_1G_2+G_3G_4}$ ④ $\dfrac{G_4}{1+G_1+G_2G_3G_4}$

해설 등가회로는 다음과 같다.

$$C = \left\{\left(R - C\frac{G_4}{G_3}\right)G_1 - C\right\}G_2G_3$$

$$RG_1G_2G_3 - CG_1G_2G_4 - CG_2G_3 = C$$

$$RG_1G_2G_3 = C(1+G_2G_3+G_1G_2G_4)$$

$$\therefore\ G(s) = \frac{C}{R} = \frac{G_1G_2G_3}{1+G_2G_3+G_1G_2G_4}$$

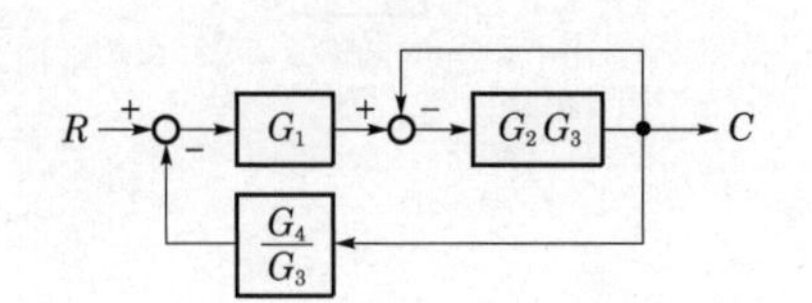

답 ①

이런 문제가 시험에 나온다!

CHAPTER 06
자동제어

단원 최근 빈출문제

기출 핵심 NOTE

01 자동제어에서 폐회로제어계의 특징으로 틀린 것은? [14년 산업]

① 정확성의 감소
② 감대폭의 증가
③ 비선형과 왜형에 대한 효과의 감소
④ 특성 변화에 대한 입력 대 출력비의 감도 감소

해설 폐회로제어계는 제어량을 검출하여 그 값을 제어장치의 입력측으로 피드백함으로써 정정 · 동작을 하여 제어량을 언제나 목표값에 일치시키는 제어계이다.

01 폐회로제어계의 특징
- 정확성 증가
- 대역폭 증가
- 계의 특성 변화에 대한 입력 대 출력 감도 감소

02 생산공정이나 기계장치 등에 이용하는 자동제어의 필요성이 아닌 것은? [22·18년 산업]

① 노동조건의 향상
② 제품의 생산속도를 증가
③ 제품의 품질 향상, 균일화, 불량품 감소
④ 생산설비에 일정한 힘을 가하므로 수명 감소

해설 **폐회로제어계의 특징**
- 정확성의 증가
- 생산속도 증가 및 생산량 증대
- 생산품질 향상
- 불량품 감소

03 오픈루프제어계와 비교하여 폐루프제어계를 구성하기 위해 반드시 필요한 장치는? [20년 산업]

① 응답속도를 빠르게 하는 장치
② 안정도를 좋게 하는 장치
③ 입 · 출력 비교장치
④ 고주파 발생장치

해설 폐루프제어계는 정확한 제어를 위해 제어신호를 귀환시켜 기준입력과 비교 · 검토하여 오차를 자동적으로 정정하게 하는 제어계로 입력과 출력을 비교하는 장치가 반드시 필요하다.

03 폐루프제어계
기준입력과 비교 · 검토하여 오차를 자동 정정하는 제어계로 입력과 출력을 비교하는 장치가 반드시 필요하다.

정답 01. ① 02. ④ 03. ③

기출 핵심 NOTE

04 점멸기를 사용하여 방 안의 온도를 23[℃]로 일정하게 유지하려고 할 경우 제어대상과 제어량을 바르게 연결한 것은? [22·15년 산업]

① 제어대상 : 방, 제어량 : 23[℃]
② 제어대상 : 방, 제어량 : 방 안의 온도
③ 제어대상 : 전열기, 제어량 : 23[℃]
④ 제어대상 : 전열기, 제어량 : 방 안의 온도

해설 **제어대상과 제어량**
- 제어요소 : 점멸기
- 제어대상 : 방
- 제어량 : 방 안의 온도
- 목표값 : 23[℃]

05 서보 전동기(servo motor)는 서보기구에서 주로 어느 부의 기능을 맡는가? [14년 산업]

① 검출부 ② 제어부
③ 비교부 ④ 조작부

해설 조작부는 직접 제어대상에 작용하는 장치이며 응답이 빠르고 조작력이 큰 것이 요구된다(서보 전동기, 펄스 전동기).

06 기계적 변위를 제어량으로 하는 기기로서 추적용 레이더 등에 응용되는 것은? [20년 산업]

① 서보기구 ② 자동조정
③ 프로세스제어 ④ 프로그램제어

해설 **서보기구**
물체의 위치, 방위, 자세 등을 제어량으로 하는 추치제어로써 비행기 및 선박의 방향제어계, 추적용 레이더, 미사일 발사대의 자동위치제어계 등이 이에 속한다.

06 서보기구
- 추적용 레이더
- 미사일 발사대의 자동위치제어계

07 전압, 속도, 주파수, 역률을 제어량으로 하는 제어계는? [13년 산업]

① 자동조정 ② 추정제어
③ 프로세스제어 ④ 피드백제어

해설 자동조정(automatic regulation)은 제어량이 주로 동력 공업에 관계되는 양으로 이를 일정하게 유지하는 제어를 말하며 속도, 장력, 주파수, 전압 등이 이에 속한다.

07 자동조정제어 응용
- 정전압장치(AVR)
- 발전기의 조속기 제어

정답 04. ② 05. ④ 06. ① 07. ①

PART 1

08 연속식 압연기의 자동제어는 다음 중 어느 것인가?

[03년 산업]

① 정치제어　　② 추종제어
③ 프로그래밍제어　　④ 비례제어

해설 시간에 관계없이 전동기의 회전속도를 일정하게 유지하여야 하므로 정치제어이다.

09 목표치가 미리 정해진 시간적 변화를 하는 경우, 제어량을 변화시키는 것을 목적으로 하는 제어는? [10년 산업]

① 프로그램제어　　② 정치제어
③ 추종제어　　④ 비율제어

해설
- 추종제어 : 미지의 임의 시간적 변화를 하는 목표값에 제어량을 추종시키는 것을 목적으로 하는 제어법
- 정치제어 : 제어량을 어떤 일정한 목표값으로 유지하는 것을 목적으로 하는 제어법
- 프로그램제어 : 미리 정해진 프로그램에 따라 제어량을 변화시키는 것을 목적으로 하는 제어법
- 비율제어 : 목표값이 다른 것과 일정 비율 관계를 가지고 변화하는 경우의 추종제어법

10 무인 엘리베이터의 자동제어는? [17년 산업]

① 정치제어　　② 추종제어
③ 비율제어　　④ 프로그램제어

해설 프로그램제어는 미리 정해진 프로그램에 따라 제어량을 변화시키는 것을 목적으로 하는 제어이며 엘리베이터 등에 사용된다.

11 조절부의 전달 특성이 비례적인 특성을 가진 제어시스템으로서 조절부의 입력이 주어지고 그 결과로 조절부의 출력을 만들어 내는 동작은? [19년 산업]

① 비례동작　　② 적분동작
③ 미분동작　　④ 불연속동작

해설 **비례동작(P동작)**
피드백 경로 전달 특성이 비례적 특성만을 가지며, 속응성이 지연되고 잔류편차가 발생한다.

기출 핵심 NOTE

08 정치제어 응용
- 연속식 압연기
- 항온조의 온도 제어

10 프로그램제어 응용
- 무인 엘리베이터
- 산업용 로봇

11 비례동작
잔류편차 발생

정답 08. ① 09. ① 10. ④ 11. ①

기출 핵심 NOTE

12 Rate 동작이라고도 하며 제어 오차가 검출될 때 오차가 변화하는 속도에 비례하여 조작량을 가감하도록 하는 동작은? [11·08년 산업]

① 미분동작 ② 비례적분동작
③ 적분동작 ④ 비례동작

해설 미분동작은 편차가 검출될 때 편차가 변화하는 속도에 비례하여 조작량을 가감하도록 하여 편차가 커지는 것을 미연에 방지한다.

12 미분동작(rate 동작)
오차가 커지는 것을 미연에 방지

13 제어 오차가 검출될 때, 오차가 변화하는 속도에 비례하여 조작량을 가감하는 동작으로서 오차가 커지는 것을 미연에 방지하는 동작은? [12년 산업]

① PD동작 ② PID동작
③ D동작 ④ P동작

해설 **미분동작제어(D동작)**
조작량이 동작신호(편차)의 미분에 비례하는 동작으로, 속응성이 개선되어 오차가 커지는 것을 미연에 방지한다.

14 비례적분제어의 단점은? [11년 산업]

① 사이클링을 일으킨다.
② 응답의 진동시간이 길다.
③ 간헐현상이 있다.
④ 잔류편차를 크게 일으킨다.

해설 PI동작이라고도 하며 비례동작과 적분동작을 조합시켜 비례동작에서의 잔류편차를 제거할 수 있지만 사이클링의 경향이 발생되는 단점이 있다.

14 비례적분동작
정상특성을 개선하여 잔류편차 제거

15 $t\sin\omega t$의 라플라스 변환은? [17년 산업]

① $\dfrac{\omega}{s^2+\omega^2}$ ② $\dfrac{\omega^2}{s^2+\omega^2}$
③ $\dfrac{\omega s}{(s^2+\omega^2)^2}$ ④ $\dfrac{2\omega s}{(s^2+\omega^2)^2}$

해설 복소 미분 정리를 이용하면

$$F(s)=(-1)\frac{d}{ds}\{\mathcal{L}(\sin\omega t)\}=(-1)\frac{d}{ds}\frac{\omega}{s^2+\omega^2}=\frac{2\omega s}{(s^2+\omega^2)^2}$$

15 복소 미분 정리
$\mathcal{L}[tf(t)]=-\dfrac{d}{ds}F(s)$

정답 12. ① 13. ③ 14. ① 15. ④

16 그림과 같은 블록선도에서 종합전달함수 $\frac{C}{R}$는? [99년 산업]

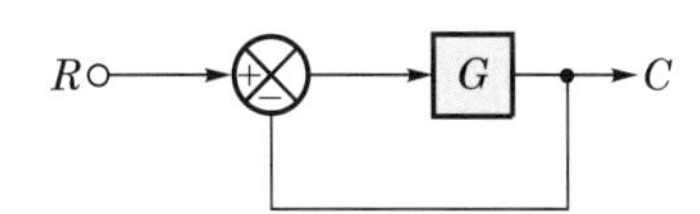

① $\frac{G}{1+G}$ ② $\frac{G}{1-G}$
③ $1+G$ ④ $1-G$

해설 $C=(R-C)G$
$C(1+G)=RG$
$\therefore \frac{C}{R}=\frac{G}{1+G}$

17 $G(s)=\frac{s+3}{s^2+5s+4}$의 특성근은? [04·00년 산업]

① 0 ② −3
③ 4, 1, 3 ④ −1, −4

해설 $s^2+5s+4=0$, $(s+1)(s+4)=0$
$\therefore s=-1,\ -4$

18 제어기의 요소 중 기계적 요소에 포함되지 않는 것은? [19년 산업]

① 스프링 ② 벨로즈
③ 래더 다이어그램부 ④ 노즐 플래퍼

해설 **래더 다이어그램**
시퀀스를 사다리 형태로 그린 도면

기출 핵심 NOTE

PART 1

16 전달함수

$G(s)=\frac{\sum \text{전향경로이득}}{1-\sum \text{루프이득}}$

17 • 특성방정식
전달함수의 분모가 0이 되는 방정식
• 특성근(극점)
전달함수의 분모가 0이 되는 s의 근

정답 16. ① 17. ④ 18. ③

"사람을 고귀하게 만드는 것은 고난이 아니라
다시 일어서는 것이다."

– 의사 크리스티앙 바너트 –

공사재료

CHAPTER 01 전선과 케이블
CHAPTER 02 피뢰시스템
CHAPTER 03 배선의 재료 및 시설
CHAPTER 04 전선로
CHAPTER 05 배전반 및 분전반

"할 수 있다고 믿는 사람은 그렇게 되고,
할 수 없다고 믿는 사람 역시 그렇게 된다."

– 샤를 드골 –

CHAPTER

01 전선과 케이블

01 전선의 구비 조건

02 전선의 구성

03 전선의 식별

04 전선 및 케이블 종류별 약호

05 절연물의 종류에 따른 최고허용온도

06 캡타이어 케이블

07 고압 절연전선

08 CV 케이블

출제비율

기 사

5.3 %

기출개념 01 전선의 구비 조건

(1) 도전율이 크고 고유저항은 작을 것
(2) 기계적 강도 및 가요성(유연성)이 풍부할 것
(3) 내구성이 클 것
(4) 비중이 작고, 인장강도가 클 것
(5) 내식성이 클 것
(6) 시공 및 보수의 취급이 용이할 것
(7) 저렴하고 대량 구입이 쉬울 것

기·출·개·념 문제

가공전선로에 사용되는 전선의 구비 조건으로 옳지 않은 것은? 19·16 기사

① 도전율이 높을 것
② 내구성이 있을 것
③ 비중(밀도)이 클 것
④ 기계적인 강도가 클 것

해설 **전선의 구비 조건**

- 도전율이 높을 것
- 고유저항이 작을 것
- 기계적 강도가 클 것
- 가요성이 풍부할 것
- 내구성이 클 것
- 비중이 작을 것
- 인장강도가 클 것
- 내식성이 클 것
- 시공이 용이할 것
- 가격이 저렴할 것
- 대량구입이 쉬울 것

답 ③

기출개념 02 전선의 구성

[1] 단선

단면이 원형인 1본의 도체로 공칭직경[mm]으로 나타낸다.

[2] 연선

1본의 중심선 위에 6의 층수 배수만큼 증가하는 구조

(1) 연선을 구성하는 소선의 총수 N과 소선의 층수 n

$$N = 3n(1+n)+1$$

(2) 연선의 바깥지름 D와 소선의 지름 d

$$D = (2n+1)d[\text{mm}]$$

기·출·개·념 문제

19/1.8[mm] 경동연선의 바깥지름은 몇 [mm]인가? **16 기사**

① 8.5
② 9
③ 9.5
④ 10

(해설) 중심선을 뺀 층수 n은 전선이 19본인 경우 2층이므로
$D = (2n+1)d = (2\times2+1)\times1.8 = 9[\text{mm}]$

답 ②

기출개념 03 전선의 식별

상(문자)	색 상
L1	갈색
L2	흑색
L3	회색
N	청색
보호도체	녹색-노란색

기출개념 04 전선 및 케이블 종류별 약호

[1] 정격전압 450/750[V] 이하 염화비닐 절연 케이블

(1) 배선용 비닐 절연전선

- NR : 450/750[V] 일반용 단심 비닐 절연전선
- NF : 450/750[V] 일반용 유연성 단심 비닐 절연전선
- NFI(70) : 300/500[V] 기기 배선용 유연성 단심 비닐 절연전선(70[℃])
- NFI(90) : 300/500[V] 기기 배선용 유연성 단심 절연전선(90[℃])
- NRI(70) : 300/500[V] 기기 배선용 단심 비닐 절연전선(70[℃])
- NRI(90) : 300/500[V] 기기 배선용 단심 비닐 절연전선(90[℃])

(2) 배선용 비닐 시스 케이블

LPS : 300/500[V] 연질 비닐 시스 케이블

(3) 유연성 비닐 케이블(코드)

- CIC : 300/300[V] 실내 장식 전등기구용 코드
- FTC : 300/300[V] 평형 금사 코드
- FSC : 300/300[V] 평형 비닐 코드
- HLPC : 300/300[V] 내열성 연질 비닐 시스 코드(90[℃])
- HOPC : 300/500[V] 내열성 범용 비닐 시스 코드(90[℃])
- LPC : 300/500[V] 연질 비닐 시스 코드
- OPC : 300/500[V] 범용 비닐 시스 코드

(4) 비닐 리프트 케이블

- CSL : 원형 비닐 시스 리프트 케이블
- FSL : 평형 비닐 시스 리프트 케이블

(5) 비닐 절연 비닐시스 차폐 및 비차폐 유연성 케이블

- ORPSF : 300/500[V] 오일 내성 비닐 절연 비닐 시스 차폐 유연성 케이블
- ORPUF : 300/500[V] 오일 내성 비닐 절연 비닐 시스 비차폐 유연성 케이블

[2] 정격전압 450/750[V] 이하 고무 절연 케이블

(1) 내열 실리콘 고무 절연전선

HRS : 300/500[V] 내열 실리콘 고무 절연전선(180[℃])

(2) 고무 코드, 유연성 케이블

- BRC : 300/500[V] 편조 고무코드
- HPSC : 450/750[V] 경질 클로로프렌, 합성고무 시스 유연성 케이블
- ORSC : 300/500[V] 범용 고무 시스 코드
- ORSC : 300/500[V] 범용 클로로프렌, 합성고무 시스 코드

- PCSC : 300/500[V] 장식 전등 지구용 클로로프렌, 합성고무 시스 케이블(원형)
- PCSCF : 300/500[V] 장식 전등 지구용 클로로프렌, 합성고무 시스 케이블(평면)

(3) 고무 리프트 케이블

- BL : 300/500[V] 편조 리프트 케이블
- PL : 300/500[V] 폴리클로로프렌, 합성고무 시스 리프트 케이블
- RL : 300/300[V] 고무 시스 리프트 케이블

(4) 아크 용접용 케이블

- AWP : 클로로프렌, 천연 합성고무 시스 용접용 케이블
- AWR : 고무 시스 용접용 케이블

(5) 내열성 에틸렌아세테이트 고무 절연전선

- HR(0.5) : 500[V] 내열성 고무 절연전선(110[℃])
- HR(0.75) : 750[V] 내열성 고무 절연전선(110[℃])
- HRF(0.5) : 500[V] 내열성 유연성 고무 절연전선(110[℃])
- HRF(0.75) : 750[V] 내열성 유연성 고무 절연전선(110[℃])

(6) 전기기기용 고유연성 고무 코드

- CLF : 300/300[V] 유연성 가교 비닐 절연 가교 비닐 시스 코드
- RICLF : 300/300[V] 유연성 고무 절연 가교 폴리에틸렌 비닐 시스 코드
- RIF : 300/300[V] 유연성 고무 절연 고무 시스 코드

[3] 정격전압 1~3[kV] 압출 성형 절연 전력 케이블

(1) 케이블(1[kV] 및 3[kV])

- CCV : 0.6/1[kV] 제어용 가교 폴리에틸렌 절연 비닐 시스 케이블
- CCE : 0.6/1[kV] 제어용 가교 폴리에틸렌 절연 폴리에틸렌 시스 케이블
- CE : 0.6/1[kV] 가교 폴리에틸렌 절연 폴리에틸렌 시스 케이블
- CV : 0.6/1[kV] 가교 폴리에틸렌 절연 비닐 시스 케이블
- CVV : 0.6/1[kV] 비닐 절연 비닐 시스 제어 케이블
- HFCO : 0.6/1[kV] 가교 폴리에틸렌 절연 저독성 난연 폴리올레핀 시스 전력 케이블
- HFCCO : 0.6/1[kV] 가교 폴리에틸렌 절연 저독성 난연 폴리올레핀 시스 제어 케이블
- PN : 0.6/1[kV] EP 고무 절연 클로로프렌 시스 케이블
- PNCT : 0.6/1[kV] EP 고무 절연 클로로프렌 캡타이어 케이블
- PV : 0.6/1[kV] EP 고무 절연 비닐 시스 케이블
- VCT : 0.6/1[kV] 비닐 절연 비닐 캡타이어 케이블
- VV : 0.6/1[kV] 비닐 절연 비닐 시스 케이블

(2) 케이블(6[kV] 및 30[kV])

- CV10 : 6/10[kV] 가교 폴리에틸렌 절연 비닐 시스 케이블
- CE10 : 6/10[kV] 가교 폴리에틸렌 절연 폴리에틸렌 시스 케이블

- CVT : 6/10[kV] 트리플렉스형 가교 폴리에틸렌 절연 비닐 시스 케이블
- CET : 6/10[kV] 트리플렉스형 가교 폴리에틸렌 시스 케이블
- PDC : 6/10[kV] 고압 인하용 가교 폴리에틸렌 절연전선
- PDP : 6/10[kV] 고압 인하용 가교 EP 절연전선

[4] 기타

(1) 옥외용 전선

- ACSR-OC : 옥외용 강심 알루미늄도체 가교 폴리에틸렌 절연전선
- ACSR-OE : 옥외용 강심 알루미늄도체 폴리에틸렌 절연전선
- Al-OC : 옥외용 알루미늄도체 가교 폴리에틸렌 절연전선
- Al-OE : 옥외용 알루미늄도체 폴리에틸렌 절연전선
- Al-OW : 옥외용 알루미늄도체 비닐 절연전선
- OC : 옥외용 가교 폴리에틸렌 절연전선
- OE : 옥외용 폴리에틸렌 절연전선
- OW : 옥외용 비닐 절연전선

(2) 인입용 전선

- ACSR-DV : 인입용 강심 알루미늄도체 비닐 절연전선
- DV : 인입용 비닐 절연전선

(3) 알루미늄선

- A-Al : 연알루미늄선
- ACSR : 강심 알루미늄 연선
- CA : 강복알루미늄선
- H-Al : 경알루미늄선
- IACSR : 강심 알루미늄 합금 연선

(4) 네온관용 전선

- N-EV : 폴리에틸렌 절연 비닐 시스 네온 전선
- N-RC : 고무 절연 클로로프렌 시스 네온 전선
- N-RV : 고무 절연 비닐 시스 네온 전선
- N-V : 비닐 절연 네온 전선

(5) 기타

- A : 연동선
- H : 경동선
- HA : 반경동선
- ABC-W : 특고압 수밀형 가공 케이블
- CB-EV : 콘크리트 직매용 폴리에틸렌 절연 비닐 시스 케이블(환형)
- CD-C : 가교 폴리에틸렌 절연 CD 케이블
- CN-CV : 동심 중성선 차수형 전력 케이블

- CN-CV-W : 동심 중성선 수밀형 전력 케이블
- CR-EVF : 콘크리트 직매용 폴리에틸렌 절연 비닐 시스 케이블(평형)
- EE : 폴리에틸렌 절연 폴리에틸렌 시스 케이블
- EV : 폴리에틸렌 절연 비닐 시스 케이블
- FL : 형광방전등용 비닐 전선
- FR-CNCO-W : 동심 중성선 수밀형 저독성 난연 전력 케이블
- MI : 미네랄 인슈레이션 케이블

기·출·개·념 **문제**

1. 다음에 나열된 전선의 표시 기호를 위에서부터 차례대로 바르게 표시한 것은? 09 기사

㉠ 옥외용 비닐 절연전선
㉡ 폴리에틸렌 절연 비닐 시스 케이블
㉢ 450/750[V] 일반용 단심 비닐 절연전선
㉣ 0.6/1[kV] 비닐 절연 비닐 시스 케이블

① OW, EV, NR, VV
② NR, DV, OW, VV
③ OW, VV, NR, DV
④ NR, OW, EV, VV

(해설) • OW : 옥외용 비닐 절연전선
• EV : 폴리에틸렌 절연 비닐 시스 케이블
• NR : 450/750[V] 일반용 단심 비닐 절연전선
• VV : 0.6/1[kV] 비닐 절연 비닐 시스 케이블

답 ①

2. 전선의 기호 중 NR은 무엇을 나타내는가? 95 기사

① 전기기기용 고무 절연전선
② 1,000[V] 형광등 전선
③ 전기기기용 비닐 절연전선
④ 450/750[V] 일반용 단심 비닐 절연전선

(해설) NR : 450/750[V] 일반용 단심 비닐 절연전선

답 ④

기출개념 05 절연물의 종류에 따른 최고허용온도

정상적인 사용 상태에서 내용기간 중 전선에 흘러야 할 전류는 통상적으로 다음 표에 따른 절연물의 허용온도 이하이어야 한다.

절연물의 종류	최고허용온도[℃]
열가소성 물질[폴리염화비닐(PVC)]	70(도체)
열경화성 물질[가교 폴리에틸렌(XLPE) 또는 에틸렌프로필렌고무(EPR) 혼합물]	90(도체)
무기물(열가소성 물질 피복 또는 나도체로 사람이 접촉할 우려가 있는 것)	70(시스)
무기물(사람의 접촉에 노출되지 않고, 가연성 물질과 접촉할 우려가 없는 나도체)	105(시스)

기출개념 06 캡타이어 케이블

캡타이어 케이블은 주석 도금한 연동 연선을 종이테이프로 감거나, 무명실로 감은 위에 순고무 30[%] 이상을 함유한 고무 혼합물로 피복하고, 내수성, 내산성, 내알칼리성, 내연성을 가진 질긴 고무 혼합물로 피복을 한 것이다.

(1) 구조 및 고무질에 따른 종류

① 제1종 : 표면 피복에 캡타이어의 고무로 피복한 것으로, 전기공사에는 사용하지 않는 것
② 제2종 : 캡타이어의 고무 피복이 제1종보다 고무질이 우수한 것
③ 제3종 : 캡타이어의 고무 피복 중간에 면포를 넣어서 강도를 보강한 것
④ 제4종 : 제3종과 같고, 각 심선 사이를 고무로 채워서 더욱 튼튼하게 만든 것

(2) 캡타이어 케이블 심선 및 색

① 단심 : **검정**
② 2심 : **검정, 흰색**
③ 3심 : **검정, 흰색, 빨강**
④ 4심 : **검정, 흰색, 빨강, 녹색**
⑤ 5심 : **검정, 흰색, 빨강, 녹색, 노랑**

(3) 공칭 단면적은 최소 0.75[mm^2], 최대 100[mm^2]이다.

기출개념 07 고압 절연전선

(1) 고압 가공 절연전선

고압 가공 배선으로 시가지 등에서 전선 이외의 시설물과 접촉위험이 있는 장소에 사용되는 절연전선으로 도체는 경동선, 연동선, 경알루미늄선 또는 압축형 경알루미늄 연선으로 전선의 색은 원칙적으로 흑색으로 한다.

도 체	종 류	기 호
동 도체	옥외용 가교 폴리에틸렌 절연전선 옥외용 폴리에틸렌 절연전선 옥외용 EP 고무 절연전선	OC OE OP
알루미늄 도체	옥외용 알루미늄 도체 가교 폴리에틸렌 절연전선 옥외용 알루미늄 도체 폴리에틸렌 절연전선 옥외용 알루미늄 도체 EP 고무 절연전선	Al-OC Al-OE Al-OP

(2) 고압 인하용 절연전선

고압 가공전선로에서부터 주상 변압기의 1차측에 이르는 인하용으로써 사용하는 가교 폴리에틸렌, 부틸 고무 또는 에틸렌 프로필렌(EP) 고무로 절연한 단심의 고압 절연전선으로 전선의 색은 흑색으로 한다.

비 고	기 호
고압 인하용 가교 폴리에틸렌 절연전선	PDC
고압 인하용 부틸 고무 절연전선	PDB
고압 인하용 EP 고무 절연전선	PDP

기출개념 08 CV 케이블

도체의 재질은 주로 동, 모양은 비압축형 연선(Concentric Strand)으로 저압용 케이블에서 154[kV]에 이르기까지 널리 사용되고 있다. 특히 직접 접지 선로(22.9[kV-Y])에는 1선 지락 시 지락전류가 커서 CNCV 케이블을 사용하여야 한다.

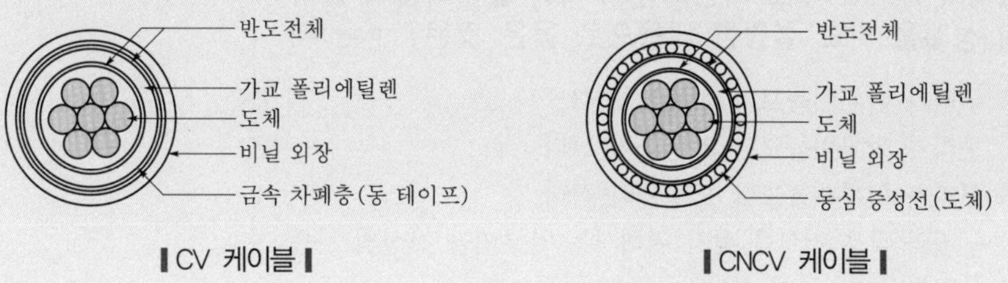

▌CV 케이블▐　　▌CNCV 케이블▐

이런 문제가 시험에 나온다!

CHAPTER 01

전선과 케이블

단원 최근 빈출문제

기출 핵심 NOTE

01 도전재료로서 요구되는 조건으로 틀린 것은?

[16·05년 기사]

① 전기저항이 클 것
② 내식성 등이 우수할 것
③ 접촉과 연결이 비교적 쉬울 것
④ 자원이 풍부하여 얻기 쉽고 가격이 저렴할 것

해설 도전재료는 도전율, 인장강도, 가요성, 내식성, 경제성 등이 좋아야 하고, 저항률 등은 적어야 한다.

02 절연재료의 구비 조건이 아닌 것은?

[15년 기사]

① 절연저항이 클 것
② 유전체 손실이 클 것
③ 절연내력이 클 것
④ 기계적 강도가 클 것

해설 유전체 손실은 적어야 한다.

03 전선재료로서 구비해야 할 조건 중 틀린 것은?

[17·11·99·98·93·90년 기사]

① 도전율이 클 것
② 접속이 쉬울 것
③ 내식성이 작을 것
④ 가요성이 풍부할 것

해설 **전선재료의 구비 조건**

도전율, 기계적 강도, 가요성, 내구성, 내식성, 인장강도 등은 크고, 고유저항, 비중 등은 작을 것

04 도체의 재료로 주로 사용되는 구리와 알루미늄의 물리적 성질을 비교 설명한 내용으로 옳은 것은?

[18년 기사]

① 구리가 알루미늄보다 비중이 작다.
② 구리가 알루미늄보다 저항률이 크다.
③ 구리가 알루미늄보다 도전율이 작다.
④ 구리와 같은 저항을 갖기 위해서는 알루미늄 전선의 지름을 구리보다 굵게 한다.

01 도전재료 구비 조건

- 도전율이 클 것(고유저항이 작을 것)
- 기계적 강도가 클 것
- 비중이 적을 것
- 내구성·내식성이 클 것
- 가요성이 풍부할 것
- 시공 및 보수가 용이할 것

정답 01. ① 02. ② 03. ③ 04. ④

해설 동일 조건에서 구리의 저항이 알루미늄보다 작으므로, 알루미늄의 저항을 작게 하기 위해서는 알루미늄 전선의 지름을 구리보다 굵게 하여야 한다.

05 한국전기설비규정(KEC)에 따른 상별 전선의 색상으로 틀린 것은? [21년 기사]

① L1 : 백색
② L2 : 흑색
③ L3 : 회색
④ N : 청색

해설 **전선의 식별(KEC 121.2)**

상(문자)	색 상
L1	갈색
L2	흑색
L3	회색
N	청색
보호도체	녹색-노란색

06 알루미늄선의 %도전율은 약 몇 [%]인가? [20년 기사]

① 35
② 60
③ 85
④ 90

해설
$$\text{Al선 \%도전율} = \frac{\text{알루미늄선 도전율}}{\text{연동선 도전율}} = \frac{35}{58} \times 100 = 60\,[\%]$$

07 옥외용 비닐 절연전선의 약호 명칭으로 옳은 것은? [19년 기사]

① CV
② DV
③ OW
④ OC

해설 ① CV : 가교 폴리에틸렌 절연 비닐 시스 케이블
② DV : 인입용 비닐 절연전선
③ OW : 옥외용 비닐 절연전선
④ OC : 옥외용 가교 폴리에틸렌 절연전선

기출 핵심 NOTE

05 상별 전선 색상
- L1 : 갈색
- L2 : 흑색
- L3 : 회색
- N : 청색

06 %도전율
- 연동선 : 100[%]
- 경동선 : 97[%]
- 알루미늄선 : 60[%]

07 전선 약호
- CV : 가교 폴리에틸렌 절연 비닐 시스 케이블
- DV : 인입용 비닐 절연전선
- OW : 옥외용 비닐 절연전선
- OC : 옥외용 가교 폴리에틸렌 절연전선
- NV : 450/750[V] 일반용 유연성 단심 비닐 절연전선
- NF : 비닐 절연 네온 전선
- NR : 450/750[V] 일반용 단심 비닐 절연전선

정답 05. ① 06. ② 07. ③

기출 핵심 NOTE

08 다음 각 전선 약호의 연결이 바른 것은? [15년 기사]

㉠ 인입용 비닐 절연전선
㉡ 옥외용 비닐 절연전선
㉢ 450/750[V] 일반용 유연성 단심 비닐 절연전선
㉣ 비닐 절연 네온 전선
㉤ 450/750[V] 일반용 단심 비닐 절연전선

① ㉠ DV, ㉡ SV, ㉢ NF, ㉣ NV, ㉤ OW
② ㉠ DV, ㉡ OW, ㉢ NF, ㉣ NV, ㉤ NR
③ ㉠ DV, ㉡ OW, ㉢ NV, ㉣ NF, ㉤ NR
④ ㉠ OW, ㉡ DV, ㉢ SV, ㉣ NV, ㉤ NR

해설
- DV : 인입용 비닐 절연전선
- OW : 옥외용 비닐 절연전선
- NV : 450/750[V] 일반용 유연성 단심 비닐 절연전선
- NF : 비닐 절연 네온 전선
- NR : 450/750[V] 일반용 단심 비닐 절연전선

09 전선의 약호에서 CVV의 품명으로 옳은 것은? [15년 기사]

① 인입용 비닐 절연전선
② 0.6/1[kV] 비닐 절연 비닐 캡타이어 케이블
③ 0.6/1[kV] 비닐 절연 비닐 시스 케이블
④ 0.6/1[kV] 비닐 절연 비닐 시스 제어 케이블

해설 ① DV
② VCT
③ VV

10 다음 중 0.6/1[kV] 가교 폴리에틸렌 절연 비닐 시스 케이블의 기호는? [22년 기사]

① 0.6/1[kV] CCV
② 0.6/1[kV] CE
③ 0.6/1[kV] CV
④ 0.6/1[kV] CVV

해설 ① CCV : 0.6/1[kV] 제어용 가교 폴리에틸렌 절연 비닐 시스 케이블
② CE : 0.6/1[kV] 가교 폴리에틸렌 절연 폴리에틸렌 시스 케이블
③ CV : 0.6/1[kV] 가교 폴리에틸렌 절연 비닐 시스 케이블
④ CVV : 0.6/1[kV] 비닐 절연 비닐 시스 제어 케이블

10 케이블 약호
- CCV
  0.6/1[kV] 제어용 가교 폴리에틸렌 절연 비닐 시스 케이블
- CE
  0.6/1[kV] 가교 폴리에틸렌 절연 폴리에틸렌 시스 케이블
- CV
  0.6/1[kV] 가교 폴리에틸렌 절연 비닐 시스 케이블
- CVV
  0.6/1[kV] 비닐 절연 비닐 시스 제어 케이블

정답 08. ③ 09. ④ 10. ③

11 케이블의 약호 중 EE 케이블의 명칭으로 옳은 것은?

[20·95년 기사]

① 형광방전등용 비닐 전선
② 미네랄 인슈레이션 케이블
③ 폴리에틸렌 절연 비닐 시스 케이블
④ 폴리에틸렌 절연 폴리에틸렌 시스 케이블

해설

약 호	명 칭
MI 케이블	미네랄 인슈레이션 케이블
EV 케이블	폴리에틸렌 절연 비닐 시스 케이블
FL 케이블	형광방전등용 비닐 전선
EE 케이블	폴리에틸렌 절연 폴리에틸렌 시스 케이블

12 다음 중 솔리드 케이블이 아닌 것은?

[17·98·93·91년 기사]

① H 케이블
② SL 케이블
③ OF 케이블
④ 벨트 케이블

해설 솔리드 케이블이란 종이와 같은 것으로 절연한 것으로, OF 케이블은 유(油) 절연 케이블이다.

13 아크 용접기의 2차 전류가 100[A] 이하일 때 정격 사용률이 50[%]인 경우 용접용 케이블 또는 기타 케이블의 굵기는 몇 [mm^2]를 시설하여야 하는가?

[18·17·95년 기사]

① 16
② 25
③ 35
④ 70

해설 아크 용접기의 2차측 전선

2차 전류[A]	용접용 케이블 또는 기타 케이블 굵기[mm^2]
100 이하	16
150 이하	25
250 이하	35
400 이하	70
600 이하	95

기출 핵심 NOTE

11 • MI 케이블 : 미네랄 인슈레이션 케이블
• EV 케이블 : 폴리에틸렌 절연 비닐 시스 케이블
• FL 케이블 : 형광방전등용 비닐 전선
• EE 케이블 : 폴리에틸렌 절연 폴리에틸렌 시스 케이블

정답 11. ④ 12. ③ 13. ①

기출 핵심 NOTE

14 테이블 탭에는 단면적 1.5[mm^2] 이상의 코드를 사용하고 플러그를 부속시켜야 한다. 이 경우 코드의 최대 길이 [m]는 얼마인가? [18·17·00·94년 기사]

① 1　　② 2
③ 3　　④ 4

해설 테이블 탭은 단면적 1.25[mm^2] 이상의 코드를 사용하고 플러그를 부착시키며, 길이는 3[m] 이하로 하여야 한다.

15 옥내에서 병렬로 전선을 사용할 경우 시설방법으로 옳지 않은 것은? [19년 기사]

① 전선은 동일한 도체이어야 한다.
② 전선은 동일한 길이 및 굵기이어야 한다.
③ 관 내 전류의 불평형이 생기지 않도록 시설하여야 한다.
④ 전선의 굵기는 구리의 경우 40[mm^2] 이상 또는 알루미늄의 경우 90[mm^2] 이상이어야 한다.

해설 **병렬전선의 사용**
병렬로 사용하는 경우 각 전선의 굵기는 구리 50[mm^2] 이상 또는 알루미늄 70[mm^2] 이상이어야 하며, 동일한 도체, 길이 및 굵기이어야 한다.

15 병렬전선 전선 굵기
- 구리 : 50[mm^2] 이상
- 알루미늄 : 70[mm^2] 이상

16 내선규정에서 정하는 용어의 정의 중 틀린 것은? [20년 기사]

① 케이블 – 통신용 케이블 이외의 케이블 및 캡타이어 케이블을 말한다.
② 애자 – 놉애자, 인류애자, 편애자와 같이 전선을 부착하여 이것을 다른 것과 절연하는 것을 말한다.
③ 전기용품 – 전기설비의 부분이 되거나 또는 여기에 접속하여 사용되는 기계기구 및 재료 등을 말한다.
④ 불연성 – 불꽃, 아크 또는 고열에 의하여 착화하기 어렵거나 착화하여도 쉽게 연소하지 않는 성질을 말한다.

해설 ④ 난연성(難練性)에 대한 내용이다.
※ **불연성(不燃性)** : 사용 중 닿게 될지도 모르는 불꽃, 아크 또는 고열에 의하여 연소되지 않는 성질을 말한다.

17 20[℃]에서 고유저항이 가장 큰 것은? [21년 기사]

① 은　　② 백금
③ 텅스텐　　④ 알루미늄

17 고유저항
- 구리 : 0.0169[Ω · mm^2/m]
- 알루미늄 : 0.0262[Ω · mm^2/m]
- 백금 : 0.1050[Ω · mm^2/m]

정답 14. ③ 15. ④ 16. ④ 17. ②

해설 20[℃]에서의 고유저항

재 료	고유저항×10^{-2}[Ω · mm^2/m]
은(Ag)	1.62
구리(Cu)	1.69
알루미늄(Al)	2.62
텅스텐(W)	5.48
백금(Pt)	10.50

18 다음 금속재료 중 용융점이 가장 높은 것은? [15년 기사]

① 백금(Pt) ② 이리듐(Ir)
③ 텅스텐(W) ④ 몰리브덴(Mo)

해설
- 백금 : 1,755[℃]
- 이리듐 : 2,350[℃]
- 텅스텐 : 3,370[℃]
- 몰리브덴 : 2,620[℃]

19 접촉자의 합금재료에 속하지 않는 것은? [17·99·93년 기사]

① 은(Ag)
② 니켈(Ni)
③ 구리(Cu)
④ 텅스텐(W)

해설 접촉자의 재료로는 텅스텐-은, 텅스텐-구리 등의 합금재료가 많이 사용된다.

19 접촉자의 재료
- 텅스텐-은
- 텅스텐-구리

20 나전선 상호 간을 접속하는 경우 인장하중의 크기에 대한 내용으로 옳은 것은? [15년 기사]

① 20[%] 이상 감소시키지 않을 것
② 40[%] 이상 감소시키지 않을 것
③ 60[%] 이상 감소시키지 않을 것
④ 80[%] 이상 감소시키지 않을 것

해설 나전선 상호 또는 나전선과 절연전선, 캡타이어 케이블 또는 케이블과 접속하는 경우 전선의 인장강도는 20[%] 이상 감소시키지 않아야 한다.

20 전선 접속 시 주의사항
- 전기저항 증가 방지
- 세기를 20[%] 이상 감소시키지 않도록 할 것
- 접속 부분 부식 방지

정답 18. ③ 19. ② 20. ①

기출 핵심 NOTE

21 전선 접속 시 유의사항으로 볼 수 없는 것은?

[16년 기사]

① 접속으로 인해 전기적 저항이 증가하지 않게 한다.
② 접속으로 인한 도체 단면적을 현저히 감소시키게 한다.
③ 접속부분의 전선의 강도를 20[%] 이상 감소시키지 않게 한다.
④ 접속부분은 절연전선의 절연물과 동등 이상의 절연내력이 있는 것으로 충분히 피복한다.

해설 **전선 접속 시 유의사항**
- 전선의 세기(인장강도)를 20[%] 이상 감소시키지 않게 한다.
- 전선의 전기저항을 증가시키지 않게 한다.
- 접속부분은 접속관 기타의 기구를 사용하도록 한다.
- 전기화학적 성질이 다른 도체의 접속 시 전기적 부식이 발생하지 않도록 한다.

22 알루미늄 전선 접속 시 가는 전선을 박스 안에서 접속하는 데 사용하는 슬리브는?

[16년 기사]

① S형 슬리브
② 종단 겹침용 슬리브
③ 매킹 타이어 슬리브
④ 직선 겹침용 슬리브

해설 **종단 겹침용 슬리브**
가는 전선을 박스 안에서 접속하는 데 사용하는 슬리브

23 전선의 접속방법이 아닌 것은?

[17년 기사]

① 교차 접속
② 직선 접속
③ 분기 접속
④ 종단 접속

해설 전선의 접속방법으로는 일자로 길게 접속하는 직선 접속, 두 전선의 끝을 겹쳐서 접속하는 종단 접속, 전선의 임의 지점에서 한 갈래 더 길을 내는 분기 접속이 있다.

23 슬리브 접속
- 직선 접속
- 분기 접속
- 종단 접속

24 아웃렛 박스(정크션 박스)에서 전등선로를 연결하고 있다. 박스 내에서의 전선 접속방법으로 옳은 것은?

[16년 기사]

① 납땜
② 압착 단자
③ 비닐 테이프
④ 와이어 커넥터

해설 정크션 박스에서 전선을 접속하는 방법은 쥐꼬리 접속을 하여 와이어 커넥터로 돌려 끼워서 접속한다.

정답 21. ② 22. ② 23. ① 24. ④

25 다음 중 전선 및 케이블의 중간 접속제로 사용하는 것은?
[12·96년 기사]

① 칼부럭 ② 압착 슬리브
③ 압착 터미널 ④ 볼트식 터미널

해설 • 칼부럭 : 콘크리트, 벽돌, 블럭 등에 나사못(피스)을 고정할 때 사용하는 플라스틱 못집
• 압착 슬리브 : 구리에 주석 도금한 속이 빈 원통형 철물로 전선을 슬리브 구멍에 삽입하여 접속시키는 압착공구

26 연피 케이블 접속 시 반드시 사용해야 하는 내온성, 내유성이 우수한 전기용 테이프는?
[11·03년 기사]

① 면테이프 ② 리노테이프
③ 비닐테이프 ④ 고무테이프

해설 **리노테이프**
접착성은 떨어지나 절연성, 내온성, 내유성이 좋아 연피 케이블의 접속에 사용한다.

27 다음 중 절연성, 내온성, 내유성이 풍부하며 연피 케이블에 사용하는 전기용 테이프는?
[21년 기사]

① 면테이프 ② 비닐테이프
③ 리노테이프 ④ 고무테이프

해설 **리노테이프**
면테이프의 양면에 니스를 여러 차례 바르고 건조시킨 것으로 접착성은 떨어지나 절연성, 보온성, 내유성이 강해 연피 케이블의 접속에 사용한다.

기출 핵심 NOTE

26 리노테이프
• 절연내력이 우수
• 연피 케이블 접속 시 사용

정답 25. ② 26. ② 27. ③

"영원히 살 것처럼 꿈꾸고, 오늘 죽을 것처럼 살아라."

– 제임스 딘 –

CHAPTER

02 피뢰시스템

01 접지공사의 목적

02 접지극

03 피뢰기

04 피뢰침

05 접지 저감재

출제비율

기 사

4.0 %

기출개념 01 접지공사의 목적

(1) 단락전류, 뇌격전류의 침입에 따른 기기의 외함(Case) 철구 및 대지면의 전위 상승에 의한 인체 보호

(2) 계통 이상전압 상승의 억제로 소내 기기 보호

(3) 송전계통의 중성점 접지에 의한 회로전압 안정과 보호계전기기의 확실한 동작

기출개념 02 접지극

(1) 동판

두께 1.4[mm] 이상, 면적 0.32[m^2] 이상

(2) 동봉

지름 8[mm] 이상, 길이 0.9[m] 이상

(3) 철관

외경 25[mm] 이상, 길이 0.9[m] 이상의 아연도금 가스 철관 또는 후강전선관

(4) 철봉

지름 12[mm] 이상, 길이 0.9[m] 이상

(5) 동복 강판

두께 3[mm] 이상, 길이 0.9[m] 이상, 면적 250[cm^2](평면) 이상

(6) 탄소 피복 강봉

지름 8[mm] 이상의 강심이고, 길이 0.9[m] 이상

기출개념 03 피뢰기

[1] 기능

(1) 이상전압 내습 시 피뢰기의 단자전압이 어느 일정 값 이상으로 상승하면 즉시 방전하여 전압 상승을 억제한다.

(2) 피뢰기 단자전압이 일정 값 이하가 되면 즉시 방전을 정지하여 기존의 송전 상태로 되돌아가게 한다.

[2] 피뢰기의 제1보호대상

(1) 변압기

(2) 변압기의 절연강도 ≥ 피뢰기의 제한전압 + 접지저항의 전압강하

[3] 구성

(1) **직렬 갭**

뇌전류를 방전시키고 속류를 차단

(2) **특성요소**

뇌전류 방전 시 피뢰기 자신의 전위 상승을 억제하여 자신의 절연파괴를 방지

[4] 피뢰기의 구비 조건

(1) 상용주파 방전개시전압이 높을 것

(2) 충격파 방전개시전압이 낮을 것

(3) **제한전압이 낮을 것**

(4) **속류에 대한 차단능력이 클 것**

(5) **방전내량이 클 것**

[5] 피뢰기의 정격전압

공칭전압[kV]	변전소[kV]	배전선로[kV]
345	288	–
154	144	–
66	72	–
22	24	–
22.9	21	18

[6] 설치장소별 피뢰기의 공칭방전전류

공칭방전전류	설치장소	적용 조건
10,000[A]	변전소	1. 154[kV] 이상 계통 2. 66[kV] 및 그 이하 계통에서 뱅크용량이 3,000[kVA]를 초과하거나 특히 중요한 곳 3. 장거리 송전선 케이블(배전피더 인출용 단거리 케이블 제외) 및 콘덴서 뱅크를 개폐하는 곳
5,000[A]	변전소	66[kV] 및 그 이하 계통에서 뱅크용량이 3,000[kVA] 이하인 곳
2,500[A]	선로	배전선로

[7] 피뢰기의 시설

고압 및 특고압의 전로 중 다음에 열거하는 곳 또는 이에 근접한 곳에는 피뢰기를 시설하고 접지저항값은 10[Ω] 이하로 하여야 한다.

(1) 발전소 · 변전소 또는 이에 준하는 장소의 가공전선 인입구 및 인출구

(2) 특고압 가공전선로에 접속하는 배전용 변압기의 고압측 및 특고압측

(3) 고압 및 특고압 가공전선로로부터 공급을 받는 수용장소의 인입구

(4) 가공전선로와 지중전선로가 접속되는 곳

기·출·개·념 **문제**

1. 특고압 가공전선로로부터 공급을 받는 수전용 변전소에 시설하는 피뢰기의 피보호기의 제1대상이 되는 것은? 00·98·95·94 기사

① 전력용 변압기 ② 전력용 콘덴서
③ 계전기 ④ 차단기

(해설) 피뢰기의 피보호기의 제1대상은 전력용 변압기이며, 가능한 한 이에 근접하여 설치하여야 한다.

답 ①

2. 고압 및 특고압 전로 중 발 · 변전소의 가공전선 인입구 및 인출구에 설치해야 할 시설은? 96 기사

① 퓨즈 ② 저항기 ③ 피뢰기 ④ 과전류차단기

(해설) **피뢰기의 시설**

고압 및 특고압의 전로 중 다음에 열거하는 곳 또는 이에 근접한 곳에는 피뢰기를 시설하고 접지저항값은 10[Ω] 이하로 하여야 한다.

- 발전소 · 변전소 또는 이에 준하는 장소의 가공전선 인입구 및 인출구
- 특고압 가공전선로에 접속하는 배전용 변압기의 고압측 및 특고압측
- 고압 및 특고압 가공전선로로부터 공급을 받는 수용장소의 인입구
- 가공전선로와 지중전선로가 접속되는 곳

답 ③

기출 개념 04

피뢰침

[1] 피뢰방식

뇌격으로부터 보호를 목적으로 시설되며, 수뢰부시스템, 인하도선시스템, 접지극시스템으로 구성된다.

| 각종 피뢰방식 |

항목 \ 종류	돌 침	용마루위 도체	케이지	독립 피뢰침	독립 가공지선
재질	동, 알루미늄, 용융아연도금한 철	동과 알루미늄의 단선, 연선, 평각선, 관	동과 알루미늄의 단선, 연선, 평각선, 관	동, 알루미늄, 용융아연도금한 철	동과 알루미늄의 단선, 연선, 평각선, 관
크기	직경 12[mm] 이상의 봉(높이 25[cm] 이상)	도체 단면적 • 동 : 30[mm^2] 이상 • 알루미늄 : 50[mm^2] 이상	도체 단면적 • 동 : 30[mm^2] 이상 • 알루미늄 : 50[mm^2] 이상	직경 12[mm] 이상의 봉(높이 25[cm] 이상)	도체 단면적 • 동 : 30[mm^2] 이상 • 알루미늄 : 50[mm^2] 이상
보호각	일반 건축물 60° 이하 위험물을 취급하는 건물 45° 이하	일반 건축물 60° 이하 또는 도체에서 수평 거리 10[m] 이내의 부분	• 피보호물 전체를 싼 것 • 그물눈은 일반 건축물 2[m] 이하, 위험물 취급하는 건물 1.5[m] 이하	• 일반 건축물 60° 이하 • 위험물을 취급하는 건물 45°(단, 2기 이상이 서로 마주 보는 내측 부분은 60°)	• 일반 건축물 60° 이하 • 위험물을 취급하는 건물 45°(단, 두 줄 이상의 독립 가공 지선에서 그 사이에 낀 부분은 60°)

[2] 피뢰설비

(1) **수뢰부** : 수뢰부는 피뢰침이라 부르는 봉상의 돌침으로 뇌를 막는데 사용하는 금속체로 피뢰도선에 따라 접지극에 접속한다. 돌침의 선단은 가연물로부터 0.3[m] 이상 돌출시키며, 지붕 위 도체와 가연물과는 0.3[m] 이상 격리한다.

(2) **인하도선** : 피뢰도선은 수뢰부와 접지극을 접속하는 것으로 도선으로는 다음에 의한다.

① 인하도선은 하나의 피보호물에 대해 2줄 이상으로 한다. 단, 피보호물의 수평면적이 50[m^2] 이하의 것에 대해서는 한 줄로 한다.

② 인하도선은 피보호물의 외주에 대체로 균등하게 또한 되도록 돌각부에 가깝게 배치하고, **간격은 원칙적으로 50[m] 이내**로 한다.

(3) **접지극** : 접지극은 뇌격전류를 대지에 방류하기 위해 지중에 매설한 도체로 다음에 의한다.

① 접지극은 각 인하도선에 1개 이상하며, 지하 3[m] 이상의 깊이에 매설한다.

② 1줄의 인하도선에 2개 이상의 접지극을 병렬로 접속한 경우는 원칙적으로 2[m] 이상의 간격으로 설치하며, 지하 0.5[m] 이상의 깊이에서 단면적 22[mm^2] 이상의 나동선으로 접속한다.

③ **접지저항은 10[Ω] 이하**로 한다.

기·출·개·념 **문제**

1. 다음 중 수뢰부로 하는 것을 목적으로 공중에 돌출하게 한 봉상(棒狀) 금속체는 무엇인가?

00·95 기사

① 돌침
② 케이지
③ 접지극
④ 용마루

(해설) 돌침은 구리, 알루미늄 또는 용융아연도금을 한 철 또는 강(주철을 포함)의 지름 12[mm] 이상의 봉 혹은 이와 동등 이상의 강도 및 성능의 것을 사용한다.

답 ①

2. 피뢰설비의 설치에 관한 사항으로 틀린 것은?

20·15 기사

① 수뢰부는 동선을 기준으로 35[mm^2] 이상
② 인하도선은 동선을 기준으로 16[mm^2] 이상
③ 접지극은 동선을 기준으로 50[mm^2] 이상
④ 돌침은 건축물의 맨 윗부분으로부터 20[cm] 이상 돌출

(해설) 돌침은 건축물의 맨 윗부분으로부터 25[cm] 이상 돌출시켜 시설한다.

답 ④

기출개념 05 접지 저감재

접지 저감재의 구비 조건

(1) 인체, 환경, 공해 등에 안전성이 있어야 한다.
(2) 전기적으로 전해질 물질이거나 도체화되어야 한다.
(3) 반영구적인 지속 효과가 있어야 한다.
(4) 시공, 작업성이 좋아야 한다.
(5) 접지극의 부식, 침식성이 없어야 한다.

이런 문제가 시험에 나온다!

CHAPTER 02

피뢰시스템

단원 최근 빈출문제

기출 핵심 NOTE

01 다음 중 접지극으로 탄소피복강봉을 사용하는 경우 사용규격으로 옳은 것은? [18년 기사]

① 지름 8[mm] 이상의 강심, 길이 0.9[m] 이상일 것
② 지름 10[mm] 이상의 강심, 길이 1.2[m] 이상일 것
③ 지름 16[mm] 이상의 강심, 길이 1.4[m] 이상일 것
④ 지름 25[mm] 이상의 강심, 길이 1.6[m] 이상일 것

해설 **동판, 동봉, 철관, 철봉, 동복강판, 탄소피복강봉 등의 접지극 사용 시 규격**

- 동판을 사용하는 경우에는 두께 0.7[mm] 이상, 면적 900[cm^2] 이상의 것
- 동봉, 동피복강봉을 사용하는 경우에는 지름 8[mm] 이상, 길이 0.9[m] 이상의 것
- 철관을 사용하는 경우는 외경 25[mm] 이상, 길이 0.9[m] 이상의 아연도금가스철관 또는 후강전선관일 것
- 철봉을 사용하는 경우에는 지름 12[mm] 이상, 길이 0.9[m] 이상의 아연도금한 것
- 동복강판을 사용하는 경우에는 두께 1.6[mm] 이상, 길이 0.9[m] 이상, 면적 250[cm^2](한 쪽면) 이상의 것
- 탄소피복강봉을 사용하는 경우에는 지름 8[mm] 이상, 길이 0.9[m] 이상의 것

02 다음 중 금속관에 넣어 시설하면 안 되는 접지선은 무엇인가? [19년 기사]

① 피뢰침용 접지선　② 저압기기용 접지선
③ 고압기기용 접지선　④ 특고압기기용 접지선

해설 **접지공사의 시설방법**

금속관에 피뢰침용 접지선을 포설한 경우, 뇌전류 발생 시 금속관에 의해서 뇌격전류의 통전이 억제될 수 있다. 그러므로 피뢰침용 접지선은 금속관에 넣지 말고 합성수지관에 넣어 시공하여야 한다. 다만, 부득이하게 접지선의 기계적 보호를 위해 금속관에 포설하는 경우 IEEE 142 Std, Grounding of Industrial and Commercial Power Systems을 참조하여, 금속관 상단과 하단을 각각 접지선과 본딩하여 시공하여도 된다.

02 접지공사의 시설방법
피뢰침용 접지선은 합성수지관에 넣어 시공

정답 01. ① 02. ①

기출 핵심 NOTE

03 번개로 인한 외부 이상전압이나 개폐 서지로 인한 내부 이상전압으로부터 전기시설을 보호하는 장치는?

[17년 기사]

① 피뢰기 ② 피뢰침
③ 차단기 ④ 변압기

해설 **피뢰기**

낙뢰 시 발생하는 이상전압으로부터 전로 및 기기류를 보호하는 장치

04 공칭전압이 22[kV]인 중성점 비접지방식의 변전소에서 사용하는 피뢰기의 정격전압은 몇 [kV]인가?

[16·96년 기사]

① 18 ② 20
③ 22 ④ 24

해설 **피뢰기의 정격전압**

공칭전압[kV]	송전선로[kV]	배전선로[kV]
345	288	–
154	144	–
66	72	–
22	24	–
22.9	21	18

04 피뢰기 정격전압

- 22[kV] : 24[kV]
- 22.9[kV]
  - 배전선로 : 18[kV]
  - 변전소 : 21[kV]
- 154[kV] : 144[kV]
- 345[kV] : 288[kV]

05 공칭전압 22.9[kV]인 3상 4선식 다중 접지방식의 변전소에서 사용하는 피뢰기의 정격전압[kV]은?

[21년 기사]

① 144 ② 72
③ 24 ④ 21

해설 **피뢰기의 정격전압**

공칭전압[kV]	송전선로[kV]	배전선로[kV]
345	288	–
154	144	–
66	72	–
22	24	–
22.9	21	18

06 KS C 4610에 따른 고압 피뢰기의 정격전압[kV]이 아닌 것은? (단, 전압은 RMS값이다.)

[22년 기사]

① 7.5 ② 24
③ 74 ④ 174

정답 03. ① 04. ④ 05. ④ 06. ③

기출 핵심 NOTE

해설 피뢰기의 표준 전압 등급(kV RMS)

0.175	6	18	36	75	126
0.280	7.5	21	39	84	138
0.555	9	24	42	96	150
0.660	10.5	27	51	102	174
3	12	30	54	108	186
4.5	15	33	60	120	198

07 피뢰를 목적으로 피보호물 전체를 덮는 연속적인 망상 도체(금속판 포함)는? [19·15·91년 기사]

① 수평도체 ② 케이지(Cage)
③ 인하도체 ④ 용마루 가설도체

해설 피뢰방식은 돌침 방식, 수평도체(용마루위 도체) 방식, 망상도체(케이지) 방식으로 케이지(Cage) 방식은 산꼭대기에 있는 관측소, 건물, 휴게소, 매점, 골프장의 독립 휴게소 등에 시설하는 완전 보호로 어떠한 뇌격에 대해서도 건물이나 내부에 있는 사람에게 위해가 가해지지 않는 보호방식이다.

07 피뢰방식
- 돌침 방식
  옥상 등에 뾰족한 금속도체를 설치하는 방식
- 용마루 방식
  피보호물에 수평도체를 설치하는 방식
- 케이지 방식
  망상도체를 이용하여 피보호물을 감싸는 방식

08 피뢰설비 중 돌침 지지관의 재료로 적합하지 않은 것은? [19년 기사]

① 황동관 ② 알루미늄관
③ 합성수지관 ④ 스테인리스 강관

해설 돌침 지지관
지지관에 사용하는 재료의 특징은 다음과 같으며, 일반장소의 지지관의 재료는 용융아연도강관을 사용하고 있다.
- 강관, 스테인레스 강관 : 자성이 있으므로 뇌전류의 전자작용에 의하여 임피던스가 증가하기 때문에 관 내에 피뢰도선을 통과시켜서는 아니 된다.
- 황동관, 알루미늄관 : 비자성으로 내식성이 있으므로 내식성이 요구되는 장소(굴뚝, 염해지구 등)에 적합하다.

09 KS C IEC 62305에 의한 수뢰도체, 피뢰침과 인하도선의 재료로 사용되지 않는 것은? [18년 기사]

① 구리 ② 순금
③ 알루미늄 ④ 용융아연도강

해설 피뢰시스템의 재료
구리, 용융아연도강, 구리점착강, 스테인리스강, 알루미늄, 납 등

정답 07. ② 08. ③ 09. ②

10 피뢰침용 인하도선으로 가장 적당한 전선은?

[21·17·99·93년 기사]

① 동선 ② 고무 절연전선
③ 비닐 절연전선 ④ 캡타이어 케이블

해설 인하도선의 단면적은 30[mm^2] 이상인 동선, 50[mm^2] 이상의 알루미늄 또는 이와 동등 이상의 도전성의 것을 사용한다.

11 피뢰침을 접지하기 위한 피뢰도선을 동선으로 할 경우 단면적은 최소 몇 [mm^2] 이상으로 해야 하는가?

[19·05·98·92년 기사]

① 14 ② 22
③ 30 ④ 50

해설 피뢰설비의 재료는 최소 단면적이 피복이 없는 동선을 기준으로 수뢰부, 인하도선 및 접지극은 50[mm^2] 이상이거나 이와 등동 이상의 성능을 갖추어야 한다.

12 피뢰설비를 시설하고 이것을 접지하기 위한 인하도선에 동선재료를 사용할 경우의 단면적[mm^2]은 얼마 이상이어야 하는가?

[15년 기사]

① 50 ② 35
③ 16 ④ 10

해설
- 수뢰도체 : 35[mm^2] 이상
- 인하도선 : 16[mm^2] 이상
- 접지극 : 50[mm^2] 이상

13 피뢰시스템의 인하도선 재료로 원형 단선으로 된 알루미늄을 쓰고자 한다. 해당 재료의 단면적[mm^2]은 얼마 이상이어야 하는가? (단, KS C IEC 62561-2를 기준으로 한다.)

[20년 기사]

① 20 ② 30
③ 40 ④ 50

해설 **수뢰도체, 피뢰침, 접지 인입봉 및 인하도선의 재료, 구조 및 단면적**

재 료	구 조	최소 단면적 [mm^2]	권장치수
알루미늄	테이프형 단선	70 이상	두께 : 3[mm]
	원형 단선	50 이상	직경 : 8[mm]
	연선	50 이상	소선의 직경 : 1.63[mm]

기출 핵심 NOTE

10 인하도선

돌침과 접지극을 연결하는 도선으로 30[mm^2] 이상인 동선을 사용한다.

정답 10. ① 11. ④ 12. ③ 13. ④

14 접지도체에 피뢰시스템이 접속되는 경우 접지도체의 최소 단면적[mm^2]은? (단, 접지도체는 구리로 되어 있다.)

[21년 기사]

① 16
② 20
③ 24
④ 28

해설 접지도체의 선정(KEC 142.3.1.1)

- 접지도체의 단면적은 큰 고장전류가 접지도체를 통하여 흐르지 않을 경우 접지도체의 최소 단면적은 다음과 같다.
  - 구리는 6[mm^2] 이상
  - 철제는 50[mm^2] 이상
- 접지도체에 피뢰시스템이 접속되는 경우, 접지도체의 단면적은 구리 16[mm^2] 또는 철 50[mm^2] 이상으로 하여야 한다.

15 다음 중 접지 저감제의 구비 조건으로 옳지 않은 것은?

[18·17년 기사]

① 안전할 것
② 지속성이 없을 것
③ 전기적으로 양도체일 것
④ 전극을 부식시키지 않을 것

해설 접지 저감재의 구비 조건

- 인체, 환경, 공해 등에 안전성이 있어야 한다.
- 전기적으로 전해질 물질이거나 도체화되어야 한다.
- 반영구적인 지속 효과가 있어야 한다.
- 시공, 작업성이 좋아야 한다.
- 접지극의 부식, 침식성이 없어야 한다.

기출 핵심 NOTE

15 접지 저감재의 구비 조건 5가지

- 안전할 것
- 양도체일 것
- 지속성이 있을 것
- 부식성이 없을 것
- 작업성이 좋을 것

정답 14. ① 15. ②

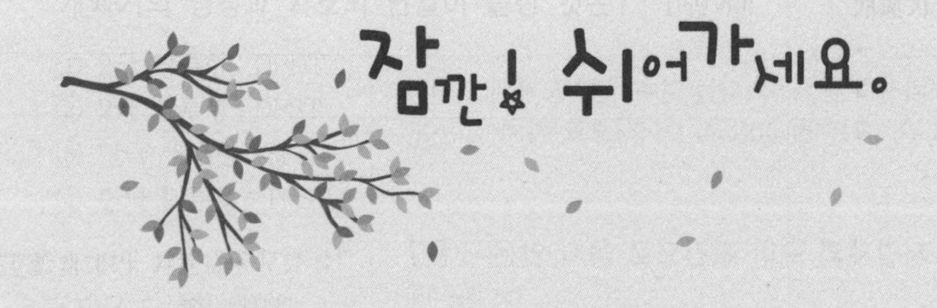

"다른 누구에게
인정받으려 하지 말고
최선을 다하라."

– 앤드류 카네기 –

CHAPTER

03

배선의 재료 및 시설

01 배선재료

02 전기설비에 관련된 공구

03 금속관공사

04 합성수지관공사

05 애자공사

06 케이블트렁킹시스템

출제비율

기 사

11.5%

기출개념 01 배선재료

[1] 개폐기의 종류

(1) 나이프 스위치(knife switch)

취급자만 출입하는 배전반이나 분전반에 사용하며, 개폐기의 극수와 투입 방법에 따라 단극, 3극, 단투, 쌍투 등으로 구분한다.

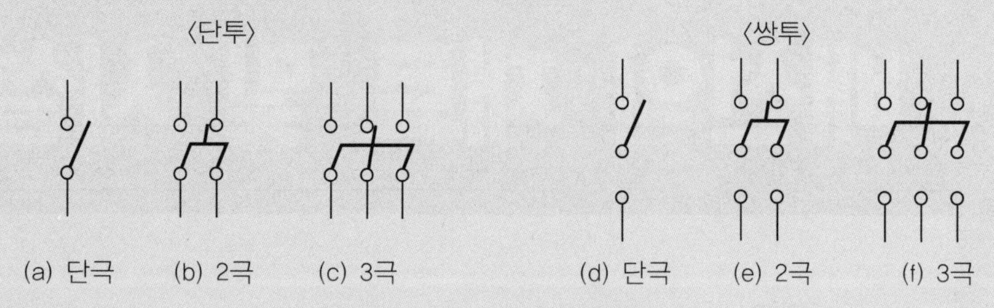

▌개폐기의 극수와 투입방법▌

▌개폐기의 기호▌

	명 칭	기 호
(a)	단극 단투형	SPST
(b)	2극 단투형	DPST
(c)	3극 단투형	TPST
(d)	단극 쌍투형	SPDT
(e)	2극 쌍투형	DPDT
(f)	3극 쌍투형	TPDT

(2) 커버 나이프 스위치(covered knife switch)

나이프 스위치 앞면 충전부에 커버를 장착한 것으로, 각 극 사이에 격벽을 설치하여 커버를 열지 않고 수동으로 개폐하는 것을 말한다. 주로 전등, 전열 및 동력용의 인입 개폐기 또는 분기 개폐기로 사용한다.

(3) 텀블러 스위치(tumbler switch)

노브(knob)를 상하로 움직여 점멸하거나 좌우로 움직여 점멸하는 것으로, 노출형과 매입형, 단극형과 3로, 4로 등이 있다.

(4) 점멸 스위치(snap switch)

전등 점멸과 전열기의 열 조절 등에 사용한다.

▌스위치의 개방 상태의 표시▌

	개 로	폐 로
색별	녹색 또는 검은색	붉은색 또는 흰색
문자	개 또는 OFF	폐 또는 ON

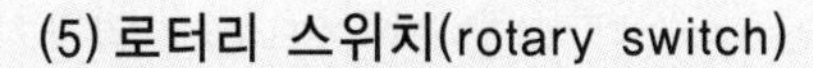

(5) 로터리 스위치(rotary switch)

회전 스위치라고도 하며, 노출형으로 노브를 돌려가며 개로나 폐로 또는 강약으로 점멸한다.

(6) 누름단추 스위치(push button switch)

매입형으로 연결 스위치라고도 하며, 원격 조정장치나 소세력회로에 주로 사용하는 것으로, 2개의 단추가 있어서 단추 스위치라고도 하며 위의 것을 누르면 점등과 동시에 밑에 있는 빨간 단추가 튀어나오는 연동장치(interlocking device)로 되어 있다.

(7) 풀 스위치(pull switch)

손닿는 데까지 늘어져 있는 끈을 당기면 한 번은 개로 그 다음은 폐로로 되는 것을 말한다.

(8) 캐노피 스위치(canopy switch)

풀 스위치의 한 종류로, 조명기구의 캐노피(플랜지) 안에 스위치가 시설되어 있는 것을 말한다.

(9) 코드 스위치(cord switch)

전기기구의 코드 도중에 넣어 회로를 개폐하는 것으로, 중간 스위치라고 하며, 주로 선풍기나 전기스탠드 등에 사용한다.

(10) 팬던트 스위치(pendant switch)

전등을 하나씩 따로 점멸하는 곳에 사용하며 코드의 끝에 붙여 버튼식으로 점멸한다.

(11) 도어 스위치(door switch)

문에 달거나 문기둥에 매입하여 문을 열고 닫음에 따라 자동적으로 회로를 개폐하는 것으로 창문, 출입문, 금고문 등에 사용한다.

(12) 부동 스위치(Float switch)

물탱크 안 물의 양에 따라 작동되는 스위치로서, 학교, 공장, 빌딩 등의 옥상에 있는 물탱크의 급수펌프에 설치된 전동기 운전용 마그넷 스위치와 조합하여 사용하면 매우 편리하다.

[2] 소켓(socket)

(1) 전구를 끼우는 용도로 사용되는 것을 말한다.

(2) 종류

① 키리스 소켓(keyless socket)
② 키 소켓(key socket)
③ 누름버튼 소켓(push-button socket)
④ 방수용 소켓(water proof socket)
⑤ 분기 소켓, 풀 소켓(pull-socket)

(3) 300[W] 이상 전구에는 모걸 소켓(Mogul socket : 대형)을 사용하며, 점멸장치가 없고, 자기로 만든 재질의 것이 많다.

(4) 200[W] 이하 전구에는 보통 베이스의 소켓을 사용한다.

(5) 리셉터클(receptacle)

코드 없이 천장이나 벽에 붙이는 일종의 소켓으로 실링 라이트 속이나 문, 화장실 등의 글로브 안에 사용된다.

(6) 로제트(rosette)

코드 팬던트 시설 시 천장에 코드를 매기 위하여 사용하는 것으로 베이클라이트제와 자기제가 있다(규격 300[V], 6[A]).

[3] 플러그와 콘센트

(1) 플러그

① 테이블 탭(table tap) : 코드 길이가 짧을 때 연장하여 사용하는 것으로, 익스텐션 코드(extension cord)라고 한다.

② 멀티 탭(multi tap) : 하나의 콘센트에 둘 또는 세 가지의 기구를 사용할 경우 끼우는 것을 말한다.

(2) 아이언 플러그(iron plug)

전기다리미, 온탕기 등에 사용하는 것으로 코드의 한쪽은 꽂음 플러그로 되어 있어 전원 콘센트에 연결하고, 다른 한쪽은 아이언 플러그가 달려 있어 전기기구용 콘센트에 끼우도록 되어 있다.

(3) 콘센트(consent 또는 outlet)

① 노출형 콘센트 : 벽 또는 기둥의 표면에 붙여 시설한다.

② 매입형 콘센트 : 벽이나 기둥에 매입시켜 시설한다.

(4) 방수용 콘센트(water proof outlet)

욕실 등에 사용하는 것으로 사용하지 않을 때에는 물이 들어가지 않도록 마개를 덮어 막을 수 있는 구조로 되어 있다.

(5) 플로어 콘센트(floor outlet)

방바닥용 콘센트로 플로어 콘센트용 플러그에는 물이 들어가지 않도록 패킹 작용을 할 수 있는 마개가 붙어 있다.

(6) 턴 로크 콘센트(turn lock consent)

콘센트에 끼운 플러그가 빠지는 것을 방지하기 위하여 플러그를 끼우고 약 90° 정도 돌려두면 빠지지 않도록 되어 있다.

[4] 누전차단기

(1) 누전차단기의 설치목적

교류 저압전로에서 인체에 대한 감전사고 및 누전에 의한 화재, 아크에 의한 전기기계기구의 손상을 방지하기 위하여 설치한다.

(2) 누전차단기 시설장소

① 사람의 접촉우려가 있고, 60[V]를 초과하는 저압의 금속제 외함을 가지는 전기기계기구에 전기를 공급하는 전로에 지락이 발생하였을 때 전로를 자동으로 차단하는 장치를 시설하여야 한다.

② 특고압, 고압전로의 변압기에 결합되는 대지전압 300[V]를 초과하는 저압전로

③ 주택의 옥내에 시설하는 전로의 대지전압이 150[V]를 넘고, 300[V] 이하인 경우 : 저압전로의 인입구에 설치

④ 화약고 내 전기공작물에 전기를 공급하는 전로 : 화약고 이외의 장소에 설치

⑤ 전기온상 등에 전기를 공급하는 경우

⑥ 수중조명등 시설에서 절연변압기 2차측 사용전압이 30[V]를 초과하는 곳

[5] 과전류차단기(배선차단기)

배선차단기는 MCCB(Moulded Case Circuit Breaker)라고도 하며, 교류 600[V] 이하, 직류 250[V] 이하의 전로보호에 사용하는 과전류차단기로, 개폐기 차단장치를 몰드함 내에 일체로 결합한 것이며, 전로를 수동 또는 외부 전기조작에 의해 개폐할 수 있는 동시에 과전류, 단락 시 자동으로 전로를 차단하는 기구이다.

(1) 동작 방식에 의한 분류

① 열동식 : 바이메탈의 열에 대한 변화(변형)특성을 이용하여 동작한다.

㉠ 직렬식 : 소용량에 적용

㉡ 병렬식 : 중, 대용량에 적용

㉢ CT식 : 교류 대용량에 적용

② 열동 전자식 : 열동식과 전자식의 두 가지 동작요소를 가지며, 과부하 영역에서는 열동식 소자가 동작하고, 단락 대전류 영역에서는 전자식 소자에 의해 단시간에 동작한다.

③ 전자(電磁)식 : 전자석에 의해 동작하는 것으로 동작시간이 길어진다.

④ 전자(電子)식 : CT를 설치하여 CT 2차 전류를 연산하고 연산결과에 의해 동작하고, 반한시특성을 가지며, 단락전류 영역에서는 순시에 동작한다.

(2) 용도에 의한 분류

① 배선보호용 : 일반배선용 전압회로의 간선 및 분기회로에 사용된다(2.5~200[kA]).

② 전동기보호 겸용 : 분기회로의 과전류차단기로 사용되며, 전동기의 전부하전류에 맞춘 것으로서 전동기의 과부하보호를 겸한다(모터브레이커).

③ 특수용

㉠ 단한시 차단 MCCB : 저압전로의 선택차단 협조를 목적으로 수 cycle 정도의 단시간지연의 과전류 차단장치를 갖춘 것으로 선택차단방식의 주 회로차단기로 사용되고 있다.

㉡ 순시차단 MCCB

- 단락전류에 대한 보호만을 목적으로 하는 것
- 전동기 분기회로에서 전자개폐기의 과부하계전기와 동작협조를 유지시키고 콤비네이션, 컨트롤센터로 통합된 것
- 과전류 내량이 적은 반도체회로의 보호용으로 순시차단전류가 낮은 수치로 설정된 것이 사용

㉢ 4극 MCCB : 3상 4선식 전로에서 중성극을 동시에 개폐할 목적으로 중성선 전용극을 갖춘 차단기

기·출·개·념 **문제**

1. 다음 중 배선기구에 대한 설명으로 옳은 것은? 98·90 기사

① 스위치(텀블러) 및 콘센트류의 기구
② 전선을 접속하는 데 필요한 와이어 커넥터
③ 전선 및 케이블을 전선관에 입선할 때 필요한 공구
④ 전선 및 케이블을 단말 처리할 때 필요한 압착 터미널류의 기구

(해설) 배선기구는 개폐기류와 접속기류로 분류된다.

답 ①

2. 물탱크 안 물의 양에 따라 동작하는 스위치로 학교, 공장, 빌딩 등의 옥상에 있는 물탱크의 급수펌프에 설치된 전동기 운전용 마그넷 스위치와 조합하여 사용하면 매우 편리한 스위치는? 11·92 기사

① 부동 스위치
② 수은 스위치
③ 압력 스위치
④ 타임 스위치

(해설) **부동 스위치(Float swtich)**
물탱크 안 물의 양에 따라 작동되는 스위치로서, 학교, 공장, 빌딩 등의 옥상에 있는 물탱크의 급수펌프에 설치된 전동기 운전용 마그넷 스위치와 조합하여 사용하면 매우 편리하다.

답 ①

전기설비에 관련된 공구

[1] 전기공사용 공구

(1) 펜치(cutting plier)

① 용도 : 전선의 절단, 전선 접속, 전선 바인드 등에 사용

② 크기

㉠ 150[mm] : 소기구의 전선 접속

㉡ 175[mm] : 옥내 공사에 적합

㉢ 200[mm] : 옥외 공사에 적합

(2) 플라이어(plier)

① 용도 : 로크 너트를 죌 때 사용되고, 때로는 전선의 슬리브 접속에 있어서 펜치와 같이 사용된다.

② 펌프 플라이어(pump plier) : 파이프 렌치의 대용으로도 사용

③ 롱 노즈 플라이어(long nose plier) : 앞부분이 악어 입모양처럼 만들어져 있으며 소형 기구에 사용

(3) 클리퍼(cliper 또는 cable cutter)

굵은 전선을 절단할 때 사용하는 가위로, 굵은 전선은 펜치로 절단하기 어려워 클리퍼를 사용하거나 쇠톱으로 절단한다.

(4) 나이프(jack knife)와 와이어 스트리퍼(wire striper)

① 나이프 : 케이블의 피복 절연물을 벗길 때 사용

② 와이어 스트리퍼(wire striper) : 절연전선의 피복 절연물을 벗기는 자동 공구

(5) 스패너(spanner)

① 용도 : 너트를 죄고 푸는 데 사용한다.

② 종류 : 잉글리쉬 스패너(english spanner), 몽키 스패너(monkey spanner)

(6) 드라이버(screw driver)

① 용도 : 애자, 배선기구, 조명기구 등을 시설할 때, 나사못을 박을 때 또는 로크 너트를 죌 때 주로 사용한다.

② 형식 : 손잡이가 둥글고 큰 것과, 손으로 누르기만 하는 자동식 드라이버, 날을 바꾸어 끼우는 조립식 드라이버, 나사를 잡고 있는 정밀기용 드라이버, 네온 검정기가 붙은 드라이버 등이 있다.

(7) 토치램프(torch lamp)

① 용도 : 전선 접속의 납땜과 합성수지관 가공 시 열을 가할 때 사용

② 종류 : 가솔린용, 알코올용, 가스용

(8) 도래송곳(round gimlet)

① 용도 : 벽, 목판, 전주, 완목 등에 구멍을 뚫을 때 사용하는 나사송곳
② 머리구멍에 약 30[cm] 정도의 손잡이를 끼워서 사용
③ 돌보송곳 : 비트를 끼워 사용하며, 리머를 끼워 금속관 끝을 다듬는 경우에도 사용
④ 먼 곳에 구멍을 뚫을 때에는 돌보송곳과 비트 익스텐션(bit extension)을 사용

(9) 쇠톱(hack saw)

① 용도 : 전선관 및 굵은 전선을 끊을 때 사용하는 것으로 날과 틀로 구성
② 종류 : 20, 25, 30[cm]

(10) 파이프 바이스(pipe vise)

① 용도 : 금속관을 절단할 때 또는 금속관에 나사를 낼 때 파이프를 고정하는 공구
② 종류 : 이동식, 고정식

(11) 프레셔 툴(pressure tool)

① 용도 : 솔더리스(solderless) 커넥터 또는 솔더리스 터미널을 압착하는 것(압착펜치)
② 종류 : 수동식, 유압식

(12) 벤더(bender)

금속관을 구부리는 공구로 여러 가지 치수가 있으며 무게가 무거워 현장에서는 히키(hickey)가 사용된다.

(13) 오스터(oster)

① 용도 : **금속관 끝에 나사를 내는 공구**
② 종류 : 래칫(ratchet)과 다이스(dise)

(14) 녹아웃 펀치(knockout punch)

① 용도 : **배전반, 분전반 등의 배관을 변경하거나 이미 설치되어 있는 캐비닛에 구멍을 뚫을 때 필요한 공구**
② 크기 : 15, 19, 25[mm]
③ 종류 : 수동식, 유압식

(15) 파이프 커터(pipe cutter)

① 용도 : **금속관을 절단할 때에 사용**
② 종류 : 파이프 커터 사용 시 관 안쪽이 볼록하게 되어 뒤처리가 곤란하므로 쇠톱을 사용하는 것이 좋으나 굵은 금속관의 경우에는 파이프 커터로 70~80[%] 정도를 끊고 나머지를 쇠톱으로 자르면 시간이 단축된다.

(16) 파이프 렌치(pipe wrench)

① 용도 : 금속관을 커플링으로 접속할 때 금속관 커플링을 물고 죄는 것(이 작업에는 파이프 렌치가 2개 필요)
② 종류 : 파이프 렌치, 체인 파이프 렌치

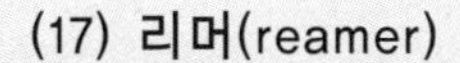

(17) 리머(reamer)

① 용도 : 금속관을 쇠톱이나 커터로 끊은 다음, 관 안에 날카로운 것을 다듬는 공구

② 돌보송곳에 끼워 사용하는 것을 리머 렌치라 한다.

(18) 피시 테이프

① 용도 : 전선을 전선관에 입선할 경우 사용한다.

② 잘 구부러지지 않는 강선으로 되어 있다.

[2] 각종 측정기구

(1) 와이어 게이지(wire gauge)

① 용도 : 전선의 굵기를 측정하는 것

② 종류 : 선반용, 밀리미터용

(2) 마이크로미터(micro meter)

전선의 굵기, 철판, 구리판 등의 두께를 측정하는 것으로 원형 눈금과 축 눈금을 합하여 읽는다(정밀급 측정기이므로 보관 및 취급에 세심한 주의가 필요).

(3) 회로 시험기(멀티 테스터)

전압, 저항, 전류 측정, 도통시험

(4) 접지저항계(어스 테스터)

① 용도 : 접지저항 측정

② 사용방법 : E단자를 측정하고자 하는 접지선, P단자와 C단자를 보조 접지극에 연결하고 측정

(5) 절연저항계(메거)

절연저항 측정

(6) 훅 온 미터

통전 중의 전선전류 측정, 전압 측정 등

기·출·개·념 문제

다음은 후강전선관의 배관공사에 상용되는 공구들이다. 상호 연관 관계가 없는 것은? 03 기사

① 쇠톱

② 오스터

③ 토치램프

④ 오일 밴드

(해설) 토치램프는 합성수지관을 가열하는 데 사용한다.

답 ③

기출개념 03 금속관공사

[1] 금속관의 특징

(1) 기계적으로 튼튼하다.
(2) 전선의 교환이 용이하다.
(3) 금속관으로 누전이 발생할 수 있다.
(4) 접지공사를 완전하게 하면 감전의 우려가 없다.
(5) 배관과 배선을 따로 시공하므로, 건축 도중 전선의 피복이 손상받을 우려가 적다.

[2] 사용 장소

모든 장소(전개된 장소, 은폐장소, 습기·물기 있는 곳, 먼지 있는 곳 등)에 시설할 수 있다.

[3] 전선관의 종류

종 류	약 호	치 수	
박강전선관	C	외경 홀수(7종류)	19, 25, 31, 39, 51, 63, 75
후강전선관	G	내경 짝수(10종류)	16, 22, 28, 36, 42, 54, 70, 82, 92, 104
나사 없는 전선관		박강전선관 치수와 동일	

(1) 후강전선관

① **관의 두께는 2.3[mm] 이상**
② 1본의 길이는 3.6[m]

(2) 박강전선관

① **관의 두께는 1.6[mm] 이상**
② 1본의 길이는 3.66[m]

[4] 금속관공사 시설조건

(1) 전선은 절연전선(옥외용 절연전선 제외)일 것
(2) 전선은 연선일 것. 다만, 다음에 해당하는 것은 적용하지 않는다.
  ① 짧고 가는 금속관에 넣은 것
  ② 단면적 10[mm^2](알루미늄선은 단면적 16[mm^2]) 이하의 것
(3) 전선은 금속관 안에서 접속점이 없도록 할 것
(4) 금속관의 두께는 콘크리트 매입 시 1.2[mm] 이상일 것. 기타는 1.0[mm] 이상

[5] 굴곡반경

금속관을 구부릴 때 굴곡 바깥지름은 관 안지름의 6배 이상

[6] 금속관 재료

(1) 커플링(coupling)

금속관 상호 접속 또는 관과 노멀 밴드와의 접속 시 사용되며 내면에 나사가 나있다.

(2) 유니온 커플링

관의 양측을 돌려 접속할 수 없는 경우 유니온 커플링을 사용한다.

(3) 새들(saddle)

노출배관에서 금속관을 조영재에 고정시키는 데 사용되며 합성수지관, 가요관, 케이블공사에도 사용된다.

(4) 로크 너트(lock nut)

관과 박스(Box)를 접속하는 경우 파이프 나사를 죄어 고정시키는 데 사용되며 6각형과 기어형이 있다.

(5) 링 리듀서

금속을 아웃렛 박스의 녹아웃에 취부할 때 녹아웃의 구멍이 관의 구멍보다 클 때 링 리듀서를 사용, 로크 너트로 조이면 된다.

(6) 부싱(bushing)

전선 관단에 끼우고 전선을 넣거나 빼는 데 있어서 전선의 피복을 보호하여 전선이 손상되지 않게 하는 것으로 금속제와 합성수지제 2가지가 있다.

(7) 터미널 캡(terminal cap)

저압 가공 인입선에서 금속관공사로 옮겨지는 곳 또는 금속관으로부터 전선을 뽑아 전동기 단자 부분에 접속할 때 사용 A형, B형이 있다.

(8) 엔트런스 캡(entrance cap)

인입구, 인출구의 관단에 설치하여 금속관에 접속하여 옥외의 빗물을 막는 데 사용한다(우에사 캡이라고도 함).

(9) 노멀 밴드(normal band)

배관의 직각 굴곡에 사용하며 양단에 나사가 나 있어 관과의 접속에는 커플링을 사용한다.

(10) 유니버셜엘보

① **노출배관공사에서 관을 직각으로 굽히는 곳에 사용, 강제전선관 공사 중 노출배관공사에서 관을 직각으로 굽히는 곳에 사용한다.**

② 3방향으로 분기할 수 있는 T형과 4방향으로 분기할 수 있는 크로스(cross)형이 있다.

(11) 픽스쳐 스터드와 히키(fixture stud & hickey)

아웃렛 박스에 조명기구를 부착시킬 때 기구 중량의 장력을 보강하기 위하여 사용한다.

(12) 접지 클램프(grounding clamp)

금속관공사 시 관을 접지하는 데 사용한다.

(13) 스위치 박스(switch box)

매입형의 스위치나 콘덴서를 고정하는 데 사용되며 1개용, 2개용, 3개용 등이 있다.

(14) 아웃렛 박스(outlet box)

전선관공사에 있어 전등기구나 점멸기 또는 콘덴서의 고정, 접속함으로 사용되며 4각 및 8각이 있다.

(15) 콘크리트 박스(concrete box)

콘크리트에 매입 배선용으로 아웃렛 박스와 같은 목적으로 사용하며 밑관을 분리할 수 있다.

(16) 플로어 박스

바닥 밑으로 매입 배선할 때 사용 및 바닥 밑에 콘덴서를 접속할 때 사용한다.

(17) 노출배관용 박스

노출배관 박스는 허브가 있는 주철제의 박스가 사용되며 원형 노출 박스, 노출 스위치 박스 등이 있다.

기·출·개·념 **문제**

1. 다음에서 금속관공사의 특징이 아닌 것은? 95 기사

① 방폭공사를 할 수 있다.
② 거의 모든 장소에 시설할 수 있다.
③ 완전히 접지할 수 있으므로 누전화재의 우려가 적다.
④ 내산, 내알칼리성이 있으므로 화학공장 등에 적합하다.

(해설) **금속관공사의 특징**

- 방폭공사를 할 수 있다.
- 누전화재의 우려가 작다.
- 거의 모든 장소에 시설 가능하다.
- 폭연성 분진 또는 화학류의 분말이 존재하는 곳에 사용 가능하다.

답 ④

2. 다음 중 강제전선관의 굵기를 표시하는 방법에 대한 설명으로 옳은 것은? 93 기사

① 후강, 박강은 내경을 [mm]로 표시한다.
② 후강, 박강은 외경을 [mm]로 표시한다.
③ 후강은 내경, 박강은 외경을 [mm]로 표시한다.
④ 후강은 외경, 박강은 내경을 [mm]로 표시한다.

(해설) 후강전선관은 내경을 짝수로, 박강전선관은 외경을 홀수로 표시한다. 후강전선관의 규격으로는 16, 22, 28, 36, 42, 54, 70, 82, 92, 104[mm] 등 10종류가 있다.

답 ③

기출개념 04 합성수지관공사

[1] 합성수지관의 특징

(1) 장점

① 관이 절연물이므로 누전의 우려가 없다.
② 내식성이 커 화학공장 등의 부식성 가스나 용액이 있는 곳에 적당하다.
③ 접지할 필요가 없다.
④ 관 안에서 전자적 불평형이 발생하여도 유기전압이 없으므로, 접지선 보호에 적당하다.
⑤ 시공이 용이하며, 무게가 가볍다.

(2) 단점

① 외상을 받을 우려가 있다.
② 고온 및 저온의 장소에는 사용할 수 없다.
③ 파열의 우려가 크다.

(3) 사용 장소

중량물의 압력 또는 기계적 충격이 없는 전개된 장소, 은폐된 장소의 어느 곳에서나 시공할 수 있다.

(4) 경질 비닐 전선관의 호칭 규격

관의 호칭 [mm]	두께 [mm]	안지름 [mm]	무게 [kg/m]	관의 호칭 [mm]	두께 [mm]	안지름 [mm]	무게 [kg/m]
8	1.2	8.6	–	36	3.5	35	0.592
12	2.0	11.6	–	42	3.5	41	0.685
14	2.0	14	0.141	54	4.0	52	0.985
16	2.0	18	0.176	70	4.5	67	1.415
22	2.0	22	0.211	82	5.5	78	2.020
28	3.0	28	0.409	100	7.0	100	

(5) 1본의 길이는 4[m]가 표준이고, 관의 호칭은 안지름에 가까운 짝수[mm]로 나타낸다.

[2] 배관의 지지

(1) 배관의 지지점 사이 거리는 1.5[m] 이하로 하고, 관과 관, 관과 박스의 접속점 및 관 끝은 각각 300[mm] 이내에 지지한다.
(2) 가는 전선관의 지지점 사이의 거리는 0.8~1.2[m]가 적당하다.
(3) 옥외 등 온도차가 큰 장소에 노출배관을 할 때에는 12~20[m]마다 신축커플링(3C)을 사용하며, 신축되는 부분에는 접착제를 사용하지 않는다.

기출개념 05 애자공사

[1] 노브애자

일반적으로 애자공사에 사용되는 애자는 노브애자이다.

▌애자에 사용할 수 있는 전선의 최대 굵기▐

애자의 종류		전선의 최대 굵기[mm^2]
노브애자	소	16
	중	50
	대	95
	특대	240
인류애자	특대	25
핀애자	소	50
	중	95
	대	185

[2] 애자 바인드법

(1) 일자 바인드법

3.2[mm] 또는 10[mm^2] 이하의 전선

(2) 십자 바인드법

4.0[mm] 또는 16[mm^2] 이상의 전선

바인드선의 굵기	사용전선의 굵기
0.9[mm]	16[mm^2] 이하
1.2[mm](또는 0.9[mm]×2)	50[mm^2] 이하
1.6[mm](또는 1.2[mm]×2)	50[mm^2]를 넘는 것

기출개념 06 케이블트렁킹시스템

[1] 제1종 금속몰드공사

베이스와 커버로 본체가 구성되며, 길이는 약 1.9[m] 정도로 되어 있고, 부속품으로는 조인트용 커플링, 부싱, 엘보 등이 있다.

[2] 제2종 금속몰드공사

제2종 금속몰드공사는 사무실, 기계실, 공장 등의 전반 및 국부조명라인에 사용한다.

[3] 합성수지몰드공사

합성수지몰드는 벽면 인하용, 반자틀용, 사방 돌림틀용, 폭목용이 있다.

이런 문제가 시험에 나온다!

CHAPTER 03

배선의 재료 및 시설

단원 최근 빈출문제

기출 핵심 NOTE

01 KS C 8309에 따른 옥내용 소형 스위치류 중 텀블러 스위치의 정격전류가 아닌 것은? [21년 기사]

① 5[A] ② 10[A]
③ 15[A] ④ 20[A]

해설 텀블러 스위치
- 손잡이를 상반되는 두 방향으로 조작함으로써 접촉자를 개폐하는 스위치
- 정격전류 : 0.5, 1, 3, 4, 6, 7, 10, 12, 15, 16, 20[A]

01 텀블러 스위치 정격전류
0.5, 1, 3, 4, 6, 7, 10, 12, 15, 16, 20[A]

02 다음 중 2개소에서 한 개의 전등을 자유롭게 점멸할 수 있는 스위치 방식은? [22년 기사]

① 3로 스위치 ② 로터리 스위치
③ 마그넷 스위치 ④ 푸시 버튼 스위치

해설
- 1전등 2개소 점멸회로의 스위치 방식 : 3로 스위치 2개 이용
- 1전등 3개소 점멸회로의 스위치 방식 : 3로 스위치 2개, 4로 스위치 1개 이용
- 1전등 4개소 점멸회로의 스위치 방식 : 3로 스위치 2개, 4로 스위치 2개 이용

02 점멸 스위치
- 3로 스위치 : 2개소 점멸
- 4로 스위치 : 3로와 조합하여 3개소 이상 점멸

03 물탱크 안 물의 양에 따라 동작하는 스위치로 학교, 공장, 빌딩 등의 옥상에 있는 물탱크의 급수펌프에 설치된 전동기 운전용 마그넷 스위치와 조합하여 사용하면 매우 편리한 스위치는? [11·92년 기사]

① 수은 스위치 ② 타임 스위치
③ 압력 스위치 ④ 부동 스위치

해설 부동 스위치(Float swtich)
물탱크 안 물의 양에 따라 작동되는 스위치로서, 학교, 공장, 빌딩 등의 옥상에 있는 물탱크의 급수펌프에 설치된 전동기 운전용 마그넷 스위치와 조합하여 사용하면 매우 편리하다.

정답 01. ① 02. ① 03. ④

기출 핵심 NOTE

04 투광기와 수광기로 구성되고 물체가 광로를 차단하면 접점이 개폐되는 스위치는? [16년 기사]

① 압력 스위치 ② 광전 스위치
③ 리밋 스위치 ④ 근접 스위치

해설 광전 스위치는 발광소자를 사용해 변화된 빛 검출, 투광부·수광부로 구성된다.

05 개폐기의 명칭과 기호의 연결이 틀린 것은? [16년 기사]

① 2극 쌍투형 : DPDT
② 2극 단투형 : DPST
③ 단극 쌍투형 : SPDT
④ 단극 단투형 : TPST

해설 **개폐기 기호**
- 단극 단투형 : SPST
- 2극 단투형 : DPST
- 3극 단투형 : TPST

05 개폐기 기호
- 단극 단투형 : SPST
- 2극 단투형 : DPST
- 3극 단투형 : TPST

06 옥내배선용 공구 중 리머의 사용 목적으로 옳은 것은? [20·96년 기사]

① 금속관의 굽힘
② 금속관 절단에 따른 절단면 다듬기
③ 커넥터 또는 터미널을 압착하는 공구
④ 로크 너트 또는 부싱을 견고히 조일 때

해설 **리머(reamer)**
금속관을 쇠톱이나 커터로 끊은 다음, 관 안의 날카로운 부분을 다듬는 공구

06 공사용 공구
- 리머
  관 끝부분을 다듬어 주기 위한 것
- 히키
  금속관을 조금씩 위치 변경하며 구부리기 위한 것

07 녹아웃 펀치와 같은 목적으로 사용하는 공구의 명칭은? [17년 기사]

① 히키 ② 리머
③ 홀소 ④ 드라이브 이트

해설 녹아웃 펀치는 유압을 이용하여 철판에 구멍을 뚫는 공구, 홀소(hole saw)는 드릴 등에 끼워 철판에 구멍을 뚫는 공구이다.

정답 04. ② 05. ④ 06. ② 07. ③

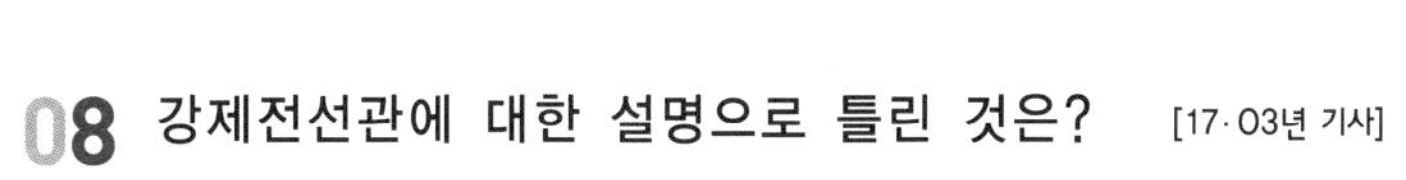

08 강제전선관에 대한 설명으로 틀린 것은? [17·03년 기사]

① 후강전선관과 박강전선관으로 나누어진다.
② 폭발성 가스나 부식성 가스가 있는 장소에 적합하다.
③ 녹이 스는 것을 방지하기 위해 건식 아연도금법이 사용된다.
④ 주로 강으로 만들고 알루미늄이나 황동, 스테인리스 등은 강제관에서 제외된다.

해설 강제전선관은 후강, 박강, 동, 스테인리스, 알루미늄 등을 말한다.

09 금속관 배선에 대한 설명 중 틀린 것은? [15년 기사]

① 전자적 평형을 위해 교류회로는 1회로의 전선을 동일 관 내에 넣지 않는 것을 원칙으로 한다.
② 교류회로에서 전선을 병렬로 사용하는 경우 관 내에 전자적 불평형이 생기지 않도록 한다.
③ 굵기가 다른 전선을 동일 관 내에 넣는 경우 전선의 피복 절연물을 포함한 단면적의 총 합계가 관 내 단면적의 32[%] 이하가 되도록 한다.
④ 관의 굴곡이 적고 동일 굵기의 전선(10[mm^2])을 동일 관 내에 넣는 경우 전선의 피복 절연물을 포함한 단면적의 총 합계가 관 내 단면적의 48[%] 이하가 되도록 한다.

해설 금속관 배선의 교류회로에서 1회로의 전선 전부를 동일 관 내에 넣는 것을 원칙으로 한다.

10 금속 전선관에 16[mm]라고 표기되어 있다면 이것은 무엇을 의미하는가? [96·90년 기사]

① 외경
② 내경
③ 나사피치와 피치 사이
④ 두께 중심과 두께 중심 사이

해설 후강전선관은 내경을 짝수로, 박강전선관은 외경을 홀수로 표시한다. 후강전선관의 규격으로는 16, 22, 28, 36, 42, 54, 70, 82, 92, 104[mm] 등 10종류가 있다.

10 금속관 공사 규격
- 후강전선관
  관 안지름 짝수
- 박강전선관
  관 바깥지름 홀수

11 다음 중 후강전선관의 규격에 해당하지 않는 것은? [05년 기사]

① 22[mm] ② 42[mm]
③ 72[mm] ④ 82[mm]

11 후강전선관의 규격
16, 22, 28, 36, 42, 54, 70, 82, 92, 104[mm]

정답 08. ④ 09. ① 10. ② 11. ③

기출 핵심 NOTE

해설 **후강전선관의 규격**

16, 22, 28, 36, 42, 54, 70, 82, 92, 104[mm]

12 후강전선관에 대한 설명으로 옳지 않은 것은?

[20년 기사]

① 관의 호칭은 외경의 크기에 가깝다.
② 관의 호칭은 16[mm]에서 104[mm]까지 10종이다.
③ 후강전선관의 두께는 박강전선관의 두께보다 두껍다.
④ 콘크리트에 매입할 경우 관의 두께는 1.2[mm] 이상으로 해야 한다.

해설
- 후강전선관
  - 내경의 크기에 가까운 짝수로 정한다.
  - 관의 호칭은 16[mm]에서 104[mm]까지 10종이다.
  - 관의 두께는 2.3[mm] 이상, 1본의 길이는 3.6[m]이다.
- 박강전선관
  - 외경의 크기에 가까운 홀수로 정한다.
  - 관의 호칭은 19[mm]에서 75[mm]까지 7종이다.
  - 두께는 1.6[mm]이상, 1본의 길이는 3.66[m]이다.

13 후강전선관은 근사 두께 몇 [mm] 이상으로 하는가?

[11·92년 기사]

① 1.2 ② 1.9
③ 2.0 ④ 2.3

해설 후강전선관의 두께는 2.3, 2.5, 2.8, 3.5[mm]가 있다.

13
- 후강전선관
  두께 2.3[mm] 이상 두꺼운 전선관
- 박강전선관
  두께 1.2[mm] 이상 얇은 전선관

14 콘크리트 매입 금속관공사 시 사용하는 금속관의 두께는 최소 몇 [mm] 이상이어야 하는가?

[20·10·99·93년 기사]

① 1.0 ② 1.2
③ 1.5 ④ 2.0

해설 **금속관공사 시설조건**
- 전선은 절연전선(옥외용 절연전선 제외)일 것
- 전선은 연선일 것. 다만, 다음에 해당하는 것은 적용하지 않는다.
  - 짧고 가는 금속관에 넣은 것
  - 단면적 10[mm^2](알루미늄선은 단면적 16[mm^2]) 이하의 것
- 전선은 금속관 안에서 접속점이 없도록 할 것
- 금속관의 두께는 콘크리트 매입 시 1.2[mm] 이상일 것. 기타는 1.0[mm] 이상

정답 12. ① 13. ④ 14. ②

15 금속관(규격품) 1본의 길이는 약 몇 [m]인가?

[18·04·98·97·96·92년 기사]

① 3.33 ② 3.56
③ 3.66 ④ 4.44

해설 금속관(규격품) 1본의 길이 : 3.66[m]

16 전선관의 산화방지를 위하여 실시하는 도금으로 적당한 것은?

[17·14·91년 기사]

① 납 ② 니켈
③ 아연 ④ 페인트

해설 전선관 산화방지를 위하여 아연 도금 또는 에나멜 도금을 한다.

17 금속관과 금속박스를 접속하는 경우 사용되는 재료는?

[22년 기사]

① 부싱
② 로크 너트
③ 노멀 밴드
④ 유니온 커플링

해설
금속관 접속
- 커플링 : 금속관 상호 간 접속 시 사용
- 유니온 커플링 : 고정 금속관 접속 시 사용
- 로크 너트 : 금속박스에 금속관을 고정할 때 사용

18 다음 중 무거운 조명기구를 파이프로 매달 때 사용하는 것은?

[19·99년 기사]

① 노멀 밴드
② 파이프행거
③ 엔트런스 캡
④ 픽스쳐 스터드와 히키

해설
- 픽스쳐 스터드 : 무거운 조명기구를 박스에 취부할 때 사용하는 것이다.
- 픽스쳐 히키 : 조명기구를 파이프로 매달 때 스탠드와 기구 파이프 사이에 취부하고 옆 구멍으로부터 전선을 파이프 속에 넣을 수 있게 되어 있다.

기출 핵심 NOTE

15 금속관(규격품) 1본의 길이
3.66[m]

17 금속관 접속
- 커플링
  금속관 상호 간 접속 시 사용
- 유니온 커플링
  고정 금속관 접속 시 사용
- 로크 너트
  금속박스에 금속관을 고정할 때 사용

정답 15. ③ 16. ③ 17. ② 18. ④

기출 핵심 NOTE

19 금속관공사에서 절연부싱을 하는 목적으로 옳은 것은?

[22·17년 기사]

① 관의 끝이 터지는 것을 방지
② 관의 단구에서 전선 손상을 방지
③ 박스 내에서 전선의 접속을 방지
④ 관의 단구에서 조영재의 접속을 방지

해설 절연부싱은 전선절연 피복물을 보호하기 위하여 관 끝에 부착 사용하는 보호기구이다.

19 금속관 끝 전선보호

- 절연부싱
  절연피복 보호
- 엔트런스 캡(우에사 캡)
  빗물 침입 방지

20 다음 중 금속관 사용 시 케이블의 피복 손상 방지용으로 사용하는 것은?

[97년 기사]

① 부싱 ② 엘보
③ 커플링 ④ 로크 너트

해설 **부싱**

전선 관단에 끼우고 전선을 넣거나 빼는 데 있어서 전선의 피복을 보호하며 전선이 손상되는 것을 방지

- 엘보 : 노출 금속관을 직각으로 구부릴 때 사용
- 커플링 : 금속관 상호 접속 및 금속관과 노멀 밴드 간 접속 시 사용
- 로크 너트 : 금속관과 박스 연결 시 사용

21 저압 가공 인입선에서 금속관공사로 옮겨지는 곳 또는 금속관으로부터 전선을 뽑아 전동기 단자 부분에 접속할 때 사용하는 것은?

[21·17년 기사]

① 엘보
② 터미널 캡
③ 접지 클램프
④ 엔트런스 캡

해설 ① 엘보 : 노출 금속관을 직각으로 구부릴 때 사용
② 터미널 캡 : 저압 가공 인입선에서 금속관공사로 옮겨지는 곳 또는 금속관으로부터 전선을 뽑아 전동기 단자 부분에 접속할 때 사용
③ 접지 클램프 : 금속관공사 시 관을 접지하는 데 사용
④ 엔트런스 캡 : 인입구, 인출구의 금속관 관단에 설치하여 빗물 침입 방지

21 터미널 캡(서비스 캡)

관으로부터 전선을 인출하여 전동기 단자 접속 시 관 끝에서 전선 보호

정답 19. ② 20. ① 21. ②

22 다음 중 전선관 접속재가 아닌 것은? [19년 기사]

① 새들
② 유니버셜 엘보
③ 유니온 커플링
④ 콤비네이션 커플링

해설 ① 새들 : 노출배관공사에서 금속관을 조영재에 고정시키는 데 사용
② 유니버셜 엘보 : 노출배관공사에서 관을 직각으로 굽히는 곳에 사용
③ 유니온 커플링 : 금속관 상호 접속용으로 관이 고정되어 있을 때 사용
④ 콤비네이션 커플링 : 가요전선관과 금속관을 결합하는 곳에 사용

23 금속을 아웃렛 박스의 녹아웃에 취부할 때 녹아웃의 지름이 금속관의 지름보다 큰 경우 사용하는 재료는? [20·99년 기사]

① 엔트런스 캡　　② 링 리듀서
③ 엘보　　④ 부싱

해설 금속관을 아웃렛 박스의 녹아웃에 취부할 때 녹아웃의 구멍이 관의 구멍보다 클 때 링 리듀서를 사용하여 로크 너트로 조인다.

23 링 리듀서
박스 부착 시 녹아웃 지름이 큰 경우 사용

24 강제 전선관공사 중 노출배관공사에서 관을 직각으로 구부리는 곳에 사용하며, 3방향으로 분기할 수 있는 "T"형과 4방향으로 분기할 수 있는 크로스형으로 분류할 수 있는 자재는 무엇인가? [05·94년 기사]

① 유니온 커플링　　② 조인트 커플링
③ 픽스처 스터드　　④ 유니버셜 엘보

해설 ① 유니온 커플링 : 관 양쪽을 돌려서 접속할 수 없을 때 사용하는 접속 재료
② 조인트 커플링 : 전선관 상호 간을 연결할 때 사용하는 자재
③ 픽스처 스터드 : 무거운 기구 등을 천장에 매달 때 사용하는 자재
④ 유니버셜 엘보 : 3방향으로 분기할 수 있는 "T"형과 4방향으로 분기할 수 있는 크로스형이 있는 자재

정답 22. ① 23. ② 24. ④

기출 핵심 NOTE

25 옥내배선의 애자공사에 많이 사용하는 특대 노브 애자의 높이[mm]는? [19년 기사]

① 75
② 65
③ 60
④ 50

해설 애자와 전선의 굵기(내선규정 표 2270-1)

애자의 종류		전선의 최대 굵기 $[mm^2]$	애자의 높이 [mm]
노브애자	소	16	42
	중	50	50
	대	95	57
	특대	1,240	65

26 합성수지관공사에 대한 설명으로 틀린 것은? [16년 기사]

① 관 말단 부분에서는 전선 보호를 위하여 부싱을 사용한다.
② 합성수지관 내에서 전선에 접속점을 만들어서는 안 된다.
③ 배선은 절연전선(옥외용 비닐 절연전선을 제외)을 사용한다.
④ 합성수지관을 새들 등으로 지지하는 경우는 그 지지점 간의 거리를 1.5[m] 이하로 한다.

해설 ① 금속관공사에 대한 내용이다.

26 합성수지관, 몰드, 덕트공사 시 주의사항

- 관, 몰드, 덕트 내에서 전선의 접속점이 없을 것
- 절연전선을 사용할 것(단, 옥외용 비닐 절연전선은 제외)

27 합성수지관공사에서 관 상호 간 및 관과 박스 접속 시 삽입하는 관의 최소 깊이는? (단, 접착제를 사용하는 경우는 제외) [19년 기사]

① 관 안지름의 1.2배
② 관 안지름의 1.5배
③ 관 바깥지름의 1.2배
④ 관 바깥지름의 1.5배

해설 **합성수지관공사(KEC 232.11)**
관 상호 간 및 박스와는 관을 삽입하는 깊이를 관의 바깥지름의 1.2배(접착제를 사용할 경우에는 0.8배) 이상으로 하고 또한 꽂음 접속에 의하여 견고하게 접속하여야 한다.

27 합성수지관 접속

관 삽입 깊이는 외경의 1.2배 이상(단, 접착제 사용의 경우 0.8배)

정답 25. ② 26. ① 27. ③

기출 핵심 NOTE

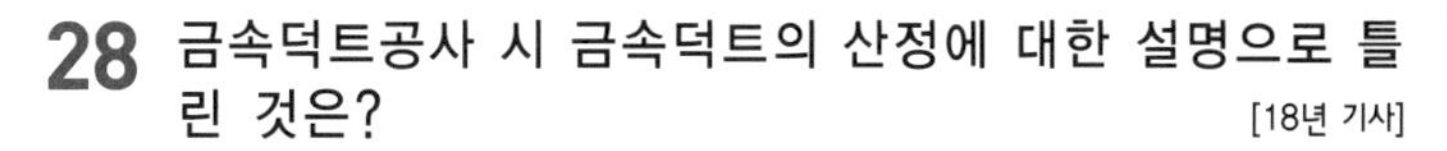

28 금속덕트공사 시 금속덕트의 산정에 대한 설명으로 틀린 것은? [18년 기사]

① 철판의 두께는 1.2[mm] 이상이어야 한다.
② 폭이 4.0[cm]를 초과하는 철판으로 제작하여야 한다.
③ 덕트의 바깥쪽 면만 산화방지를 위한 아연도금을 하여야 한다.
④ 덕트의 안쪽 면만 전선의 피복을 손상시키는 돌기가 없어야 한다.

해설 금속덕트의 선정(KEC 232.31.2)
- 폭이 40[mm] 이상, 두께가 1.2[mm] 이상인 철판 또는 동등 이상의 기계적 강도를 가지는 금속제의 것으로 견고하게 제작한 것일 것
- 안쪽 면은 전선의 피복을 손상시키는 돌기(突起)가 없는 것일 것
- 안쪽 면 및 바깥 면에는 산화 방지를 위하여 아연도금 또는 이와 동등 이상의 효과를 가지는 도장을 한 것일 것

29 버스덕트공사에 대한 설명으로 옳은 것은? [16년 기사]

① 덕트의 끝부분을 개방한다.
② 건조한 노출장소나 점검할 수 있는 은폐장소에 시설한다.
③ 덕트를 조영재에 붙이는 경우에는 덕트 지지점 간의 거리는 최대 2[m] 이하로 한다.
④ 저압 옥내배선의 시동전압이 400[V] 이하인 경우에는 덕트에 접지를 하지 않는다.

해설 버스덕트공사 시설 원칙
- 지지점 간 거리는 3[m] 이하
- 덕트 끝 부분은 밀폐하여 먼지 침입 방지

30 버스덕트공사에서 덕트 최대 폭[mm]에 따른 덕트 판의 최소 두께[mm]의 연결이 잘못된 것은? (단, 덕트는 강판으로 제작된 것이다.) [21년 기사]

① 덕트의 최대 폭 : 100[mm], 최소 두께 : 1.0[mm]
② 덕트의 최대 폭 : 200[mm], 최소 두께 : 1.4[mm]
③ 덕트의 최대 폭 : 600[mm], 최소 두께 : 2.0[mm]
④ 덕트의 최대 폭 : 800[mm], 최소 두께 : 2.6[mm]

29 버스덕트공사 시설 원칙
- 지지점 간 거리는 3[m] 이하
- 덕트 끝 부분은 밀폐하여 먼지 침입 방지

정답 28. ③ 29. ② 30. ④

기출 핵심 NOTE

해설 버스덕트의 산정

덕트의 최대 폭[mm]	덕트의 판 두께[mm]		
	강판[mm]	알루미늄판[mm]	합성수지판
150 이하	1.0	1.6	2.5
150 초과 300 이하	1.4	2.0	5.0
300 초과 500 이하	1.6	2.3	–
500 초과 700 이하	2.0	2.9	–

31 버스덕트의 폭이 600[mm]인 경우 덕트 강판의 두께는 몇 [mm] 이상인가? [15년 기사]

① 1.2 ② 1.4
③ 2.0 ④ 2.3

해설 버스덕트의 산정

덕트의 최대 폭[mm]	덕트의 판 두께[mm]		
	강판[mm]	알루미늄판[mm]	합성수지판
150 이하	1.0	1.6	2.5
150 초과 300 이하	1.4	2.0	5.0
300 초과 500 이하	1.6	2.3	–
500 초과 700 이하	2.0	2.9	–

32 강판으로 된 금속버스덕트 재료의 최소 두께[mm]로 옳은 것은? (단, 버스덕트의 최대 폭은 150[mm] 이하이다.) [19년 기사]

① 0.8 ② 1.0
③ 1.2 ④ 1.4

해설 버스덕트의 산정

덕트의 최대 폭[mm]	덕트의 판 두께[mm]		
	강판[mm]	알루미늄판[mm]	합성수지판
150 이하	1.0	1.6	2.5
150 초과 300 이하	1.4	2.0	5.0
300 초과 500 이하	1.6	2.3	–
500 초과 700 이하	2.0	2.9	–

33 한국전기설비규정에 따른 플로어덕트공사의 시설조건 중 연선을 사용해야만 하는 전선의 최소 단면적 기준으로 옳은 것은? (단, 전선의 도체는 구리선이며 연선을 사용하지 않아도 되는 예외조건은 고려하지 않는다) [21년 기사]

① 6[mm²] 초과 ② 10[mm²] 초과
③ 25[mm²] 초과 ④ 160[mm²] 초과

33 플로어덕트공사 시설원칙
- 절연전선(단, OW전선은 제외)
- 연선일 것(단, 10[mm²] 이하 단선 사용 가능)

정답 31. ③ 32. ② 33. ②

해설 **플로어덕트공사 시설조건(KEC 232.32.1)**

- 전선은 절연전선(옥외용 비닐절연전선을 제외한다)일 것
- 전선은 연선일 것. 다만, 단면적 10[mm^2](알루미늄선은 단면적 16[mm^2]) 이하인 것은 그러하지 아니하다.
- 플로어덕트 안에는 전선에 접속점이 없도록 할 것. 다만, 전선을 분기하는 경우에 접속점을 쉽게 점검할 수 있을 때에는 그러하지 아니하다.

34 다음의 플로어덕트 설치 그림에서 블랭크 와셔가 사용되어야 할 부분은 어디인가? [18·17·13·99년 기사]

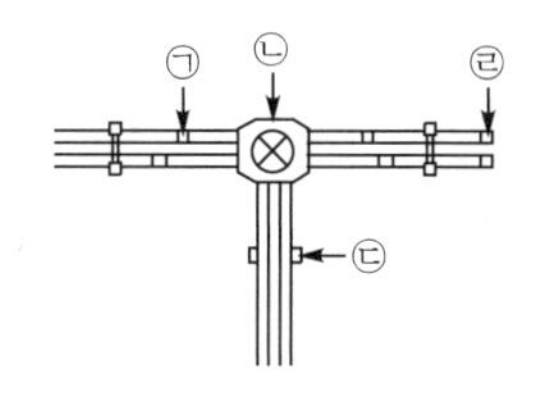

① ㉠　　② ㉡
③ ㉢　　④ ㉣

해설 **블랭크 와셔**

플로어덕트의 정션 박스에 덕트를 접속하지 않는 곳을 막기 위하여 사용된다.

35 플로어덕트공사에 사용하는 절연전선이 단선일 경우 그 단면적은 최대 몇 [mm^2]를 초과하면 안 되는가? [18년 기사]

① 6　　② 10
③ 16　　④ 25

해설 **플로어덕트공사 시설조건(KEC 232.32.1)**

- 전선은 절연전선(옥외용 비닐절연전선을 제외한다)일 것
- 전선은 연선일 것. 다만, 단면적 10[mm^2](알루미늄선은 단면적 16[mm^2]) 이하인 것은 그러하지 아니하다.
- 플로어덕트 안에는 전선에 접속점이 없도록 할 것. 다만, 전선을 분기하는 경우에 접속점을 쉽게 점검할 수 있을 때에는 그러하지 아니하다.

36 셀룰러덕트의 최대 폭이 200[mm] 초과일 때 셀룰러덕트의 판 두께는 몇 [mm] 이상이어야 하는가? [21년 기사]

① 1.2　　② 1.4
③ 1.6　　④ 1.8

35 플로어덕트공사에 사용하는 절연전선이 단선일 경우 그 단면적은 최대 10[mm^2]를 초과하면 안 된다.

정답 34. ② 35. ② 36. ③

기출 핵심 NOTE

해설 셀룰러덕트의 선정(KEC 232.33.2)

덕트의 최대 폭	덕트의 판 두께
150[mm] 이하	1.2[mm]
150[mm] 초과 200[mm] 이하	1.4[mm]
200[mm] 초과하는 것	1.6[mm]

37 다음 중 합성수지몰드공사에 관한 설명으로 틀린 것은? [21년 기사]

① 합성수지몰드 안에는 금속제의 조인트 박스를 사용하여 접속이 가능하다.
② 합성수지몰드의 내면은 전선의 피복이 손상될 우려가 없도록 매끈한 것이어야 한다.
③ 합성수지몰드는 홈의 폭 및 깊이가 3.5[cm] 이하로 두께는 2[mm] 이상의 것이어야 한다.
④ 합성수지몰드 상호 간 및 합성수지몰드와 박스 기타의 부속품과는 전선이 노출되지 아니하도록 접속해야 한다.

해설 합성수지몰드공사(KEC 232.21)

- 전선은 절연전선(옥외용 비닐절연전선을 제외한다)일 것
- 합성수지몰드 안에는 전선에 접속점이 없도록 할 것. 다만, 합성수지몰드 안의 전선을 KS C 8436(합성수지제 박스 및 커버)의 "5 성능", "6 겉모양 및 모양", "7 치수" 및 "8 재료"에 적합한 합성수지제의 조인트 박스를 사용하여 접속할 경우에는 그러하지 아니하다.
- 합성수지몰드 상호 간 및 합성수지 몰드와 박스 기타의 부속품과는 전선이 노출되지 아니하도록 접속할 것
- 합성수지몰드공사에 사용하는 합성수지몰드 및 박스 기타의 부속품(몰드 상호 간을 접속하는 것 및 몰드 끝에 접속하는 것에 한한다)은 KS C 8436(합성수지제 박스 및 커버)에 적합한 것일 것. 다만, 부속품 중 콘크리트 안에 시설하는 금속제의 박스에 대하여는 그러하지 아니하다.
- 합성수지몰드는 홈의 폭 및 깊이가 35[mm] 이하, 두께는 2[mm] 이상의 것일 것. 다만, 사람이 쉽게 접촉할 우려가 없도록 시설하는 경우에는 폭이 50[mm] 이하, 두께 1[mm] 이상의 것을 사용할 수 있다.

37 합성수지몰드공사
- 절연전선 사용(단, OW는 제외)
- 몰드 안에 전선 접속점이 없을 것

38 도체 단면적이 500[mm^2] 이상인 절연 트롤리선을 시설할 경우 굴곡 반지름이 3[m] 이하인 곡선 부분에서의 지지점 간격[m]은? [19년 기사]

① 1　② 2
③ 3　④ 4

정답 37. ① 38. ①

기출 핵심 NOTE

해설 절연 트롤리선의 지지점 간격

도체 단면적의 구분	지지점 간격
500[mm^2] 미만	2[m] (굴곡 반지름이 3[m] 이하의 곡선 부분에서는 1[m])
500[mm^2] 이상	3[m] (굴곡 반지름이 3[m] 이하의 곡선 부분에서는 1[m])

39 다음 중 기계기구의 단자와 전선의 접속에 사용되는 것은? [21년 기사]

① 슬리브 ② 터미널러그
③ T형 커넥터 ④ 와이어 커넥터

해설 터미널러그
전선 끝 부분에 압착단자

39 터미널러그
전선 끝 부분에 압착단자

40 캡타이어 케이블 상호 및 캡타이어 케이블과 박스, 기구와의 접속개소와 지지점 간의 거리는 접속개소에서 최대 몇 [m] 이하로 하는 것이 바람직한가? [18년 기사]

① 0.75 ② 0.55
③ 0.25 ④ 0.15

해설 캡타이어 케이블의 지지점 간 거리
캡타이어 케이블 상호 및 캡타이어 케이블과 박스, 기구와의 접속개소와 지지점 간의 거리는 접속개소에서 0.15[m] 이하로 하는 것이 바람직하지만, 전선이 굵은 경우에는 적용하지 않는다.

41 다음 중 네온방전등에 대한 설명으로 옳지 않은 것은? [21년 기사]

① 관등회로의 배선은 애자공사로 시설하여야 한다.
② 네온변압기 2차측은 병렬로 접속하여 사용하여야 한다.
③ 네온방전등에 공급하는 전로의 대지전압은 300[V] 이하로 하여야 한다.
④ 관등회로의 배선에서 전선 상호 간의 이격거리는 60[mm] 이상으로 하여야 한다.

해설 네온방전등(KEC 234.12)
네온변압기는 2차측을 직렬 또는 병렬로 접속하여 사용하지 말 것. 다만, 조광장치 부착과 같이 특수한 용도에 사용되는 것은 적용하지 않는다.

정답 39. ② 40. ④ 41. ②

42 300[W] 이상의 백열 전구에 사용되는 베이스의 크기는 일반적으로 얼마인가? [20년 기사]

① E10 ② E17
③ E26 ④ E39

해설
- E10 : 장식용와 회전등으로 사용되는 작은 전구용
- E12 : 세형 수금 소켓으로 배전반 표시등
- E17 : 사인 전구용
- E26 : 250[W] 이하의 중형 전구용
- E39 : 300[W] 이상의 대형 전구용

43 소켓의 수용구 크기 중 사인 전구에 사용되는 수용구 크기는 얼마인가? [11·02·01·00년 기사]

① E17 ② E26
③ E39 ④ E10

해설
- E10 : 장식용와 회전등으로 사용되는 작은 전구용
- E12 : 세형 수금 소켓으로 배전반 표시등
- E17 : 사인 전구용
- E26 : 250[W] 이하의 중형 전구용
- E39 : 300[W] 이상의 대형 전구용

44 KS C 8000에서는 감전 보호와 관련하여 조명기구의 종류(등급)를 나누고 있다. 다음 중 각 등급에 따른 기구에 대한 설명이 틀린 것은? [21년 기사]

① 등급 0 기구 : 기초절연으로 일부분을 보호한 기구로서 접지단자를 가지고 있는 기구
② 등급 Ⅰ 기구 : 기초절연만으로 전체를 보호한 기구로서 보호접지단자를 가지고 있는 기구
③ 등급 Ⅱ 기구 : 2중절연을 한 기구
④ 등급 Ⅲ 기구 : 정격전압이 교류 30[V] 이하인 전압의 전원에 접속하여 사용하는 기구

해설 **KS C 8000 조명기구통칙**
- 등급 0 기구 : 접지단자 또는 접지선을 갖지 않고 기초절연만으로 전체가 보호된 기구
- 등급 Ⅰ 기구 : 기초절연만으로 전체를 보호한 기구로서 보호접지단자 혹은 보호접지선 접속부를 갖든가 또는 보호접지선이 든 코드와 보호접지선 접속부가 있는 플러그를 갖추고 있는 기구
- 등급 Ⅱ 기구 : 2중절연을 한 기구(다만, 원칙적인 2중절연이 하기 어려운 부분에는 강화절연을 한 기구를 포함한다) 또는 기구의 외곽 전체를 내구성이 있는 견고한 절연재료로 구성한 기구와 이들을 조합한 기구
- 등급 Ⅲ 기구 : 정격전압이 교류 30[V] 이하인 전압의 전원에 접속하여 사용하는 기구

기출 핵심 NOTE

42 E39

소켓지름이 39[mm]이며 산업용 투광기 및 호박등의 큰 소켓에 활용

정답 42. ④ 43. ① 44. ①

CHAPTER

04 전선로

01 배전선로용 재료와 기구

02 장주 · 건주 및 가선공사

출제비율

기 사

11.5%

기출개념 01 배전선로용 재료와 기구

[1] 지지물과 부속재

(1) 목주

말구의 지름 12[cm] 이상

(2) 철근콘크리트주

철근콘크리트주는 무거워서 운반이나 건주에 힘이 들지만 겉모양이 좋고 수명이 반영구적이므로 많이 사용

(3) 폴 스탭

전주에 오를 때 필요한 디딤 볼트

(4) 행거 밴드

전주 자체에 변압기를 고정시키기 위한 밴드

(5) U볼트

철근콘크리트주에 완금을 취부할 때 사용하는 볼트류

(6) 앵글 베이스

완금 또는 앵글류의 지지물에 COS 또는 핀애자를 고정시키는 부속자재

(7) 턴 버클

지선 설치 시 지선에 장력을 주어 고정시킬 때 필요한 금구

[2] 완금

(1) 지지물에 전선을 고정시키기 위하여 사용하는 금구로 아연도금을 한 앵글을 많이 사용한다.

(2) 완금이 상하로 움직이는 것을 방지하기 위하여 암 타이(arm tie)를 사용한다.

(3) 암 타이를 고정시키려면 암 타이 밴드(arm tie band)를, 지선에 붙일 때에는 지선 밴드(stay band)를 사용한다.

▎완금의 크기▎

전선 조수	저 압	고 압	특고압
2	900[mm]	1,400[mm]	1,800[mm]
3	1,400[mm]	1,800[mm]	2,400[mm]

[3] 애자

전선을 지지하고 전선과 지지물 간의 절연간격을 유지하기 위해 사용한다.

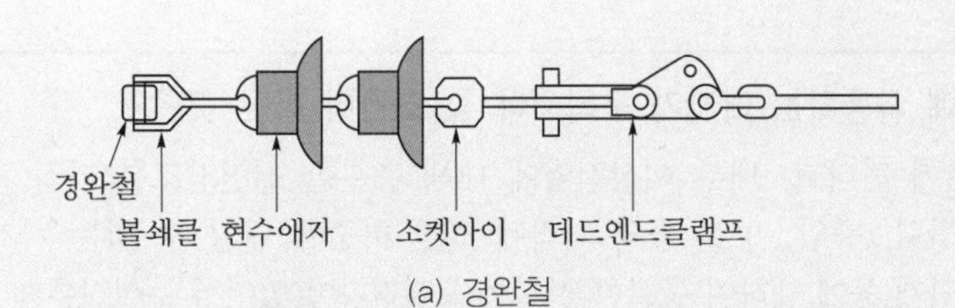

(a) 경완철

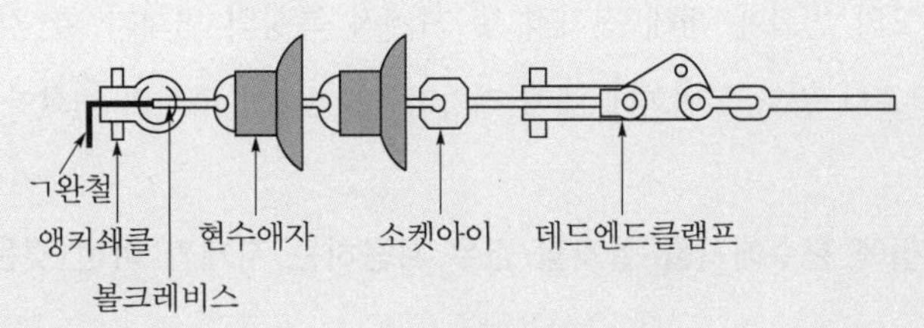

(b) ㄱ형 완철

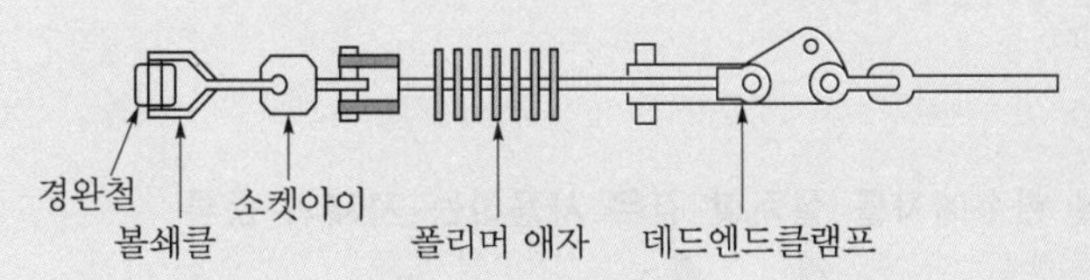

(c) 폴리머 애자

▌애자 설치 부속 자재▐

(1) 애자의 종류

① 사용전압에 따른 분류 : 저압용과 고압용, 특고압용으로 분류

② 사용목적에 따른 분류 : 핀애자, 인류애자, 내장애자 등으로 분류

③ 고압 인류 대애자의 내전압 : 40[kV]

④ 고압 인류 소애자의 내전압 : 35[kV]

⑤ 가지애자, 곡핀애자, 지선애자

㉠ 고압 가지애자 : 전선을 다른 방향으로 돌리는 부분에 사용

㉡ 저압 곡핀애자 : 인입선에 사용

㉢ 지선애자 : 지선의 중간에 사용

(2) 애자의 색상

애자의 종류	색 별
특고압용 핀애자	적색
저압용 애자(접지측 제외)	백색
접지측 애자	청색

기·출·개·념 **문제**

1. 가공전선로에 사용하는 애자가 구비해야 할 조건이 아닌 것은? 21·15 기사

① 이상전압에 견디고, 내부 이상전압에 대해 충분한 절연강도를 가질 것
② 전선의 장력, 풍압, 빙설 등의 외력에 의한 하중에 견딜 수 있는 기계적 강도를 가질 것
③ 비, 눈, 안개 등에 대하여 충분한 전기적 표면저항이 있어서 누설전류가 흐르지 못하게 할 것
④ 온도나 습도의 변화에 대해 전기적 및 기계적 특성의 변화가 클 것

해설 애자는 온도나 습도의 변화에 대해 전기적 및 기계적 특성의 변화가 적어야 한다.

답 ④

2. 다음 중 경완철에 현수애자를 설치할 경우 사용하는 자재가 아닌 것은? 21·09 기사

① 볼쇄클
② 소켓아이
③ 인장클램프
④ 볼크레비스

해설 **경완철에 현수애자를 설치할 경우 사용하는 자재의 종류**

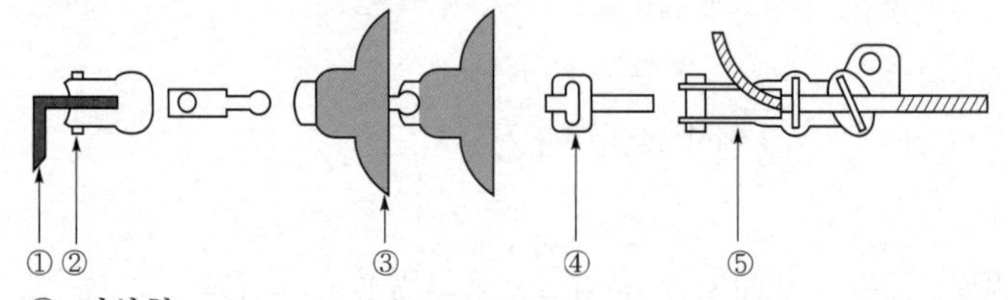

① 경완철
② 경완철용 볼쇄클 : 가공 배전선로에서 지지물의 장주용으로 현수애자를 경완철에 장치하는 데 사용
③ 현수애자
④ 소켓아이 : 현수애자와 내장 및 인장클램프를 연결하는 금구
⑤ 인장클램프(데드엔드클램프) : 선로의 장력이 가해지는 곳에서 전선을 고정하기 위하여 쓰이는 금구

답 ④

3. 구슬 애자의 용도를 바르게 설명한 것은? 00·96 기사

① 지선중간 부분에 취부하는 애자
② 옥내 노출배선에 필요한 저압지지 애자
③ 옥외 변대 설치 시 고압 또는 특고압의 모선 지지용 애자
④ 저압 가공인입 시 변압기 2차측의 리드선을 지지하는 애자

해설 구슬애자는 지선애자라고도 하며, 지선중간에 취부하여 절연목적으로 사용한다.

답 ①

장주 · 건주 및 가선공사

[1] 장주

(1) 지지물에 전선관 기구 등을 고정시키기 위하여 완금, 애자 등을 장치하는 것을 말한다.

(2) **장주 작업 시 고려사항**

① 작업이 간단할 것
② 경제적이고 미관이 좋을 것
③ 혼촉, 누전의 우려가 없을 것
④ 전선, 기구 등이 튼튼하게 고정될 것

[2] 건주

(1) 지지물을 땅에 세우는 것으로 건주는 인력굴착에 의한 방법과 건주차(크레인)에 의한 방법 등이 있다.

(2) 가공전선로 지지물의 기초 안전율은 2(이상시 상정하중에 대한 철탑의 경우는 1.33) 이상으로 하여야 한다. 다만, 다음과 같이 시설하는 경우는 예외로 한다.

설계하중 / 전장	6.8[kN] 이하	6.8[kN] 초과~9.8[kN] 이하	9.8[kN] 초과~14.72[kN] 이하
15[m] 이하	전장×1/6[m] 이상	전장×1/6 + 0.3[m] 이상	전장×1/6 + 0.5[m] 이상
15[m] 초과	2.5[m] 이상	2.5[m] + 0.3[m] 이상	−
15[m] 초과~20[m] 이하	2.8[m] 이상	−	−
15[m] 초과~18[m] 이하	−	−	3[m] 이상
18[m] 초과	−	−	3.2[m] 이상

[3] 배전선 가선 – 저압 및 고압 가공 전선의 높이

(1) **도로 횡단**

지표상 6[m] 이상

(2) **철도 횡단**

레일면상 6.5[m] 이상

(3) **전선 지표상**

지표상 5[m] 이상

(4) **동일 지지물에 고압과 저압을 병가하는 경우**

고압 전선을 저압 전선의 위로 하고, 별개의 완금류를 사용하여 이격거리를 50[cm] 이상으로 해야 한다.

[4] 철탑의 각부 명칭

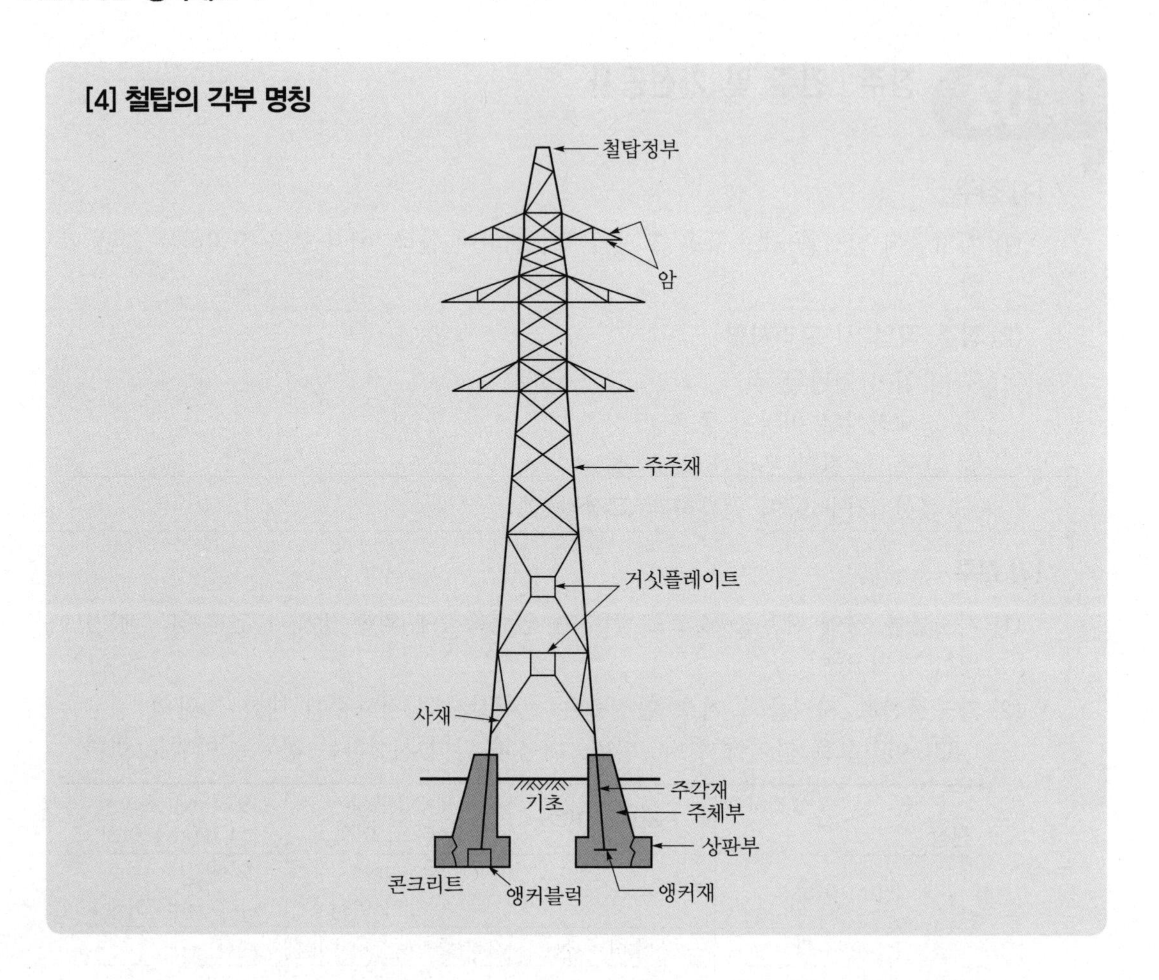

이런 문제가 시험에 나온다!

CHAPTER 04

전선로

단원 최근 빈출문제

01 22.9[kV-Y] 3상 4선식 중성선 다중접지방식의 특고압 가공전선로에 있어서 중성선이 ACSR일 때 최소 굵기는 32[mm^2] 이상으로 하여야 하며, 최대 굵기는 몇 [mm^2]로 하여야 하는가? [15·00·93·92년 기사]

① 95 ② 99

③ 102 ④ 180

해설 ACSR

강심 알루미늄 연선으로 최소 굵기 32[mm^2]에서 최대 굵기 95[mm^2]까지 사용하여야 한다

02 전선의 연선 시 전선과 메신저 와이어의 접속 부분 사이에 사용하여 지지물에 설치한 블록의 통과를 돕고 전선의 회전을 방지하여 전선의 연선을 원활하게 하기 위하여 사용되는 공구로서 Rurnning board 또는 다이보라고 하는 것은? [00·98년 기사]

① 스위블

② 연선 요크

③ 브레이 결구

④ 카운터 웨이트

해설 연선 요크란 전선의 연선 시 미리 연선한 메신저 선의 끝단과 전선 또는 다음의 메신저 선의 처음을 접속하는 데 사용하는 요크를 말한다.

03 내장철탑에서 양측 전선을 전기적으로 연결시켜주는 중요 설비는? [15년 기사]

① 스페이서 ② 점퍼장치

③ 지지장치 ④ 베이트 댐퍼

해설
- 스페이서 : 다도체의 경우 전선 상호의 접근 및 충돌을 방지하기 위해 사용
- 베이트 댐퍼 : 진동흡수에 의해 전선 또는 가공지선의 진동 피로를 방지하기 위해 사용

기출 핵심 NOTE

01 ACSR(강심 알루미늄 연선)
- 최소 굵기 : 32[mm^2]
- 최대 굵기 : 95[mm^2]

정답 01. ① 02. ② 03. ②

기출 핵심 NOTE

04 장력이 걸리지 않는 개소의 알루미늄선 상호 간 또는 알루미늄선과 동선의 압축접속에 사용하는 분기 슬리브는 무엇인가? [21년 기사]

① 알루미늄 전선용 압축 슬리브
② 알루미늄 전선용 보수 슬리브
③ 알루미늄 전선용 분기 슬리브
④ 분기 접속용 동 슬리브

해설 **알루미늄 전선용 분기 슬리브**
알루미늄선과 동선 접속 시 동선을 알루미늄선의 하단에 위치시킨다.

05 가공 송전선로의 ACSR 전선 등에 설치되는 진동 방지용 장치가 아닌 것은? [16년 기사]

① Damper
② PG Clamp
③ Armor rod
④ Spacer Damper

해설 **전선 진동 방지책**
- 댐퍼(Damper)
- 아머로드(Armor rod) 설치

05 전선 진동 방지책
- 댐퍼(Damper)
- 아머로드(Armor rod) 설치

06 가선 전압에 의하여 정해지고 대지와 통신선 사이에 유도되는 것은? [17·96년 기사]

① 전자유도 ② 정전유도
③ 자기유도 ④ 전해유도

해설 **정전유도**
전력선과 통신선의 상호 정전용량에 의해 발생되며 전력선의 영상전압에 의해 발생

06 정전유도
전력선과 통신선의 상호 정전용량에 의해 발생되며 전력선의 영상전압에 의해 발생

07 저압 핀애자의 종류가 아닌 것은? [17·00·98·94년 기사]

① 저압 소형 핀애자
② 저압 중형 핀애자
③ 저압 대형 핀애자
④ 저압 특대형 핀애자

해설 저압 핀애자는 대형, 중형, 소형으로 구분된다.

정답 04. ③ 05. ② 06. ② 07. ④

08 다음 중 소형 핀애자를 사용하는 경우 전선의 최대 굵기 $[mm^2]$는? [00년 기사]

① 16 ② 25
③ 50 ④ 95

해설
• 소형 핀애자 : $50[mm^2]$
• 중형 핀애자 : $95[mm^2]$
• 대형 핀애자 : $185[mm^2]$

09 저압 전선로 및 인입선의 중성선 또는 접지측 전선을 애자의 색상에 의하여 식별하는 경우 어떤 색상의 애자를 사용하여야 하는가? [20·18·12·00·99·96·91년 기사]

① 흑색 ② 청색
③ 녹색 ④ 백색

해설

애지의 종류	색 별
특고압용 핀애자	적색
저압용 애자(접지측 제외)	백색
접지측 애자	청색

10 저압 인류애자는 전압선용와 중성선용으로 구분할 수 있다. 다음 중 각 용도별 색상이 바르게 연결된 것은? [21년 기사]

① 전압선용 – 녹색, 중성선용 – 백색
② 전압선용 – 백색, 중성선용 – 녹색
③ 전압선용 – 적색, 중성선용 – 백색
④ 전압선용 – 청색, 중성선용 – 백색

해설 저압 인류애자 용도별 색상
• 전압선용 : 백색
• 중성선용 : 녹색

11 다음은 송전선로에 사용되는 애자의 불량 여부를 검출하는 검출기의 명칭을 나열한 것이다. 다음 중 애자의 전압분포 측정용 기기가 아닌 것은? [14·92년 기사]

① 네온관식 ② 비즈스틱
③ 고압 메거 ④ 스파이크 클럽

해설 고압 메거는 절연저항 측정에 사용한다.

기출 핵심 NOTE

09 애지의 색상

애지의 종류	색 별
특고압용 핀애자	적색
저압용 애자(접지측 제외)	백색
접지측 애자	청색

정답 08. ③ 09. ② 10. ② 11. ③

기출 핵심 NOTE

12 다음 중 라인포스트 애자는 어떤 종류의 애자인가?

[20년 기사]

① 핀애자 ② 현수애자
③ 장간애자 ④ 지지애자

해설 **라인포스트 애자**
특고압 가공 배전선로의 지지물에서 전선을 지지 및 고정하는 데 사용되는 장주용 애자로 일반형과 내염형으로 구분한다.

12 지지애자(라인포스트 애자)
발·변전소 등에서 모선·단로기 지지용

13 송전용 볼 소켓형 현수애자의 표준형 지름은 약 몇 [mm]인가?

[17년 기사]

① 220 ② 250
③ 270 ④ 300

해설 **현수애자의 표준형 지름**
- 180[mm]
- 250[mm]

13 현수애자의 표준형 지름
- 180[mm]
- 250[mm]

14 공칭전압 345[kV]인 경우 현수애자 일련의 개수는?

[18·17년 기사]

① 10~11 ② 18~20
③ 25~30 ④ 40~45

해설 **전압에 따른 현수애자의 연결 개수**

전압[kV]	22.9	66	154	345	765
수량	2~3	4~6	9~11	19~23	38~43

14 전압별 애자련의 개수

전압[kV]	개 수
22(22.9)	2~3
66	4~6
154	9~11
345	19~23
765	38~43

15 KS C 3824에 따른 전차선로용 180[mm] 현수애자 하부의 핀 모양이 아닌 것은?

[22년 기사]

① ㄷ형 ② 훅(소)
③ 크레비스 ④ 아이(평행)

해설

종 류	기 호	핀 모양
전차선로용 100[mm] 현수애자	100 P	아이(평행)
	100 E	아이(직각)
	100 C	크레비스
전차선로용 180[mm] 현수애자	180 EP	아이(평행)
	180 E	아이(직각)
	180 C	크레비스
	(180 H)	훅(소)
	(180 HL)	훅(대)

정답 12. ④ 13. ② 14. ② 15. ①

종 류	기 호	핀 모양
전차선로용 250[mm] 현수애자	250 EP	아이(평행)
	250 E	아이(직각)
	250 C	크레비스
	(250 HL)	훅(대)
	250 TC	크레비스
	(250 TS)	1선용 커플링
	250 T	1선용 커플링

16 다음은 애자 취부용 금구를 나타낸 것이다. 앵커쇄클에 해당하는 것은? [19년 기사]

① 

② 

③ 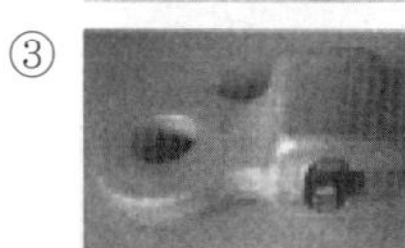
④ 

해설 ① 앵커쇄클 : 가공 배전선로에서 지지물의 장주용으로 현수애자를 "ㄱ"형 완철에 장치하는 데 사용
② 경완철용 볼쇄클 : 가공 배전선로에서 지지물의 장주용으로 현수애자를 경완철에 장치하는 데 사용
③ 소켓아이 : 현수애자와 내장 및 인장클램프를 연결하는 데 사용
④ 볼 아이 : 가공 배전선로에서 전선로의 고저차가 15° 이상일 경우 현수애자와 결합하여 전선장악용 인장클램프를 연결하는 데 사용

17 다음 중 경완철에 현수애자를 설치할 경우 사용되는 재료가 아닌 것은? [22년 기사]

① 볼쇄클 ② 소켓아이
③ 인장클램프 ④ 볼크레비스

해설 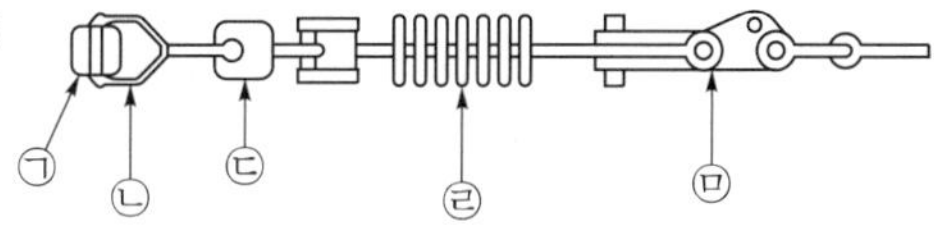

㉠ 경완철
㉡ 경완철용 볼쇄클 : 가공 배전선로에서 지지물의 장주용으로 현수애자를 경완철에 장치하는 데 사용
㉢ 소켓아이 : 현수애자와 내장 및 인장클램프를 연결하는 금구
㉣ 폴리머 애자

17 경완철에 현수애자를 설치할 경우 사용되는 재료
- 경완철
- 경완철용 볼쇄클
- 소켓아이
- 폴리머 애자
- 인장클램프(데드엔드클램프)

정답 16. ① 17. ④

ⓜ 인장클램프(데드엔드클램프) : 선로의 장력이 가해지는 곳에서 전선을 고정하기 위하여 쓰이는 금구
④ 볼크레비스는 경완철이 아닌 ㄱ완철에 현수애자를 설치할 때 사용된다.

18 가공 배전선로 경완철에 폴리머 현수애자를 결합하고자 할 때 경완철과 폴리머 현수애자 사이에 설치하는 자재는?

[22년 기사]

① 경완철용 아이쇄클 ② 볼크레비스
③ 인장클램프 ④ 각암 타이

해설

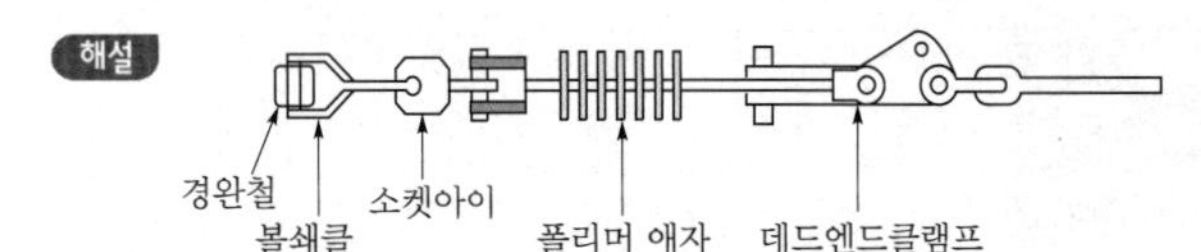

19 폴리머 애자의 설치 부속자재를 옳게 나열한 것은?

[16년 기사]

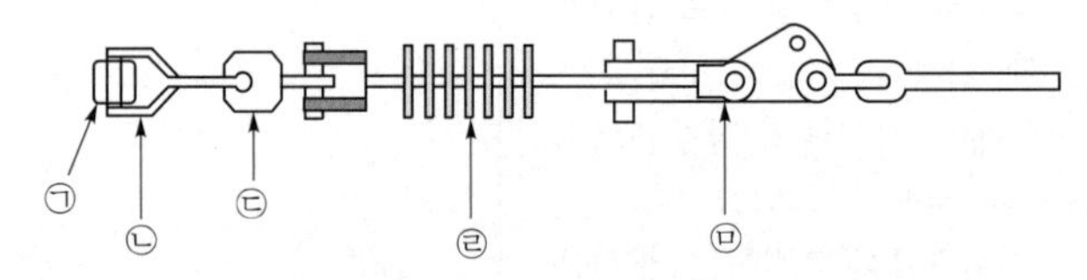

① ㉠ 경완철, ㉡ 볼쇄클, ㉢ 소켓아이, ㉣ 폴리머 애자, ㉤ 데드엔드클램프
② ㉠ 볼쇄클, ㉡ 소켓아이, ㉢ 폴리머 애자, ㉣ 경완철, ㉤ 데드엔드클램프
③ ㉠ 소켓아이, ㉡ 볼쇄클, ㉢ 데드엔드클램프, ㉣ 폴리머 애자, ㉤ 경완철
④ ㉠ 경완철, ㉡ 폴리머 애자, ㉢ 소켓아이, ㉣ 데드엔드클램프, ㉤ 볼쇄클

해설

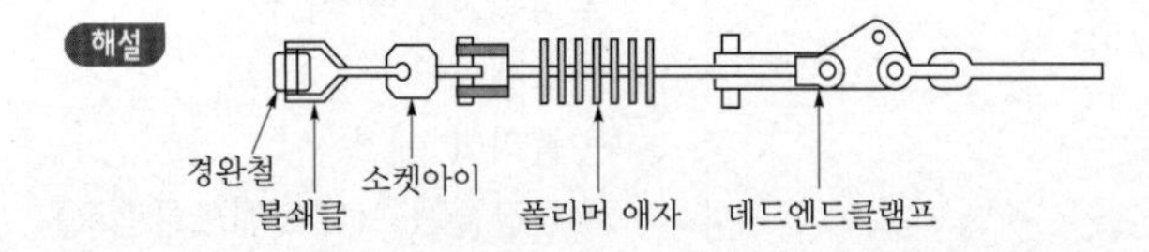

20 배전선로의 지지물로 가장 많이 쓰이고 있는 것은?

[16년 기사]

① 철탑 ② 강판주
③ 강관 전주 ④ 철근콘크리트 전주

기출 핵심 NOTE

18 경완철용 아이쇄클
가공 배전선로 경완철에 폴리머 현수애자를 결합하고자 할 때 경완철과 폴리머 현수애자 사이에 설치하는 자재이다.

정답 18. ① 19. ① 20. ④

기출 핵심 NOTE

해설 지지물에는 전철주를 병가하는 경우 외에는 콘크리트주의 사용을 원칙으로 한다.

21 가공전선로 저압주 보안공사 시 목주의 굵기는 말구지름의 얼마 이상이어야 하는가? [19년 기사]

① 10[cm] ② 12[cm]
③ 14[cm] ④ 15[cm]

해설 저압 보안공사(KEC 222.10)
목주의 풍압하중에 대한 안전율은 1.5 이상, 굵기는 말구지름의 12[cm] 이상일 것

22 전장이 16[m], 설계하중이 6.8[kN]인 철근콘크리트주를 땅에 묻을 경우 최소 깊이[m]는? (단, 지반이 연약한 곳 이외에 시설한다.) [20년 기사]

① 2.0 ② 2.4
③ 2.6 ④ 2.8

해설 가공전선로의 지지물의 기초 안전율은 2(이상 시 상정하중에 대한 철탑의 기초에 대하여는 1.33) 이상이어야 한다. 다만, 다음에 따라 시설하는 경우에는 적용하지 않는다.

설계하중 / 전장	6.8[kN] 이하	6.8[kN] 초과 ~9.8[kN] 이하	9.8[kN] 초과 ~14.72[kN] 이하
15[m] 이하	전장×1/6[m] 이상	전장×1/6 +0.3[m] 이상	전장×1/6 +0.5[m] 이상
15[m] 초과	2.5[m] 이상	2.8[m] 이상	–
16[m] 초과 ~20[m] 이하	2.8[m] 이상	–	–
15[m] 초과 ~18[m] 이하	–	–	3[m] 이상
18[m] 초과	–	–	3.2[m] 이상

23 다음 중 지선에 근가를 시공할 때 사용되는 콘크리트 근가의 길이는 몇 [m]인가? (단, 원형 지선 근가는 제외한다.) [21년 기사]

① 0.5 ② 0.7
③ 0.9 ④ 1.0

21 목주의 말구지름
12[cm] 이상

23 지선용 콘크리트 근가 길이
0.7[m]

정답 21. ② 22. ④ 23. ②

기출 핵심 NOTE

해설 콘크리트 근가

품목명	폭×길이 [mm×mm]	비 고
콘크리트 근가 0.7[m]	200×700	지선용
콘크리트 근가 1.2[m]	240×1,200	전주용
소형 원형 지선 근가	430×150	직경×높이
대형 원형 지선 근가	620×180	직경×높이
아치형 전주 근가 0.8[m]	350×800	

24 콘크리트 전주의 접지선 인출구는 지지점 표시선으로부터 몇 [mm] 지점에 위치하는가? [22년 기사]

① 600
② 800
③ 1,000
④ 1,200

해설 접지선 인·출입구

전주길이	인입구	인출구
8, 9, 11[m]	1.5[m]	근입표시에서 1[m] 하방
18, 20[m]	4[m]	–

25 한국전기설비규정에 따른 철탑의 주주재로 사용하는 강관의 두께는 몇 [mm] 이상이어야 하는가? [21년 기사]

① 1.6　② 2.0
③ 2.4　④ 2.8

해설 철주 또는 철탑의 구성 등(KEC 331.8)

- 철주 또는 철탑을 구성하는 강판(鋼板)·형강(形鋼)·평강(平鋼)·봉강(棒鋼)의 두께는 다음 값 이상의 것일 것
  - 철주의 주주재(主柱材)(완금주재를 포함)로 사용하는 것은 4[mm]
  - 철탑의 주주재로 사용하는 것은 5[mm]
  - 기타의 부재(部材)로 사용하는 것은 3[mm]
- 철주 또는 철탑을 구성하는 강관의 두께는 다음 값 이상의 것일 것
  - 철주의 주주재로 사용하는 것은 2[mm]
  - 철탑의 주주재로 사용하는 것은 2.4[mm]
  - 기타의 부재로 사용하는 것은 1.6[mm]

25 철주 · 철탑 강관 두께
- 철주의 주주재로 사용 : 2[mm]
- 철탑의 주주재로 사용 : 2.4[mm]

정답 24. ③ 25. ③

26 철탑의 상부구조에서 사용되는 것이 아닌 것은? [16년 기사]

① 암(arm)　② 수평재
③ 보조재　④ 주각재

해설 주각재는 철탑다리이다.

27 다음 중 전선 배열에 따라 장주를 구분할 경우 수직 배열에 해당되는 것은? [21년 기사]

① 보통 장주　② 랙크 장주
③ 창출 장주　④ 편출 장주

해설
- 수직 배열 : 랙크 장주, 편출용 D형 랙크 장주
- 수평 배열 : 보통 장주, 창출 장주, 편출 장주

28 다음 중 행거밴드에 대한 설명으로 옳은 것은? [18년 기사]

① 완금에 암 타이를 고정시키기 위한 밴드
② 완금을 전주에 설치하는 데 필요한 밴드
③ 전주 자체에 변압기를 고정시키기 위한 밴드
④ 전주에 COS 또는 LA를 고정시키기 위한 밴드

해설
- 암 타이밴드 : 전주에 암 타이나 랙크를 고정시키기 위한 밴드
- 완금밴드 : 완금을 전주에 설치하는 데 필요한 밴드
- 행거밴드 : 전주 자체를 변압기에 고정시키기 위한 밴드
- 브라켓 : 전주에 설치된 완금과 COS 또는 LA를 고정시키기 위한 밴드

29 전선을 지지하기 위하여 수용가측 설비에 부착하여 사용하는 "ㄱ"자 형으로 생긴 형강은? [15년 기사]

① 암 타이밴드
② 완금밴드
③ 경완금
④ 인입용 완금

해설 **인입용 완금**
전선 및 애자를 지지하기 위해 사용하고, 또 수용가측 설비에 부착하여 사용하는 것

기출 핵심 NOTE

27
- 수직 배열
  랙크 장주, 편출용 D형 랙크 장주
- 수평 배열
  보통 장주, 창출 장주, 편출 장주

28 행거밴드
주상 변압기를 전주에 연결 시 사용

정답 26. ④ 27. ② 28. ③ 29. ④

기출 핵심 NOTE

30 완철 장주의 설치 시 설치 위치 및 방법을 설명한 것으로 틀린 것은? [16년 기사]

① 완철은 교통에 지장이 없는 한 긴 쪽을 도로측으로 설치한다.
② 완철용 M 볼트는 완철의 반대측에서 삽입하고 완철이 밀착되게 조인다.
③ 완철 밴드는 창출 또는 편출 개소를 제외하고 보통 장주에만 사용한다.
④ 단완철은 전원측에 설치하며 하부 완철은 상부 완철과 동일한 측에 설치한다.

해설 단완철은 전원의 반대측(부하측)에 설치함을 원칙으로 한다.

31 특고압 배전선로 보호용 기기로 자동 재폐로가 가능한 기기는? [16년 기사]

① ASS ② ALTS
③ ASBS ④ Recloser

해설 **리클로저(Recloser)**
- 섹셔널라이저와 조합 사용
- 자동 재폐로 차단기

31 리클로저(Recloser)
- 섹셔널라이저와 조합 사용
- 자동 재폐로 차단기

32 주상 변압기 1차측에 설치하여 변압기의 보호와 개폐에 사용하는 것은? [15·03년 기사]

① 단로기(DS)
② 진공 스위치(VCB)
③ 선로개폐기(LS)
④ 컷아웃 스위치(COS)

해설 컷아웃 스위치(COS)는 주상 변압기 1차측에 설치하여, 변압기의 고장이 계통으로 파급되는 것을 막고, 변압기의 보호와 개폐에 사용되는 스위치를 말하며, 주상 변압기를 설치할 때 필수적으로 사용된다.

32 주상 변압기 보호장치
- 1차측 : 컷아웃 스위치
- 2차측 : 캐치홀더

33 다음 중 COS(컷아웃 스위치) 설치 시 필요한 부속 재료가 아닌 것은? [19년 기사]

① 브래킷
② 퓨즈링크
③ 내장클램프
④ 내오손용 결합애자

정답 30. ④ 31. ④ 32. ④ 33. ③

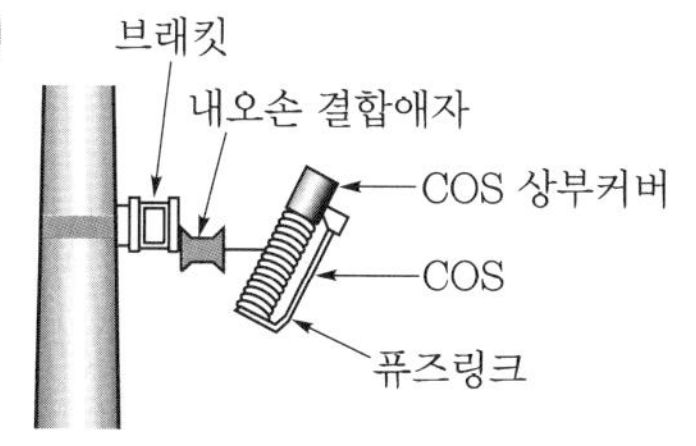

34 KS C 4506에 따른 COS(컷아웃 스위치)의 정격전류[A]가 아닌 것은? [22년 기사]

① 15　② 30
③ 45　④ 60

해설 컷아웃 스위치

극 수	정격전류[A]	정격차단용량[A]
2	15, 30	1,500, 2,500
	60, 100	2,500, 5,000
3	30	1,500, 2,500
	60, 100	2,500, 5,000

35 가공전선로의 지지물에 시설하는 지선으로 연선을 사용할 경우 소선의 지름은 최소 몇 [mm] 이상의 금속선을 사용하여야 하는가? [16년 기사]

① 2.1　② 2.3
③ 2.6　④ 2.8

해설 소선 : 2.6[mm] 이상의 금속선

36 다음 중 지선으로 사용할 수 있는 전선은? [20·11·99·94·93·90년 기사]

① 경동연선　② 중공연선
③ 아연도강연선　④ 강심알루미늄연선

해설 지선의 시설(KEC 331.11)

- 지선의 안전율은 2.5 이상일 것. 이 경우에 허용 인장하중의 최저는 4.31[kN]으로 한다.
- 지선에 연선을 사용할 경우에는 다음에 의할 것
  - 소선(素線) 3가닥 이상의 연선일 것
  - 소선의 지름이 2.6[mm] 이상의 금속선을 사용한 것일 것. 다만, 소선의 지름이 2[mm] 이상인 아연도강연선(亞鉛鍍鋼撚線)으로서 소선의 인장강도가 0.68[kN/mm^2] 이상인 것을 사용하는 경우에는 적용하지 않는다.

기출 핵심 NOTE

35 지선의 구비조건
- 안전율 : 2.5 이상
- 소선 : 2.6[mm] 이상 금속선 (단, 인장강도 0.68[kN] 이상인 아연도강연선 2.0[mm] 이상도 가능)

정답 34. ③ 35. ③ 36. ③

• 지중부분 및 지표상 0.3[m]까지의 부분에는 내식성이 있는 것 또는 아연도금을 한 철봉을 사용하고 쉽게 부식되지 않는 근가에 견고하게 붙일 것. 다만, 목주에 시설하는 지선에 대해서는 적용하지 않는다.
• 지선 근가는 지선의 인장하중에 충분히 견디도록 시설할 것

37 다음 중 지선과 지선용 근가를 연결하는 금구는?

[00·18년 기사]

① 볼쇄클 ② U볼트
③ 지선롯트 ④ 지선밴드

해설
• 볼쇄클 : 현수애자를 완금에 내장으로 시공할 때 사용하는 금구류
• U볼트 : 전주 근가를 전주에 부착시키는 금구
• 지선롯트 : 지선과 지선용 근가를 연결시키는 금구
• 지선밴드 : 지선을 지지물에 부착할 때 사용하는 금구

38 전선을 지지하기 위하여 사용되는 자재로 애자를 부착하여 사용하며 단면이 □형으로 생긴 형강은? [16년 기사]

① 경완철 ② 분기 고리
③ 행거 밴드 ④ 인류 스트랍

해설 **경완철**
• 전선을 지지하기 위하여 사용하는 자재
• 900[mm], 1,400[mm], 1,800[mm], 2,400[mm]

39 경완철의 표준길이에 해당하지 않는 것은?

[22년 기사]

① 1,000[mm] ② 1,400[mm]
③ 1,800[mm] ④ 2,400[mm]

해설 **경완철의 표준길이**
900, 1,400, 1,800, 2,400[mm]

40 22.9[kV] 가공전선로에서 3상 4선식 선로의 직선주에 사용되는 크로스 완금의 길이는 몇 [mm]가 표준인가?

[00·99·93·90년 기사]

① 900[mm] ② 1,400[mm]
③ 1,800[mm] ④ 2,400[mm]

기출 핵심 NOTE

37 지선 설치 부속품
• 지선밴드
전선을 지지물에 고정하는 것
• 지선롯트
지선과 근가를 연결시키는 것
• U볼트
지지물에 근가를 고정하는 것

39 경완철의 표준길이
900, 1,400, 1,800, 2,400[mm]

40 가공전선로 완금 표준길이[mm]

전선조수	저 압	고 압	특고압
2	900	1,400	1,800
3	1,400	1,800	2,400

정답 37. ③ 38. ① 39. ① 40. ④

해설 완금의 표준길이[mm]

전선조수	저 압	고 압	특고압
2	900	1,400	1,800
3	1,400	1,800	2,400

41 다음 중 특고압, 고압, 저압에 사용되는 완금(완철)의 표준길이[mm]에 해당되지 않는 것은? [22·17·15년 기사]

① 900 ② 1,800
③ 2,400 ④ 3,000

해설 완금의 표준길이[mm]

전선조수	저 압	고 압	특고압
2	900	1,400	1,800
3	1,400	1,800	2,400

42 가공전선로에서 22.9[kV-Y] 특고압 가공전선 2조를 수평으로 배열하기 위한 완금의 표준길이[mm]는 얼마인가? [17·96·93·92년 기사]

① 1,400 ② 1,800
③ 2,000 ④ 2,400

해설 완금의 표준길이[mm]

전선조수	저 압	고 압	특고압
2	900	1,400	1,800
3	1,400	1,800	2,400

43 특고압 가공전선로의 조수가 3일 때 완금의 표준길이[mm]는 얼마인가? [20·03·98·92·90년 기사]

① 900 ② 1,400
③ 1,800 ④ 2,400

해설 완금의 표준길이[mm]

전선조수	저 압	고 압	특고압
2	900	1,400	1,800
3	1,400	1,800	2,400

기출 핵심 NOTE

PART 2

41 완금의 표준길이[mm]

전선조수	저 압	고 압	특고압
2	900	1,400	1,800
3	1,400	1,800	2,400

정답 41. ④ 42. ② 43. ④

기출 핵심 NOTE

44 **암거에 시설하는 지중전선에 대한 설명으로 틀린 것은? (단, 암거 내에 자동소화설비가 시설되지 않은 경우이다.)**

[22년 기사]

① 자소성이 있는 난연성 피복이 된 지중전선은 사용이 가능하다.

② 자소성이 있는 난연성의 관에 지중전선을 넣어 시설하는 것은 불가능하다.

③ 불연성이 있는 연소방지도료로 지중전선을 피복한 전선은 사용이 가능하다.

④ 자소성이 있는 난연성의 연소방지테이프로 지중전선을 피복한 전선은 사용이 가능하다.

해설 암거에 시설하는 지중전선은 다음의 어느 하나에 해당하는 조치를 하거나 암거 내에 자동소화설비를 시설하여야 한다.

- 불연성 또는 자소성이 있는 난연성 피복이 된 지중전선을 사용할 것
- 불연성 또는 자소성이 있는 난연성의 연소방지테이프, 연소방지시트, 연소방지도료 기타 이와 유사한 것으로 지중전선을 피복할 것
- 불연성 또는 자소성이 있는 난연성의 관 또는 트라프에 넣어 지중전선을 시설할 것

정답 44. ②

CHAPTER

05

배전반 및 분전반

01 배전반 및 분전반

02 수전 및 변전설비

출제비율

기 사

7.7 %

기출개념 01 배전반 및 분전반

[1] 배전반 및 분전반의 설치장소

(1) 전기회로를 쉽게 조작할 수 있는 곳

(2) 개폐기를 쉽게 개폐할 수 있는 곳

(3) 노출되고, 안정된 곳

[2] 배전반 및 분전반의 시설

(1) 옥측 또는 옥외에 시설하는 경우 방수형의 것을 사용

(2) 기구 및 전선은 쉽게 점검할 수 있도록 시설

(3) 분전반은 적합한 함 속에 내장

(4) 한 개의 분전반은 한 가지 전원(1회선의 간선)만 공급

[3] 반(盤)

(1) 노출하여 시설되는 배전반 및 분전반의 재료는 불연성의 것이야 한다.
다만, 다음의 어느 하나에 해당하는 것에 대하여는 난연성의 합성수지 성형품 또는 목재의 것을 사용할 수 있다.
① 금속 또는 합성수지제의 함에 넣은 개폐기를 사용하는 경우
② 배선용 차단기를 사용하는 경우
③ 400[V] 이하의 전로에서 커버 나이프 스위치를 사용하는 경우

(2) 목재의 반(盤)은 충전부분을 직접 부착해서는 안 된다.

[4] 함(函)

(1) 반(盤)의 뒤쪽은 배선 및 기구를 배치하지 말 것
다만, 쉽게 점검할 수 있는 구조이거나 분배전반의 소형 덕트 내의 배선은 적용하지 않는다.

(2) 배전반 및 분전반을 넣은 함으로서 난연성 합성수지로 된 것은 두께 1.5[mm] 이상으로 내(耐)아크성인 것이어야 한다.

(3) 강판제의 것은 두께 1.2[mm] 이상이어야 한다.
다만, 가로 또는 세로의 길이가 30[mm] 이하인 것은 두께 1.0[mm] 이상으로 할 수 있다.

▌배전반과 분전반의 소형 덕트 폭▌

전선의 굵기[mm^2]	분·배전반의 소형 덕트의 폭[cm]
35 이하	8
95 이하	10
240 이하	15
400 이하	20
630 이하	25
1,000 이하	30

기·출·개·념 **문제**

다음 중 배전반 및 분전반에 대한 설명으로 틀린 것은? 18 기사

① 옥외에 시설할 때는 방수형을 사용해야 한다.
② 기구 및 전선은 쉽게 점검할 수 있어야 한다.
③ 모든 분전반은 최소간선용량보다는 작은 정격의 것이어야 한다.
④ 한 개의 분전반에는 한 가지 전원(1회선의 간선)만 공급하여야 한다.

(해설) 분전반은 최소간선용량보다는 큰 정격의 것이어야 한다.

* **배전반 및 분전반의 시설**

- 옥측 또는 옥외에 시설하는 경우 방수형의 것을 사용
- 기구 및 전선은 쉽게 점검할 수 있도록 시설
- 분전반은 적합한 함 속에 내장
- 한 개의 분전반은 한 가지 전원만 공급

답 ③

기출개념 02 수전 및 변전설비

[1] 배전반의 구성 요소

(1) 감시 제어용 기기

계기, 표시등, 조작개폐기, 보호계전기, 경보장치이다.

(2) 주회로 기기

차단기, 단로기로서 배전반에 직접 설치하지 않을 경우도 있다.

(3) 배전반의 재료

강판, 대리석, 아스베스트 등이 있으나 현재는 3.2[mm] 두께의 강판이 주로 사용된다.

[2] 개방형 수전설비

개방형 수전설비는 건물 내에 철골을 조립하고 여기에 수전설비를 구성한 것으로 종래에 많이 쓰이던 방식이다. 이 방식은 기기나 배선 등을 직접 눈으로 볼 수가 있고 일상점검이 편리하나 다음과 같은 문제가 있기 때문에 최근의 신설 수전설비로는 잘 쓰이지 않는 경향이 있다.

(1) 비교적 넓은 부지를 요한다.
(2) 충전부가 노출되어 있기 때문에 위험하다.
(3) 가스에 의한 부식이나 염진해를 받기 쉽다(옥외형).
(4) 옥외형에 있어서 옥외에 사용하는 기기만을 써야 한다.
(5) 철골·배선공사 등은 현지에서 시공되어야 하는 바 이에 대한 준비를 하여야 한다.

[3] 폐쇄형 수전설비

수전설비를 구성하는 기기를 단위폐쇄 배전반이라 불리는 금속제외 함(函)에 넣어서 수전설비를 구성하는 것으로 아래와 같은 종류가 있다.

- Metal Enclosed Switchgear
- Metal Clad Switchgear(장갑형)
- Cubicle(폐쇄형)

(1) 폐쇄형 수전설비의 특징

① 충전부는 접지된 금속제함 내에 넣어져 있으므로 운전 보수상 안전하다. 또한 단위회로마다 구획되어 있으므로 만일의 사고가 발생될 경우에는 사고의 확대가 방지된다.
② 단위회로로 제작소에서 표준화할 수 있으므로 장치에 호환성이 있어 증설이나 보수에 편리하다.
③ 제작소에서 완전히 조립, 시험을 거쳐 수송할 수 있으므로 신뢰도가 높고, 현지작업이 용이하고 공사기간의 단축을 기할 수 있어 공사비도 저렴해진다.
④ 개방형에 비하여 약 30~40[%]의 전용면적을 줄일 수 있다.
⑤ 보수·점검이 용이하다. 특히 Metal Clad Switchgear에서는 차단기를 반외로 간단히 빼낼 수 있기 때문에 보수·점검이 아주 용이하고 안전할 수 있다.

(2) Metal Clad와 Cubicle의 차이점

메탈클래드와 큐비클은 외견상으로는 그 차이점을 확실하게 구분하여 설명하기 어렵다. 일반적으로 차단기, 단로기, 모선, 기타의 것들을 정지된 금속으로 둘러싼 한 개의 것으로 된 것을 큐비클 폐쇄 배전반이라 한다. 또 큐비클 내부를 모선실, 차단기실과 같이 접지금속으로 칸을 만들어 거기에다 차단기, 계기용 변압기, 피뢰기 등은 볼트·너트류가 밖에 나타나지 않게 하고, 차단기는 차단기가 "열림"상태가 아니면 인출할 수 없도록 인터로크(interlock) 되어 있는 것을 메탈클래드라 부른다. 또 수전설비를 주차단장치(수전용 차단기)의 구성으로 분류하면 CB형, PF-CB형, PF-S형 3가지 종류로 분류한다.

형 식		수전설비용량	주차단기	콘덴서용량
CB형	옥내용	500[kVA] 이하	차단기(CB)를 사용	300[kVA]
	옥외형			
PF-CB형	옥내용	500[kVA] 이하	한류형 전력 퓨즈 PF와 CB를 조합하여 사용	300[kVA]
	옥외형			
PF-S형	옥내용	300[kVA] 이하	PF와 고압 개폐기를 조합하여 사용	100[kVA]
	옥외형			

[4] 수변전설비 구성기기

(1) 단로기(DS)

기기의 점검, 수리를 할 경우 기기를 활선으로부터 떼어 내어 확실하게 회로를 열어 놓을 목적으로 사용된다. 또 모선의 구분, 변압기의 결선변경 또는 회로의 접속변경 등의 목적으로 사용되는 개폐기로 정격전압으로 단순히 충전되어 있는 **무부하상태의 전로를 개폐하기 위한 것**이다.

(2) 차단기(CB)

통상적으로 부하전류를 개폐하여 전동기 등의 부하기기나 전력계통을 임의로 운전 또는 정지시키는 외에 보호계전기와의 조합에 의하여 기기 또는 전력계통에 고장이 발생한 경우 자동적으로 **고장전류를 차단하여 고장개소를 제거하는 목적으로 사용**된다.

① 소호원리에 따른 차단기의 종류

㉠ **유입차단기(OCB)** : 절연유를 사용하며 아크에 의해 기름이 분해되어 발생된 가스가 아크를 냉각하며 가스의 압력과 기름이 아크를 불어내는 방식

㉡ **공기차단기(ABB)** : 수십 기압의 압축 공기를 이용하여 소호하는 방식

㉢ **자기차단기(MBB)** : 차단전류에 의해 형성되는 자계로 아크를 아크슈트로 밀어내어 아크전압을 올려서 차단하는 방식

㉣ **가스차단기(GCB)** : SF_6(육불화황) 가스를 소호 매체로 이용하는 방식

㉤ **진공차단기(VCB)** : 10^{-4}[mmHg] 정도의 고진공 상태에서 차단하는 방식으로 소형 경량이고, 조작이 간편하며 화재의 우려가 없고, 또한 소음이 없다.

㉥ **기중차단기(ACB)** : 대기 중에서 아크를 길게 하여 소호실에서 냉각 차단하는 방식

② 차단기의 정격

㉠ **정격전압[kV]** : 공칭전압의 $\frac{1.2}{1.1}$ 배의 값으로 표시한다.

㉡ **정격전류** : 일반회로에서는 회로의 전류값에 120[%] 이상, 콘덴서군에 사용하는 경우 콘덴서군의 150[%] 이상

㉢ **정격차단전류[kA]** : 차단기가 차단할 수 있는 단락전류(교류분 실효값)의 한도를 나타내는 데 차단기를 시설하는 회로의 단락전류 이상의 정격차단전류의 것을 사용

㉣ **정격투입전류[kA]** : 고장(단락)난 회로를 개폐할 경우 단락전류가 흘러 단락전류에 의한 전자반발력으로 차단기가 완전히 투입되어도 차단기의 차단동작이 방해를 받아 차단불능이 되는 경우가 있다. 따라서 이와 같은 사태가 되지 않도록 규정된 것인데 이 차단기가 투입할 수 있는 단락전류(파고치)의 한도를 나타낸 것이다. 정격차단전류가 결정되면 이 값도 자동적으로 결정된다.

㉤ **정격차단시간[c/s]** : 차단기가 트립(trip) 지령을 받고부터(보호계전기의 접점이 닫혀지고부터) 트립장치가 동작하여 전류차단이 완료할 때까지의 시간을 나타낸다.

- 트립코일 여자로부터 아크 소호까지의 시간
- 개극시간과 아크시간의 합을 말하며 3~8[Hz] 정도

㉥ 절연내력과 기준충격절연강도(BIL)는 뇌임펄스 내전압 시험값으로서 절연 레벨의 기준을 정하는 데 적용된다.

㉦ 도면에 차단기의 정격을 표시할 때는 정격전류, 정격전압, 정격차단용량을 표시하여야 하며, 차단용량(Rupturing capccity : RC)은 RC[MVA]를 병기한다.

③ 차단기 용량의 산정

$$P_s = \sqrt{3} \times \text{정격전압} \times \text{정격차단전류[MVA]}$$

(3) 부하개폐기(LBS : Load Breaking Switch)

① 부하개폐기의 기능

㉠ 여자전류의 개폐 및 통전

㉡ 충전전류의 개폐 및 통전

㉢ 부하전류의 개폐 및 통전

㉣ 콘덴서전류의 개폐 및 통전

㉤ 루프(loop) 전류의 개폐 및 통전

② 부하개폐기의 종류와 용도

㉠ 용도

- 옥내
  - 변압기 콘덴서의 개폐기

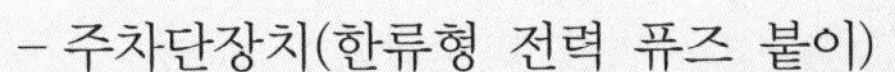

– 주차단장치(한류형 전력 퓨즈 붙이)
– 안전관리상의 책임분계점에 설치하는 구분개폐기
• 옥외
– 고압 구내배전선의 선로개폐기 및 분기개폐기
– 안전관리상의 책임분계점에 설치하는 구분개폐기

㉡ 종류 : 소호매체에 의한 분류

종 류	소호 매체
기중 부하개폐기	대기
유 부하개폐기	절연유
진공 부하개폐기	진공(10^{-4}[mmHg] 이하)
가스 부하개폐기	SF_6 가스
공기 부하개폐기	압축공기

(4) 변압기

① 수변전설비의 주체를 형성하는 기기이며, 전체의 신뢰도를 결정한다. 1차 전압 6[kV], 22[kV], 154[kV]급을 2차 전압 220[V], 고압 등으로 강압하는 데 사용된다.

② 변압기의 형식과 정격
㉠ 형식 : 옥내형(옥외형), 유입자냉식, 건식
㉡ 상수 : 단상 또는 3상
㉢ 주파수 : 60[Hz]
㉣ 용량 : 5~500[kVA]
㉤ 정격전압 : 1차 6,600~22,900[V], 2차 220~440[V]
㉥ 결선 : △-△, Y-Y, △-Y, V-V

(5) 전력량계용 계기용 변성기(MOF)

전력량계로 고저압 전기회로의 전기사용량을 적산하기 위하여 고압의 전압과 전류를 저압의 전압과 전류로 변성하는 장치이다(**CT와 PT를 한 탱크 내에 수용한 것**).

▌고압 계기용 변성기의 정격▐

종 별		정 격
PT	1차 정격전압[V]	3,300, 6,000
	2차 정격전압[V]	110
	정격부담[VA]	50, 100, 200, 400
CT	1차 정격전류[A]	10, 15, 20, 30, 40, 50, 75, 100, 150, 200, 300, 400, 500, 600
	2차 정격전류[A]	5
	정격부담[VA]	15, 40, 100 일반적으로 고압회로는 40[VA] 이하, 저압회로는 15[VA] 이하

▌계기용 변성기의 등급▐

등 급	호 칭	주된 용도
0.1급	표준용	계기용 변성기 시험용 표준기
0.2급		정밀 계측용
0.5급	일반계기용	정밀 계측용
1.0급		보통 계측용, 배전반용
3.0급		배전반용

(6) 계기용 변압기(PT)

고압회로의 전압을 저압으로 변성하기 위해서 사용하는 것이며, 배전반의 전압계나 전력계, 주파수계, 역률계, 표시등 및 부족전압 트립코일의 전원으로 사용된다.

(7) 변류기(CT)

대전류를 소전류로 변성하기 위해서 사용하는 것이며, 배전반의 전류계 및 트립코일(TC)의 전원으로 사용된다. 일반 변류기는 2차측은 사용 중 코일에 전류가 흐르는 상태에서 2차 코일을 개방하면 2차 단자 간에 고전압이 발생하여 코일의 손상(2차측 절연파괴)내지 감전사고를 유발한다.

(8) 전력용 콘덴서(SC)

역률개선을 목적으로 사용하며 부하와 병렬로 접속한다. 일명 병렬콘덴서라 불린다.

① 역률 개선 : 부하에 병렬로 삽입하여 개선역률을 지상 90[%] 이상 유지하여야 한다.

② 방전코일(DC 또는 DSC) : 콘덴서를 회로로부터 분리했을 때 전하가 잔류함으로 일어나는 위험의 방지와 재투입할 때 콘덴서에 걸리는 과전압의 방지를 위해서 방전코일을 설치한다. **방전코일은 개로 후 5초 이내 50[V] 이하로 저하시킬 능력이 있는 것을 설치하는 것이 바람직**하다.

③ 직렬 리액터(SR) : 파형을 개선(**제5고조파의 제거**)하기 위해서 전력용 콘덴서와 직렬로 리액터를 설치한다. **직렬 리액터의 용량은 콘덴서의 용량에 6[%]가 표준정격**으로 되어 있다.(이론상 4[%])

(9) 영상변류기(ZCT)

고압모선이나 부하기기에 지락사고가 생겼을 때 흐르는 영상전류(지락전류)를 검출하여 접지계전기에 의하여 차단기를 동작시켜 사고범위를 작게 한다.

① 1차 정격 영상전류 : 200[mA]

② 2차 정격 영상전류 : 1.5[mA]

(10) 전력 퓨즈(PF)

고전압 회로 및 기기의 단락보호용의 퓨즈로 소호 방식에 따라 한류형과 비한류형(방출형)으로 나누며, 차단기에 비하여 다음과 같은 특징이 있다.

① 부속설비(변성기, 계전기 등) 불필요하다.

② 가격 저렴하고, 소형이며 경량이다.

③ 차단용량이 크다.

④ 고속 차단이 가능하다.

⑤ 보수가 용이하다.

1. 큐비클의 정식명칭에 해당하는 것은? 00 기사

① 라이브 프런트 배전반
② 데드 프런트 배전반
③ 포스트 배전반
④ 폐쇄 배전반

(해설) 큐비클(Cubicle)이란 원래 입방체를 말하는 것으로 전기제품을 어떤 입방체 내에 설치하는 것 전부를 의미하며 함의 대부분이 철제로 이루어지고 있다. 큐비클 중에서 큐비클 내에 내장되는 기기를 완전히 철제로 감싸서 안전하게 제작하는 것을 METAL CLAD형, 즉 폐쇄 배전반이라고 한다. 답 ④

2. 변전소 시설 중 지락고장 감출용으로 적합하지 않은 것은? 95 기사

① CT
② ZCT
③ GPT
④ OCR

(해설) OCR(과전류 계전기)은 과전류 검출용으로 사용된다. 답 ④

이런 문제가 시험에 나온다!

CHAPTER 05
배전반 및 분전반

단원 최근 빈출문제

01 배전반 및 분전반의 설치장소로 적합하지 않은 곳은?

[17년 기사]

① 안정된 장소
② 노출되어 있지 않은 장소
③ 개폐기를 쉽게 개폐할 수 있는 장소
④ 전기회로를 쉽게 조작할 수 있는 장소

해설 개폐기를 조작할 수 있어야 하므로 노출되지 않는 장소에는 설치를 하지 않는다.

02 배전반 및 분전반에 대한 설명으로 틀린 것은?

[19년 기사]

① 개폐기를 쉽게 개폐할 수 있는 장소에서 시설하여야 한다.
② 옥측 또는 옥외에 시설하는 경우는 방수형을 사용하여야 한다.
③ 노출하여 시설되는 분전반 및 배전반의 재료는 불연성의 것이어야 한다.
④ 난연성 합성수지로 된 것은 두께가 최소 2[mm] 이상으로 내아크성인 것이어야 한다.

해설 **배전반 및 분전반의 시설**

- 반(盤)의 뒤쪽은 배선 및 기구를 배치하지 않아야 한다.
- 반의 옆쪽 또는 뒤쪽에 설치하는 분배전반의 소형 덕트는 강판제로서 전선을 구부리거나 눌리지 않을 정도로 충분히 큰 것이어야 한다.
- 난연성 합성수지로 된 것은 두께 1.5[mm] 이상으로 내(耐)아크성인 것이어야 한다.
- 강판제의 것은 두께 1.2[mm] 이상이어야 한다.
- 절연저항 측정 및 전선 접속단자의 점검이 용이한 구조이어야 한다.

기출 핵심 NOTE

01 배전반의 설치장소

- 안정된 장소
- 노출된 장소
- 전기회로를 쉽게 조작할 수 있는 장소
- 개폐기를 쉽게 조작할 수 있는 장소

정답 01. ② 02. ④

03 배전반 및 분전반을 넣은 함이 내아크성, 난연성의 합성 수지로 되어 있을 경우 함의 최소 두께[mm]는 얼마이어야 하는가? [20년 기사]

① 1.2　　② 1.5
③ 1.8　　④ 2.0

해설 • 난연성 합성수지로 된 것은 두께 1.5[mm] 이상으로 내(耐)아크성인 것이어야 한다.
• 강판제의 것은 두께 1.2[mm] 이상이어야 한다. 다만, 가로 또는 세로의 길이가 30[cm] 이하인 것은 두께 1.0[mm] 이상으로 할 수 있다.

04 배전반 및 분전반을 넣는 함을 강판제로 만들 경우 함의 최소 두께[mm]는? (단, 가로 또는 세로의 길이가 30[cm]를 초과하는 경우이다.) [20년 기사]

① 1.0　　② 1.2
③ 1.4　　④ 1.6

해설 강판제의 것은 두께 1.2[mm] 이상이어야 한다. 다만, 가로 또는 세로의 길이가 30[cm] 이하인 것은 두께 1.0[mm] 이상으로 할 수 있다.

05 다음 중 배전반 및 분전반을 넣은 함이 갖추어야 할 요건으로 적합하지 않은 것은? [20년 기사]

① 절연저항 측정 및 전선접속단자의 점검이 용이한 구조이어야 한다.
② 반의 옆쪽 또는 뒤쪽에 설치하는 분배전반의 소형 덕트는 강판제이어야 한다.
③ 난연성 합성수지로 된 것은 두께가 최고 1.6[mm] 이상으로 내(耐)수지성인 것이어야 한다.
④ 강판제의 것은 두께 1.2[mm] 이상이어야 한다. 다만, 가로 또는 세로의 길이가 30[cm] 이하인 것은 두께 1.0[mm] 이상으로 할 수 있다.

해설 난연성 합성수지로 된 것은 두께 1.5[mm] 이상으로 내(耐)아크성인 것이어야 한다.

기출 핵심 NOTE

03 배전반 · 분전반 함 두께
- 난연성 합성수지로 된 것 : 1.5[mm] 이상
- 강판제로 된 것 : 1.2[mm] 이상

정답 03. ② 04. ② 05. ③

기출 핵심 NOTE

06 다음 중 분전함에 대한 설명으로 옳지 않은 것은?

[15년 기사]

① 반의 옆쪽에 설치하는 분배전반의 소형 덕트는 강판제로서 전선을 구부리거나 눌리지 않을 정도로 충분히 큰 것이어야 한다.
② 목재함은 최소 두께 1.0[cm](뚜껑 포함) 이상으로 불연성 물질을 안에 바른 것이어야 한다.
③ 난연성 합성수지로 된 것은 두께 1.5[mm] 이상으로 내아크성인 것이어야 한다.
④ 강판제의 것은 일반적인 경우 두께 1.2[mm] 이상이어야 한다.

해설 목재함은 최소 두께 1.2[cm] 이상으로 불연성 물질을 안에 바른 것이어야 한다.

07 전선의 굵기가 95[mm^2] 이하인 경우 배전반과 분전반의 소형 덕트의 폭은 최소 몇 [cm]이어야 하는가?

[18년 기사]

① 8 ② 10
③ 15 ④ 20

해설 배전반과 분전반의 소형 덕트의 폭

전선의 굵기[mm^2]	분배전반의 소형 덕트 폭[cm]
35 이하	8
95 이하	10
240 이하	15
400 이하	20
630 이하	25
1,000 이하	30

07 소형 덕트의 폭

전선의 굵기 [mm^2]	분배전반의 소형 덕트 폭[cm]
35 이하	8
95 이하	10
240 이하	15
400 이하	20
630 이하	25
1,000 이하	30

08 다음 중 분전반의 소형 덕트 폭으로 틀린 것은?

[16년 기사]

① 전선 굵기 35[mm^2] 이하는 덕트 폭 5[cm]
② 전선 굵기 95[mm^2] 이하는 덕트 폭 10[cm]
③ 전선 굵기 240[mm^2] 이하는 덕트 폭 15[cm]
④ 전선 굵기 400[mm^2] 이하는 덕트 폭 20[cm]

해설 전선 굵기 35[mm^2] 이하는 덕트 폭 8[cm]이다.

정답 06. ② 07. ② 08. ①

09 수전설비를 주차단장치에 따라 구분할 경우 그 종류가 아닌 것은? [18년 기사]

① CB형 ② PF-S형
③ PF-CB형 ④ PF-PF형

해설 큐비클의 종류

종 류	주 차단기
CB형	차단기를 사용한 것
PF-CB형	한류형 전력 퓨즈와 차단기를 조합 사용한 것
PF-S형	전력 퓨즈와 고압 개폐기를 사용한 것

10 다음 중 저압 배전반의 주 차단기로 사용되는 것은? [19·11·99·95·92년 기사]

① VCB 또는 TCB ② ACB 또는 NFB
③ COS 또는 PF ④ DS 또는 OS

해설 저압 배전반의 주 차단기로는 기중차단기(ACB) 또는 배선용 차단기(MCCB)가 주로 사용된다.

11 고장전류 차단능력이 없는 것은? [19·17년 기사]

① LS ② VCB
③ ACB ④ MCCB

해설 차단기 종류
- VCB : 진공차단기
- OCB : 유입차단기
- ABB : 공기차단기
- MBB : 자기차단기
- GCB : 가스차단기
- ACB : 기중차단기

12 다음 중 단로기의 구조와 관계없는 것은? [19년 기사]

① 핀치 ② 베이스
③ 플레이트 ④ 리클로저

해설 리클로저는 배전선로에 사용되는 보호기기(자동 재폐로 차단기)이다.

기출 핵심 NOTE

09 수전설비 주차단장치 따른 구분
- CB형
- PF-CB형
- PF-S형

11 차단기 종류
- VCB : 진공차단기
- OCB : 유입차단기
- ABB : 공기차단기
- MBB : 자기차단기
- GCB : 가스차단기
- ACB : 기중차단기

정답 09. ④ 10. ② 11. ① 12. ④

기출 핵심 NOTE

13 소호능력이 우수하며 이상전압의 발생이 적고, 고전압 대전류 차단에 적합한 지중 변전소 적용 차단기는?

[15년 기사]

① 유입차단기 ② 가스차단기
③ 공기차단기 ④ 진공차단기

해설 가스차단기는 소호능력이 우수하고, 이상전압 발생이 적고, 고전압 대전류 차단에 적합하다.

14 MCCB의 동작방식에 대한 분류 중 틀린 것은?

[15년 기사]

① 열동식 ② 열동전자식
③ 기중식 ④ 전자식

해설 **MCCB 동작방식에 대한 분류**

- 완전전자식 : 전자석의 원리 이용
- 열동식 : 전류가 히터를 통하여 흐르게 하여 바이메탈을 이용
- 열동전자식 : 열동식의 구조에 전자석 장치를 추가
- 전자식 : 전자회로를 이용

14 배선용 차단기 종류

- 동작방식에 의한 분류
  - 열동식
  - 열동전자식
  - 전자식
- 용도에 의한 분류
  - 배선보호용
  - 전동기 보호겸용
  - 특수용

15 차단기 중 자연 공기 내에서 개방할 때 접촉자가 떨어지면서 자연 소호에 의한 소호방식을 가지는 기능을 이용한 것은?

[17년 기사]

① 공기차단기 ② 가스차단기
③ 기중차단기 ④ 유입차단기

해설 **기중차단기(ACB)**

- 소호매질 : 공기(대기)
- 저압용 차단기

15 기중차단기(ACB)

- 소호매질 : 공기(대기)
- 저압용 차단기

16 누전차단기의 동작시간에 대한 설명 중 틀린 것은?

[17년 기사]

① 고감도 고속형 : 정격감도전류에서 0.1초 이내
② 중감도 고속형 : 정격감도전류에서 0.2초 이내
③ 고감도 고속형 : 인체감전보호용은 0.03초 이내
④ 중감도 시연형 : 정격감도전류에서 0.1초를 초과하고 2초 이내

정답 13. ② 14. ③ 15. ③ 16. ②

해설 누전차단기 종류

<table>
<tr><th colspan="2">구 분</th><th>정격감도
전류</th><th>동작시간</th></tr>
<tr><td rowspan="3">고감도형</td><td>고속형</td><td rowspan="3">5[mA]
10[mA]
15[mA]
30[mA]</td><td>• 정격감도전류 0.1초 이내
• 인체감전보호 0.03초 이내</td></tr>
<tr><td>시연형</td><td>• 정격감도전류 0.1~2초 이내</td></tr>
<tr><td>반한시형</td><td>• 정격감도전류 0.1~1초 이내
• 정격감도전류 1.4배에서 0.1~0.5초
• 정격감도전류 4.4배에서 0.05초</td></tr>
<tr><td rowspan="2">중감도형</td><td>고속형</td><td rowspan="2">50[mA], 0.1[A]
0.2[A], 0.5[A]
1[A]</td><td>• 정격감도전류 0.1초 이내</td></tr>
<tr><td>시연형</td><td>• 정격감도전류 0.1~2초 이내</td></tr>
<tr><td rowspan="2">저감도형</td><td>고속형</td><td rowspan="2">3[A], 5[A]
10[A], 20[A]</td><td>• 정격감도전류 0.1초 이내</td></tr>
<tr><td>시연형</td><td>• 정격감도전류 0.1~2초 이내</td></tr>
</table>

17 누전차단기의 동작시간에 따른 분류에 해당하지 않는 것은? [19년 기사]

① 고속형 ② 시연형
③ 저감도형 ④ 반한시형

해설 누전차단기의 동작시간에 따른 분류
- 고감도형
  - 고속형
  - 시연형
  - 반한시형
- 중감도형
  - 고속형
  - 시연형

18 다음 중 보호계전기의 종류가 아닌 것은? [18년 기사]

① ASS ② OVR
③ SGR ④ OCGR

해설
- ASS(Automatic Section Switch) : 자동고장구분개폐기
- OVR(Over Voltage Relay) : 과전압계전기
- SGR(Selective Ground Relay) : 선택 지락계전기
- OCGR(Over Current Ground Relay) : 과전류 지락계전기

19 다음 중 발전기나 주변압기의 내부고장 보호용으로 가장 적당한 계전기는? [96·94년 기사]

① 온도계전기 ② 과전류계전기
③ 비율차동계전기 ④ 차동전류계전기

기출 핵심 NOTE

18 자동고장구분개폐기(ASS)
과부하 지락사고 시 고장 구간을 분리하기 위한 개폐기이다.

정답 17. ③ 18. ① 19. ③

기출 핵심 NOTE

해설 비율차동계전기
1차 전류와 2차 전류의 차로 동작하여 발전기나 변압기의 내부고장 보호용으로 사용된다.

20 수변전설비 회로의 특고압 및 고압을 저압으로 변성하는 것은? [15년 기사]

① 계기용 변압기 ② 과전류계전기
③ 계기용 변류기 ④ 전력 콘덴서

해설 계기용 변압기(PT)는 계통의 고전압을 저전압으로 변성하여 계측하거나, 계전기를 작동시킨다.

20 계기용 변압기(PT)
고전압을 저전압으로 변성하는 계기용 변성기

21 다음 약호 중 계기용 변압기를 표시하는 것은? [17년 기사]

① PF ② PT
③ MOF ④ ZCT

해설 계기용 변압기(Potential Transformer : PT)

22 고압으로 수전하는 변전소에서 접지 보호용으로 사용되는 계전기에 영상전류를 공급하는 것은? [22·21·16년 기사]

① CT ② PT
③ ZCT ④ GPT

해설 GPT는 영상전압을 공급하며, ZCT는 영상전류를 공급한다.

22 계기용 변성기
- PT : 계기용 변압기
- CT : 변류기
- ZCT : 영상변류기
- GPT : 접지형 계기용 변압기

23 다음의 약호 중 계기류에 속하지 않는 것은 무엇인가? [22년 기사]

① A ② W
③ WHM ④ ZCT

해설 ① A : 전류계
② W : 전력계
③ WHM : 전력량계
④ ZCT는 영상변류기로 계전기류에 속한다.

정답 20. ① 21. ② 22. ③ 23. ④

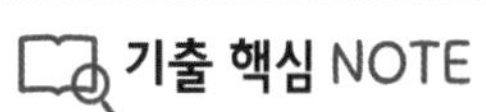

PART 2

24 다음 중 비포장 퓨즈의 종류가 아닌 것은? [18년 기사]

① 실 퓨즈　② 판 퓨즈
③ 고리 퓨즈　④ 플러그 퓨즈

해설 **비포장 퓨즈의 종류**
실 퓨즈, 판 퓨즈, 고리 퓨즈 등

25 다음 중 고압회로 및 기기의 단락보호용으로 사용하는 것은? [22년 기사]

① 단로기　② 전력 퓨즈
③ 부하개폐기　④ 선로개폐기

해설 전력 퓨즈(PF)는 고전압 회로 및 기기의 단락보호용의 퓨즈로 소호방식에 따라 한류형과 비한류형으로 구분한다.

25 전력 퓨즈(PF)
고전압회로 및 기기의 단락보호용으로 사용

26 과전류차단기로 시설하는 퓨즈 중 고압전로에 사용하는 포장 퓨즈는 정격전류의 몇 배의 전류에서 2시간 이내에 용단되지 않아야 하는가? (단, 퓨즈 이외의 과전류차단기와 조합하여 하나의 과전류차단기로 사용하는 것은 제외한다.) [22년 기사]

① 1.1　② 1.3
③ 1.5　④ 1.7

해설
- 과전류차단기로 시설하는 퓨즈 중 고압전로에 사용하는 포장 퓨즈는 정격전류의 1.3배의 전류에 견디고 또한 2배의 전류로 120분 안에 용단되는 것이어야 한다.
- 과전류차단기로 시설하는 퓨즈 중 고압전로에 사용하는 비포장 퓨즈는 정격전류의 1.25배의 전류에 견디고 또한 2배의 전류로 2분 안에 용단되는 것이어야 한다.

27 다음 중 변압기의 부속품이 아닌 것은? [18·17년 기사]

① 철심　② 권선
③ 부싱　④ 정류자

해설 변압기는 권선, 철심, 부싱, 절연유 등으로 구성되어 있다.
④ 정류자는 전기자에 의해 발전된 기전력(교류)을 직류로 변환하는 부분이다.

정답 24. ④ 25. ② 26. ② 27. ④

28 변압기유로 쓰이는 절연유에 요구되는 특성이 아닌 것은?

[22·16·91년 기사]

① 점도가 클 것
② 절연내력이 클 것
③ 인화점이 높을 것
④ 비열이 커서 냉각효과가 클 것

해설 절연유 구비조건
- 절연내력이 클 것
- 점도가 적고, 비열이 커서 냉각효과가 클 것
- 인화점은 높고, 응고점은 낮을 것
- 고온에서 산화하지 않고, 침전물이 없을 것

29 다음 중 절연의 종류에 해당하지 않는 것은? [19년 기사]

① A종 ② B종
③ D종 ④ H종

해설

절연의 종류	Y	A	E	B	F	H	C
최고허용온도[℃]	90	105	120	130	155	180	180 초과

30 다음 중 절연의 종류와 최고허용온도의 연결이 잘못된 것은?

[20년 기사]

① A종 – 105[℃] ② B종 – 130[℃]
③ E종 – 120[℃] ④ H종 – 155[℃]

해설

절연의 종류	Y	A	E	B	F	H	C
최고허용온도[℃]	90	105	120	130	155	180	180 초과

31 3[MVA] 이하 H종 건식 변압기에서 사용하는 절연재료가 아닌 것은?

[21년 기사]

① 명주 ② 석면
③ 마이카 ④ 유리섬유

해설

절연의 종류	최고허용온도	주요 절연재료
Y	90[℃]	목면, 명주(견), 지(紙), 아닐린 수지 등
A	105[℃]	상기의 것을 니스함침 또는 유중(油中)에 함침한 것
E	120[℃]	폴리우레탄 에폭시, 가교 폴리에스테르계 등의 수지

기출 핵심 NOTE

28 변압기 절연유 구비조건
- 응고점이 낮을 것
- 인화점이 높을 것
- 절연내력이 클 것
- 점도가 낮고 유도성이 좋을 것
- 비열이 커서 냉각효과가 클 것

29 절연재료의 내열성에 의한 분류

종 류	최고사용온도[℃]
Y종	90
A종	105
E종	120
B종	130
F종	155
H종	180
C종	180 초과

정답 28. ① 29. ③ 30. ④ 31. ①

절연의 종류	최고허용온도	주요 절연재료
B	130[℃]	마이카, 석면, 유리섬유 등을 접착제와 함께 사용한 것
F	155[℃]	상기의 것을 실리콘수지 등의 접착제와 함께 사용한 것
H	180[℃]	석면, 유리섬유, 실리콘 고무

32 변압기 철심용 강판의 두께는 대략 몇 [mm]인가?

[19·99·96·95년 기사]

① 0.1　　② 0.35
③ 2　　④ 3

해설 변압기 철심으로 사용하는 규소강판의 두께는 0.35~0.5[mm]를 표준으로 한다.

32 규소강판 두께
0.35~0.5[mm]

33 단상변압기의 병렬운전조건에 해당하지 않는 것은?

[15년 기사]

① 극성이 같을 것
② 권수비가 같을 것
③ 상회전 방향 및 위상 변위가 같을 것
④ %임피던스가 같을 것

해설 상회전 방향 및 위상 변위가 같을 것은 3상 변압기 병렬운전조건에 해당한다.

33 단상변압기 병렬운전조건
- 극성이 같을 것
- 권수비가 같을 것
- %임피던스가 같을 것
- 누설리액턴스비가 같을 것

34 다음 중 자심재료의 구비 조건으로 옳지 않은 것은?

[20·90년 기사]

① 저항률이 클 것
② 투자율이 작을 것
③ 히스테리시스 면적이 작을 것
④ 잔류자기가 크고 보자력이 작을 것

해설 **자심재료의 구비 조건**
- 저항률이 클 것
- 투자율이 클 것
- 포화 자속밀도가 클 것
- 잔류자기가 크고, 보자력이 작을 것
- 기계적, 전기적 충격에 대하여 안정할 것

34 자심재료의 구비 조건
- 저항률이 클 것
- 투자율이 클 것
- 포화 자속밀도가 클 것
- 잔류자기가 크고, 보자력이 작을 것
- 기계적, 전기적 충격에 대하여 안정할 것

정답 32. ② 33. ③ 34. ②

기출 핵심 NOTE

35 KS C IEC 60079-6에 따른 유입방폭구조 "o" 방폭장비의 최소 IP 등급은? [22년 기사]

① IP44 ② IP54
③ IP55 ④ IP66

해설 **액체 합침 "o"에 의한 기기 보호(KS C IEC 60079-6)**
전기기기 전체 또는 전기기기의 일부를 보호액체에 잠기게 함으로써, 보호액체의 상부 또는 외함 외부에 존재하는 폭발성 가스 분위기에 점화가 일어나지 않도록 한 방폭구조를 유입방폭구조 "o"라 하며 기기의 보호등급은 최소 IP66에 적합해야 한다.

정답 35. ④

부록

과년도 출제문제

전기공사기사

2022년 제1회 기출문제

01 레이저 가열의 특징으로 틀린 것은?

① 파장이 짧은 레이저는 미세가공에 적합하다.
② 에너지 변환효율이 높아 원격가공이 가능하다.
③ 필요한 부분에 집중하여 고속으로 가열할 수 있다.
④ 레이저의 파워와 조사면적을 광범위하게 제어할 수 있다.

해설 **레이저 가열의 특징**
- 고속가열 및 원격가공이 가능하다.
- 에너지 변환효율이 낮다.
- 미세가공에 적합하다.

02 스테판-볼츠만(Stefan-Boltzmann) 법칙을 이용하여 온도를 측정하는 것은?

① 광 온도계
② 저항 온도계
③ 열전 온도계
④ 복사 온도계

해설
- 광 온도계 : 플랑크의 복사 법칙
- 열전 온도계 : 제벡 효과
- 복사 온도계 : 스테판-볼츠만 법칙

03 시감도가 가장 좋은 광색은?

① 적색
② 등색
③ 청색
④ 황록색

해설 최대 시감도의 광색은 황록색이며, 이때의 파장은 555[nm], 시감도는 680[lm/W]이다.

04 흑체의 온도 복사 법칙 중 절대온도가 높아질수록 파장이 짧아지는 법칙은?

① 스테판-볼츠만(Stefan-Boltzmann)의 법칙
② 빈(Wien)의 변위 법칙
③ 플랑크(Planck)의 복사 법칙
④ 베버 페히너(Weber-Fechner)의 법칙

해설 **빈(Wien)의 변위 법칙**
흑체의 분광 방사 휘도 또는 분광 방사 발산도가 최대가 되는 파장 λ_m은 그 흑체의 절대온도 T[K]에 반비례한다. 즉, 온도가 높아질수록 λ_m은 짧아진다.
$\lambda_m T = 2.896 \times 10^{-3}$[m · K]

05 양수량 30[m^3/min], 총 양정 10[cm]를 양수하는 데 필요한 펌프용 3상 전동기에 전력을 공급하고자 한다. 단상 변압기를 V결선하여 전력을 공급하고자 할 때 단상 변압기 한 대의 용량[kVA]은 약 얼마인가? (단, 펌프의 효율은 70[%]이다.)

① 31 ② 36
③ 41 ④ 46

해설
- 펌프의 용량
$$P = \frac{QHK}{6.12\eta} = \frac{30 \times 10 \times 1}{6.12 \times 0.7} = 70[\text{kW}]$$
- 단상 변압기 1대의 용량
$$P_1 = \frac{P_V}{\sqrt{3}} = \frac{70}{\sqrt{3}} = 40.4[\text{kVA}]$$

06 권수비가 1 : 3인 변압기를 사용하여 단상 교류 100[V]의 입력을 가한 후 출력 전압을 전파정류하면 출력 직류전압[V]의 크기는?

① $300\sqrt{2}$ ② 300
③ $\frac{300\sqrt{2}}{\pi}$ ④ $\frac{600\sqrt{2}}{\pi}$

정답 01. ② 02. ④ 03. ④ 04. ② 05. ③ 06. ④

해설 권수비 : $a=\frac{E_1}{E_2}=\frac{n_1}{n_2}$

$$E_2=\frac{E_1}{a}=\frac{100}{\frac{1}{3}}=300[V]$$

$$\therefore\ E_d=\frac{2\sqrt{2}}{\pi}E=\frac{2\sqrt{2}}{\pi}\times 300=\frac{600\sqrt{2}}{\pi}[V]$$

07 3상 유도전동기를 급속히 정지 또는 감속시킬 경우, 가장 손쉽고 효과적인 제동법은?

① 역상 제동　② 회생 제동
③ 발전 제동　④ 와전류 제동

해설 3상 중 2상의 접속을 바꾸어 역회전에 의한 역토크를 발생시켜 전동기를 손쉽게 급정지시키는 제동법은 역상 제동이다.

08 단상 교류식 전기철도에서 통신선에 발생하는 유도장해를 경감하기 위하여 사용되는 것은?

① 흡상 변압기　② 3권선 변압기
③ 스코트 결선　④ 크로스본드

해설 흡상 변압기(BT) 급전방식은 권수비 1 : 1의 단권 변압기로 1차 단자는 전차선에, 2차 단자는 부급전선에 설치하여 누설전류를 없애고 유도장해를 경감하는 방식이다.

09 금속의 표면 열처리에 이용하며 도체에 고주파 전류를 흘릴 때 전류가 표면에 집중하는 효과는?

① 표피 효과
② 톰슨 효과
③ 핀치 효과
④ 제벡 효과

해설 **표피 효과**
도체에 고주파 전류를 통하면 전류가 표면에 집중하는 현상으로 금속의 표면 열처리에 이용한다.

10 전력용 반도체 소자 중 IGBT의 특성이 아닌 것은?

① 게이트 구동전력이 매우 높다.
② 게이트와 이미터 간 입력 임피던스가 매우 높아 BJT보다 구동하기 쉽다.
③ 소스에 대한 게이트의 전압으로 도통과 차단을 제어한다.
④ 스위칭 속도는 FET와 트랜지스터의 중간 정도로 빠른 편에 속한다.

해설 IGBT : 게이트 절연 양극성 트랜지스터
MOSFET와 트랜지스터의 장점을 취한 것으로 게이트 구동전력이 매우 낮다.

11 형광등의 점등회로 중 필라멘트를 예열하지 않고 직접 형광등에 고전압을 가하여 순간적으로 기동하는 점등회로로써, 전극이 기동 시에는 냉음극, 동작 시에는 방전전류에 의한 열음극으로 작용하는 회로는?

① 전자 스타터 점등회로
② 글로우 스타터 점등회로
③ 속시 기동(래피드 스타터) 점등회로
④ 순시 기동(슬림 라인) 점등회로

해설 **슬립 라인 점등회로의 특징**
- 필라멘트를 예열할 필요가 없어 기동장치가 필요없다.
- 순시 기동으로 점등에 시간이 걸리지 않는다.
- 고전압을 가해 기동하므로 기동 시 음극이 손상되기 쉽다.

12 다음 1차 전지 중 음극(부극) 물질이 다른 것은?

① 공기 전지
② 망간 건전지
③ 수은 전지
④ 리튬 전지

정답 07. ① 08. ① 09. ① 10. ① 11. ④ 12. ④

해설 1차 전지의 종류

전지명	감극제	전해액	음극재
망간 건전지	MnO_2	NH_4Cl	Zn
알칼리 건전지	MnO_2	KOH	Zn
공기 전지	O_2	KOH	Zn
리튬 전지	MnO_2	유기전해질	Li

13 금속관공사에서 절연부싱을 하는 목적으로 옳은 것은?

① 관의 끝이 터지는 것을 방지
② 관의 단구에서 전선 손상을 방지
③ 박스 내에서 전선의 접속을 방지
④ 관의 단구에서 조영재의 접속을 방지

해설 절연부싱은 전선절연 피복물을 보호하기 위하여 관 끝에 부착 사용하는 보호기구이다.

14 다음 중 경완철에 현수애자를 설치할 경우 사용되는 재료가 아닌 것은?

① 볼쇄클
② 소켓아이
③ 인장클램프
④ 볼크레비스

해설

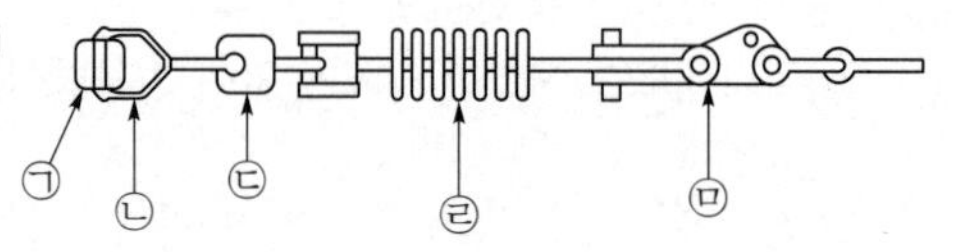

㉠ 경완철
㉡ 경완철용 볼쇄클 : 가공 배전선로에서 지지물의 장주용으로 현수애자를 경완철에 장치하는데 사용
㉢ 소켓아이 : 현수애자와 내장 및 인장클램프를 연결하는 금구
㉣ 폴리머 애자
㉤ 인장클램프(데드엔드클램프) : 선로의 장력이 가해지는 곳에서 전선을 고정하기 위하여 쓰이는 금구
④ 볼크레비스는 경완철이 아닌 ㄱ완철에 현수애자를 설치할 때 사용된다.

15 다음 중 특고압, 고압, 저압에 사용되는 완금(완철)의 표준길이[mm]에 해당되지 않는 것은?

① 900　　② 1,800
③ 2,400　　④ 3,000

해설 완금의 표준길이[mm]

전선조수	저 압	고 압	특고압
2	900	1,400	1,800
3	1,400	1,800	2,400

16 다음 중 0.6/1[kV] 가교 폴리에틸렌 절연 비닐 시스 케이블의 기호는?

① 0.6/1[kV] CCV　　② 0.6/1[kV] CE
③ 0.6/1[kV] CV　　④ 0.6/1[kV] CVV

해설 ① CCV : 0.6/1[kV] 제어용 가교 폴리에틸렌 절연 비닐 시스 케이블
② CE : 0.6/1[kV] 가교 폴리에틸렌 절연 폴리에틸렌 시스 케이블
③ CV : 0.6/1[kV] 가교 폴리에틸렌 절연 비닐 시스 케이블
④ CVV : 0.6/1[kV] 비닐 절연 비닐 시스 제어 케이블

17 KS C IEC 60079-6에 따른 유입방폭구조 "o" 방폭장비의 최소 IP 등급은?

① IP44　　② IP54
③ IP55　　④ IP66

해설 액체 합침 "o"에 의한 기기 보호(KS C IEC 60079-6)
전기기기 전체 또는 전기기기의 일부를 보호액체에 잠기게 함으로써, 보호액체의 상부 또는 외함 외부에 존재하는 폭발성 가스 분위기에 점화가 일어나지 않도록 한 방폭구조를 유입방폭구조 "o"라 하며 기기의 보호등급은 최소 IP66에 적합해야 한다.

정답 13. ② 14. ④ 15. ④ 16. ③ 17. ④

18 암거에 시설하는 지중전선에 대한 설명으로 틀린 것은? (단, 암거 내에 자동소화설비가 시설되지 않은 경우이다.)

① 자소성이 있는 난연성 피복이 된 지중전선은 사용이 가능하다.

② 자소성이 있는 난연성의 관에 지중전선을 넣어 시설하는 것은 불가능하다.

③ 불연성이 있는 연소방지도료로 지중전선을 피복한 전선은 사용이 가능하다.

④ 자소성이 있는 난연성의 연소방지테이프로 지중전선을 피복한 전선은 사용이 가능하다.

해설 암거에 시설하는 지중전선은 다음의 어느 하나에 해당하는 조치를 하거나 암거 내에 자동소화설비를 시설하여야 한다.

- 불연성 또는 자소성이 있는 난연성 피복이 된 지중전선을 사용할 것
- 불연성 또는 자소성이 있는 난연성의 연소방지 테이프, 연소방지시트, 연소방지도료 기타 이와 유사한 것으로 지중전선을 피복할 것
- 불연성 또는 자소성이 있는 난연성의 관 또는 트라프에 넣어 지중전선을 시설할 것

19 KS C 4506에 따른 COS(컷아웃 스위치)의 정격전류[A]가 아닌 것은?

① 15

② 30

③ 45

④ 60

해설 컷아웃 스위치

극 수	정격전류[A]	정격차단용량[A]
2	15, 30	1,500, 2,500
	60, 100	2,500, 5,000
3	30	1,500, 2,500
	60, 100	2,500, 5,000

20 다음 중 2개소에서 한 개의 전등을 자유롭게 점멸할 수 있는 스위치 방식은?

① 3로 스위치 ② 로터리 스위치

③ 마그넷 스위치 ④ 푸시 버튼 스위치

해설
- 1전등 2개소 점멸회로의 스위치 방식 : 3로 스위치 2개 이용
- 1전등 3개소 점멸회로의 스위치 방식 : 3로 스위치 2개, 4로 스위치 1개 이용
- 1전등 4개소 점멸회로의 스위치 방식 : 3로 스위치 2개, 4로 스위치 2개 이용

정답 18. ② 19. ③ 20. ①

전기공사산업기사

2022년 제1회 CBT 기출복원문제

01 **두 개의 사이리스터를 역병렬로 접속한 것과 같은 특성을 나타내는 소자는?**

① TRIAC ② GTO
③ SCS ④ SSS

해설 **TRIAC**
- 쌍방향 3단자 소자이다.
- SCR 역병렬 구조와 같다.
- 교류 전력을 양극성 제어한다.

02 **SCR을 두 개의 트랜지스터 등가회로로 나타낼 때의 올바른 접속은?**

①
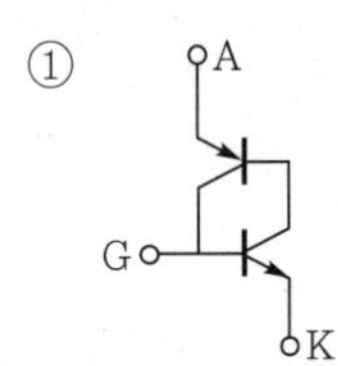

②
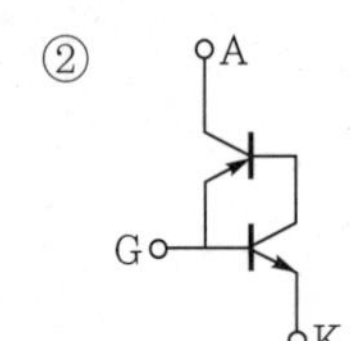

③
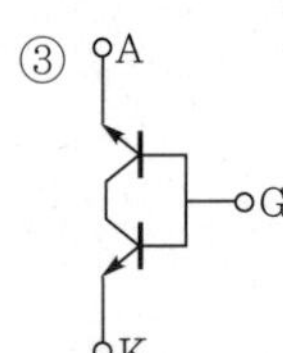

④
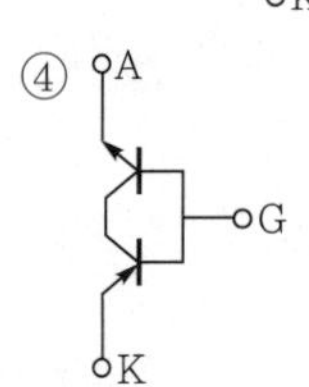

해설 **SCR의 기호**

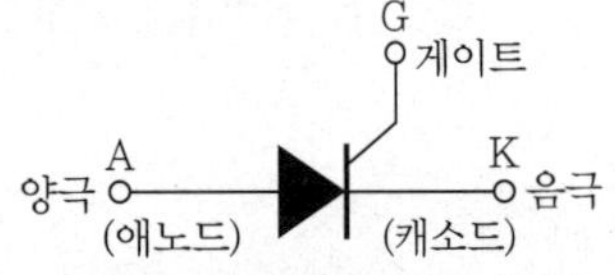

A : Anode(양극), G : Gate, K : Cathode(음극)

03 **기동토크가 가장 큰 단상 유도전동기는?**

① 반발 기동전동기
② 분상 기동전동기
③ 콘덴서 기동전동기
④ 셰이딩 코일형 기동전동기

해설 **기동토크가 큰 순서**
반발 기동형 > 콘덴서 기동형 > 분상 기동형 > 셰이딩 코일형

04 **200[cd]의 점광원으로부터 5[m]의 거리에서 그 방향과 직각인 면과 60° 기울어진 수평면상의 조도[lx]는?**

① 4 ② 6
③ 8 ④ 10

해설 조도$(E) = \dfrac{I}{r^2}\cos\theta\,[\mathrm{lx}]$

$\therefore\ E = \dfrac{200}{5^2} \times \cos 60° = 4\,[\mathrm{lx}]$

05 **알칼리 축전지의 공칭용량은?**

① 2[Ah] ② 4[Ah]
③ 5[Ah] ④ 10[Ah]

해설 **공칭용량**
- 알칼리 축전지 : 5[Ah]
- 납(연) 축전지 : 10[Ah]

06 **전기철도의 전동기 속도 제어방식 중 주파수와 전압을 가변시켜 제어하는 방식은?**

① 저항 제어
② 초퍼 제어
③ 위상 제어
④ VVVF 제어

해설 **가변전압 가변주파수 제어(VVVF)**
유도전동기에 공급하는 전원의 주파수와 전압을 같이 가변하여 전동기의 속도를 제어하는 방법

정답 01. ① 02. ① 03. ① 04. ① 05. ③ 06. ④

07 다음 중 직접식 저항로가 아닌 것은?

① 흑연화로 ② 카보런덤로
③ 지로식 전기로 ④ 염욕로

해설
• 직접 저항로 : 흑연화로, 카보런덤로, 카바이드로
• 간접 저항로 : 발열체로, 염욕로, 탄소립로

08 광도가 312[cd]인 전등을 지름 3[m]의 원탁 중심 바로 위 2[m]되는 곳에 놓았다. 원탁 가장 자리의 조도는 약 몇 [lx]인가?

① 30 ② 40
③ 50 ④ 60

해설 $I=312[\text{cd}]$

$r=\sqrt{1.5^2+2^2}=2.5[\text{m}]$

$\therefore\ E=\frac{I}{r^2}\cos\theta=\frac{312}{2.5^2}\times\frac{2}{2.5}$

$\fallingdotseq 40[\text{lx}]$

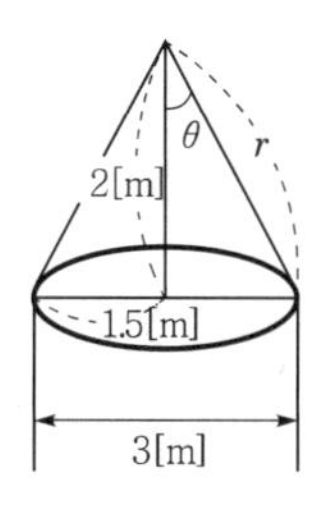

09 망간 건전지에서 분극 작용에 의한 전압강하를 방지하기 위하여 사용되는 감극제는?

① O_2 ② HgO
③ MnO_2 ④ $H_2Cr_2O_7$

해설 분극 작용은 양극(+)에 발생되는 수소에 의해서 전압이 강하되는 현상이며, 이를 방지하기 위해 사용되는 것을 감극제라 한다. 망간 건전지에는 주로 이산화망간(MnO_2)이 사용되고 있다.

10 다음 중 전기로의 가열방식이 아닌 것은?

① 저항 가열 ② 유전 가열
③ 유도 가열 ④ 아크 가열

해설 전기로의 종류에는 다음과 같은 3가지가 있다.
• 저항로
• 아크로
• 유도로

11 제어대상을 제어하기 위하여 입력에 가하는 양을 무엇이라 하는가?

① 변환부 ② 목표값
③ 외란 ④ 조작량

해설 **조작량**
제어장치가 제어대상에 가하는 제어신호로 제어장치의 출력인 동시에 제어대상의 입력이 된다.

12 배리스터(Varistor)의 주용도는?

① 전압 증폭
② 진동 방지
③ 과도 전압에 대한 회로 보호
④ 전류 특성을 갖는 4단자 반도체 장치에 사용

해설 배리스터는 비직선적인 전압-전류 특성을 갖는 2단자 반도체 소자로 서지 전압(surge voltage)에 대한 회로 보호용으로 쓰인다.

13 두 도체로 이루어진 폐회로에서 두 접점에 온도차를 주었을 때 전류가 흐르는 현상은?

① 홀 효과 ② 광전 효과
③ 제벡 효과 ④ 펠티에 효과

해설 **제벡 효과**
서로 다른 두 종류의 금속선을 접합하여 폐회로를 만든 후 두 접합점의 온도를 달리 하였을 때, 폐회로에 열기전력이 발생하여 열전류가 흐르게 되는 현상

14 금속의 표면 담금질에 가장 적합한 가열은?

① 적외선 가열
② 유도 가열
③ 유전 가열
④ 저항 가열

해설 유도 가열은 전로의 표피 작용을 이용하여 강재의 표면 가열에 사용되고 있다.

정답 07. ④ 08. ② 09. ③ 10. ② 11. ④ 12. ③ 13. ③ 14. ②

15 다음 중 열전대의 조합이 아닌 것은?

① 크롬 - 콘스탄탄 ② 구리 - 콘스탄탄
③ 철 - 콘스탄탄 ④ 크로멜 - 알루멜

해설 열전 온도계에서 사용하는 대표적인 열전대의 종류는 다음과 같다.
- 구리 - 콘스탄탄
- 철 - 콘스탄탄
- 크로멜 - 알루멜
- 백금 - 백금 로듐

16 전기분해로 제조되는 것은 어느 것인가?

① 암모니아 ② 카바이드
③ 알루미늄 ④ 철

해설 **알루미늄**
보크사이트(Al_2O_3가 60[%] 함유된 광석)를 용해하여 순수한 산화알루미늄(알루미나)을 만든 후 빙정석을 넣고 약 1,000[℃]로 전기분해하여 순도 99.8[%]로 제조한다.

17 3상 유도전동기를 급속히 정지 또는 감속시킬 경우, 가장 손쉽고 효과적인 제동법은?

① 역상 제동 ② 회생 제동
③ 발전 제동 ④ 와전류 제동

해설 3상 중 2상의 접속을 바꾸어 역회전에 의한 역토크를 발생시켜 전동기를 손쉽게 급정지시키는 제동법은 역상 제동이다.

18 비닐막 등의 접착에 주로 사용하는 가열방식은?

① 저항 가열 ② 유도 가열
③ 아크 가열 ④ 유전 가열

해설 유전 가열은 목재의 건조, 목재의 접착, 비닐막 접착 등에 사용되는 가열방식이다.

19 정류방식 중 맥동률이 가장 적은 것은? (단, 저항부하인 경우이다.)

① 3상 반파방식 ② 3상 전파방식
③ 단상 반파방식 ④ 단상 전파방식

해설

정류 종류	단상 반파	단상 전파	3상 반파	3상 전파
맥동률[%]	121	48	17	4

20 평균 수평 광도는 200[cd], 구면 확산율이 0.8일 때 구광원의 전광속은 약 몇 [lm]인가?

① 2,010 ② 2,060
③ 2,260 ④ 3,060

해설 구면 확산율이 0.8일 때, 평균 구면 광도 I와 평균 수평 광도 I_h는 다음과 같다.
$I = 0.8I_h = 0.8 \times 200 = 160$[cd]
따라서 전광속 F는
$F = 4\pi I = 4\pi \times 160 = 2{,}010.62$[lm]

정답 15. ① 16. ③ 17. ① 18. ④ 19. ② 20. ①

전기공사기사

2022년 제2회 기출문제

01 FET에서 핀치 오프(pinch off) 전압이란?

① 채널 폭이 막힌 때의 게이트의 역방향 전압
② FET에서 애벌린치 전압
③ 드레인과 소스 사이의 최대 전압
④ 채널 폭이 최대로 되는 게이트의 역방향 전압

해설 FET(Field Effect Transister)에서 일어나는 현상으로서 gate와 소스 사이에 역전압을 증가시키면 드레인 전류가 0[A]가 되는데 이때의 전압을 핀치 오프 전압이라 한다.

02 비금속 발열체에 대한 설명으로 틀린 것은?

① 탄화규소 발열체는 카보런덤을 주성분으로 한 발열체이다.
② 탄소질 발열체에는 인조 흑연을 가공하여 사용하는 것이 있다.
③ 규화 몰리브덴 발열체는 고온용의 발열체로써 칸탈선이라고도 한다.
④ 염욕 발열체는 높은 도전성을 가지는 고체 발열체이다.

해설 염욕 발열체는 높은 도전성을 가지는 액체 발열체이다.

03 직류전동기의 속도 제어법이 아닌 것은?

① 극수 변환 ② 전압 제어
③ 저항 제어 ④ 계자 제어

해설 **직류전동기 속도 제어**
• 전압 제어 : 워드 레오나드 방식, 일그너 방식
• 계자 제어
• 저항 제어

04 천장면을 여러 형태의 사각, 삼각, 원형 등으로 구멍을 내어 다양한 형태의 매입 기구를 취부하여 실내의 단조로움을 피하는 조명 방식은?

① pin hole light ② coffer light
③ line light ④ cornis light

해설 **코퍼 라이트(coffer light)**
다운 라이트 방식 중 하나로 천장면에 반원 모양의 구멍을 뚫고 그 속에 조명기구를 매립 설치하는 방식

05 형태가 복잡하게 생긴 금속 제품을 균일하게 가열하는 데 가장 적합한 전기로는?

① 염욕로 ② 흑연화로
③ 카보런덤로 ④ 페로알로이로

해설 염욕로는 간접 저항로로 형태가 복잡하게 생긴 피열물을 용해열 속에서 가열하므로 빨리 가열된다.

06 온도 20[℃]에서 저항 20[Ω]인 구리선이 온도 80[℃]로 변화하였을 때, 구리선의 저항은 약 얼마인가? (단, 온도 t[℃]에서 구리 저항의 온도계수는 $\alpha_t = \dfrac{1}{234.5+t}$ 이다.)

① 15.36 ② 24.72
③ 35.62 ④ 43.85

해설 $R_t = \{1+\alpha_t(t-t_0)\}R$
α_t : 온도계수, R : 기준온도에서의 저항

$$\therefore\ R_t = \left\{1+\frac{1}{234.5+20}(80-20)\right\}\times 20 = 24.72[\Omega]$$

정답 01. ① 02. ④ 03. ① 04. ② 05. ① 06. ②

07 **엘리베이터에 사용되는 전동기의 특성이 아닌 것은?**

① 소음이 적어야 한다.
② 기동토크가 적어야 한다.
③ 회전 부분의 관성 모멘트는 적어야 한다.
④ 가속도의 변화 비율이 일정 값이 되도록 선택한다.

해설 엘리베이터에 사용되는 전동기는 회전 부분의 관성 모멘트가 적고, 기동토크가 커야 하며 가속·감속 시에 충격을 주지 않기 위하여 가속도의 변화 비율이 일정 값이 되도록 해야 하고 소음이 적어야 한다.

08 **식염전해에 대한 설명으로 틀린 것은?**

① 제조법에는 격막법과 수은법이 있다.
② 염소, 수소와 수산화나트륨의 제조 방법에 사용된다.
③ 수은법에서 전해조의 애노드는 흑연, 캐소드는 수은을 사용한다.
④ 격막법은 수은법보다 전류밀도가 크고 생산성이 높다.

해설 **격막법과 수은법의 비교**
- 순도, 농도는 수은법이 높다.
- 전력비, 효율 수은법이 높다.
- 수은법의 경우 수은을 사용하므로 환경오염이 발생한다.

09 **전식을 방지하기 위한 전철 측에서의 방지 대책 중 틀린 것은?**

① 변전소의 간격을 축소한다.
② 레일본드를 설치한다.
③ 대지에 대한 레일의 절연저항을 적게 한다.
④ 귀선의 극성을 정기적으로 바꾸어 준다.

해설 전식 방지를 위해서는 다음과 같이 시설한다.
- 귀선저항을 적게 하기 위해 레일본드를 시설한다.
- 레일을 따라 보조귀선을 설치한다.
- 변전소 간격을 짧게 한다.
- 귀선의 극성을 정기적으로 바꾼다.
- 대지에 대한 레일의 절연저항을 크게 한다.
- 절연 음극 궤전선을 설치하여 레일과 접속한다.

10 **휘도가 균일한 원통 광원의 축 중앙 수직 방향의 광도가 250[cd]이다. 전광속[lm]은 약 얼마인가?**

① 80　② 785
③ 2,467　④ 3,142

해설 원통 광원(형광등) 수직 방향의 광도를 I_0라고 하면,
전광속 $F = \pi^2 I_0 = \pi^2 \times 250 = 2{,}467.4$[lm]

11 **방전등에 속하지 않는 것은?**

① 할로겐등　② 형광수은등
③ 고압 나트륨등　④ 메탈핼라이드등

해설 **발광 광원의 종류**
- 온도 복사에 의한 발광
  - 백열등
  - 할로겐등
- 루미네선스에 의한 방전 발광
  - 아크 방전등 : 발염 아크등, 고휘도 아트등
  - 저압 방전등 : 네온관등, 형광등, 저압 나트륨등
  - 고압 방전등 : 고압 수은등, 고압 나트륨등
  - 초고압 방전등 : 크세논등, 초고압 수은등

12 **나트륨 램프에 대한 설명 중 틀린 것은?**

① KS C 7610에 따른 기호 NX는 저압 나트륨 램프를 표시하는 기호이다.
② 등황색의 단일 광색으로 색수차가 적다.
③ 색온도는 5,000~6,000[K] 정도이다.
④ 도로, 터널, 항만표지 등에 이용한다.

정답 07. ② 08. ④ 09. ③ 10. ③ 11. ① 12. ③

해설 고압 나트륨등의 색온도는 2,100~2,500[K] 정도이다.

13 연축전지의 음극에 쓰이는 재료는?

① 납 ② 카드뮴
③ 철 ④ 산화니켈

해설 납(연)축전지의 화학 반응식

$$Pb + 2H_2SO_4 + PbO_2 \underset{충전}{\overset{방전}{\rightleftarrows}} 2PbSO_4 + 2H_2O$$

14 과전류차단기로 시설하는 퓨즈 중 고압전로에 사용하는 포장 퓨즈는 정격전류의 몇 배의 전류에서 2시간 이내에 용단되지 않아야 하는가? (단, 퓨즈 이외의 과전류차단기와 조합하여 하나의 과전류차단기로 사용하는 것은 제외한다.)

① 1.1 ② 1.3
③ 1.5 ④ 1.7

해설
- 과전류차단기로 시설하는 퓨즈 중 고압전로에 사용하는 포장 퓨즈는 정격전류의 1.3배의 전류에 견디고 또한 2배의 전류로 120분 안에 용단되는 것이어야 한다.
- 과전류차단기로 시설하는 퓨즈 중 고압전로에 사용하는 비포장 퓨즈는 정격전류의 1.25배의 전류에 견디고 또한 2배의 전류로 2분 안에 용단되는 것이어야 한다.

15 콘크리트 전주의 접지선 인출구는 지지점 표시선으로부터 몇 [mm] 지점에 위치하는가?

① 600 ② 800
③ 1,000 ④ 1,200

해설 접지선 인·출입구

전주길이	인입구	인출구
8, 9, 11[m]	1.5[m]	근입표시에서 1[m] 하방
18, 20[m]	4[m]	–

16 경완철의 표준길이에 해당하지 않는 것은?

① 1,000[mm]
② 1,400[mm]
③ 1,800[mm]
④ 2,400[mm]

해설 경완철의 표준길이
900, 1,400, 1,800, 2,400[mm]

17 KS C 3824에 따른 전차선로용 180[mm] 현수애자 하부의 핀 모양이 아닌 것은?

① ㄷ형 ② 훅(소)
③ 크레비스 ④ 아이(평행)

해설

종 류	기 호	핀 모양
전차 선로용 100[mm] 현수애자	100 P	아이(평행)
	100 E	아이(직각)
	100 C	크레비스
전차 선로용 180[mm] 현수애자	180 EP	아이(평행)
	180 E	아이(직각)
	180 C	크레비스
	(180 H)	훅(소)
	(180 HL)	훅(대)
전차선로용 250[mm] 현수애자	250 EP	아이(평행)
	250 E	아이(직각)
	250 C	크레비스
	(250 HL)	훅(대)
	250 TC	크레비스
	(250 TS)	1선용 커플링
	250 T	1선용 커플링

18 다음의 약호 중 계기류에 속하지 않는 것은 무엇인가?

① A ② W
③ WHM ④ ZCT

해설 ① A : 전류계
② W : 전력계
③ WHM : 전력량계
④ ZCT는 영상변류기로 계전기류에 속한다.

정답 13.① 14.② 15.③ 16.① 17.① 18.④

19 금속관과 금속박스를 접속하는 경우 사용되는 재료는?

① 부싱 ② 로크 너트
③ 노멀 밴드 ④ 유니온 커플링

해설 ① 전선 관단에 끼우고 전선을 넣거나 빼는 데 있어서 전선의 피복을 보호하여 전선이 손상되지 않게 하는 것
② 관과 박스를 접속하는 경우 파이프 나사를 죄어 고정시키는 데 사용
③ 배관의 직각 굴곡에 사용하여 양단에 나사가 나 있어 관과의 접속에는 커플링을 사용
④ 관의 양측을 돌려서 접속할 수 없는 경우 사용

20 변압기유로 쓰이는 절연유에 요구되는 특성이 아닌 것은?

① 점도가 클 것
② 절연내력이 클 것
③ 인화점이 높을 것
④ 비열이 커서 냉각효과가 클 것

해설 **절연유 구비조건**
- 절연내력이 클 것
- 점도가 적고, 비열이 커서 냉각효과가 클 것
- 인화점은 높고, 응고점은 낮을 것
- 고온에서 산화하지 않고, 침전물이 없을 것

정답 19. ② 20. ①

2022년 제2회 CBT 기출복원문제

01 반경 30[cm], 두께 1[cm]의 강판을 유도 가열에 의하여 3초 동안에 20[℃]에서 700[℃]로 상승시키기 위해 필요한 전력은 약 몇 [kW]인가? (단, 강판의 비중은 7.85, 비열은 0.16[kcal/kg·℃]이다.)

① 3.37 ② 33.7
③ 6.67 ④ 66.7

해설 $P \times \frac{3}{3,600}$
$= \frac{(7.85 \times \pi \times 3^2 \times 1 \times 10^{-3}) \times 0.16 \times (700-20)}{860}$
$\therefore P = 33.69 ≒ 33.7[\text{kW}]$

02 전지에서 자체 방전 현상이 일어나는 것은 다음 중 어느 것과 가장 관련이 있는가?

① 전해액의 고유저항
② 이온화 경향
③ 불순물 혼입
④ 전해액의 농도

해설 아연 음극 또는 전해액 중에 불순물이 혼입되면, 아연이 부분적으로 용해되어 국부 방전이 발생하게 되며, 수명이 짧아진다. 이러한 현상이 국부 작용이다.

03 전기철도의 전기차 주전동기 제어방식 중 특성이 다른 것은?

① 개로 제어 ② 계자 제어
③ 단락 제어 ④ 브리지 제어

해설 전기철도 직·병렬 제어에는 회로 전류를 끊고 접속을 바꾸게 되면 전기적·기계적 충격이 커서 전이방식을 채용하며 대표적인 전이방식에는 개로 전이, 단락 전이, 브리지 전이가 있다.

04 루소 선도에서 하반구 광속[lm]은 약 얼마인가? (단, 그림에서 곡선 BC는 4분원이다.)

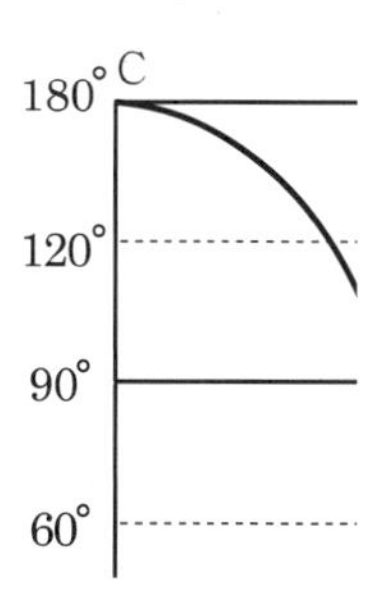

① 528 ② 628
③ 728 ④ 828

해설 상반구 광속$(F) = \frac{2\pi}{R} \cdot S\,[\text{lm}]$
여기서, S : 상반구 면적
$\therefore$ 하반구 광속$(F) = \frac{2\pi}{100} \times 100^2 = 628[\text{lm}]$

05 회전축에 대한 관성 모멘트가 150[kg·m²]인 회전체의 플라이휠 효과(GD^2)는 몇 [kg·m²]인가?

① 450 ② 600
③ 900 ④ 1,000

해설 관성 모멘트 $J = \frac{1}{4} GD^2 [\text{kg} \cdot \text{m}^2]$
$\therefore GD^2 = 4 \times J = 4 \times 150 = 600[\text{kg} \cdot \text{m}^2]$

06 교류식 전기철도에서 전압 불평형을 경감시키기 위해 사용되는 급전용 변압기는?

① 흡상 변압기
② 단권 변압기
③ 크로스 결선 변압기
④ 스코트 결선 변압기

정답 01. ② 02. ③ 03. ② 04. ② 05. ② 06. ④

해설 전기철도에서 부하 불평형에 대한 전압 불평형 방지를 위해서 3상에서 2상 전력으로 변환하는 스코트 결선(T 결선)을 많이 사용한다.

07 정격전압 100[V], 평균 구면 광도 100[cd]의 진공 텅스텐 전구를 97[V]로 점등한 경우의 광도는 약 몇 [cd]인가?

① 90 ② 100
③ 110 ④ 120

해설 백열 전구의 전압 특성에서

$$\frac{F}{F_0}=\frac{E}{E_0}=\frac{I}{I_0}=\left(\frac{V}{V_0}\right)^{3.6}$$ 이다.

$$\therefore I=I_0\left(\frac{V}{V_0}\right)^{3.6}=100\times\left(\frac{97}{100}\right)^{3.6}=89.6[\text{cd}]$$

08 발광에 양광주를 이용하는 조명등은?

① 네온전구
② 네온관등
③ 탄소아크등
④ 텅스텐아크등

해설 네온관등은 가늘고 긴 유리관에 불활성 가스 또는 수은을 봉입하고 양단에 원통형의 전극을 설치한 방전등으로 양광주라고 하는 부분의 발광을 이용한 것이다.

09 전기철도에서 귀선 궤조에서의 누설전류를 경감하는 방법과 관련이 없는 것은?

① 보조귀선
② 크로스본드
③ 귀선의 전압강하 감소
④ 귀선을 정(+)극성으로 설정

해설 누설전류를 경감하는 방법은 저항을 감소시키거나 절연을 강화시키는 방법이 사용된다. 그러나 절연강화방법은 곤란하므로 저항을 감소시키는 방법을 주로 사용한다.

10 폭 10[m], 길이 20[m]의 교실에 총 광속 3,000[lm]인 32[W] 형광등 24개를 점등하였다. 조명률 50[%], 감광 보상률 1.5라 할 때 이 교실의 공사 후 초기 조도[lx]는?

① 90 ② 120
③ 152 ④ 180

해설 조명설계의 기본식은 $NFU=ESD$

$$\therefore E=\frac{NFU}{SD}=\frac{24\times3{,}000\times0.5}{10\times20\times1.5}=120[\text{lx}]$$

11 축전지의 충전방식 중 전지의 자기방전을 보충함과 동시에 상용부하에 대한 전력공급은 충전기가 부담하도록 하되, 충전기가 부담하기 어려운 일시적인 대전류 부하는 축전지로 하여금 부담하게 하는 충전방식은?

① 보통 충전 ② 과부하 충전
③ 세류 충전 ④ 부동 충전

해설
- 보통 충전 : 필요할 때마다 표준시간율로 소정의 충전을 하는 방식이다.
- 세류 충전 : 자기방전량만을 항시 충전하는 부동 충전방식의 일종이다.
- 부동 충전 : 축전지의 자기방전을 보충함과 동시에 상용부하에 대한 전력공급은 충전기가 부담하도록 하되 충전기가 부담하기 어려운 일시적인 대전류 부하는 축전지로 하여금 부담하게 하는 방식이다.

12 완전 확산면의 휘도(B)와 광속 발산도(R)의 관계식은?

① $R=4\pi B$
② $R=2\pi B$
③ $R=\pi B$
④ $R=\pi^2 B$

해설 완전 확산면은 어느 면에서 바라보나 휘도(B)가 같은 면으로서 광속 발산도(R)$=\pi B$[rlx]이다.

정답 07. ① 08. ② 09. ④ 10. ② 11. ④ 12. ③

13 자동차 등 차량 공업기계 및 전기 기계기구, 기타 금속제품의 도장을 건조하는 데 주로 이용되는 가열방식은?

① 저항 가열　② 유도 가열
③ 고주파 가열　④ 적외선 가열

해설 적외선 가열은 피열물의 표면을 직접 가열하기 때문에 도장 등의 표면 건조에 많이 사용된다.

14 5[Ω]의 전열선을 100[V]에 사용할 때의 발열량은 약 몇 [kcal/h]인가?

① 1,720　② 2,770
③ 3,745　④ 4,728

해설 발열량$(H) = 0.24I^2Rt$

$$= 0.24 \times \left(\frac{100}{5}\right)^2 \times 5 \times 3{,}600 \times 10^{-3}$$

$$= 1{,}728[\text{kcal/h}]$$

15 전기가열의 특징에 해당되지 않는 것은?

① 내부 가열이 가능하다.
② 열효율이 매우 나쁘다.
③ 방사열의 이용이 용이하다.
④ 온도 제어 및 조작이 간단하다.

해설 전기가열의 특징은 다음과 같다.
- 매우 높은 온도를 얻을 수 있다.
- 내부 및 선택 가열이 가능하다.
- 조작이 간단하고 작업 환경이 좋다.
- 열효율이 높다.
- 온도 제어 및 가열 시간의 제어가 용이하다.

16 잔류편차가 발생하는 제어방식은?

① 비례제어
② 적분제어
③ 비례적분제어
④ 비례적분미분제어

해설
- 비례동작(P동작) : 속응성이 나쁘고 잔류편차가 발생한다.
- 적분동작(I동작) : 잔류편차를 제거할 수 있다.
- 미분동작(D동작) : 오차가 커지는 것을 미연에 방지한다.

17 점멸기를 사용하여 방 안의 온도를 23[℃]로 일정하게 유지하려고 할 경우 제어대상과 제어량을 바르게 연결한 것은?

① 제어대상 : 방, 제어량 : 23[℃]
② 제어대상 : 방, 제어량 : 방 안의 온도
③ 제어대상 : 전열기, 제어량 : 23[℃]
④ 제어대상 : 전열기, 제어량 : 방 안의 온도

해설 제어대상과 제어량
- 제어요소 : 점멸기
- 제어대상 : 방
- 제어량 : 방 안의 온도
- 목표값 : 23[℃]

18 직류 직권전동기는 어느 부하에 적당한가?

① 정토크 부하　② 정속도 부하
③ 정출력 부하　④ 변출력 부하

해설 직류 직권전동기는 부하가 증가하면 속도는 급감하지만 토크가 증가하게 된다.

19 광속 계산의 일반식 중에서 직선 광원(원통)에서의 광속을 구하는 식은 어느 것인가? (단, I_0는 최대 광도, I_{90}은 $\theta = 90°$ 방향의 광도이다.)

① πI_0　② $\pi^2 I_{90}$
③ $4\pi I_0$　④ $4\pi I_{90}$

해설
- 구광원 : $F = 4\pi I$
- 반구 광원 : $F = 2\pi I$[lm]
- 원통 광원 : $F = \pi^2 I_0$[lm]

정답 13. ④ 14. ① 15. ② 16. ① 17. ② 18. ③ 19. ②

20 다음 사이리스터 중 2단자 양방향 소자는?

① SCR ② LASCR
③ TRIAC ④ DIAC

해설 각종 반도체 소자의 비교
• 방향성
– 양방향성(쌍방향성) 소자 : DIAC, TRIAC, SSS
– 역저지(단방향성) 소자 : SCR, LASCR, GTO
• 극(단자) 수
– 2극(단자) 소자 : DIAC, SSS, Diode
– 3극(단자) 소자 : SCR, LASCR, GTO, TRIAC
– 4극(단자) 소자 : SCS

정답 20. ④

전기공사기사

2022년 제4회 CBT 기출복원문제

01 유도전동기 기동법 중 감전압 기동법이 아닌 것은?

① 직입 기동법
② 콘돌퍼 기동법
③ 리액터 기동법
④ 1차 저항 기동법

해설 농형 유도전동기 기동법 중 전압을 줄이고 기동전류를 줄여서 기동하는 기동법에는 직입 기동법, 리액터 기동법, 기동 보상기법, 콘돌퍼 기동법 등이 있다.

02 사이리스터의 게이트 트리거 회로로 적합하지 않은 것은?

① UJT 발진회로
② DIAC에 의한 트리거 회로
③ PUT 발진회로
④ SCR 발진회로

해설 UJT, DIAC, PUT는 트리거 회로에 쓰이나 SCR은 위상 제어, 인버터 초퍼 등에 쓰인다.

03 그림과 같이 광원 L에 의한 모서리 B의 조도가 20[lx]일 때, B로 향하는 방향의 광도는 약 몇 [cd]인가?

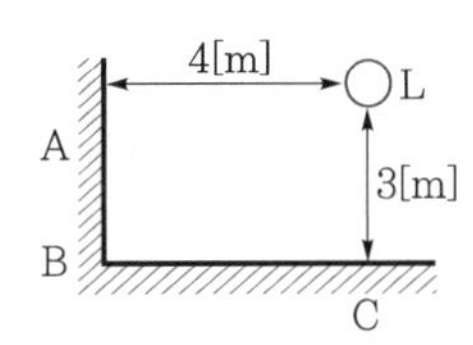

① 780　② 833
③ 900　④ 950

해설 $E_h = \dfrac{I}{r^2}\cos\theta$에서

$$I = \frac{E_h \cdot r^2}{\cos\theta} = \frac{20 \cdot (3^2+4^2)}{\frac{3}{5}} = 833.333 ≒ 833[\text{cd}]$$

04 344[kcal]를 [kWh]의 단위로 표시하면?

① 0.4　② 407
③ 400　④ 0.0039

해설 1[kWh] = 860[kcal]이므로

$$\therefore\ 344[\text{kcal}] = \frac{344}{860} = 0.4[\text{kWh}]$$

05 고주파 유도 가열의 용도가 아닌 것은?

① 목재의 고주파 가공　② 고주파 납땜
③ 전봉관 용접　④ 단조

해설 목재의 건조 및 접착에는 유전 가열이 사용된다.

06 다음 중 쌍방향 2단자 사이리스터는?

① SCR　② TRIAC
③ SSS　④ SCS

해설 각종 반도체 소자의 비교
- 방향성
  - 양방향성(쌍방향성) 소자 : DIAC, TRIAC, SSS
  - 역저지(단방향성) 소자 : SCR, LASCR, GTO, SCS
- 극(단자) 수
  - 2극(단자) 소자 : DIAC, SSS, Diode
  - 3극(단자) 소자 : SCR, LASCR, GTO, TRIAC
  - 4극(단자) 소자 : SCS

정답 01. ④ 02. ④ 03. ② 04. ① 05. ① 06. ③

07 **기중기 등으로 물건을 내릴 때 또는 전차가 언덕을 내려가는 경우 전동기가 갖는 운동에너지를 전기에너지로 변환하고, 이것을 전원에 반환하면서 속도를 점차로 감속시키는 제동법은?**

① 발전 제동 ② 회생 제동
③ 역상 제동 ④ 와류 제동

해설 운동에너지를 전기에너지로 변환시켜 발생된 전기를 전원측으로 반환시켜 제동하는 전기적 제동법을 회생 제동이라 한다.

08 **온도 T[K]의 흑체의 단위표면적으로부터 단위시간에 방사되는 전방사 에너지는?**

① 그 절대온도에 비례한다.
② 그 절대온도에 반비례한다.
③ 그 절대온도의 4승에 비례한다.
④ 그 절대온도의 4승에 반비례한다.

해설 스테판-볼츠만의 법칙에서 온도 T[K]의 흑체 단위표면적으로부터 단위시간에 방사되는 전방사 에너지는 그 절대온도 4승에 비례한다.
$\therefore\ W = \sigma T^4 [\text{W/m}^2]$

09 **겨울철에 심야 전력을 사용하여 20[kWh] 전열기로 40[℃]의 물 100[l]를 95[℃]로 데우는 데 사용되는 전기요금은 약 얼마인가? (단, 가열 장치의 효율 90[%], 1[kWh]당 단가는 겨울철 56.10원, 기타 계절 37.90원이며, 계산 결과는 원단위 절삭한다.)**

① 260원 ② 290원
③ 360원 ④ 390원

해설 전열 설계의 기본식은 $860Ph\eta = Cm\theta$

$$Ph = \frac{1 \times 100 \times (95-40)}{860 \times 0.9} = 7.11[\text{kWh}]$$

1[kWh]당 56.10원이므로
$7.11 \times 56.10 = 398.87$원

10 **알칼리 축전지에 대한 설명으로 옳은 것은?**

① 전해액의 농도 변화는 거의 없다.
② 전해액은 묽은 황산 용액을 사용한다.
③ 진동에 약하고 급속 충방전이 어렵다.
④ 음극에 Ni 산화물, Ag 산화물을 사용한다.

해설 **알칼리 축전지 특징**
- 수명이 길다.
- 진동에 강하다.
- 급속 충방전이 가능하다.
- 양극에는 Ni_2O_2, 음극에는 Cd 또는 Fe를 사용한다.
- 전해액에는 KOH(가성 칼리)를 사용한다.

11 **눈부심을 일으키는 램프의 휘도 한계는?**

① 0.5[cd/cm^2] 이하
② 1.5[cd/cm^2] 이하
③ 2.5[cd/cm^2] 이하
④ 3.0[cd/cm^2] 이하

해설 눈부심을 일으키는 휘도의 한계는 주위의 밝음에 따라 다르며, 대체로 항상 시야 내에 있는 광원에 대해서는 0.2[cd/cm^2] 이하이고, 때때로 시야 내에 들어오는 광원에 대해서는 0.5[cd/cm^2] 이하이다.

12 **전기철도에서 흡상 변압기의 용도는?**

① 궤도용 신호 변압기
② 전자유도 경감용 변압기
③ 전기 기관차의 보조 변압기
④ 전원의 불평형을 조정하는 변압기

해설 흡상 변압기(BT) 급전방식은 전기철도에서 누설전류를 없애고 유도장해를 경감하는 방식이다.

정답 07. ② 08. ③ 09. ④ 10. ① 11. ① 12. ②

13 전선재료로서 구비해야 할 조건 중 틀린 것은?

① 도전율이 클 것
② 접속이 쉬울 것
③ 내식성이 작을 것
④ 가요성이 풍부할 것

해설 **전선재료의 구비 조건**
도전율, 기계적 강도, 가요성, 내구성, 내식성, 인장강도 등은 크고, 고유저항, 비중 등은 작을 것

14 전선의 접속방법이 아닌 것은?

① 교차 접속 ② 직선 접속
③ 분기 접속 ④ 종단 접속

해설 전선의 접속방법으로는 일자로 길게 접속하는 직선 접속, 두 전선의 끝을 겹쳐서 접속하는 종단 접속, 전선의 임의 지점에서 한 갈래 더 길을 내는 분기 접속이 있다.

15 금속관 배선에 대한 설명 중 틀린 것은?

① 전자적 평형을 위해 교류회로는 1회로의 전선을 동일 관 내에 넣지 않는 것을 원칙으로 한다.
② 교류회로에서 전선을 병렬로 사용하는 경우 관 내에 전자적 불평형이 생기지 않도록 한다.
③ 굵기가 다른 전선을 동일 관 내에 넣는 경우 전선의 피복절연물을 포함한 단면적의 총 합계가 관 내 단면적의 32[%] 이하가 되도록 한다.
④ 관의 굴곡이 적고 동일 굵기의 전선(10[mm^2])을 동일 관 내에 넣는 경우 전선의 피복 절연물을 포함한 단면적의 총 합계가 관 내 단면적의 48[%] 이하가 되도록 한다.

해설 금속관 배선의 교류회로에서 1회로의 전선 전부를 동일 관 내에 넣는 것을 원칙으로 한다.

16 플로어덕트공사에 사용하는 절연전선이 단선일 경우 그 단면적은 최대 몇 [mm^2]를 초과하면 안 되는가?

① 6 ② 10
③ 16 ④ 25

해설 **플로어덕트공사 시설조건(KEC 232.32.1)**
- 전선은 절연전선(옥외용 비닐 절연전선을 제외한다)일 것
- 전선은 연선일 것. 다만, 단면적 10[mm^2](알루미늄선은 단면적 16[mm^2]) 이하인 것은 그러하지 아니하다.
- 플로어덕트 안에는 전선에 접속점이 없도록 할 것. 다만, 전선을 분기하는 경우에 접속점을 쉽게 점검할 수 있을 때에는 그러하지 아니하다.

17 애자의 형상에 의한 분류 중 내무 애자에 대한 설명에 해당하는 것은?

① 노브애자의 일종으로서 저압 옥내 애자이다.
② 현수애자의 일종으로서 크레비스형의 애자이다.
③ 선로용으로서 점퍼선의 지지용으로 사용되는 애자이다.
④ 분진 또는 염해에 의한 섬락 사고를 방지하기 위한 송전용 애자이다.

해설 **내무 애자**
해안, 공장지대에서 염분이나 먼지, 매연 대책용 애자

18 다음 중 행거밴드에 대한 설명으로 옳은 것은?

① 완금에 암 타이를 고정시키기 위한 밴드
② 완금을 전주에 설치하는 데 필요한 밴드
③ 전주 자체에 변압기를 고정시키기 위한 밴드
④ 전주에 COS 또는 LA를 고정시키기 위한 밴드

정답 13. ③ 14. ① 15. ① 16. ② 17. ④ 18. ③

해설
- 암 타이밴드 : 전주에 암 타이나 랙크를 고정시키기 위한 밴드
- 완금밴드 : 완금을 전주에 설치하는 데 필요한 밴드
- 행거밴드 : 전주 자체를 변압기에 고정시키기 위한 밴드
- 브라켓 : 전주에 설치된 완금과 COS 또는 LA를 고정시키기 위한 밴드

19 가공전선로에서 22.9[kV-Y] 특고압 가공전선 2조를 수평으로 배열하기 위한 완금의 표준길이[mm]는 얼마인가?

① 1,400 ② 1,800
③ 2,000 ④ 2,400

해설 **완금의 표준길이[mm]**

전선조수	저 압	고 압	특고압
2	900	1,400	1,800
3	1,400	1,800	2,400

20 고압 수용가의 수전설비로 사용되는 큐비클의 종류에 해당하지 않는 것은?

① CB형 ② PF형
③ PF-CB형 ④ PF-S형

해설 **큐비클의 종류**

종 류	주 차단기
CB형	차단기를 사용한 것
PF-CB형	한류형 전력 퓨즈와 차단기를 조합 사용한 것
PF-S형	전력 퓨즈와 고압 개폐기를 사용한 것

정답 19. ② 20. ②

전기공사산업기사

2022년 제4회 CBT 기출복원문제

01 발광 현상에서 복사에 관한 법칙이 아닌 것은?

① 스테판-볼츠만의 법칙
② 빈의 변위 법칙
③ 입사각의 코사인 법칙
④ 플랭크의 법칙

해설 ① **스테판-볼츠만의 법칙** : 흑체에서 전 복사에너지는 그 절대온도의 4승에 비례한다.
② **빈의 변위 법칙** : 최대 분광 복사가 일어나는 파장은 그 절대온도에 반비례한다.
④ **플랭크의 법칙** : 특정된 파장에서만 나오는 에너지를 계산하는 식이다.

02 발산 광속이 상향으로 90~100[%] 정도 발산하며 직사 눈부심이 없고 낮은 휘도를 얻을 수 있는 조명 방식은?

① 직접 조명
② 간접 조명
③ 국부 조명
④ 전반 확산 조명

해설 간접 조명은 확산 조도가 직사 조도보다 높은 조명 방식으로 광속에 90[%] 이상을 상향으로 발산시키는 조명 방식이다.

03 물을 전기분해하면 음극에서 발생하는 기체는?

① 산소 ② 질소
③ 수소 ④ 이산화탄소

해설 전기로 물을 수소와 산소로 분리하는 것을 물의 전기분해라 하며 음극에는 수소가 발생하고 양극에는 산소가 발생한다.

04 유도 가열의 용도로 가장 적합한 것은?

① 목재의 접착 ② 금속의 용접
③ 금속의 열처리 ④ 비닐의 접착

해설 유도 가열은 전류의 표피 작용을 이용하여 금속의 표면 열처리에 많이 사용된다.

05 프로세스제어에 속하지 않는 것은?

① 위치 ② 온도
③ 압력 ④ 유량

해설 프로세스제어는 제어량인 온도, 유량, 압력, 액위, 농도, 밀도 등 플랜트나 생산공정 중의 상태량을 제어량으로 하는 제어이다.

06 생산공정이나 기계장치 등에 이용하는 자동제어의 필요성이 아닌 것은?

① 노동조건의 향상
② 제품의 생산속도를 증가
③ 제품의 품질 향상, 균일화, 불량품 감소
④ 생산설비에 일정한 힘을 가하므로 수명 감소

해설 **폐회로제어계의 특징**
- 정확성의 증가
- 생산속도 증가 및 생산량 증대
- 생산품질 향상
- 불량품 감소

07 단상 유도전동기 중 운전 중에도 전류가 흘러 손실이 발생하여 효율과 역률이 좋지 않고 회전 방향을 바꿀 수 없는 전동기는?

① 반발 기동형 ② 콘덴서 기동형
③ 분상 기동형 ④ 셰이딩 코일형

정답 01. ③ 02. ② 03. ③ 04. ③ 05. ① 06. ④ 07. ④

해설 단상 유도전동기는 주권선과 기동 권선 중 어느 하나에 접속을 바꾸면 회전 방향이 반대가 된다. 하지만 셰이딩 코일형 전동기는 회전 방향을 바꿀 수 없다.

08 전력용 반도체 소자의 종류 중 스위칭 소자가 아닌 것은?

① GTO ② Diode
③ TRIAC ④ SSS

해설 다이오드(Diode)는 회로의 주변 상황에 따라 순방향으로 전압이 가해지면 도통하고 역방향으로 전압이 가해지면 도통하지 않는 수동적인 소자로 사용자가 임의로 ON, OFF 시킬 수 없다.

09 백열 전구에서 필라멘트의 재료로서 필요 조건 중 틀린 것은?

① 고유저항이 적어야 한다.
② 선팽창률이 적어야 한다.
③ 가는 선으로 가공하기 쉬워야 한다.
④ 기계적 강도가 커야 한다.

해설 **필라멘트의 구비 조건**
- 융해점이 높을 것
- 가는 선으로 가공이 용이할 것
- 선팽창률이 적을 것
- 고온에서도 증발하지 않을 것
- 전기저항의 온도계수가 (+)일 것

10 그림과 같이 광원 L에서 P점 방향의 광도가 50[cd]일 때 P점의 수평면 조도는 약 몇 [lx]인가?

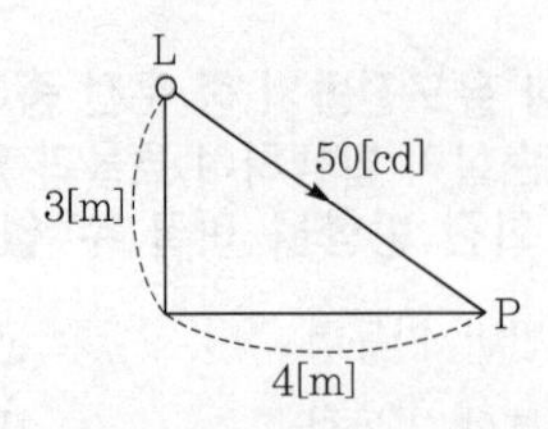

① 0.6 ② 0.8
③ 1.2 ④ 1.6

해설 **수평면 조도**

$$E_h = \frac{1}{r^2}\cos\theta = \frac{50}{(\sqrt{4^2+3^2})^2} \times \frac{3}{\sqrt{4^2+3^2}}$$

$$= \frac{50}{25} \times \frac{3}{5} = 1.2[\mathrm{lx}]$$

11 200[W] 전구를 우유색 구형 글로브에 넣었을 경우 우유색 유리 반사율 40[%], 투과율은 50[%]라고 할 때 글로브의 효율[%]은?

① 23 ② 43
③ 53 ④ 83

해설

$$\text{글로브 효율}(\eta) = \frac{\tau}{1-\rho} \times 100$$

$$\therefore\ \eta = \frac{0.5}{1-0.4} \times 100 = 83[\%]$$

12 금속 중 이온화 경향이 가장 큰 물질은?

① K ② Fe
③ Zn ④ Na

해설 이온화 경향이 큰 금속의 순서는 다음과 같다.
K > Ca > Na > Mg > Al > Zn > Fe > Ni > Sn > Pb

13 권상하중 40[t], 권양속도 12[m/min]의 기중기용 전동기의 용량은 약 몇 [kW]인가? (단, 전동기를 포함한 기중기의 효율은 60[%]이다.)

① 800 ② 278.9
③ 189.8 ④ 130.7

해설 **기중기용 전동기 용량**

$$P = \frac{WV}{6.12\eta} = \frac{40 \times 12}{6.12 \times 0.6} = 130.7[\mathrm{kW}]$$

정답 08. ② 09. ① 10. ③ 11. ④ 12. ① 13. ④

14 알루미늄, 마그네슘의 용접에 가장 적합한 용접방법은?

① 피복금속 아크용접
② 불꽃용접
③ 원자 수소 아크용접
④ 불활성 가스 아크용접

해설 불활성 가스 아크용접은 알루미늄, 마그네슘, 스테인리스강 등의 특수강 아크용접에 많이 사용되고 있다.

15 궤간이 1[m]이고 반경이 1,270[m]인 곡선 궤도를 64[km/h]로 주행하는 데 적당한 고도는 약 몇 [mm]인가?

① 13.4 ② 15.8
③ 18.6 ④ 25.4

해설 $h = \frac{GV^2}{127R} = \frac{1,000 \times 64^2}{127 \times 1,270} = 25.4[\text{mm}]$

16 고주파 유전 가열에서 피열물의 단위체적당 소비 전력[W/cm³]은? (단, E[V/cm]는 고주파 전계, δ는 유전체 손실각, f는 주파수, ε_s는 비유전율이다.)

① $\frac{5}{9}E^2 f \varepsilon_s \tan\delta \times 10^{-8}$

② $\frac{5}{9}E f \varepsilon_s \tan\delta \times 10^{-9}$

③ $\frac{5}{9}E f \varepsilon_s \tan\delta \times 10^{-10}$

④ $\frac{5}{9}E^2 f \varepsilon_s \tan\delta \times 10^{-12}$

해설 단위체적당 전력(P)

$$P = \frac{W}{S \cdot d} = \frac{V^2}{d^2} \times f \times \varepsilon_s \tan\delta \times \frac{0.5}{9} \times 10^{-9}$$
$$= \frac{5}{9}E^2 f \varepsilon_s \tan\delta \times 10^{-12}[\text{W/cm}^3]$$

17 복진지에 대한 설명으로 옳은 것은?

① 궤조가 열차의 진행 방향으로 이동함을 막는 것
② 침목의 이동을 막는 것
③ 궤조가 열차의 진행과 반대 방향으로 이동함을 막는 것
④ 궤조의 진동을 막는 것

해설 복진지는 열차 진행 방향과 반대 방향으로 레일이 후퇴하는 작용을 방지하는 것이다.

18 2종의 금속이나 반도체를 접합하여 열전대를 만들고 기전력을 공급하면 각 접점에서 열의 흡수, 발생이 일어나는 현상은?

① 핀치(Pinch) 효과
② 제벡(Seebeck) 효과
③ 펠티에(Peltier) 효과
④ 톰슨(Thomson) 효과

해설 서로 다른 두 금속을 접합하고 접합점에 전류를 흘리면 줄열 이외의 열의 발생 또는 흡수되는 현상은 펠티에 효과이다.

19 25[℃]의 물 10[l]를 그릇에 넣고 2[kW]의 전열기로 가열하여 물의 온도를 80[℃]로 올리는 데 20분이 소요되었다. 이 전열기의 효율[%]은 약 얼마인가?

① 59.5 ② 68.8
③ 84.9 ④ 95.9

해설 $860\eta Pt = Cm(T - T_0)$에서

물의 비열 $C = 1$이므로

$$\eta = \frac{m(T_2 - T_1)}{860Pt} \times 100$$
$$= \frac{10 \times (80 - 25)}{860 \times 2 \times \frac{20}{60}} \times 100 \fallingdotseq 95.9[\%]$$

정답 14. ④ 15. ④ 16. ④ 17. ① 18. ③ 19. ④

20 로켓, 터빈, 항공기와 같은 고도의 기계공업 분야의 재료 제조에 적합한 전기로는?

① 크리프톨로　② 지로식 전기로
③ 진공 아크로　④ 고주파 유도로

해설 고도의 기계공업 분야의 재료 제조에 적합한 전기로는 진공식 아크로이다.
Ti, Zr, Mo 등의 활성 금속 또는 내열 금속의 용해법으로 개발되었으나, 설비비가 높고 경제상 불리하며 생산성이 낮다는 단점이 있다.

정답 20. ③

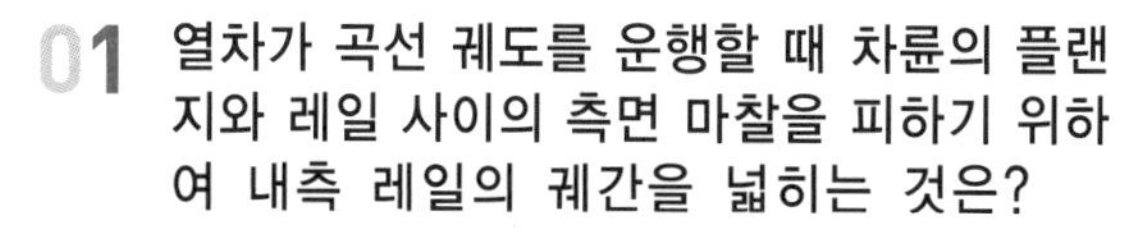

전기공사기사

2023년 제1회 CBT 기출복원문제

01 열차가 곡선 궤도를 운행할 때 차륜의 플랜지와 레일 사이의 측면 마찰을 피하기 위하여 내측 레일의 궤간을 넓히는 것은?

① 고도　② 유간
③ 확도　④ 철차각

해설 • 확도(슬랙) : 곡선 부위에서 궤조를 조금 넓혀 주는 것
• 유간 : 이음매 부분에 약간의 간격을 둔 것
• 고도(캔트) : 곡선 부위에서 안쪽 레일보다 바깥쪽 레일을 조금 높게 하는 것

02 축전지의 충전방식 중 전지의 자기방전을 보충함과 동시에 상용부하에 대한 전력공급은 충전기가 부담하도록 하되, 충전기가 부담하기 어려운 일시적인 대전류 부하는 축전지로 하여금 부담하게 하는 충전방식은?

① 보통 충전　② 과부하 충전
③ 세류 충전　④ 부동 충전

해설 • 보통 충전 : 필요할 때마다 표준시간율로 소정의 충전을 하는 방식이다.
• 세류 충전 : 자기방전량만을 항시 충전하는 부동 충전방식의 일종이다.
• 부동 충전 : 축전지의 자기방전을 보충함과 동시에 상용부하에 대한 전력공급은 충전기가 부담하도록 하되 충전기가 부담하기 어려운 일시적인 대전류 부하는 축전지로 하여금 부담하게 하는 방식이다.

03 물 7[l]를 14[℃]에서 100[℃]까지 1시간 동안 가열하고자 할 때, 전열기의 용량[kW]은? (단, 전열기의 효율은 70[%]이다.)

① 0.5　② 1
③ 1.5　④ 2

해설
$$P=\frac{cm(T-T_0)}{860t\eta}=\frac{7\times1\times(100-14)}{860\times1\times0.7}=1\,[\text{kW}]$$

여기서, P : 전력[kW]
t : 시간[h]
m : 물의 양[l]
T, T_0 : 물의 온도[℃]
c : 비열, 물의 비열은 1이다.

04 루소 선도에서 하반구 광속[lm]은 약 얼마인가? (단, 그림에서 곡선 BC는 4분원이다.)

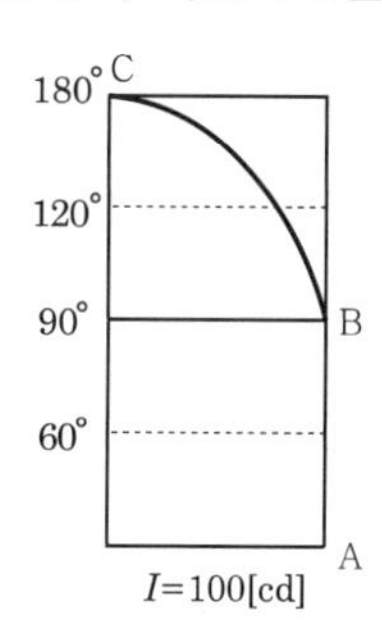

① 528　② 628
③ 728　④ 828

해설 상반구 광속$(F)=\frac{2\pi}{R}\cdot S$ [lm]

여기서, S : 상반구 면적

$\therefore$ 하반구 광속$(F)=\frac{2\pi}{100}\times100^2=628$ [lm]

05 풍량 6,000[m^3/min], 전 풍압 120[mmAq]의 주배기용 팬을 구동하는 전동기의 소요 동력[kW]은 약 얼마인가? (단, 팬의 효율 η = 60[%], 여유계수 K = 1.2)

① 200　② 235
③ 270　④ 305

정답 01. ③ 02. ④ 03. ② 04. ② 05. ②

해설 전동기 소요동력

$$P = \frac{QHK}{6.12\eta}$$
$$= \frac{6{,}000 \times 120 \times 1.2}{6.12 \times 0.6} \times 10^{-3} \fallingdotseq 235[\text{kW}]$$

06 흑체의 온도 복사 법칙 중 절대온도가 높아질수록 파장이 짧아지는 법칙은?

① 스테판-볼츠만(Stefan-Boltzmann)의 법칙
② 빈(Wien)의 변위 법칙
③ 플랑크(Planck)의 복사 법칙
④ 베버 페히너(Weber-Fechner)의 법칙

해설 빈(Wien)의 변위 법칙
흑체의 분광 방사 휘도 또는 분광 방사 발산도가 최대가 되는 파장 λ_m은 그 흑체의 절대온도 T[K]에 반비례한다. 즉, 온도가 높아질수록 λ_m은 짧아진다.
$\lambda_m T = 2.896 \times 10^{-3}[\text{m} \cdot \text{K}]$

07 출력 P[kW], 속도 N[rpm]인 3상 유도전동기의 토크[kg·m]는?

① $0.25\frac{P}{N}$ ② $0.716\frac{P}{N}$
③ $0.956\frac{P}{N}$ ④ $0.975\frac{P}{N}$

해설 토크

$$T = \frac{P}{\omega} = \frac{P}{2\pi n}[\text{N} \cdot \text{m}]$$
$$= \frac{P}{2\pi\frac{N}{60}} \times \frac{1}{9.8} = 0.975\frac{P}{N}[\text{kg} \cdot \text{m}]$$

08 전기철도에서 귀선의 누설전류에 의한 전식은 어디서 발생하는가?

① 궤도로 전류가 유입하는 곳
② 궤도에서 전류가 유출하는 곳
③ 지중관로로 전류가 유입하는 곳
④ 지중관로에서 전류가 유출하는 곳

해설 지중 금속제 매설물에서 누설전류가 유출하는 곳에서 발생하는 전해작용(부식)을 전식이라고 한다.

09 1차 전지 중 휴대용 라디오, 손전등, 완구, 시계 등 매우 광범위하게 이용되고 있는 건전지는?

① 망간 건전지 ② 공기 건전지
③ 수은 건전지 ④ 리튬 건전지

해설 망간 건전지는 가격이 저렴하고 전등용, 전화용 및 휴대용 라디오 등에 사용되는 1차 전지이다.

10 천장면을 여러 형태의 사각, 삼각, 원형 등으로 구멍을 내어 다양한 형태의 매입 기구를 취부하여 실내의 단조로움을 피하는 조명 방식은?

① pin hole light
② coffer light
③ line light
④ cornis light

해설 코퍼 라이트(coffer light)
다운 라이트 방식 중 하나로 천장면에 반원 모양의 구멍을 뚫고 그 속에 조명기구를 매립 설치하는 방식

11 공업용 온도계로서 가장 높은 온도를 측정할 수 있는 것은?

① 철 - 콘스탄탄
② 동 - 콘스탄탄
③ 크로멜 - 알루멜
④ 백금 - 백금 로듐

해설 열전대의 종류에 따른 측정 온도
- 백금 - 백금 로듐 : 1,400[℃]
- 크로멜 - 알루멜 : 1,000[℃]
- 철 - 콘스탄탄 : 700[℃]
- 구리 - 콘스탄탄 : 400[℃]

정답 06. ② 07. ④ 08. ④ 09. ① 10. ② 11. ④

12 흑연화로, 카보런덤로, 카바이드로 등의 전기로 가열방식은?

① 아크 가열
② 유도 가열
③ 간접 저항 가열
④ 직접 저항 가열

해설
- 직접 저항로 : 흑연화로, 카보런덤로, 카바이드로
- 간접 저항로 : 발열체로, 염욕로, 탄소립로

13 전선재료로서 구비해야 할 조건 중 틀린 것은?

① 도전율이 클 것
② 접속이 쉬울 것
③ 내식성이 작을 것
④ 가요성이 풍부할 것

해설 **전선재료의 구비 조건**
도전율, 기계적 강도, 가요성, 내구성, 내식성, 인장강도 등은 크고, 고유저항, 비중 등은 작을 것

14 전선 접속 시 유의사항으로 볼 수 없는 것은?

① 접속으로 인해 전기적 저항이 증가하지 않게 한다.
② 접속으로 인한 도체 단면적을 현저히 감소시키게 한다.
③ 접속부분의 전선의 강도를 20[%] 이상 감소시키지 않게 한다.
④ 접속부분은 절연전선의 절연물과 동등 이상의 절연내력이 있는 것으로 충분히 피복한다.

해설 **전선 접속 시 유의사항**
- 전선의 세기(인장강도)를 20[%] 이상 감소시키지 않게 한다.
- 전선의 전기저항을 증가시키지 않게 한다.
- 접속부분은 접속관 기타의 기구를 사용하도록 한다.
- 전기화학적 성질이 다른 도체의 접속 시 전기적 부식이 발생하지 않도록 한다.

15 금속관공사에서 절연부싱을 하는 목적으로 옳은 것은?

① 관의 끝이 터지는 것을 방지
② 관의 단구에서 전선 손상을 방지
③ 박스 내에서 전선의 접속을 방지
④ 관의 단구에서 조영재의 접속을 방지

해설 절연부싱은 전선절연 피복물을 보호하기 위하여 관 끝에 부착 사용하는 보호기구이다.

16 KS C 8000에서는 감전 보호와 관련하여 조명기구의 종류(등급)를 나누고 있다. 다음 중 각 등급에 따른 기구에 대한 설명이 틀린 것은?

① 등급 0 기구 : 기초절연으로 일부분을 보호한 기구로서 접지단자를 가지고 있는 기구
② 등급 Ⅰ 기구 : 기초절연만으로 전체를 보호한 기구로서 보호접지단자를 가지고 있는 기구
③ 등급 Ⅱ 기구 : 2중절연을 한 기구
④ 등급 Ⅲ 기구 : 정격전압이 교류 30[V] 이하인 전압의 전원에 접속하여 사용하는 기구

해설 **KS C 8000 조명기구통칙**
- 등급 0 기구 : 접지단자 또는 접지선을 갖지 않고 기초절연만으로 전체가 보호된 기구
- 등급 Ⅰ 기구 : 기초절연만으로 전체를 보호한 기구로서 보호접지단자 혹은 보호접지선 접속부를 갖든가 또는 보호접지선이 든 코드와 보호접지선 접속부가 있는 플러그를 갖추고 있는 기구
- 등급 Ⅱ 기구 : 2중절연을 한 기구(다만, 원칙적인 2중절연이 하기 어려운 부분에는 강화절연을 한 기구를 포함한다) 또는 기구의 외곽 전체를 내구성이 있는 견고한 절연재료로 구성한 기구와 이들을 조합한 기구
- 등급 Ⅲ 기구 : 정격전압이 교류 30[V] 이하인 전압의 전원에 접속하여 사용하는 기구

정답 12. ④ 13. ③ 14. ② 15. ② 16. ①

17 저압 전선로 및 인입선의 중성선 또는 접지측 전선을 애자의 색상에 의하여 식별하는 경우 어떤 색상의 애자를 사용하여야 하는가?

① 흑색 ② 청색
③ 녹색 ④ 백색

해설

애자의 종류	색 별
특고압용 핀애자	적색
저압용 애자(접지측 제외)	백색
접지측 애자	청색

18 전장이 16[m], 설계하중이 6.8[kN]인 철근 콘크리트주를 땅에 묻을 경우 최소 깊이[m]는? (단, 지반이 연약한 곳 이외에 시설한다.)

① 2.0 ② 2.4
③ 2.6 ④ 2.8

해설 가공전선로의 지지물의 기초 안전율은 2(이상 시 상정하중에 대한 철탑의 기초에 대하여는 1.33) 이상이어야 한다. 다만, 다음에 따라 시설하는 경우에는 적용하지 않는다.

전장 \ 설계하중	6.8[kN] 이하	6.8[kN] 초과 ~9.8[kN] 이하	9.8[kN] 초과 ~14.72[kN] 이하
15[m] 이하	전장×1/6[m] 이상	전장×1/6 +0.3[m] 이상	전장×1/6 +0.5[m] 이상
15[m] 초과	2.5[m] 이상	2.8[m] 이상	–
16[m] 초과 ~20[m] 이하	2.8[m] 이상	–	–
15[m] 초과 ~18[m] 이하	–	–	3[m] 이상
18[m] 초과	–	–	3.2[m] 이상

19 완철 장주의 설치 시 설치 위치 및 방법을 설명한 것으로 틀린 것은?

① 완철은 교통에 지장이 없는 한 긴 쪽을 도로측으로 설치한다.
② 완철용 M 볼트는 완철의 반대측에서 삽입하고 완철이 밀착되게 조인다.
③ 완철 밴드는 창출 또는 편출 개소를 제외하고 보통 장주에만 사용한다.
④ 단완철은 전원측에 설치하며 하부 완철은 상부 완철과 동일한 측에 설치한다.

해설 단완철은 전원의 반대측(부하측)에 설치함을 원칙으로 한다.

20 배전반 및 분전반을 넣은 함이 내아크성, 난연성의 합성수지로 되어 있을 경우 함의 최소 두께[mm]는 얼마이어야 하는가?

① 1.2
② 1.5
③ 1.8
④ 2.0

해설
- 난연성 합성수지로 된 것은 두께 1.5[mm] 이상으로 내(耐)아크성인 것이어야 한다.
- 강판제의 것은 두께 1.2[mm] 이상이어야 한다. 다만, 가로 또는 세로의 길이가 30[cm] 이하인 것은 두께 1.0[mm] 이상으로 할 수 있다.

정답 17. ② 18. ④ 19. ④ 20. ②

전기공사산업기사

2023년 제1회 CBT 기출복원문제

01 백열 전구의 동정 곡선은 다음 중 어느 것을 결정하는 중요한 요소가 되는가?

① 전류, 광속, 전압 ② 전류, 광속, 효율
③ 전류, 광속, 휘도 ④ 전류, 광도, 전압

해설 백열 전구의 동정 곡선은 필라멘트 온도 변화 시 저항, 전류, 전력, 광속, 효율, 수명 등의 변화 특성을 나타내는 곡선이다.

02 플라이휠의 사용과 무관한 것은?

① 효율이 좋아진다.
② 최대 토크를 감소시킨다.
③ 전류의 동요가 감소한다.
④ 첨두 부하값을 감소시킨다.

해설 플라이휠을 사용하면 최대 토크와 최대 부하값 및 효율이 감소하게 된다.

03 다음 회로에서 입력전압 e_i[V]과 출력전압 e_o[V] 사이의 전달함수 $G(s)$는?

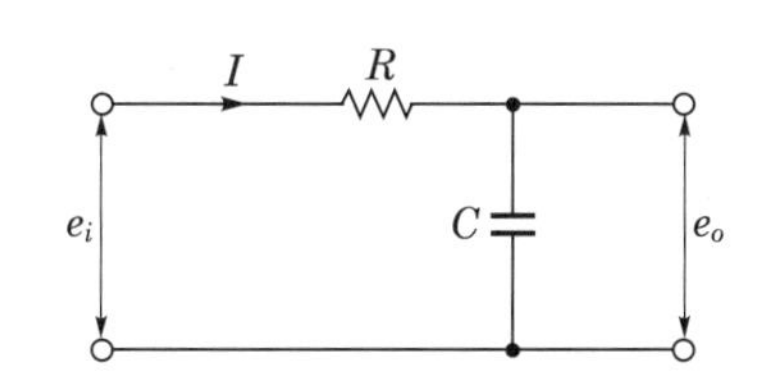

① $1+\frac{R}{Cs}$ ② $1+\frac{1}{Rs}$
③ $\frac{1}{RCs+1}$ ④ $\frac{1}{RCs^2+1}$

해설

$$G(S)=\frac{E_o(s)}{E_i(s)}=\frac{\frac{1}{Cs}}{R+\frac{1}{Cs}}=\frac{1}{RCs+1}$$

04 2[g]의 알루미늄을 60[℃] 높이는 데 필요한 열량은 약 몇 [cal]인가? (단, 알루미늄 비열은 0.2[cal/g・℃]이다.)

① 24 ② 20.64
③ 860 ④ 20,640

해설 열량$(Q)=Cm\theta$[cal]
여기서, C : 비열[cal/g・℃]
m : 질량[g]
θ : 온도차[℃]
$\therefore Q=0.2\times2\times60=24$[cal]

05 제어 오차가 검출될 때, 오차가 변화하는 속도에 비례하여 조작량을 가감하는 동작으로서 오차가 커지는 것을 미연에 방지하는 동작은?

① PD동작 ② PID동작
③ D동작 ④ P동작

해설 **미분동작제어(D동작)**
조작량이 동작신호(편차)의 미분에 비례하는 동작으로, 속응성이 개선되어 오차가 커지는 것을 미연에 방지한다.

06 궤도의 확도(slack)는 약 몇 [mm]인가? (단, 곡선의 반지름 100[m], 고정 차축거리 5[m]이다.)

① 21.25 ② 25.68
③ 29.35 ④ 31.25

해설 확도$(S)=\frac{l^2}{8R}$[mm]
여기서, l : 고정 차축거리[m]
R : 곡선 반지름[m])
$\therefore S=\frac{5^2}{8\times100}\times10^3=31.25$[mm]

정답 01. ② 02. ① 03. ③ 04. ① 05. ③ 06. ④

07 동의 원자량은 63.54이고 원자가가 2라면 전기화학당량은 약 몇 [mg/C]인가?

① 0.229
② 0.329
③ 0.429
④ 0.529

해설 화학당량 $= \frac{\text{원자량}}{\text{원자가}} = \frac{63.54}{2} = 31.77$

전기화학당량 $K = \frac{\text{화학당량}}{96,500} = \frac{31.77}{96,500}$
$= 0.0003292[\text{g/C}]$
$= 0.3292[\text{mg/C}]$

08 눈부심을 일으키는 램프의 휘도 한계는?

① 0.5[cd/cm^2] 이하
② 1.5[cd/cm^2] 이하
③ 2.5[cd/cm^2] 이하
④ 3.0[cd/cm^2] 이하

해설 눈부심을 일으키는 휘도의 한계는 주위의 밝음에 따라 다르며, 대체로 항상 시야 내에 있는 광원에 대해서는 0.2[cd/cm^2] 이하이고, 때때로 시야 내에 들어오는 광원에 대해서는 0.5[cd/cm^2] 이하이다.

09 곡선 도로 조명상 조명기구의 배치 조건으로 가장 적합한 것은?

① 양측 배치의 경우는 지그재그식으로 한다.
② 한쪽만 배치하는 경우는 커브 바깥쪽에 배치한다.
③ 직선 도로에서보다 등간격을 조금 더 넓게 한다.
④ 곡선 도로의 곡률 반경이 클수록 등간격을 짧게 한다.

해설 도로의 곡선 부분에 조명하는 경우에는 한쪽에만 배치 시 곡선 부분 바깥쪽에 배치하도록 한다.

10 전기가열의 특징에 해당되지 않는 것은?

① 내부 가열이 가능하다.
② 열효율이 매우 나쁘다.
③ 방사열의 이용이 용이하다.
④ 온도 제어 및 조작이 간단하다.

해설 전기가열의 특징은 다음과 같다.
- 매우 높은 온도를 얻을 수 있다.
- 내부 및 선택 가열이 가능하다.
- 조작이 간단하고 작업 환경이 좋다.
- 열효율이 높다.
- 온도 제어 및 가열 시간의 제어가 용이하다.

11 알루미늄, 마그네슘의 용접에 가장 적합한 용접방법은?

① 피복금속 아크용접
② 불꽃용접
③ 원자 수소 아크용접
④ 불활성 가스 아크용접

해설 불활성 가스 아크용접은 알루미늄, 마그네슘, 스테인리스강 등의 특수강 아크용접에 많이 사용되고 있다.

12 평균 수평 광도는 200[cd], 구면 확산율이 0.8일 때 구광원의 전광속은 약 몇 [lm]인가?

① 2,010
② 2,060
③ 2,260
④ 3,060

해설 구면 확산율이 0.8일 때, 평균 구면 광도 I와 평균 수평 광도 I_h는 다음과 같다.
$I = 0.8I_h = 0.8 \times 200 = 160[\text{cd}]$
따라서 전광속 F는
$F = 4\pi I = 4\pi \times 160 = 2,010.62[\text{lm}]$

정답 07. ② 08. ① 09. ② 10. ② 11. ④ 12. ①

13 전자빔 가열의 특징이 아닌 것은?

① 에너지 밀도를 높게 할 수 있다.
② 진공 중 가열로 산화 등의 영향이 크다.
③ 필요한 부분에 고속으로 가열시킬 수 있다.
④ 빔의 파워와 조사 위치를 정확히 제어할 수 있다.

해설 **전자빔 가열의 특징**

- 전력 밀도를 높게 할 수 있어 대단히 작은 부분의 가공이나 구멍을 뚫을 수 있다.
- 가열 범위를 극히 국한된 부분에 집중시킬 수 있으므로 열에 의하여 변질이 될 부분을 적게 할 수 있다.
- 고융점 재료 및 금속박 재료의 용접이 쉽다.
- 에너지 밀도와 분포를 쉽게 조절할 수 있다.
- 진공 중에서 가열이 가능하다.

14 우리나라 전기철도에 주로 사용하는 집전장치는?

① 뷔겔
② 집전슈
③ 트롤리봉
④ 팬터그래프

해설 **팬터그래프**
고속 대형 전차에 가장 많이 사용되며, 우리나라에서 주로 사용한다.

15 다음 용접방법 중 저항 용접이 아닌 것은?

① 점 용접(spot welding)
② 이음매 용접(seam welding)
③ 돌기 용접(projection welding)
④ 전자빔 용접(electron beam welding)

해설 저항 용접에는 맞대기 용접, 점 용접, 봉합(이음매) 용접, 돌기 용접이 있다.

16 $t\sin\omega t$의 라플라스 변환은?

① $\dfrac{\omega}{s^2+\omega^2}$　② $\dfrac{\omega^2}{s^2+\omega^2}$
③ $\dfrac{\omega s}{(s^2+\omega^2)^2}$　④ $\dfrac{2\omega s}{(s^2+\omega^2)^2}$

해설 복소 미분 정리를 이용하면

$$F(s)=(-1)\frac{d}{ds}\{\mathcal{L}(\sin\omega t)\}$$
$$=(-1)\frac{d}{ds}\frac{\omega}{s^2+\omega^2}=\frac{2\omega s}{(s^2+\omega^2)^2}$$

17 옥내 전반 조명에서 바닥면의 조도를 균일하게 하기 위한 등간격은? (단, 등간격 : S, 등높이 : H이다.)

① $S=H$　② $S\leq 2H$
③ $S\leq 0.5H$　④ $S\leq 1.5H$

해설 등기구 설치 시 등간격은 다음과 같다.

- 등기구 간격 : $S\leq 1.5H$
- 벽면 간격
  - 벽면을 사용하지 않는 경우 : $S\leq 0.5H$
  - 벽면을 사용하는 경우 : $S\leq \dfrac{1}{3}H$

18 전기철도의 교류 급전방식 중 AT 급전방식은 어떤 변압기를 사용하여 급전하는 방식을 말하는가?

① 단권 변압기　② 흡상 변압기
③ 스코트 변압기　④ 3권선 변압기

해설 교류 AT 급전방식은 단권 변압기에 AC 50[kV]를 급전하고 단권변압기의 중성점과 궤도회로 등 임피던스본드의 중성점을 통하여 레일에 전류를 공급하여 전차선과 레일 사이에 25[kV]를 급전하는 방식이다.

19 알칼리 축전지의 양극에 쓰이는 재료는?

① 이산화납　② 아연
③ 구리　④ 수산화니켈

정답 13. ② 14. ④ 15. ④ 16. ④ 17. ④ 18. ① 19. ④

해설 알칼리 축전지

- 전해액 : KOH
- 양극재 : $Ni(OH)_3$
- 음극재 : Cd 또는 Fe

20 흑체 복사의 최대 에너지의 파장 λ_m은 절대온도 T와 어떤 관계인가?

① T^4　　② $\frac{1}{T}$

③ $\frac{1}{T^2}$　　④ $\frac{1}{T^4}$

해설 최대 스펙트럼 방사 발산도를 발생하는 파장은 빈의 변위 법칙에 의하여 $\lambda_m T = 2.896 \times 10^{-3}$[m · K]

$\therefore \lambda_m \propto \frac{1}{T}$[K]

정답 20. ②

2023년 제2회 CBT 기출복원문제

01 순금속 발열체의 종류가 아닌 것은?

① 백금(Pt) ② 텅스텐(W)
③ 몰리브덴(Mo) ④ 탄화규소(SiC)

해설 **순금속 발열체**
몰리브덴(Mo), 텅스텐(W), 백금(Pt)

02 루소 선도가 그림과 같이 표시되는 광원의 전광속[lm]은 약 얼마인가?

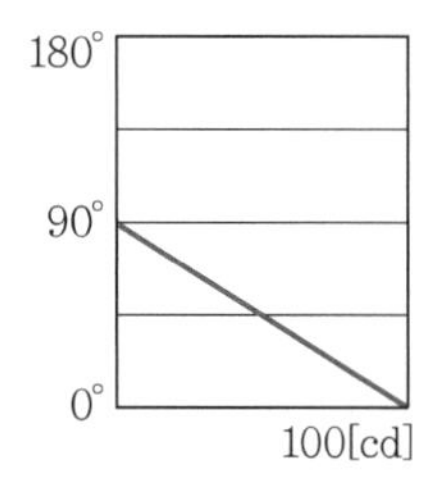

① 314 ② 628
③ 942 ④ 1,256

해설 **루소 선도에 의한 광속계산**

$F=\frac{2\pi}{r}S[\text{lm}]$

여기서, S : 루소 선도의 0°~90° 사이의 면적이다.

$S=\frac{1}{2}rI_o$

$\therefore\ F=\frac{2\pi}{r}S=\frac{2\pi}{r}\times\frac{1}{2}rI_o=\pi I_o=\pi\times 100$
$=314[\text{lm}]$

03 서미스터(thermistor)의 주된 용도는?

① 온도 보상용 ② 잡음 제거용
③ 전압 증폭용 ④ 출력 전류 조절용

해설 서미스터는 Mn, Fe, Co, Ni, Cu 등의 산화물 분말을 혼합 소결한 산화물 반도체로서 전자장치의 온도 보상용으로 사용한다.

04 형태가 복잡하게 생긴 금속 제품을 균일하게 가열하는 데 가장 적합한 전기로는?

① 염욕로
② 흑연화로
③ 카보런덤로
④ 페로알로이로

해설 염욕로는 간접 저항로로 형태가 복잡하게 생긴 피열물을 용해열 속에서 가열하므로 빨리 가열된다.

05 플라이휠 효과 1[kg · m²]인 플라이휠 회전속도가 1,500[rpm]에서 1,200[rpm]으로 떨어졌다. 방출에너지는 약 몇 [J]인가?

① 1.11×10^3
② 1.11×10^4
③ 2.11×10^3
④ 2.11×10^4

해설 속도 감속 시 방출 에너지(W)

$=\frac{1}{730}GD^2({N_1}^2-{N_2}^2)[\text{J}]$이다.

$\therefore\ W=\frac{1}{730}\times1^2\times(1{,}500^2-1{,}200^2)$
$=1.1\times10^3[\text{J}]$

06 램프 효율이 우수하고 단색광이므로 안개 지역에서 가장 많이 사용되는 광원은?

① 나트륨등 ② 메탈핼라이드등
③ 수은등 ④ 크세논등

해설 **나트륨등의 특징**
- 투과력이 좋다. (안개 지역에 사용)
- 단색 광원이므로 옥내 조명에 부적당하다.
- 효율이 좋다.

정답 01. ④ 02. ① 03. ① 04. ① 05. ① 06. ①

07 금속의 표면 열처리에 이용하며 도체에 고주파 전류를 흘릴 때 전류가 표면에 집중하는 효과는?

① 표피 효과
② 톰슨 효과
③ 핀치 효과
④ 제벡 효과

해설 **표피 효과**
도체에 고주파 전류를 통하면 전류가 표면에 집중하는 현상으로 금속의 표면 열처리에 이용한다.

08 단상 교류식 전기철도에서 통신선에 발생하는 유도장해를 경감하기 위하여 사용되는 것은?

① 흡상 변압기
② 3권선 변압기
③ 스코트 결선
④ 크로스본드

해설 흡상 변압기(BT) 급전방식은 권수비 1 : 1의 단권 변압기로 1차 단자는 전차선에, 2차 단자는 부급전선에 설치하여 누설전류를 없애고 유도장해를 경감하는 방식이다.

09 구리의 원자량은 63.54이고 원자가가 2일 때, 전기화학당량은 약 얼마인가? (단, 구리화학당량과 전기화학당량의 비는 약 96,494이다.)

① 0.3292[mg/C] ② 0.03292[mg/C]
③ 0.3292[g/C] ④ 0.032929[g/C]

해설
$$\text{구리화학당량} = \frac{\text{원자량}}{\text{원자가}} = \frac{63.54}{2} = 31.77$$
구리화학당량과 전기화학당량의 비는 약 96,494이므로
$$\therefore \text{전기화학당량} = \frac{31.77}{96,494} = 0.0003292[\text{g/C}] = 0.3292[\text{mg/C}]$$

10 형광판, 야광도료 및 형광방전등에 이용되는 루미네선스는?

① 열 루미네선스
② 전기 루미네선스
③ 복사 루미네선스
④ 파이로 루미네선스

해설 복사 루미네선스는 높은 에너지를 가지는 복사선이 조사될 때 생기는 방전 현상으로 형광판, 야광도료, 형광방전등에 이용된다.

11 전기철도의 전동기 속도 제어방식 중 주파수와 전압을 가변시켜 제어하는 방식은?

① 저항 제어
② 초퍼 제어
③ 위상 제어
④ VVVF 제어

해설 **가변전압 가변주파수 제어(VVVF)**
유도전동기에 공급하는 전원의 주파수와 전압을 같이 가변하여 전동기의 속도를 제어하는 방법

12 알칼리 축전지의 특징에 대한 설명으로 틀린 것은?

① 전지의 수명이 납축전지보다 길다.
② 진동 충격에 강하다.
③ 급격한 충·방전 및 높은 방전율에 견디기 어렵다.
④ 소형 경량이며, 유지 관리가 편리하다.

해설 **알칼리 축전지의 특징**
- 전지의 수명이 길다. (납축전지보다 3~4배 정도)
- 구조상 운반 진동에 견딜 수 있다.
- 급격한 충·방전, 높은 방전율에 견디며, 다소 용량이 감소되어도 사용 불능이 되지 않는다.

정답 07. ① 08. ① 09. ① 10. ③ 11. ④ 12. ③

13 도체의 재료로 주로 사용되는 구리와 알루미늄의 물리적 성질을 비교 설명한 내용으로 옳은 것은?

① 구리가 알루미늄보다 비중이 작다.
② 구리가 알루미늄보다 저항률이 크다.
③ 구리가 알루미늄보다 도전율이 작다.
④ 구리와 같은 저항을 갖기 위해서는 알루미늄 전선의 지름을 구리보다 굵게 한다.

해설 동일 조건에서 구리의 저항이 알루미늄보다 작으므로, 알루미늄의 저항을 작게 하기 위해서는 알루미늄 전선의 지름을 구리보다 굵게 하여야 한다.

14 옥내에서 병렬로 전선을 사용할 경우 시설방법으로 옳지 않은 것은?

① 전선은 동일한 도체이어야 한다.
② 전선은 동일한 길이 및 굵기이어야 한다.
③ 관 내 전류의 불평형이 생기지 않도록 시설하여야 한다.
④ 전선의 굵기는 구리의 경우 40[mm^2] 이상 또는 알루미늄의 경우 90[mm^2] 이상이어야 한다.

해설 **병렬전선의 사용**
병렬로 사용하는 경우 각 전선의 굵기는 구리 50[mm^2] 이상 또는 알루미늄 70[mm^2] 이상이어야 하며, 동일한 도체, 길이 및 굵기이어야 한다.

15 강제전선관에 대한 설명으로 틀린 것은?

① 후강전선관과 박강전선관으로 나누어진다.
② 폭발성 가스나 부식성 가스가 있는 장소에 적합하다.
③ 녹이 스는 것을 방지하기 위해 건식 아연도금법이 사용된다.
④ 주로 강으로 만들고 알루미늄이나 황동, 스테인리스 등은 강제관에서 제외된다.

해설 강제전선관은 후강, 박강, 동, 스테인리스, 알루미늄 등을 말한다.

16 한국전기설비규정에 따른 플로어덕트공사의 시설조건 중 연선을 사용해야만 하는 전선의 최소 단면적 기준으로 옳은 것은? (단, 전선의 도체는 구리선이며 연선을 사용하지 않아도 되는 예외조건은 고려하지 않는다)

① 6[mm^2] 초과
② 10[mm^2] 초과
③ 25[mm^2] 초과
④ 160[mm^2] 초과

해설 **플로어덕트공사 시설조건(KEC 232.32.1)**
- 전선은 절연전선(옥외용 비닐절연전선을 제외한다)일 것
- 전선은 연선일 것. 다만, 단면적 10[mm^2](알루미늄선은 단면적 16[mm^2]) 이하인 것은 그러하지 아니하다.
- 플로어덕트 안에는 전선에 접속점이 없도록 할 것. 다만, 전선을 분기하는 경우에 접속점을 쉽게 점검할 수 있을 때에는 그러하지 아니하다.

17 저압 인류애자는 전압선용와 중성선용으로 구분할 수 있다. 다음 중 각 용도별 색상이 바르게 연결된 것은?

① 전압선용 – 녹색, 중성선용 – 백색
② 전압선용 – 백색, 중성선용 – 녹색
③ 전압선용 – 적색, 중성선용 – 백색
④ 전압선용 – 청색, 중성선용 – 백색

해설 **저압 인류애자 용도별 색상**
- 전압선용 : 백색
- 중성선용 : 녹색

18 다음 중 경완철에 현수애자를 설치할 경우 사용되는 재료가 아닌 것은?

① 볼쇄클
② 소켓아이
③ 인장클램프
④ 볼크레비스

정답 13. ④ 14. ④ 15. ④ 16. ② 17. ② 18. ④

해설

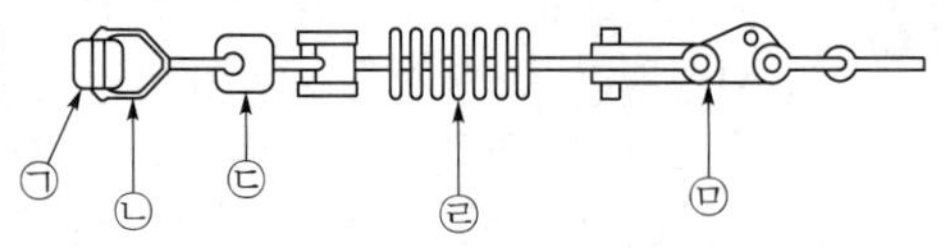

㉠ 경완철
㉡ 경완철용 볼쇄클 : 가공 배전선로에서 지지물의 장주용으로 현수애자를 경완철에 장치하는 데 사용
㉢ 소켓아이 : 현수애자와 내장 및 인장클램프를 연결하는 금구
㉣ 폴리머 애자
㉤ 인장클램프(데드엔드클램프) : 선로의 장력이 가해지는 곳에서 전선을 고정하기 위하여 쓰이는 금구
④ 볼크레비스는 경완철이 아닌 ㄱ완철에 현수애자를 설치할 때 사용된다.

19 다음 중 COS(컷아웃 스위치) 설치 시 필요한 부속 재료가 아닌 것은?

① 브래킷
② 퓨즈링크
③ 내장클램프
④ 내오손용 결합애자

해설

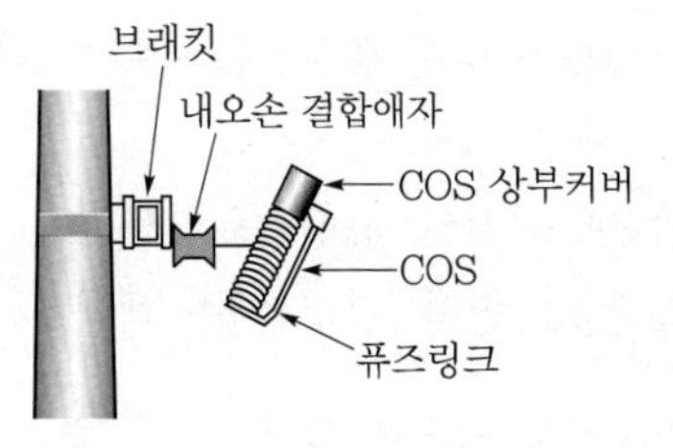

20 22.9[kV] 가공전선로에서 3상 4선식 선로의 직선주에 사용되는 크로스 완금의 길이는 몇 [mm]가 표준인가?

① 900[mm]
② 1,400[mm]
③ 1,800[mm]
④ 2,400[mm]

해설 완금의 표준길이[mm]

전선조수	저 압	고 압	특고압
2	900	1,400	1,800
3	1,400	1,800	2,400

정답 19. ③ 20. ④

전기공사산업기사

2023년 제2회 CBT 기출복원문제

01 궤간이 1[m]이고 반경이 1,270[m]인 곡선 궤도를 64[km/h]로 주행하는 데 적당한 고도는 약 몇 [mm]인가?

① 13.4 ② 15.8
③ 18.6 ④ 25.4

해설 $C=\dfrac{GV^2}{127R}=\dfrac{1{,}000\times 64^2}{127\times 1{,}270}=25.4[\text{mm}]$

02 루소 선도에서 광원의 전광속 F의 식은? (단, F : 전광속, R : 반지름, S : 루소 선도의 면적이다.)

① $F=\dfrac{\pi}{R}\times S$ ② $F=\dfrac{2\pi}{R}\times S$
③ $F=\dfrac{\pi}{R^2}\times S$ ④ $F=\dfrac{2\pi}{R}\times S^2$

해설 루소 선도에 의한 광속계산

총 광속 $F=\dfrac{2\pi}{R}\times S$

- 하반구 광속 $F_1=\dfrac{2\pi}{R}\times$(루소 그림의 0°~90° 사이의 면적)[lm]
- 상반구 광속 $F_2=\dfrac{2\pi}{R}\times$(루소 그림의 90°~180° 사이의 면적)[lm]

03 양수량 5[m³/min], 총양정 10[m]인 양수용 펌프전동기의 용량은 약 몇 [kW]인가? (단, 펌프 효율 85[%], 여유계수 K = 1.1이다.)

① 9.01 ② 10.56
③ 16.60 ④ 17.66

해설 $P=\dfrac{KQH}{6.12\eta}$

$=\dfrac{1.1\times 5\times 10}{6.12\times 0.85}=10.57[\text{kW}]$

04 3상 반파 정류회로에서 변압기의 2차 상전압 220[V]를 SCR로써 제어각 α = 60°로 위상 제어할 때 약 몇 [V]의 직류 전압을 얻을 수 있는가?

① 108.6 ② 118.6
③ 128.6 ④ 138.6

해설 3상 반파 정류회로의 직류 전압(E_d)

$E_d=\dfrac{3\sqrt{6}}{2\pi}E_a\cos\alpha$

$=\dfrac{3\sqrt{6}}{2\pi}\times 220\times\cos 60°=128.6[\text{V}]$

05 5[Ω]의 전열선을 100[V]에 사용할 때의 발열량은 약 몇 [kcal/h]인가?

① 1,720 ② 2,770
③ 3,745 ④ 4,728

해설 열량$(H)=0.24I^2Rt$

$=0.24\times\left(\dfrac{100}{5}\right)^2\times 5\times 3{,}600\times 10^{-3}$

$=1{,}728[\text{kcal/h}]$

06 전기분해로 제조되는 것은 어느 것인가?

① 암모니아
② 카바이드
③ 알루미늄
④ 철

해설 알루미늄
보크사이트(Al_2O_3가 60[%] 함유된 광석)를 용해하여 순수한 산화알루미늄(알루미나)을 만든 후 빙정석을 넣고 약 1,000[℃]로 전기분해하여 순도 99.8[%]로 제조한다.

정답 01. ④ 02. ② 03. ② 04. ③ 05. ① 06. ③

07 500[W]의 전열기를 정격상태에서 1시간 사용할 때 발생하는 열량은 약 몇 [kcal]인가?

① 430　② 520
③ 610　④ 860

해설 발열량 $Q=0.24Pt$[cal]
따라서 매 시간당의 발열량
$Q=0.24Pt=0.24\times500\times60\times60\times10^{-3}$
$=432$[kcal]

08 열차의 자체 중량이 75[ton]이고, 동륜상의 중량이 50[ton]인 기관차가 열차를 끌 수 있는 최대 견인력은 몇 [kg]인가? (단, 궤조의 접착계수는 0.3으로 한다.)

① 10,000[kg]　② 15,000[kg]
③ 22,500[kg]　④ 1,125,000[kg]

해설 $F=1{,}000\mu W_a=1{,}000\times0.3\times50=15{,}000$[kg]

09 금속 중 이온화 경향이 가장 큰 물질은?

① K　② Fe
③ Zn　④ Na

해설 이온화 경향이 큰 금속의 순서는 다음과 같다.
K > Ca > Na > Mg > Al > Zn > Fe > Ni > Sn > Pb

10 용해, 용접, 담금질, 가열 등에 가장 적합한 가열방식은?

① 복사 가열
② 유도 가열
③ 저항 가열
④ 유전 가열

해설 유도 가열은 교류자계 중에 있어서 도전성 물체 중에 생기는 와전류에 의한 전류손 또는 히스테리시스손을 이용하는 가열로 금속의 표면 담금질·국부 가열·용접 등에 응용된다.

11 망간 건전지에서 분극 작용에 의한 전압강하를 방지하기 위하여 사용되는 감극제는?

① O_2　② HgO
③ MnO_2　④ $H_2Cr_2O_7$

해설 분극 작용은 양극(+)에 발생되는 수소에 의해서 전압이 강하되는 현상이며, 이를 방지하기 위해 사용되는 것을 감극제라 한다. 망간 건전지에는 주로 이산화망간(MnO_2)이 사용되고 있다.

12 가시광선 중에서 시감도가 가장 좋은 광색과 그때의 파장[nm]은 얼마인가?

① 황적색, 680[nm]
② 황록색, 680[nm]
③ 황적색, 555[nm]
④ 황록색, 555[nm]

해설 어느 파장의 에너지가 빛으로 느껴지는 정도를 시감도라 하며, 최대 시감도는 파장 555[nm] (5,550[Å])의 황록색에서 발생하고, 그 때의 시감도는 680[lm/W]이다.

13 교번자계 중에서 도전성 물질 내에 생기는 와류손과 히스테리시스손에 의한 가열방식은?

① 저항 가열　② 유도 가열
③ 유전 가열　④ 아크 가열

해설 유도 가열은 교번자계 중에 있는 도전성 물질에서 발생하는 와류손과 히스테리시스손에 의한 발열을 이용한 방식이다.

14 녹색 형광 램프의 형광체로 옳은 것은?

① 텅스텐산 칼슘　② 규소 카드뮴
③ 규산 아연　④ 붕산 카드뮴

해설 규산 카드뮴은 등색(노란색)이고, 규산 아연은 녹색이고, 붕산 카드뮴은 핑크색이다.

정답 07. ① 08. ② 09. ① 10. ② 11. ③ 12. ④ 13. ② 14. ③

15 아크 용접기는 어떤 원리를 이용한 것인가?

① 줄열 ② 수하 특성
③ 유전체손 ④ 히스테리시스손

해설 아크 용접기는 정전류 특성인 수하 특성을 이용한 용접기이다.

16 반사율 ρ, 투과율 τ, 반지름 r인 완전 확산성 구형 글로브의 중심에 광도 I의 점광원을 켰을 때, 광속 발산도는?

① $\dfrac{\tau I}{r^2(1-\rho)}$ ② $\dfrac{\rho I}{r^2(1-r)}$
③ $\dfrac{4\pi\rho I}{r^2(1-r)}$ ④ $\dfrac{\rho\pi}{r^2(1-\rho)}$

해설 구형 글로브 광속 발산도(R)

$$R=\frac{\eta F}{S}=\frac{\dfrac{\tau\cdot 4\pi I}{1-\rho}}{4\pi r^2}=\frac{\tau I}{r^2(1-\rho)}\,[\text{rlx}]$$

17 전동기의 회생 제동이란?

① 전동기의 기전력을 저항으로서 소비시키는 방법이다.
② 와류손으로 회전체의 에너지를 잃게 하는 방법이다.
③ 전동기를 발전 제동으로 하여 발생 전력을 선로에 보내는 방법이다.
④ 전동기의 결선을 바꾸어서 회전 방향을 반대로 하여 제동하는 방법이다.

해설 전동기를 발전기로 운전해서 발생된 전기에너지를 전원측 전압보다 높게 하여 전원측으로 반환시켜 제동하는 방법이 회생 제동이다.

18 $G(s)=\dfrac{s+3}{s^2+5s+4}$의 특성근은?

① 0 ② −3
③ 4, 1, 3 ④ −1, −4

해설 $s^2+5s+4=0$, $(s+1)(s+4)=0$
$\therefore\ s=-1,\ -4$

19 그림과 같은 반구형 천장이 있다. 그 반지름은 r, 휘도는 B이고 균일하다. 이때 h의 거리에 있는 바닥의 중앙점의 조도는 얼마나 되는가?

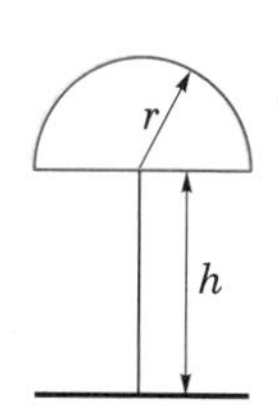

① $\dfrac{\pi r^2 B}{r^2+h^2}$ ② $\dfrac{\pi r^2 B}{\sqrt{r^2+h^2}}$
③ $\dfrac{\pi r^2 B}{r+h}$ ④ $\dfrac{r^2 B}{\sqrt{r^2+h^2}}$

해설 반구형 천장 광원의 조도

$E=\pi B\sin^2\theta\,[\text{lx}]$

$\sin\theta=\dfrac{r}{\sqrt{r^2+h^2}}$을 대입하면

$\therefore\ E=\dfrac{\pi r^2 B}{r^2+h^2}\,[\text{lx}]$

20 적분요소의 전달함수는?

① K ② Ts
③ $\dfrac{1}{Ts}$ ④ $\dfrac{K}{1+Ts}$

해설
- 비례요소 : K
- 미분요소 : Ts
- 적분요소 : $\dfrac{1}{Ts}$
- 1차 지연요소 : $\dfrac{K}{1+Ts}$

정답 15. ② 16. ① 17. ③ 18. ④ 19. ① 20. ③

전기공사기사

2023년 제4회 CBT 기출복원문제

01 MOSFET, BJT, GTO의 이점을 조합한 전력용 반도체 소자로서 대전력의 고속 스위칭이 가능한 소자는?

① 게이트 절연 양극성 트랜지스터
② MOS 제어 사이리스터
③ 금속 산화물 반도체 전계효과 트랜지스터
④ 모놀리틱 달링톤

해설 게이트 절연 양극성 트랜지스터가 대전력 고속 스위칭이 가능한 소자이다.

02 2종의 금속이나 반도체를 접합하여 열전대를 만들고 기전력을 공급하면 각 접점에서 열의 흡수, 발생이 일어나는 현상은?

① 핀치(Pinch) 효과
② 제벡(Seebeck) 효과
③ 펠티에(Peltier) 효과
④ 톰슨(Thomson) 효과

해설 서로 다른 두 금속을 접합하고 접합점에 전류를 흘리면 줄열 이외의 열의 발생 또는 흡수되는 현상은 펠티에 효과이다.

03 루소 선도가 다음과 같이 표시될 때, 배광곡선의 식은?

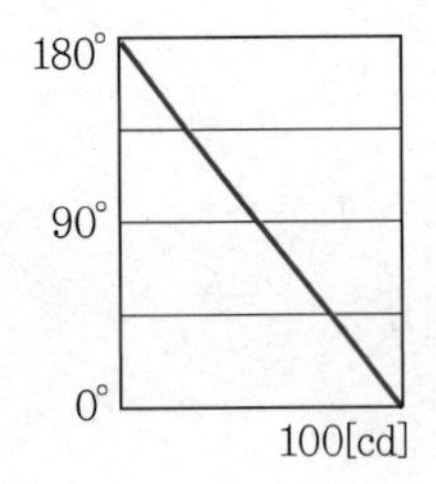

① $I_\theta = \dfrac{\theta}{\pi} \times 100$　② $I_\theta = \dfrac{\pi - \theta}{\pi} \times 100$
③ $I_\theta = 100\cos\theta$　④ $I_\theta = 50(1+\cos\theta)$

해설 $I_\theta = 50(1+\cos\theta)$
$\theta = 0°$일 때 $I_\theta = 100[\text{cd}]$
$\theta = 90°$일 때 $I_\theta = 50[\text{cd}]$
$\theta = 180°$일 때 $I_\theta = 0[\text{cd}]$

04 극수 P의 3상 유도전동기가 주파수 f[Hz], 슬립 s, 토크 T[N·m]로 회전하고 있을 때의 기계적 출력[W]은?

① $\dfrac{4\pi f T}{P}$　② $T\dfrac{2\pi f}{P}(1-s)$
③ $T\dfrac{4\pi f}{P}(1-s)$　④ $T\dfrac{\pi f}{P}(1-s)$

해설
$n = \dfrac{2f}{P}(1-s)[\text{rps}]$
$\omega = 2\pi n = \dfrac{4\pi f}{P}(1-s)[\text{rad/s}]$
$\therefore\ P = T\omega = T\dfrac{4\pi f}{P}(1-s)[\text{W}]$

05 30[W]의 백열 전구가 1,800[h]에서 단선되었다. 이 기간 중에 평균 100[lm]의 광속을 방사하였다면 전광량[lm·h]은?

① 5.4×10^4　② 18×10^4
③ 60　④ 18

해설 100[lm]의 광속을 1,800[h] 동안 방사하였으므로,
전광량 $= 100[\text{lm}] \times 1,800[\text{h}] = 18\times10^4[\text{lm}\cdot\text{h}]$

06 1[kW] 전열기를 사용하여 5[L]의 물을 20[℃]에서 90[℃]로 올리는 데 30분이 걸렸다. 이 전열기의 효율은 약 몇 [%]인가?

① 70　② 78
③ 81　④ 93

정답 01. ① 02. ③ 03. ④ 04. ③ 05. ② 06. ③

해설 효율$(\eta) = \dfrac{Cm\theta}{860P\eta} = \dfrac{1 \times 5 \times (90-20)}{860 \times \dfrac{1}{2} \times 1} \times 100$

$= 81.3[\%]$

07 가로 12[m], 세로 20[m]인 사무실에 평균 조도 400[lx]를 얻고자 32[W] 전광속 3,000[lm]인 형광등을 사용하였을 때 필요한 등수는? (단, 조명률은 0.5, 감광 보상률은 1.25이다.)

① 50　　② 60
③ 70　　④ 80

해설 $FUN = SED$

$\therefore N = \dfrac{SED}{FU} = \dfrac{12 \times 20 \times 400 \times 1.25}{3{,}000 \times 0.5} = 80$

여기서, F : 1등당의 광원 광속[lm]
U : 조명률
N : 광원의 수
S : 면적[m^2]
E : 조도[lx]
D : 감광 보상률

08 어떤 전구의 상반구 광속은 2,000[lm], 하반구 광속은 3,000[lm]이다. 평균 구면 광도는 약 몇 [cd]인가?

① 200　　② 400
③ 600　　④ 800

해설 총광속 $F = 2{,}000 + 3{,}000 = 5{,}000[\text{lm}]$
따라서 평균 구면 광도
$I = \dfrac{F}{4\pi} = \dfrac{5{,}000}{4\pi} ≒ 398[\text{cd}]$

09 전기부식을 방지하기 위한 전기철도측에서의 방법 중 틀린 것은?

① 변전소 간격을 단축할 것
② 귀선로의 저항을 적게 할 것
③ 도상의 누설저항을 적게 할 것
④ 전차선(트롤리선) 전압을 승압할 것

해설 전식 방지를 위한 전기철도측 대책은 다음과 같다.
- 전차선의 전압 승압
- 귀선저항 감소(레일본드 및 보조귀선 설치)
- 변전소 간격 단축
- 도상의 절연저항 증가

10 전기화학용 직류전원장치에 요구되는 사항이 아닌 것은?

① 저전압 대전류일 것
② 전압 조정이 가능할 것
③ 정전류로서 연속 운전에 견딜 것
④ 저전류에 의한 저항손의 감소에 대응할 것

해설 전기화학용 직류전원장치는 대전류여야 한다.

11 직류 전차선로에서 전압강하 및 레일의 전위 상승이 현저한 경우에 귀선의 전기저항을 감소시켜 전식의 피해를 줄이기 위해 설치하는 것으로 가장 옳은 것은?

① 레일본드
② 보조귀선
③ 크로스본드
④ 압축본드

해설 저항이 큰 상태에서 강한 전류를 흘려주면 전압강하가 크게 발생하고 대지로 누설전류가 많이 발생하여 지하 매설 금속의 전식에 피해를 줄 수 있다. 이를 방지하기 위해서 레일을 이은 곳을 레일본드라고 하는 도체로 교락시킨다.

12 리튬 1차 전지의 부극 재료로 사용되는 것은?

① 리튬염
② 금속 리튬
③ 불화카본
④ 이산화망간

해설 리튬 전지는 1차 전지로서 음극(−)에는 금속 리튬을 사용하고 있다.

정답 07. ④ 08. ② 09. ③ 10. ④ 11. ① 12. ②

13 다음 중 0.6/1[kV] 가교 폴리에틸렌 절연 비닐 시스 케이블의 기호는?

① 0.6/1[kV] CCV ② 0.6/1[kV] CE
③ 0.6/1[kV] CV ④ 0.6/1[kV] CVV

해설 ① CCV : 0.6/1[kV] 제어용 가교 폴리에틸렌 절연 비닐 시스 케이블
② CE : 0.6/1[kV] 가교 폴리에틸렌 절연 폴리에틸렌 시스 케이블
③ CV : 0.6/1[kV] 가교 폴리에틸렌 절연 비닐 시스 케이블
④ CVV : 0.6/1[kV] 비닐 절연 비닐 시스 제어 케이블

14 피뢰설비 중 돌침 지지관의 재료로 적합하지 않은 것은?

① 황동관 ② 알루미늄관
③ 합성수지관 ④ 스테인리스 강관

해설 **돌침 지지관**
지지관에 사용하는 재료의 특징은 다음과 같으며, 일반장소의 지지관의 재료는 용융아연도강관을 사용하고 있다.
- 강관, 스테인레스 강관 : 자성이 있으므로 뇌전류의 전자작용에 의하여 임피던스가 증가하기 때문에 관 내에 피뢰도선을 통과시켜서는 아니 된다.
- 황동관, 알루미늄관 : 비자성으로 내식성이 있으므로 내식성이 요구되는 장소(굴뚝, 염해지구 등)에 적합하다.

15 후강전선관에 대한 설명으로 옳지 않은 것은?

① 관의 호칭은 외경의 크기에 가깝다.
② 관의 호칭은 16[mm]에서 104[mm]까지 10종이다.
③ 후강전선관의 두께는 박강전선관의 두께보다 두껍다.
④ 콘크리트에 매입할 경우 관의 두께는 1.2[mm] 이상으로 해야 한다.

해설
- 후강전선관
  - 내경의 크기에 가까운 짝수로 정한다.
  - 관의 호칭은 16[mm]에서 104[mm]까지 10종이다.
  - 관의 두께는 2.3[mm] 이상, 1본의 길이는 3.6[m]이다.
- 박강전선관
  - 외경의 크기에 가까운 홀수로 정한다.
  - 관의 호칭은 19[mm]에서 75[mm]까지 7종이다.
  - 두께는 1.6[mm] 이상, 1본의 길이는 3.66[m]이다.

16 가공전선로에 사용하는 애자가 구비해야 할 조건이 아닌 것은?

① 이상전압에 견디고, 내부 이상전압에 대해 충분한 절연강도를 가질 것
② 전선의 장력, 풍압, 빙설 등의 외력에 의한 하중에 견딜 수 있는 기계적 강도를 가질 것
③ 비, 눈, 안개 등에 대하여 충분한 전기적 표면저항이 있어서 누설전류가 흐르지 못하게 할 것
④ 온도나 습도의 변화에 대해 전기적 및 기계적 특성의 변화가 클 것

해설 애자는 온도나 습도의 변화에 대해 전기적 및 기계적 특성의 변화가 적어야 한다.

17 송전용 볼 소켓형 현수애자의 표준형 지름은 약 몇 [mm]인가?

① 220
② 250
③ 270
④ 300

해설 **현수애자의 표준형 지름**
- 180[mm]
- 250[mm]

정답 13. ③ 14. ③ 15. ① 16. ④ 17. ②

18 철탑의 상부구조에서 사용되는 것이 아닌 것은?

① 암(arm) ② 수평재
③ 보조재 ④ 주각재

해설 주각재는 철탑다리이다.

19 특고압 가공전선로의 조수가 3일 때 완금의 표준길이[mm]는 얼마인가?

① 900 ② 1,400
③ 1,800 ④ 2,400

해설 완금의 표준길이[mm]

전선조수	저 압	고 압	특고압
2	900	1,400	1,800
3	1,400	1,800	2,400

20 변압기유로 쓰이는 절연유에 요구되는 특성이 아닌 것은?

① 점도가 클 것
② 절연내력이 클 것
③ 인화점이 높을 것
④ 비열이 커서 냉각효과가 클 것

해설 절연유 구비조건
- 절연내력이 클 것
- 점도가 적고, 비열이 커서 냉각효과가 클 것
- 인화점은 높고, 응고점은 낮을 것
- 고온에서 산화하지 않고, 침전물이 없을 것

정답 18. ④ 19. ④ 20. ①

전기공사산업기사

2023년 제4회 CBT 기출복원문제

01 유도 가열과 유전 가열의 공통된 특성은?

① 도체만을 가열한다.
② 선택 가열이 가능하다.
③ 절연체만을 가열한다.
④ 직류를 사용할 수 없다.

해설 유도 가열, 유전 가열 모두 직류는 사용할 수 없다.

02 정격전압 100[V], 평균 구면 광도 100[cd]의 진공 텅스텐 전구를 97[V]로 점등한 경우의 광도는 약 몇 [cd]인가?

① 90　　② 100
③ 110　　④ 120

해설 백열 전구의 전압 특성에서

$\frac{F}{F_0}=\frac{E}{E_0}=\frac{I}{I_0}=\left(\frac{V}{V_0}\right)^{3.6}$ 이다.

$\therefore I=I_0\left(\frac{V}{V_0}\right)^{3.6}=100\times\left(\frac{97}{100}\right)^{3.6}=89.6[\mathrm{cd}]$

03 SCR을 두 개의 트랜지스터 등가회로로 나타낼 때의 올바른 접속은?

① 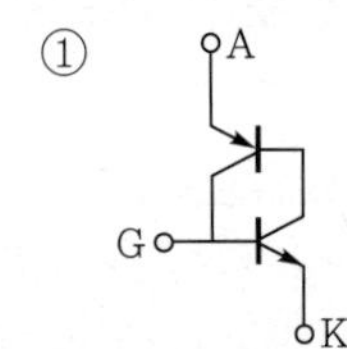

② 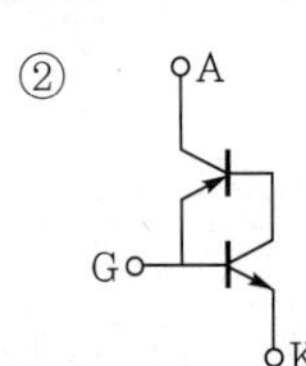

③ 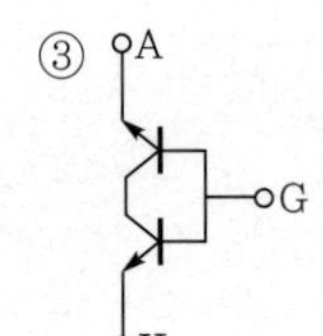

④ 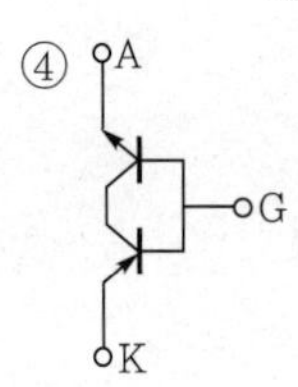

해설 SCR의 기호

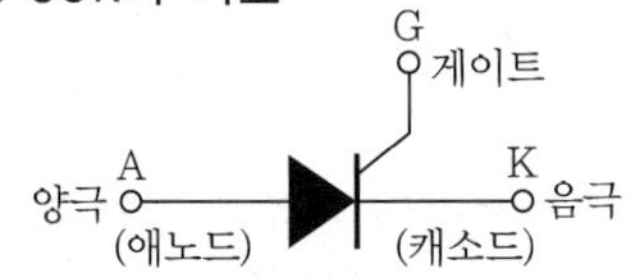

A : Anode(양극), G : Gate, K : Cathode(음극)

04 금속의 표면 담금질에 가장 적합한 가열은?

① 적외선 가열　　② 유도 가열
③ 유전 가열　　④ 저항 가열

해설 유도 가열은 전로의 표피 작용을 이용하여 강재의 표면 가열에 사용되고 있다.

05 FL-20D 형광등의 전압이 100[V], 전류가 0.35[A], 안정기의 손실이 6[W]일 때 역률[%]은?

① 57　　② 65
③ 74　　④ 85

해설 전력$(P)=VI\cos\theta$[W]

$\therefore \cos\theta=\frac{P}{VI}=\frac{20+6}{100\times0.35}\times100 ≒ 74.2[\%]$

06 유도전동기의 비례추이 특성을 이용한 기동 방법은?

① 전전압 기동　　② Y－Δ 기동
③ 리액터 기동　　④ 2차 저항 기동

해설 3상 권선형 유도전동기에서 회전자(2차)에 슬립링을 통해 저항을 연결하고, 2차 저항을 변화시키면 같은 토크(T)에서 슬립(s)이 변하고, 토크 특성 곡선이 비례하여 이동하는 것을 비례추이라 하며 2차 저항 기동법이 대표적이다.

정답 01. ④ 02. ① 03. ① 04. ② 05. ③ 06. ④

07 **발광에 양광주를 이용하는 조명등은?**

① 네온전구 ② 네온관등
③ 탄소아크등 ④ 텅스텐아크등

해설 네온관등은 가늘고 긴 유리관에 불활성 가스 또는 수은을 봉입하고 양단에 원통형의 전극을 설치한 방전등으로 양광주라고 하는 부분의 발광을 이용한 것이다.

08 **광도가 312[cd]인 전등을 지름 3[m]의 원탁 중심 바로 위 2[m]되는 곳에 놓았다. 원탁 가장 자리의 조도는 약 몇 [lx]인가?**

① 30 ② 40
③ 50 ④ 60

해설

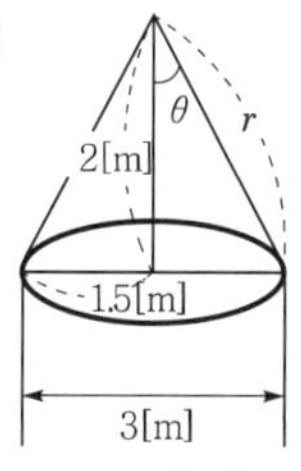

$I = 312[\text{cd}]$

$r = \sqrt{1.5^2 + 2^2} = 2.5[\text{m}]$

$\therefore \ E = \dfrac{I}{r^2}\cos\theta = \dfrac{312}{2.5^2} \times \dfrac{2}{2.5} ≒ 40[\text{lx}]$

09 **용접부의 비파괴검사의 종류가 아닌 것은?**

① 고주파 검사 ② 방사선 검사
③ 자기 검사 ④ 초음파 검사

해설 용접부의 비파괴시험(검사)에는 자기 검사, X-선 검사, 방사선 검사, 초음파 탐상기 시험이 있다.

10 **금속을 양극으로 하고 음극은 불용성의 탄소 전극을 사용한 다음, 전기분해하면 금속 표면의 돌기 부분이 다른 표면 부분에 비해 선택적으로 용해되어 평활하게 되는 것은?**

① 전주 ② 전기도금
③ 전해정련 ④ 전해연마

해설 전해연마는 금속을 양극으로 전해액 중에서 단시간 전류를 통하면 금속 표면의 돌출된 부분이 먼저 분해되어 평활하게 되는 것이다.

11 **광원 중 루미네선스(luminescence)에 의한 발광현상을 이용하지 않는 것은?**

① 형광 램프
② 수은 램프
③ 네온 램프
④ 할로겐 램프

해설 백열 전구나 할로겐 전구는 온도 복사를 이용한 광원이다.

12 **전기분해에 의해 일정한 전하량을 통과했을 때 얻어지는 물질의 양은 어느 것에 비례하는가?**

① 화학당량 ② 원자가
③ 전류 ④ 전압

해설 패러데이의 전기분해법칙은 전기분해에 의해 전극에 석출되는 물질의 양은 전해액을 통과하는 총 전기량에 비례하고 전기량이 일정한 경우 전기화학당량에 비례한다.

13 **복진 방지(Anti-Creeper)방법으로 적당하지 않은 것은?**

① 레일에 임피던스본드를 설치한다.
② 철도용 못을 이용하여 레일과 침목 간의 체결력을 강화한다.
③ 레일에 앵커를 부설한다.
④ 침목과 침목을 연결하여 침목의 이동을 방지한다.

해설 임피던스본드는 자동폐색신호식을 채용하는 경우 폐색 구간의 구분점에서 인접 구간 궤도에 직류는 자유롭게 통과시키지만 신호용 교류의 통과는 저지시키는 장치이다.

정답 07. ② 08. ② 09. ① 10. ④ 11. ④ 12. ① 13. ①

14 자기 소호 기능이 가장 좋은 소자는?

① GTO ② SCR
③ DIAC ④ TRIAC

해설 GTO는 자기 소호 기능, 역저지 3단자 사이리스터, 게이트 ON · OFF, 정격전류, 정격전압이 높은 소자이다.

15 다음 중 전기로의 가열방식이 아닌 것은?

① 저항 가열 ② 유전 가열
③ 유도 가열 ④ 아크 가열

해설 전기로의 종류에는 다음과 같은 3가지가 있다.
- 저항로
- 아크로
- 유도로

16 리드 레일(lead rail)에 대한 설명으로 옳은 것은?

① 열차가 대피 궤도로 도입되는 레일
② 전철기와 철차와의 사이를 연결하는 곡선 레일
③ 직선부에서 하단부로 변화하는 부분의 레일
④ 직선부에서 경사부로 변화하는 부분의 레일

해설 도입 궤조(lead rail)는 전철기와 철차 사이를 연결하는 곡선 궤조이다.

17 기계적 변위를 제어량으로 하는 기기로서 추적용 레이더 등에 응용되는 것은?

① 서보기구 ② 자동조정
③ 프로세스제어 ④ 프로그램제어

해설 **서보기구**
물체의 위치, 방위, 자세 등을 제어량으로 하는 추치제어로써 비행기 및 선박의 방향제어계, 추적용 레이더, 미사일 발사대의 자동위치제어계 등이 이에 속한다.

18 전철 전동기에 감속 기어를 사용하는 주된 이유는?

① 역률 개선
② 정류 개선
③ 역회전 방지
④ 주전동기의 소형화

해설 동일 출력이면 전동기의 속도가 높을수록 작은 회전력으로 충분하며, 전동기의 크기를 줄일 수 있다. 높은 회전수에 감속 기어를 이용하면 회전력의 증가가 가능하다.

19 그림과 같은 블록선도에서 종합전달함수 $\frac{C}{R}$는?

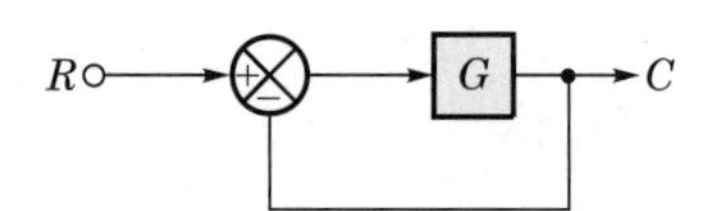

① $\frac{G}{1+G}$ ② $\frac{G}{1-G}$
③ $1+G$ ④ $1-G$

해설 $C=(R-C)G$
$C(1+G)=RG$
$\therefore \frac{C}{R}=\frac{G}{1+G}$

20 광속 계산의 일반식 중에서 직선 광원(원통)에서의 광속을 구하는 식은 어느 것인가? (단, I_0는 최대 광도, I_{90}은 $\theta=90°$ 방향의 광도이다.)

① πI_0 ② $\pi^2 I_{90}$
③ $4\pi I_0$ ④ $4\pi I_{90}$

해설
- 구광원 : $F=4\pi I$
- 반구 광원 : $F=2\pi I$[lm]
- 원통 광원 : $F=\pi^2 I_0$[lm]

정답 14. ① 15. ② 16. ② 17. ① 18. ④ 19. ① 20. ②

전기공사기사

2024년 제1회 CBT 기출복원문제

01 **리튬 1차 전지의 부극 재료로 사용되는 것은?**

① 리튬염　② 금속 리튬
③ 불화카본　④ 이산화망간

해설 리튬 전지는 1차 전지로서 음극(−)에는 금속 리튬을 사용하고 있다.

02 **지름 40[cm]인 완전 확산성 구형 글로브의 중심에 모든 방향의 광도가 균일하게 110[cd]되는 전구를 넣고 탁상 2[m]의 높이에서 점등하였다. 탁상 위의 조도는 약 몇 [lx]인가? (단, 글로브 내면의 반사율은 40[%], 투과율은 50[%]이다.)**

① 23　② 33
③ 43　④ 53

해설 글로브의 효율 η

$$\eta = \frac{\tau}{1-\rho} = \frac{0.5}{1-0.4} = -0.833$$

여기서, ρ : 반사율
τ : 투과율

$$\therefore\ E = \frac{\eta I}{R^2} = \frac{0.833 \times 110}{2^2} \fallingdotseq 23[\mathrm{lx}]$$

03 **교류식 전기철도에서 전압 불평형을 경감시키기 위해 사용되는 급전용 변압기는?**

① 흡상 변압기
② 단권 변압기
③ 크로스 결선 변압기
④ 스코트 결선 변압기

해설 전기철도에서 부하 불평형에 대한 전압 불평형 방지를 위해서 3상에서 2상 전력으로 변환하는 스코트 결선(T 결선)을 많이 사용한다.

04 **SCR 사이리스터에 대한 설명으로 틀린 것은?**

① 게이트 전류에 의하여 턴온 시킬 수 있다.
② 게이트 전류에 의하여 턴오프 시킬 수 없다.
③ 오프 상태에서는 순방향 전압과 역방향 전압 중 역방향 전압에 대해서만 차단 능력을 가진다.
④ 턴오프 된 후 다시 게이트 전류에 의하여 턴온 시킬 수 있는 상태로 회복할 때까지 일정한 시간이 필요하다.

해설 SCR 사이리스터는 게이트에 전류가 흐르지 않으면, 양방향 전압저지 특성을 갖는다.

05 **폭 15[m]의 무한히 긴 가로 양측에 10[m]의 간격을 두고 수많은 가로등이 점등되고 있다. 1등당 전광속은 3,000[lm]이고, 이의 60[%]가 가로 전면에 투사한다고 하면 가로면의 평균 조도는 약 몇 [lx]인가?**

① 36　② 24
③ 18　④ 9

해설 대칭 배열등당 면적$(S) = 10 \times \frac{15}{2} = 75[\mathrm{m}^2]$

$$\therefore\ 조도(E) = \frac{FU}{S} = \frac{3{,}000 \times 0.6}{75} = 24[\mathrm{lx}]$$

06 **플라이휠을 이용하여 변동이 심한 부하에 사용되고 가역 운전에 알맞은 속도 제어방식은?**

① 일그너 방식
② 워드 레오나드 방식
③ 극수를 바꾸는 방식
④ 전원주파수를 바꾸는 방식

정답 01. ② 02. ① 03. ④ 04. ③ 05. ② 06. ①

해설 일그너 방식
부하변동이 심한 경우 플라이휠을 설치한 전압제어방식으로 제철용 압연기, 가변속도 대용량 제관기 등에 적합하다.

07 실내 조도계산에서 조명률 결정에 미치는 요소가 아닌 것은?

① 실지수 ② 반사율
③ 조명기구의 종류 ④ 감광 보상률

해설
- 조명률은 실지수, 조명기구의 종류, 실내면(천장, 벽, 바닥 등)의 반사율에 따라서 달라진다.
- 감광 보상률은 점등 중의 광속 감소를 고려하여 소요 광속에 여유를 두는 정도를 의미한다.

08 하역기계에서 무거운 것은 저속으로, 가벼운 것은 고속으로 작업하여 고속이나 저속에서 다같이 동일한 동력이 요구되는 부하는?

① 정토크 부하 ② 제곱토크 부하
③ 정동력 부하 ④ 정속도 부하

해설 전동기의 저속이나 고속에서 일정한 동력이 요구되는 부하는 정동력 부하이다.

09 효율 80[%]의 전열기로 1[kWh]의 전기량을 소비하였을 때 10[l]의 물을 몇 [℃] 올릴 수 있는가?

① 588 ② 688
③ 58.8 ④ 68.8

해설 전열 설계의 기본식 $860\,Ph\eta = Cm\theta$에서

$$\therefore \theta = \frac{860\,Ph\eta}{Cm} = \frac{860\times1\times1\times0.8}{1\times10} = 68.8[℃]$$

10 저항용접에 속하는 것은?

① TIG 용접
② 탄소 아크 용접
③ 유니온멜트 용접
④ 프로젝션 용접

해설 겹치기 저항용접
- 점 용접
- 돌기 용접(프로젝션 용접)
- 시임(봉합) 용접

11 무대 조명의 배치별 구분 중 무대 상부 배치 조명에 해당되는 것은?

① Foot light
② Tower light
③ Ceiling Spot light
④ Suspension light

해설 서스팬션 라이트(suspension light)
천장으로부터 늘어뜨려 부분적으로 조명하는 방법

12 직선 궤도에서 호륜 궤조를 반드시 설치해야 하는 곳은?

① 분기 개소 ② 병용 궤도
③ 저속도 운전 구간 ④ 교량 위

해설 궤도의 분기에서 차체를 원활하게 분기 선로로 유도하기 위해서 철차의 반대 궤조측에 호륜 궤조를 설치한다.

13 도체의 재료로 주로 사용되는 구리와 알루미늄의 물리적 성질을 비교 설명한 내용으로 옳은 것은?

① 구리가 알루미늄보다 비중이 작다.
② 구리가 알루미늄보다 저항률이 크다.
③ 구리가 알루미늄보다 도전율이 작다.
④ 구리와 같은 저항을 갖기 위해서는 알루미늄 전선의 지름을 구리보다 굵게 한다.

해설 동일 조건에서 구리의 저항이 알루미늄보다 작으므로, 알루미늄의 저항을 작게 하기 위해서는 알루미늄 전선의 지름을 구리보다 굵게 하여야 한다.

정답 07. ④ 08. ③ 09. ④ 10. ④ 11. ④ 12. ① 13. ④

14 전선의 접속방법이 아닌 것은?

① 교차 접속
② 직선 접속
③ 분기 접속
④ 종단 접속

해설 전선의 접속방법으로는 일자로 길게 접속하는 직선 접속, 두 전선의 끝을 겹쳐서 접속하는 종단 접속, 전선의 임의 지점에서 한 갈래 더 길을 내는 분기 접속이 있다.

15 피뢰설비를 시설하고 이것을 접지하기 위한 인하도선에 동선재료를 사용할 경우의 단면적[mm^2]은 얼마 이상이어야 하는가?

① 50
② 35
③ 16
④ 10

해설
- 수뢰도체 : 35[mm^2] 이상
- 인하도선 : 16[mm^2] 이상
- 접지극 : 50[mm^2] 이상

16 다음 중 강제전선관의 굵기를 표시하는 방법에 대한 설명으로 옳은 것은?

① 후강, 박강은 내경을 [mm]로 표시한다.
② 후강, 박강은 외경을 [mm]로 표시한다.
③ 후강은 내경, 박강은 외경을 [mm]로 표시한다.
④ 후강은 외경, 박강은 내경을 [mm]로 표시한다.

해설 후강전선관은 내경을 짝수로, 박강전선관은 외경을 홀수로 표시한다. 후강전선관의 규격으로는 16, 22, 28, 36, 42, 54, 70, 82, 92, 104[mm] 등 10종류가 있다.

17 버스덕트공사에서 덕트 최대 폭[mm]에 따른 덕트 판의 최소 두께[mm]의 연결이 잘못된 것은? (단, 덕트는 강판으로 제작된 것이다.)

① 덕트의 최대 폭 : 100[mm], 최소 두께 : 1.0[mm]
② 덕트의 최대 폭 : 200[mm], 최소 두께 : 1.4[mm]
③ 덕트의 최대 폭 : 600[mm], 최소 두께 : 2.0[mm]
④ 덕트의 최대 폭 : 800[mm], 최소 두께 : 2.6[mm]

해설 버스덕트의 산정

덕트의 최대 폭[mm]	덕트의 판 두께[mm]		
	강판[mm]	알루미늄판[mm]	합성수지판
150 이하	1.0	1.6	2.5
150 초과 300 이하	1.4	2.0	5.0
300 초과 500 이하	1.6	2.3	–
500 초과 700 이하	2.0	2.9	–

18 철탑의 상부구조에서 사용되는 것이 아닌 것은?

① 암(arm) ② 수평재
③ 보조재 ④ 주각재

해설 주각재는 철탑다리이다.

19 특고압 가공전선로의 조수가 3일 때 완금의 표준길이[mm]는 얼마인가?

① 900 ② 1,400
③ 1,800 ④ 2,400

해설 완금의 표준길이[mm]

전선조수	저 압	고 압	특고압
2	900	1,400	1,800
3	1,400	1,800	2,400

정답 14. ① 15. ③ 16. ③ 17. ④ 18. ④ 19. ④

20 다음 중 절연의 종류와 최고허용온도의 연결이 잘못된 것은?

① A종 – 105[℃]

② B종 – 130[℃]

③ E종 – 120[℃]

④ H종 – 155[℃]

절연의 종류	Y	A	E	B	F	H	C
최고허용온도[℃]	90	105	120	130	155	180	180 초과

정답 20. ④

전기공사산업기사

2024년 제1회 CBT 기출복원문제

01 기체 또는 금속 증기 내의 방전에 따른 발광 현상을 이용한 것으로 수은등, 네온관등에 이용된 루미네선스는?

① 열 루미네선스
② 결정 루미네선스
③ 화학 루미네선스
④ 전기 루미네선스

해설 전기 루미네선스는 기체 중의 방전 현상으로 수은등, 네온관등에 이용된다.

02 다음 중 적외선의 기능은?

① 살균작용
② 온열작용
③ 발광작용
④ 표백작용

해설 적외선은 건조에 사용되는 반면 자외선은 살균, 유기물 분해 및 소독 등에 사용되며, 건조에는 사용되지 않는다.

03 궤간이 1[m]이고 반경이 1,270[m]인 곡선 궤도를 64[km/h]로 주행하는 데 적당한 고도는 약 몇 [mm]인가?

① 13.4
② 15.8
③ 18.6
④ 25.4

해설 $C = \dfrac{GV^2}{127R} = \dfrac{1,000 \times 64^2}{127 \times 1,270} = 25.4[\text{mm}]$

04 피드백제어 중 물체의 위치, 방위, 자세 등의 기계적 변위를 제어량으로 하는 것은?

① 프로세스제어 ② 자동조정
③ 서보기구 ④ 피드백제어

해설 물체의 위치, 방위, 자세 등의 기계적 변위를 제어량으로 해서 목표값의 임의 변화에 추종하도록 구성된 제어계를 서보기구라 한다.

05 축전지의 용량을 표시하는 단위는?

① [J] ② [Wh]
③ [Ah] ④ [VA]

해설 축전지 용량[Ah] = 방전전류[A] × 방전시간[h]

06 초음파 용접의 특징으로 틀린 것은?

① 표면의 전처리가 간단하다.
② 가열을 필요로 하지 않는다.
③ 이종 금속의 용접이 가능하다.
④ 고체 상태에서의 용접이므로 열적 영향이 크다.

해설 초음파 용접의 특징
- 냉간 압접과 비교했을 때 압력이 적어 용접물의 변형률이 적다.
- 용접물의 표면 처리가 쉽다.
- 압연한 그 형태로의 재료도 용접이 쉽다.
- 매우 얇은 판이나 필름 등도 쉽게 용접할 수 있다.
- 이종 금속의 용접이 가능하다.
- 판의 두께에 따라서 용접 강도의 변화가 쉽다.

정답 01. ④ 02. ② 03. ④ 04. ③ 05. ③ 06. ④

07 **전차선로의 철차(crossing)에 관한 설명으로 옳은 것은?**

① 궤도를 분기하는 장치
② 차륜을 하나의 궤도에서 다른 궤도로 유도하는 장치
③ 열차의 진로를 완전하게 전환시키기 위한 전환장치
④ 열차의 통과 중 헐거움 또는 잘못된 조작이 없도록 하는 쇄정장치

해설 철차는 궤도를 분기하는 장치를 말한다.

08 **할로겐 전구의 특징이 아닌 것은?**

① 휘도가 낮다. ② 열충격에 강하다.
③ 단위 광속이 크다. ④ 연색성이 좋다.

해설 **할로겐 전구의 특징**
- 백열 전구에 비해 소형이다.
- 단위 광속이 크다.
- 수명이 백열 전구에 비하여 2배로 길다.
- 별도의 점등장치가 필요하지 않다.
- 열충격에 강하다.
- 배광제어가 용이하다.
- 연색성이 좋다.
- 온도가 높다.
- 휘도가 높다.
- 흑화가 거의 발생하지 않는다.

09 **전기화학공업에서 직류 전원으로 요구되는 사항이 아닌 것은?**

① 일정한 전류로서 연속운전에 견딜 것
② 효율이 높을 것
③ 고전압 저전류일 것
④ 전압조정이 가능할 것

해설 **전기화학용 직류 전원의 요구사항**
- 저전압 대전류일 것
- 효율이 높을 것
- 전압조정이 가능할 것

10 **전기철도에서 흡상 변압기의 용도는?**

① 궤도용 신호 변압기
② 전자유도 경감용 변압기
③ 전기 기관차의 보조 변압기
④ 전원의 불평형을 조정하는 변압기

해설 흡상 변압기(BT) 급전방식은 전기철도에서 누설전류를 없애고 유도장해를 경감하는 방식이다.

11 **출력 7,200[W], 800[rpm]으로 회전하고 있는 전동기의 토크[kg·m]는 약 얼마인가?**

① 0.14 ② 8.77
③ 86 ④ 115

해설 토크$(T) = 0.975\frac{P}{N}$[kg·m]

$$\therefore T = 0.975 \times \frac{7{,}200}{800} = 8.77\text{[kg·m]}$$

12 **PN 접합 다이오드에서 cut-in voltage란?**

① 순방향에서 전류가 현저히 증가하기 시작하는 전압이다.
② 순방향에서 전류가 현저히 감소하기 시작하는 전압이다.
③ 역방향에서 전류가 현저히 감소하기 시작하는 전압이다.
④ 역방향에서 전류가 현저히 증가하기 시작하는 전압이다.

해설 다이오드의 $V-I$의 특성에서 순방향일 때 전류가 현저히 증가하기 시작하는 전압을 cut-in voltage라 한다.
PN 접합 다이오드는 순방향으로만 전류가 흐르는 특성(정류 작용)이 있으며, 역방향일 때는 차단되는 특성이 있으나 어느 정도 역전압이 상승하면 도통 상태가 되는데 이때의 전압을 break-down voltage라고 한다.

정답 07. ① 08. ① 09. ③ 10. ② 11. ② 12. ①

13 발전소에 설치된 50[t]의 천장 주행 기중기의 권상속도가 2[m/min]일 때 권상용 전동기의 용량은 약 몇 [kW]인가? (단, 효율은 70[%]이다.)

① 5 ② 10
③ 15 ④ 23

해설 기중기용 전동기 용량$(P)=\dfrac{WV}{6.12\eta}$[kW]

$\therefore P=\dfrac{50\times 2}{6.12\times 0.7}=23.3$[kW]

14 200[W]는 약 몇 [cal/s]인가?

① 0.2389 ② 0.8621
③ 47.78 ④ 70.67

해설 1[J]=0.24[cal]
1[W]=1[J/s]
=0.24[cal/s]
=0.24×10^{-3}[kcal/60^{-2}h]
=0.86[kcal/h]
∴ 200[W]=172[kcal/h]=47.78[cal/s]

15 200[cd]의 점광원으로부터 5[m]의 거리에서 그 방향과 직각인 면과 60° 기울어진 수평면상의 조도[lx]는?

① 4 ② 6
③ 8 ④ 10

해설 조도$(E)=\dfrac{I}{r^2}\cos\theta$[lx]

$\therefore E=\dfrac{200}{5^2}\times\cos 60°=4$[lx]

16 다음 전기로 중 열효율이 가장 좋은 것은?

① 저주파 유도로
② 염욕로
③ 고압 아크로
④ 카보런덤로

해설 직접 저항로가 가장 효율이 높다.
※ **직접식 저항로** : 카바이드로, 카보런덤로, 흑연화로

17 발광 현상에서 복사에 관한 법칙이 아닌 것은?

① 스테판-볼츠만의 법칙
② 빈의 변위 법칙
③ 입사각의 코사인 법칙
④ 플랭크의 법칙

해설 ① **스테판-볼츠만의 법칙** : 흑체에서 전 복사에너지는 그 절대온도의 4승에 비례한다.
② **빈의 변위 법칙** : 최대 분광 복사가 일어나는 파장은 그 절대온도에 반비례한다.
④ **플랭크의 법칙** : 특정된 파장에서만 나오는 에너지를 계산하는 식이다.

18 서로 다른 두 개의 금속이나 반도체를 접속하여 전류를 인가하면 접합부에서 열이 발생하거나 흡수되는 현상은?

① 제벡 효과 ② 펠티에 효과
③ 톰슨 효과 ④ 핀치 효과

해설 **펠티에 효과**
서로 다른 두 금속에서 다른 쪽 금속으로 전류를 흘리면 열의 발생 또는 흡수가 일어나는 현상을 말한다.

19 광속 계산의 일반식 중에서 직선 광원(원통)에서의 광속을 구하는 식은 어느 것인가? (단, I_0는 최대 광도, I_{90}은 $\theta=90°$ 방향의 광도이다.)

① πI_0 ② $\pi^2 I_{90}$
③ $4\pi I_0$ ④ $4\pi I_{90}$

해설
- 구광원 : $F=4\pi I$
- 반구 광원 : $F=2\pi I$[lm]
- 원통 광원 : $F=\pi^2 I_0$[lm]

정답 13. ④ 14. ③ 15. ① 16. ④ 17. ③ 18. ② 19. ②

20 $t\sin\omega t$의 라플라스 변환은?

① $\dfrac{\omega}{s^2+\omega^2}$　② $\dfrac{\omega^2}{s^2+\omega^2}$

③ $\dfrac{\omega s}{(s^2+\omega^2)^2}$　④ $\dfrac{2\omega s}{(s^2+\omega^2)^2}$

해설 복소 미분 정리를 이용하면

$$F(s)=(-1)\frac{d}{ds}\{\mathcal{L}(\sin\omega t)\}$$
$$=(-1)\frac{d}{ds}\frac{\omega}{s^2+\omega^2}$$
$$=\frac{2\omega s}{(s^2+\omega^2)^2}$$

정답 20. ④

전기공사기사

2024년 제2회 CBT 기출복원문제

01 천장면을 여러 형태의 사각, 삼각, 원형 등으로 구멍을 내어 다양한 형태의 매입 기구를 취부하여 실내의 단조로움을 피하는 조명 방식은?

① pin hole light ② coffer light
③ line light ④ cornis light

해설 코퍼 라이트(coffer light)
다운 라이트 방식 중 하나로 천장면에 반원 모양의 구멍을 뚫고 그 속에 조명기구를 매립 설치하는 방식

02 전기철도에서 전식 방지법이 아닌 것은?

① 변전소 간격을 짧게 한다.
② 대지에 대한 레일의 절연저항을 크게 한다.
③ 귀선의 극성을 정기적으로 바꿔주어야 한다.
④ 귀선저항을 크게 하기 위해 레일에 본드를 시설한다.

해설 전식 방지를 위해서는 다음과 같이 시설한다.
- 귀선저항을 적게 하기 위해 레일본드를 시설한다.
- 레일을 따라 보조귀선을 설치한다.
- 변전소 간격을 짧게 한다.
- 귀선의 극성을 정기적으로 바꾼다.
- 대지에 대한 레일의 절연저항을 크게 한다.
- 절연 음극 궤전선을 설치하여 레일과 접속한다.

03 레이저 가열의 특징으로 틀린 것은?

① 파장이 짧은 레이저는 미세가공에 적합하다.
② 에너지 변환효율이 높아 원격가공이 가능하다.
③ 필요한 부분에 집중하여 고속으로 가열할 수 있다.
④ 레이저의 파워와 조사면적을 광범위하게 제어할 수 있다.

해설 레이저 가열의 특징
- 고속가열 및 원격가공이 가능하다.
- 에너지 변환효율이 낮다.
- 미세가공에 적합하다.

04 터널 내의 배기가스 및 안개 등에 대한 투과력이 우수하여 터널 조명, 교량 조명, 고속도로 인터체인지 등에 많이 사용되는 방전등은?

① 수은등 ② 나트륨등
③ 크세논등 ④ 메탈핼라이드등

해설 나트륨등은 투과력이 양호하여 강변 도로등, 안개 지역 가로등, 터널 내 조명으로 사용된다.

05 내면이 완전 확산 반사면으로 되어 있는 밀폐구 내에 광원을 두었을 때 그 면의 확산 조도는 어떻게 되는가?

① 광원의 형태에 의하여 변한다.
② 광원의 위치에 의하여 변한다.
③ 광원의 배광에 의하여 변한다.
④ 구의 지름에 의하여 변한다.

해설

조도$(E) = \dfrac{F}{S}$[lx]

$\therefore E = \dfrac{F}{4\pi r^2}$[lx] $\propto \dfrac{1}{r^2}$

∴ 구의 지름에 의해서 조도가 변한다.

06 25[℃]의 물 10[l]를 그릇에 넣고 2[kW]의 전열기로 가열하여 물의 온도를 80[℃]로 올리는 데 20분이 소요되었다. 이 전열기의 효율[%]은 약 얼마인가?

① 59.5 ② 68.8
③ 84.9 ④ 95.9

정답 01. ② 02. ④ 03. ② 04. ② 05. ④ 06. ④

해설 $860\eta Pt = Cm(T - T_0)$에서 물의 비열 $C=1$이므로

$$\eta = \frac{m(T_2 - T_1)}{860Pt} \times 100 = \frac{10 \times (80-25)}{860 \times 2 \times \frac{20}{60}} \times 100 \fallingdotseq 95.9[\%]$$

07 전동기의 정격(rate)에 해당되지 않는 것은?

① 연속 정격 ② 반복 정격
③ 단시간 정격 ④ 중시간 정격

해설 전동기의 정격은 표준 규격에 정해져 있는 온도 상승 한도를 초과하지 않고 기타의 제한에 벗어나지 않는 상태의 정격으로 연속 정격, 단시간 정격, 반복 정격으로 나눈다.

08 시감도가 최대인 파장 555[nm]의 온도[K]는 약 얼마인가? (단, 빈의 법칙의 상수는 2,896[μm · K]이다.)

① 5,218 ② 5,318
③ 5,418 ④ 5,518

해설 최대 스펙트럼 방사 발산도를 발생하는 파장은 빈의 변위 법칙에 의하여 $\lambda_m T = 2{,}896[\mu\text{m} \cdot \text{K}]$

$$\therefore T = \frac{2{,}896}{\lambda_m} = \frac{2{,}896 \times 10^{-6}}{555 \times 10^{-9}} = 5{,}218[\text{K}]$$

09 전철 전동기에 감속 기어를 사용하는 주된 이유는?

① 역률 개선
② 정류 개선
③ 역회전 방지
④ 주전동기의 소형화

해설 동일 출력이면 전동기의 속도가 높을수록 작은 회전력으로 충분하며, 전동기의 크기를 줄일 수 있다. 높은 회전수에 감속 기어를 이용하면 회전력의 증가가 가능하다.

10 금속의 표면 열처리에 이용하며 도체에 고주파 전류를 통하면 전류가 표면에 집중하는 현상은?

① 표피 효과 ② 톰슨 효과
③ 핀치 효과 ④ 제벡 효과

해설 **표피 효과**
도체에 고주파 전류를 통하면 중심부에 가까울수록 전류와 쇄교하는 자속의 수가 많아져 전기저항이 증가되어 전류가 도체 표면에 집중되는 현상이다.

11 최근 많이 사용되는 전력용 반도체 소자 중 IGBT의 특성이 아닌 것은?

① 게이트 구동 전력이 매우 높다.
② 용량은 일반 트랜지스터와 동등한 수준이다.
③ 소스에 대한 게이트의 전압으로 도통과 차단을 제어한다.
④ 스위칭 속도는 FET와 트랜지스터의 중간 정도로 빠른 편에 속한다.

해설 IGBT의 특징은 다음과 같다.
- 게이트-이미터 간의 전압이 구동되어 입력신호에 의해 ON-OFF가 된다.
- 대전력의 고속 스위칭이 가능하다.
- Gate의 구동력이 낮다.

12 축전지의 충전방식 중 전지의 자기방전을 보충함과 동시에 상용부하에 대한 전력공급은 충전기가 부담하도록 하되, 충전기가 부담하기 어려운 일시적인 대전류 부하는 축전지로 하여금 부담하게 하는 충전방식은?

① 보통 충전
② 과부하 충전
③ 세류 충전
④ 부동 충전

정답 07. ④ 08. ① 09. ④ 10. ① 11. ① 12. ④

해설
- 보통 충전 : 필요할 때마다 표준시간율로 소정의 충전을 하는 방식이다.
- 세류 충전 : 자기방전량만을 항시 충전하는 부동 충전방식의 일종이다.
- 부동 충전 : 축전지의 자기방전을 보충함과 동시에 상용부하에 대한 전력공급은 충전기가 부담하도록 하되 충전기가 부담하기 어려운 일시적인 대전류 부하는 축전지로 하여금 부담하게 하는 방식이다.

13 20[℃]에서 고유저항이 가장 큰 것은?

① 은 ② 백금
③ 텅스텐 ④ 알루미늄

해설 20[℃]에서의 고유저항

재 료	고유저항×10^{-2}[Ω · mm^2/m]
은(Ag)	1.62
구리(Cu)	1.69
알루미늄(Al)	2.62
텅스텐(W)	5.48
백금(Pt)	10.50

14 KS C IEC 62305에 의한 수뢰도체, 피뢰침과 인하도선의 재료로 사용되지 않는 것은?

① 구리 ② 순금
③ 알루미늄 ④ 용융아연도강

해설 피뢰시스템의 재료
구리, 용융아연도강, 구리점착강, 스테인리스강, 알루미늄, 납 등

15 물탱크 안 물의 양에 따라 동작하는 스위치로 학교, 공장, 빌딩 등의 옥상에 있는 물탱크의 급수펌프에 설치된 전동기 운전용 마그넷 스위치와 조합하여 사용하면 매우 편리한 스위치는?

① 수은 스위치 ② 타임 스위치
③ 압력 스위치 ④ 부동 스위치

해설 부동 스위치(Float swtich)
물탱크 안 물의 양에 따라 작동되는 스위치로서, 학교, 공장, 빌딩 등의 옥상에 있는 물탱크의 급수펌프에 설치된 전동기 운전용 마그넷 스위치와 조합하여 사용하면 매우 편리하다.

16 다음 중 후강전선관의 규격에 해당하지 않는 것은?

① 22[mm]
② 42[mm]
③ 72[mm]
④ 82[mm]

해설 후강전선관의 규격
16, 22, 28, 36, 42, 54, 70, 82, 92, 104[mm]

17 가공 송전선로의 ACSR 전선 등에 설치되는 진동 방지용 장치가 아닌 것은?

① Damper
② PG Clamp
③ Armor rod
④ Spacer Damper

해설 전선 진동 방지책
- 댐퍼(Damper)
- 아머로드(Armor rod) 설치

18 가공 배전선로 경완철에 폴리머 현수애자를 결합하고자 할 때 경완철과 폴리머 현수애자 사이에 설치하는 자재는?

① 경완철용 아이쇄클
② 볼크레비스
③ 인장클램프
④ 각암 타이

해설

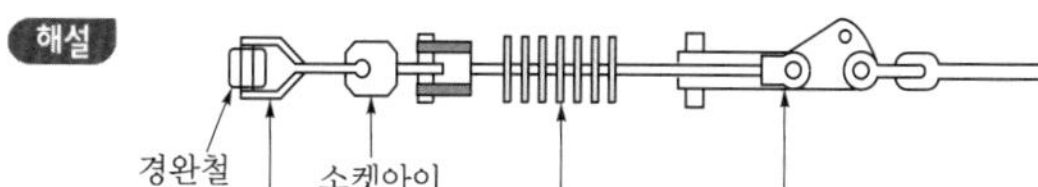

정답 13. ② 14. ② 15. ④ 16. ③ 17. ② 18. ①

19 22.9[kV] 가공전선로에서 3상 4선식 선로의 직선주에 사용되는 크로스 완금의 길이는 몇 [mm]가 표준인가?

① 900[mm]
② 1,400[mm]
③ 1,800[mm]
④ 2,400[mm]

해설 완금의 표준길이[mm]

전선조수	저 압	고 압	특고압
2	900	1,400	1,800
3	1,400	1,800	2,400

20 다음 중 자심재료의 구비 조건으로 옳지 않은 것은?

① 저항률이 클 것
② 투자율이 작을 것
③ 히스테리시스 면적이 작을 것
④ 잔류자기가 크고 보자력이 작을 것

해설 자심재료의 구비 조건
- 저항률이 클 것
- 투자율이 클 것
- 포화 자속밀도가 클 것
- 잔류자기가 크고, 보자력이 작을 것
- 기계적, 전기적 충격에 대하여 안정할 것

정답 19. ④ 20. ②

전기공사산업기사

2024년 제2회 CBT 기출복원문제

01 제너 다이오드(zener diode)의 용도로 가장 옳은 것은?

① 검파용
② 정전압용
③ 고압 정류용
④ 전파 정류용

해설 제너 다이오드는 정전압 다이오드라고 하며, 전압을 일정하게 유지하기 위한 전압 제어 소자로 많이 이용된다.

02 시속 45[km/h]의 열차가 곡률 반지름 1,000[m]인 곡선 궤도를 주행할 때 고도(cant)는 약 몇 [mm]인가? (단, 궤간은 1,067[mm]이다.)

① 10　② 13
③ 17　④ 20

해설 $h = \dfrac{GV^2}{127R} = \dfrac{1{,}067 \times 45^2}{127 \times 1{,}000} = 17[\text{mm}]$

03 제어요소는 무엇으로 구성되는가?

① 검출부　② 검출부와 조절부
③ 검출부와 조작부　④ 조작부와 조절부

해설 제어요소는 조절부와 조작부로 이루어진다.

04 음극에 아연, 양극에 탄소봉, 전해액은 염화암모늄을 사용하는 1차 전지는?

① 수은 전지
② 리튬 전지
③ 망간 건전지
④ 알칼리 건전지

해설 망간 건전지 구조
- 양극재 : 탄소봉
- 음극재 : 아연판
- 전해액 : 염화암모늄
- 감극제 : 이산화망간

05 직접 조명의 장점이 아닌 것은?

① 설비비가 저렴하여 설계가 단순하다.
② 그늘이 생기므로 물체의 식별이 입체적이다.
③ 조명률이 크므로 소비 전력은 간접 조명의 1/2~1/3이다.
④ 등기구의 사용을 최소화하여 조명효과를 얻을 수 있다.

해설 직접 조명의 장점
- 설비비가 저렴하여 설계가 단순하다.
- 그늘이 생기므로 물체의 식별이 입체적이다.
- 조명률이 크므로 소비 전력은 간접 조명의 1/2~1/3이다.
- 조명기구의 점검, 보수가 용이하다.

06 우리나라 전기철도에 주로 사용하는 집전장치는?

① 뷔겔　② 집전슈
③ 트롤리봉　④ 팬터그래프

해설 팬터그래프
고속 대형 전차에 가장 많이 사용되며, 우리나라에서 주로 사용한다.

07 완전 확산면의 광속 발산도가 2,000[rlx]일 때, 휘도는 약 몇 [cd/cm^2]인가?

① 0.2　② 0.064
③ 0.682　④ 637

정답 01. ② 02. ③ 03. ④ 04. ③ 05. ④ 06. ④ 07. ②

해설 $R=\pi B$

$\therefore B=\dfrac{R}{\pi}$

$=\dfrac{2{,}000}{\pi}[\text{cd/cm}^2]$

$=\dfrac{2{,}000}{\pi}\times 10^{-4} \fallingdotseq 0.064[\text{cd/cm}^2]$

08 유도 가열의 용도로 가장 적합한 것은?

① 목재의 접착
② 금속의 용접
③ 금속의 열처리
④ 비닐의 접착

해설 유도 가열은 전류의 표피 작용을 이용하여 금속의 표면 열처리에 많이 사용된다.

09 600[W]의 전열기로서 3[l]의 물을 15[℃]로부터 100[℃]까지 가열하는 데 필요한 시간은 약 몇 분인가? (단, 전열기의 발생열은 모두 물의 온도상승에 사용되고 물의 증발은 없다.)

① 30　② 35
③ 40　④ 45

해설 시간 $t=\dfrac{Cm(T-T_0)}{860pt}$

$=\dfrac{3\times 1\times(100°-15°)}{860\times 600\times 10^{-3}}$

$\fallingdotseq 0.5[\text{h}]=0.5\times 60=30[\text{min}]$

10 광도가 160[cd]인 점광원으로부터 4[m] 떨어진 거리에서, 그 방향과 직각인 면과 기울기 60°로 설치된 간판의 조도[lx]는?

① 3　② 5
③ 10　④ 20

해설 $E=\dfrac{I}{r^2}\cos\theta=\dfrac{160}{4^2}\times\cos 60°=5[\text{lx}]$

11 전기로에 사용되는 전극재료의 구비 조건이 아닌 것은?

① 열전도율이 클 것
② 전기전도율이 클 것
③ 고온에 견디며 기계적 강도가 클 것
④ 피열물과 화학 작용을 일으키지 않을 것

해설 전극의 구비 조건
- 전기의 전도율이 클 것
- 열의 전도율이 적을 것
- 고온에 견디고 고온에서의 기계적 강도가 클 것
- 피열물과 화학 작용을 일으키지 않을 것

12 권상하중 40[t], 권양속도 12[m/min]의 기중기용 전동기의 용량은 약 몇 [kW]인가? (단, 전동기를 포함한 기중기의 효율은 60[%]이다.)

① 800　② 278.9
③ 189.8　④ 130.7

해설 기중기용 전동기 용량

$P=\dfrac{WV}{6.12\eta}$

$=\dfrac{40\times 12}{6.12\times 0.6}=130.7[\text{kW}]$

13 복진지에 대한 설명으로 옳은 것은?

① 궤조가 열차의 진행 방향으로 이동함을 막는 것
② 침목의 이동을 막는 것
③ 궤조가 열차의 진행과 반대 방향으로 이동함을 막는 것
④ 궤조의 진동을 막는 것

해설 복진지는 열차 진행 방향과 반대 방향으로 레일이 후퇴하는 작용을 방지하는 것이다.

정답 08. ③ 09. ① 10. ② 11. ① 12. ④ 13. ①

14 금속이나 반도체에 전류를 흘리고 이것과 직각 방향으로 자계를 가하면 전류와 자계가 이루는 면에 직각 방향으로 기전력이 발생한다. 이러한 현상은?

① 홀(hall) 효과
② 핀치(pinch) 효과
③ 제벡(seebeck) 효과
④ 펠티에(peltier) 효과

해설 홀 효과
도체나 반도체의 물질에 전류를 흘리고 이것과 직각 방향으로 자계를 가하면, 전류와 자계가 이루는 면에 직각 방향으로 기전력이 발생되는 현상이다.

15 200[W] 전구를 우유색 구형 글로브에 넣었을 경우 우유색 유리 반사율 40[%], 투과율은 50[%]라고 할 때 글로브의 효율[%]은?

① 23　② 43
③ 53　④ 83

해설
글로브 효율$(\eta) = \dfrac{\tau}{1-\rho} \times 100$

$\therefore\ \eta = \dfrac{0.5}{1-0.4} \times 100 = 83[\%]$

16 직류 직권전동기는 어느 부하에 적당한가?

① 정토크 부하　② 정속도 부하
③ 정출력 부하　④ 변출력 부하

해설 직류 직권전동기는 부하가 증가하면 속도는 급감하지만 토크가 증가하게 된다.

17 가시광선 파장[nm]의 범위는?

① 280~310　② 380~760
③ 400~430　④ 555~580

해설 가시광선의 파장 범위

색	보라	파랑	초록	노랑	주황	빨강
파장[nm]	380~430	430~452	452~550	550~590	590~640	640~760

18 전기분해에 의하여 전극에 석출되는 물질의 양은 전해액을 통과하는 총 전기량에 비례하며 그 물질의 화학당량에 비례하는 법칙은?

① 줄(Joule)의 법칙
② 암페어(Ampere)의 법칙
③ 톰슨(Thomson)의 법칙
④ 패러데이(Faraday)의 법칙

해설 전기분해에 의해 석출되는 물질의 양은 전해액을 통과한 전기량에 비례하고 전기량이 일정한 경우 전기화학당량에 비례한다는 것은 패러데이의 전기분해법칙이다.

19 전압, 속도, 주파수, 역률을 제어량으로 하는 제어계는?

① 자동조정　② 추정제어
③ 프로세스제어　④ 피드백제어

해설 자동조정(automatic regulation)은 제어량이 주로 동력 공업에 관계되는 양으로 이를 일정하게 유지하는 제어를 말하며 속도, 장력, 주파수, 전압 등이 이에 속한다.

20 서로 관계가 깊은 것들끼리 짝지은 것이다. 틀린 것은?

① 유도 가열 : 와전류손
② 형광등 : 스토크스 정리
③ 표면 가열 : 표피 효과
④ 열전 온도계 : 톰슨 효과

해설 열전 온도계는 제벡 효과를 이용한 온도계이다.

정답 14. ① 15. ④ 16. ③ 17. ② 18. ④ 19. ① 20. ④

전기공사기사

2024년 제3회 CBT 기출복원문제

01 반경 r, 휘도가 B인 완전 확산성 구면 광원의 중심에서 h되는 거리의 점 P에서 이 광원의 중심으로 향하는 조도의 크기는 얼마인가?

① πB　② $\pi B r^2$

③ $\pi B r^2 h$　④ $\dfrac{\pi B r^2}{h^2}$

해설 P점 조도(E)

$= \pi B \sin^2\theta$[lx]

$\sin\theta = \dfrac{r}{h}$

$\therefore E_h = \dfrac{\pi B r^2}{h^2}$[lx]

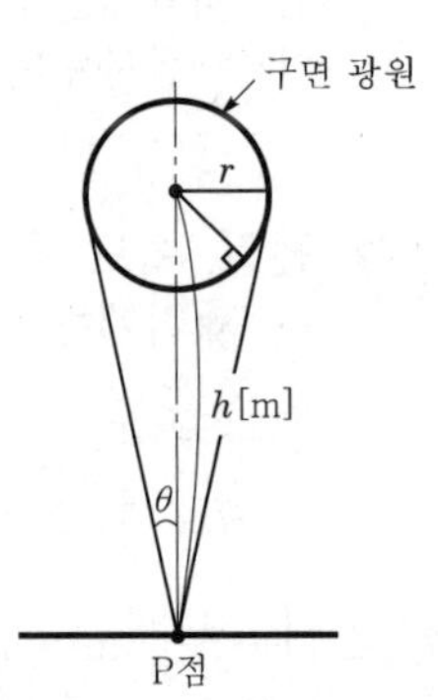

02 순금속 발열체의 종류가 아닌 것은?

① 백금(Pt)

② 텅스텐(W)

③ 몰리브덴(Mo)

④ 탄화규소(SiC)

해설 **순금속 발열체**

몰리브덴(Mo), 텅스텐(W), 백금(Pt)

03 전기로의 전기가열방식 중 흑연화로, 카보런덤로의 가열 방식은?

① 아크로　② 유도로

③ 간접식 저항로　④ 직접식 저항로

해설 흑연화로, 카보런덤로, 카바이드로는 직접식 저항로의 종류이다.

04 옥내 전반 조명에서 바닥면의 조도를 균일하게 하기 위한 등간격은? (단, 등간격 : S, 등높이 : H이다.)

① $S = H$

② $S \leq 2H$

③ $S \leq 0.5H$

④ $S \leq 1.5H$

해설 등기구 설치 시 등간격은 다음과 같다.

- 등기구 간격 : $S \leq 1.5H$
- 벽면 간격
  - 벽면을 사용하지 않는 경우 : $S \leq 0.5H$
  - 벽면을 사용하는 경우 : $S \leq \dfrac{1}{3}H$

05 열차의 설비에 의한 전력 소비량을 감소시키는 방법이 아닌 것은?

① 회생 제동을 한다.

② 직병렬 제어를 한다.

③ 기어비를 크게 한다.

④ 차량의 중량을 경감한다.

해설 **전력 소비량 감소방법**

- 차량의 중량을 감소시킨다.
- 직병렬 제어를 한다.
- 기어비를 적절하게 한다.
- 회생 제동방식을 사용한다.

06 궤도의 확도(slack)는 약 몇 [mm]인가? (단, 곡선의 반지름 100[m], 고정 차축거리 5[m]이다.)

① 21.25　② 25.68

③ 29.35　④ 31.25

정답 01. ④ 02. ④ 03. ④ 04. ④ 05. ③ 06. ④

해설 확도$(S)=\dfrac{l^2}{8R}$[mm]

여기서, l : 고정 차축거리[m]

R : 곡선 반지름[m])

$\therefore\ S=\dfrac{5^2}{8\times100}\times10^3=31.25$[mm]

07 알칼리 축전지에 대한 설명으로 옳은 것은?

① 전해액의 농도 변화는 거의 없다.

② 전해액은 묽은 황산 용액을 사용한다.

③ 진동에 약하고 급속 충방전이 어렵다.

④ 음극에 Ni 산화물, Ag 산화물을 사용한다.

해설 **알칼리 축전지 특징**

- 수명이 길다.
- 진동에 강하다.
- 급속 충방전이 가능하다.
- 양극에는 $Ni(OH)_3$, 음극에는 Cd 또는 Fe를 사용한다.
- 전해액에는 KOH(가성 칼리)를 사용한다.

08 백열 전구에서 필라멘트의 재료로서 필요 조건 중 틀린 것은?

① 고유저항이 적어야 한다.

② 선팽창률이 적어야 한다.

③ 가는 선으로 가공하기 쉬워야 한다.

④ 기계적 강도가 커야 한다.

해설 **필라멘트의 구비 조건**

- 융해점이 높을 것
- 가는 선으로 가공이 용이할 것
- 선팽창률이 적을 것
- 고온에서도 증발하지 않을 것
- 전기저항의 온도계수가 (+)일 것

09 풍량 6,000[m^3/min], 전 풍압 120[mmAq]의 주배기용 팬을 구동하는 전동기의 소요동력[kW]은 약 얼마인가? (단, 팬의 효율 η=60[%], 여유계수 K=1.2)

① 200　　② 235

③ 270　　④ 305

해설 **전동기 소요동력**

$$P=\frac{QHK}{6.12\eta}$$

$$=\frac{6{,}000\times120\times1.2}{6.12\times0.6}\times10^{-3}\fallingdotseq235\,[\text{kW}]$$

10 다이오드 클램퍼(clamper)의 용도는?

① 전압 증폭　　② 전류 증폭

③ 전압 제한　　④ 전압 레벨 이동

해설 클램퍼는 입력전압에 직류 전압을 가감하여 파형의 변형 없이 다른 레벨에 파형을 고정시키는 회로에 사용된다.

11 겨울철에 심야 전력을 사용하여 20[kWh] 전열기로 40[℃]의 물 100[l]를 95[℃]로 데우는 데 사용되는 전기요금은 약 얼마인가? (단, 가열 장치의 효율 90[%], 1[kWh]당 단가는 겨울철 56.10원, 기타 계절 37.90원이며, 계산 결과는 원단위 절삭한다.)

① 260원　　② 290원

③ 360원　　④ 390원

해설 전열 설계의 기본식은 $860Ph\eta=Cm\theta$

$$Ph=\frac{1\times100\times(95-40)}{860\times0.9}=7.11\,[\text{kWh}]$$

∴ 1[kWh]당 56.10원이므로 7.11×56.10=398.87원

12 30[t]의 전차가 30/1,000의 구배를 올라가는 데 필요한 견인력[kg]은? (단, 열차저항은 무시한다.)

① 90　　② 100

③ 900　　④ 9,000

해설 견인력 $F=W\cdot g=30\times10^3\times\dfrac{30}{1{,}000}=900$[kg]

정답 07. ① 08. ① 09. ② 10. ④ 11. ④ 12. ③

13 옥내에서 병렬로 전선을 사용할 경우 시설 방법으로 옳지 않은 것은?

① 전선은 동일한 도체이어야 한다.
② 전선은 동일한 길이 및 굵기이어야 한다.
③ 관 내 전류의 불평형이 생기지 않도록 시설하여야 한다.
④ 전선의 굵기는 구리의 경우 40[mm^2] 이상 또는 알루미늄의 경우 90[mm^2] 이상이어야 한다.

해설 **병렬전선의 사용**
병렬로 사용하는 경우 각 전선의 굵기는 구리 50[mm^2] 이상 또는 알루미늄 70[mm^2] 이상이어야 하며, 동일한 도체, 길이 및 굵기이어야 한다.

14 번개로 인한 외부 이상전압이나 개폐 서지로 인한 내부 이상전압으로부터 전기시설을 보호하는 장치는?

① 피뢰기 ② 피뢰침
③ 차단기 ④ 변압기

해설 **피뢰기**
낙뢰 시 발생하는 이상전압으로부터 전로 및 기기류를 보호하는 장치

15 피뢰시스템의 인하도선 재료로 원형 단선으로 된 알루미늄을 쓰고자 한다. 해당 재료의 단면적[mm^2]은 얼마 이상이어야 하는가? (단, KS C IEC 62561-2를 기준으로 한다.)

① 20 ② 30
③ 40 ④ 50

해설 **수뢰도체, 피뢰침, 접지 인입봉 및 인하도선의 재료, 구조 및 단면적**

재 료	구 조	최소 단면적 [mm^2]	권장치수
알루미늄	테이프형 단선	70 이상	두께 : 3[mm]
	원형 단선	50 이상	직경 : 8[mm]
	연선	50 이상	소선의 직경 : 1.63[mm]

16 다음 중 네온방전등에 대한 설명으로 옳지 않은 것은?

① 관등회로의 배선은 애자공사로 시설하여야 한다.
② 네온변압기 2차측은 병렬로 접속하여 사용하여야 한다.
③ 네온방전등에 공급하는 전로의 대지전압은 300[V] 이하로 하여야 한다.
④ 관등회로의 배선에서 전선 상호 간의 이격거리는 60[mm] 이상으로 하여야 한다.

해설 **네온방전등(KEC 234.12)**
네온변압기는 2차측을 직렬 또는 병렬로 접속하여 사용하지 말 것. 다만, 조광장치 부착과 같이 특수한 용도에 사용되는 것은 적용하지 않는다.

17 다음 중 경완철에 현수애자를 설치할 경우 사용되는 재료가 아닌 것은?

① 볼쇄클
② 소켓아이
③ 인장클램프
④ 볼크레비스

해설

㉠ ㉡ ㉢ ㉣ ㉤

㉠ 경완철
㉡ 경완철용 볼쇄클 : 가공 배전선로에서 지지물의 장주용으로 현수애자를 경완철에 장치하는 데 사용
㉢ 소켓아이 : 현수애자와 내장 및 인장클램프를 연결하는 금구
㉣ 폴리머 애자
㉤ 인장클램프(데드엔드클램프) : 선로의 장력이 가해지는 곳에서 전선을 고정하기 위하여 쓰이는 금구
④ 볼크레비스는 경완철이 아닌 ㄱ완철에 현수애자를 설치할 때 사용된다.

정답 13. ④ 14. ① 15. ④ 16. ② 17. ④

18 주상 변압기 1차측에 설치하여 변압기의 보호와 개폐에 사용하는 것은?

① 단로기(DS)
② 진공 스위치(VCB)
③ 선로개폐기(LS)
④ 컷아웃 스위치(COS)

해설 컷아웃 스위치(COS)는 주상 변압기 1차측에 설치하여, 변압기의 고장이 계통으로 파급되는 것을 막고, 변압기의 보호와 개폐에 사용되는 스위치를 말하며, 주상 변압기를 설치할 때 필수적으로 사용된다.

19 다음 중 보호계전기의 종류가 아닌 것은?

① ASS ② OVR
③ SGR ④ OCGR

해설
- ASS(Automatic Section Switch) : 자동고장구분개폐기
- OVR(Over Voltage Relay) : 과전압계전기
- SGR(Selective Ground Relay) : 선택 지락계전기
- OCGR(Over Current Ground Relay) : 과전류 지락계전기

20 변압기 철심용 강판의 두께는 대략 몇 [mm]인가?

① 0.1 ② 0.35
③ 2 ④ 3

해설 변압기 철심으로 사용하는 규소강판의 두께는 0.35~0.5[mm]를 표준으로 한다.

정답 18. ④ 19. ① 20. ②

전기공사산업기사

2024년 제3회 CBT 기출복원문제

01 전력용 반도체 소자의 종류 중 스위칭 소자가 아닌 것은?

① GTO ② Diode
③ TRIAC ④ SSS

해설 다이오드(Diode)는 회로의 주변 상황에 따라 순방향으로 전압이 가해지면 도통하고 역방향으로 전압이 가해지면 도통하지 않는 수동적인 소자로 사용자가 임의로 ON, OFF 시킬 수 없다.

02 전기 기관차의 자중이 150[t]이고, 동륜상의 중량이 95[t]이라면 최대 견인력[kg]은? (단, 궤조의 점착계수는 0.2로 한다.)

① 19,000 ② 25,000
③ 28,500 ④ 38,000

해설 $F_m = 1{,}000\mu W_a$
$= 1{,}000 \times 0.2 \times 95 = 19{,}000[\text{kg}]$

03 납축전지가 충분히 충전되었을 때 양극판은 무슨 색인가?

① 황색 ② 청색
③ 적갈색 ④ 회백색

해설 납축전지가 충분히 충전되면 적갈색, 충분히 방전되면 회백색을 띄게 된다.

04 제어대상을 제어하기 위하여 입력에 가하는 양을 무엇이라 하는가?

① 변환부 ② 목표값
③ 외란 ④ 조작량

해설 외란이란 제어량을 변화시키기 위해 가하는 기준 입력신호 이외의 신호를 말한다.
조작량이란 제어요소 또는 조작부에서 제어대상에 가하는 양을 말한다.

05 옥내 전반 조명에서 바닥면의 조도를 균일하게 하기 위한 등간격은? (단, 등간격 : S, 등높이 : H이다.)

① $S = H$ ② $S \le 2H$
③ $S \le 0.5H$ ④ $S \le 1.5H$

해설 등기구 설치 시 등간격은 다음과 같다.
- 등기구 간격 : $S \le 1.5H$
- 벽면 간격
  - 벽면을 사용하지 않는 경우 : $S \le 0.5H$
  - 벽면을 사용하는 경우 : $S \le \frac{1}{3}H$

06 열전 온도계의 특징에 대한 설명으로 틀린 것은?

① 제벡 효과의 동작 원리를 이용한 것이다.
② 열전대를 보호할 수 있는 보호관을 필요로 하지 않는다.
③ 온도가 열기전력으로써 검출되므로 피측 온점의 온도를 알 수 있다.
④ 적절한 열전대를 선정하면 0~1,600[℃] 온도 범위의 측정이 가능하다.

해설 열전 온도계의 열전대 보호관에 유리는 금속관(강관, 크롬관, 니켈)과 비금속관(석명관, 붕규산 유리관)이 사용되고 있다.

07 비닐막 등의 접착에 주로 사용하는 가열방식은?

① 저항 가열 ② 유도 가열
③ 아크 가열 ④ 유전 가열

정답 01. ② 02. ① 03. ③ 04. ④ 05. ④ 06. ② 07. ④

해설 유전 가열은 목재의 건조, 목재의 접착, 비닐막 접착 등에 사용되는 가열방식이다.

08 200[W] 전구를 우유색 구형 글로브에 넣었을 경우 우유색 유리 반사율을 30[%], 투과율은 50[%]라고 할 때 글로브의 효율[%]을 구하면?

① 약 88　② 약 83
③ 약 76　④ 약 71

해설 $\eta = \frac{\tau}{1-\rho}$에서
여기서, τ : 투과율, ρ : 반사율
$\eta = \frac{\tau}{1-\rho} = \frac{0.5}{1-0.3} = \frac{0.5}{0.7} = 0.714$
∴ 약 71[%]

09 다음 중 겹치기 용접이 아닌 것은?

① 점 용접
② 업셋 용접
③ 심 용접
④ 프로젝션 용접

해설 저항 용접에서 겹치기 용접에는 다음과 같은 용접이 있다.
- 점 용접(spot welding)
- 돌기 용접(projection welding)
- 이음매 용접(seam welding)

10 일반적인 농형 유도전동기의 기동법이 아닌 것은?

① Y-△ 기동
② 전전압 기동
③ 2차 저항 기동
④ 기동보상기에 의한 기동

해설 2차 저항 기동법은 권선형 유도전동기의 기동법이다.

11 가로 10[m], 세로 20[m], 천장의 높이가 5[m]인 방에 완전 확산성 FL-40D 형광등 24등을 점등하였다. 조명률 0.5, 감광 보상률이 1.5일 때 이 방의 평균 조도는 몇 [lx]인가? (단, 형광등의 축과 수직 방향의 광도는 300[cd]이다.)

① 38
② 118
③ 150
④ 177

해설 조명설계 기본식
$NFU = ESD$
$\therefore\ E = \frac{NFU}{SD} = \frac{24 \times \pi^2 \times 300 \times 0.5}{10 \times 20 \times 1.5} = 118[\text{lx}]$

12 오픈루프제어계와 비교하여 폐루프제어계를 구성하기 위해 반드시 필요한 장치는?

① 응답속도를 빠르게 하는 장치
② 안정도를 좋게 하는 장치
③ 입·출력 비교장치
④ 고주파 발생장치

해설 폐루프제어계는 정확한 제어를 위해 제어신호를 귀환시켜 기준 입력과 비교·검토하여 오차를 자동적으로 정정하게 하는 제어계로 입력과 출력을 비교하는 장치가 반드시 필요하다.

13 전구에 게터(getter)를 사용하는 목적은?

① 광속을 많게 한다.
② 전력을 적게 한다.
③ 진공도를 10^{-2}[mmHg]로 낮춘다.
④ 수명을 길게 한다.

해설 게터는 유리구에 남아 있는 수소나 산소와 화합하여 제거함으로써 필라멘트의 증발을 감소시키고 진공을 좋게 하여, 유리구의 흑화를 방지하고 수명을 길게 한다.

정답 08. ④ 09. ② 10. ③ 11. ② 12. ③ 13. ④

14 전지에서 자체 방전 현상이 일어나는 것은 다음 중 어느 것과 가장 관련이 있는가?

① 전해액의 고유저항
② 이온화 경향
③ 불순물 혼입
④ 전해액의 농도

해설 아연 음극 또는 전해액 중에 불순물이 혼입되면, 아연이 부분적으로 용해되어 국부 방전이 발생하게 되며, 수명이 짧아진다. 이러한 현상이 국부 작용이다.

15 반사율 10[%], 흡수율 20[%]인 5.6[m²]의 유리면에 광속 1,000[lm]인 광원을 균일하게 비추었을 때 그 이면의 광속 발산도[rlx]는? (단, 전등기구 효율은 80[%]이다.)

① 25　② 50
③ 100　④ 125

해설 $\rho+\tau+\delta=1$이므로
여기서, τ : 투과율, ρ : 반사율, δ : 흡수율
$\tau=1-\rho-\delta=1-0.1-0.2=0.7$
따라서 이면의 광속 발산도 R은
$$R=\frac{\tau F}{S}\cdot\eta=\frac{0.7\times 1,000}{5.6}\times 0.8=100[\text{rlx}]$$

16 25[℃]의 물 10[l]를 그릇에 넣고 2[kW]의 전열기로 가열하여 물의 온도를 80[℃]로 올리는 데 20분이 소요되었다. 이 전열기의 효율[%]은 약 얼마인가?

① 59.5　② 68.8
③ 84.9　④ 95.9

해설 $860\eta Pt=Cm(T-T_0)$에서 물의 비열 $C=1$이므로
$$\eta=\frac{m(T_2-T_1)}{860Pt}\times 100$$
$$=\frac{10\times(80-25)}{860\times 2\times\frac{20}{60}}\times 100 ≒ 95.9[\%]$$

17 금속의 표면 담금질에 가장 적합한 가열은?

① 적외선 가열　② 유도 가열
③ 유전 가열　④ 저항 가열

해설 유도 가열은 전로의 표피 작용을 이용하여 강재의 표면 가열에 사용되고 있다.

18 양수량 5[m³/min], 총양정 10[m]인 양수용 펌프전동기의 용량은 약 몇 [kW]인가? (단, 펌프 효율 85[%], 여유계수 $K=1.1$이다.)

① 9.01　② 10.56
③ 16.60　④ 17.66

해설 $$P=\frac{KQH}{6.12\eta}=\frac{1.1\times 5\times 10}{6.12\times 0.85}=10.57[\text{kW}]$$

19 전기철도에서 궤도의 구성 요소가 아닌 것은?

① 침목　② 레일
③ 캔트　④ 도상

해설 전기철도에서 궤도의 구성은 침목(sleeper), 도상(ballast), 궤조(레일 : rail)로 이루어져 있다.

20 전차를 시속 100[km]로 운전하려 할 때 전동기의 출력[kW]은 약 얼마인가? (단, 차륜상의 견인력은 400[kg]이다.)

① 95　② 100
③ 109　④ 121

해설 $$P=\frac{FV}{367}=\frac{400\times 100}{367} ≒ 109[\text{kW}]$$
여기서, F : 열차의 견인력[kg]
V : 열차의 운전속도[km/h]

정답 14. ③ 15. ③ 16. ④ 17. ② 18. ② 19. ③ 20. ③

07 전기응용 및 공사재료

2024. 1. 10. 초 판 1쇄 발행
2025. 5. 14. 1차 개정증보 1판 2쇄 발행

검
인

지은이 | 전수기, 임한규, 정종연
펴낸이 | 이종춘
펴낸곳 | BM (주)도서출판 성안당
주소 | 04032 서울시 마포구 양화로 127 첨단빌딩 3층(출판기획 R&D 센터)
10881 경기도 파주시 문발로 112 파주 출판 문화도시(제작 및 물류)
전화 | 02) 3142-0036
031) 950-6300
팩스 | 031) 955-0510
등록 | 1973. 2. 1. 제406-2005-000046호
출판사 홈페이지 | **www.cyber.co.kr**
ISBN | 978-89-315-1337-0 (13560)
정가 | 22,000원

이 책을 만든 사람들
책임 | 최옥현
진행 | 박경희
교정 · 교열 | 최주연
전산편집 | 이지연
표지 디자인 | 임흥순
홍보 | 김계향, 임진성, 김주승, 최정민
국제부 | 이선민, 조혜란
마케팅 | 구본철, 차정욱, 오영일, 나진호, 강호묵
마케팅 지원 | 장상범
제작 | 김유석